U0278868

· 5G移动通信关键技术研究丛书 ·

湖北省学术著作出版专项资金资助项目

5G移动缓存与大数据

——5G移动缓存、通信与计算的融合

陈　敏／主编

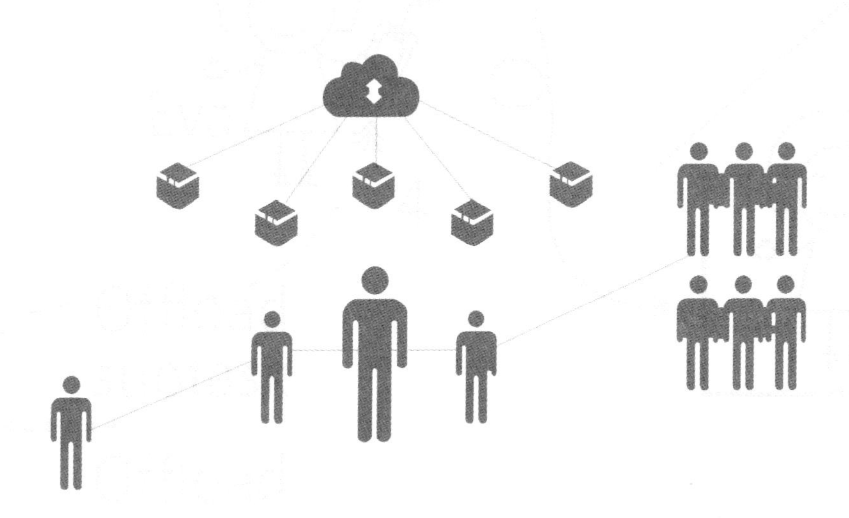

華中科技大學出版社
http://www.hustp.com
中国·武汉

内容简介

本书是关于5G移动缓存和移动大数据的一本参考书，分为5G移动缓存和移动大数据两部分，5G移动缓存部分介绍了缓存架构的演进，缓存部署的关键问题，移动缓存策略及相关研究，以及5G移动缓存的未来应用。这部分内容不仅从宏观上介绍了新型融合缓存的网络架构如何解决传统网络的瓶颈，还进一步从微观上对几种移动缓存策略进行了详细描述，并且在最后介绍了移动缓存网络仿真的相关细节问题。在移动缓存领域为读者提供了从认识到理解再到实践的知识及参考。移动大数据部分介绍了移动大数据的获取和处理，以及移动大数据在社会方方面面的应用和价值。这部分内容不仅介绍了移动大数据在不同应用场景下的研究现状，也对其中的关键技术进行了详细的分析和阐述。全书共分为15章，其中前7章为移动缓存部分，后8章为移动大数据部分。

本书可作为计算机网络和通信专业高年级本科生或研究生的教材或参考书，也可供相关专业工程人员参考。

图书在版编目(CIP)数据

5G移动缓存与大数据：5G移动缓存、通信与计算的融合/陈敏主编. —武汉：华中科技大学出版社，2018.4

(5G移动通信关键技术研究丛书)

ISBN 978-7-5680-3561-3

Ⅰ.①5… Ⅱ.①陈… Ⅲ.①无线电通信-移动通信-通信技术 Ⅳ.①TN929.5

中国版本图书馆CIP数据核字(2018)第058905号

5G移动缓存与大数据——5G移动缓存、通信与计算的融合　　陈　敏　主编

5G Yidong Huancun yu Dashuju——5G Yidong Huancun、Tongxin yu Jisuan de Ronghe

策划编辑：王红梅
责任编辑：余　涛
封面设计：原色设计
责任校对：马燕红
责任监印：周治超
出版发行：华中科技大学出版社(中国·武汉)　　电话：(027)81321913
　　　　　武汉市东湖新技术开发区华工科技园　　邮编：430223
录　　排：武汉市洪山区佳年华文印部
印　　刷：武汉华工鑫宏印务有限公司
开　　本：787mm×1092mm　1/16
印　　张：15.75　插页：2
字　　数：383千字
版　　次：2018年4月第1版第1次印刷
定　　价：58.00元

前言

自20世纪80年代以来，移动通信技术已经经历了四代的演进与发展，第五代移动通信5G也即将应运而生。但由于频谱资源稀缺以及频谱效率提升空间受限于香农极限，业界逐渐认识到，5G需求的实现，不仅应着眼于通信资源的开发，还应关注缓存与计算资源带来的机遇。为了满足5G网络速度更快、时延更低、连接更多、效率更高的愿景，有必要对现有的网络架构和网元功能进行全新的改进设计。

此外，随着移动设备和基础设施全覆盖的实现，手机已无处不在。其惊人的普及速度刺激了科学家的创造力——把数以百万计的手机作为潜在传感器，其产生的数据将蕴含用户更丰富的信息。通过对移动大数据进行处理分析和建模，它将在公众健康、人口流动、城市计算等领域带来全新的研究思路和发展活力，并为人们的生活水平的提高提供动力。

本书是一本全面系统论述5G移动缓存与移动大数据关键技术及其应用的著作。在当前5G移动缓存和移动大数据研究逐渐兴起和发展的关键时期，期望本书的出版能对国内外5G移动缓存和移动大数据的研究、开发、应用和相关人才培养起到推动作用。

全书共分为15章，两个部分。前7章为5G移动缓存部分。其中，第1章是移动缓存与计算概述，介绍了当前移动通信网络面临的挑战，并简述了引入缓存与计算资源的必要性以及其带来的应用前景。第2章介绍了未来网络中缓存架构的演进，即缓存从核心到边缘的发展历程，并详述了其中的关键问题和技术。第3章介绍了5G移动缓存部署的关键问题，介绍了大数据分析和机器学习在缓存内容流行度建模上的应用，以及缓存部署策略的研究现状和研究问题。第4章介绍了两种移动缓存策略，策略引入用户移动性研究和内容编码技术，将问题建模为0－1非线性规划问题，并进一步转化为子模态优化问题，最终利用贪心算法给出问题的解决方案。第5章介绍了5G移动缓存在车联网和增强现实中的应用，给出了车联网和增强现实环境下的服务需求，并展示了基于缓存技术的车联网和增强现实网络架构和技术问题。第6章介绍了边缘计算卸载策略，策略给出了基于D2D的边缘计算任务卸载模型，利用远端云和移动微云进行任务卸载。第7章介绍了5G移动缓存在OPNET上的仿真过程，其中分别详述了核心网缓存和边缘网缓存模型的建立，参数设置的关键方法和步骤。

后8章为5G移动大数据部分。第8章对移动大数据进行了概述，介绍了移动大数据研究领域文献的分类，同时也对移动大数据的产生和收集中的关键技术和挑战进行了简要介绍。第9章介绍了移动大数据融合的关键技术，详述了数据集预处理的方法和账号合并及接入点分类问题的研究。第10～14章详细介绍了移动大数据在公众健康、社会计算、城市计算、三元空间计算及电信业务优化上的应用。其中第10章给出了移动网络数据分类的方法，并详述了基于移动网络数据的流行性和行为建模具体方法，说明了移动数据应用于公众健康的挑战。第 11 章介绍了移动大数据在社会计算中的应用，给出了通过移动呼叫和移动电话网络图对人口属性、环境属性及其他社会问题进行分析预测的方法。第 12 章介绍了移动大数据在城市功能划分、区域人口预测上的应用前景和方法细节。第 13 章介绍了移动大数据在三元空间计算中的应用方法，详细阐述了社团发现、社团活动分析方法和社团推荐服务模式的具体技术方案。第 14 章介绍了移动大数据对电信业务优化的作用，基于移动大数据分析，给出用户流失预测方法、核心用户识别技术的具体细节。最后，第 15 章给出了移动大数据分析在用户隐私保护上的技术方案和研究进展，个人隐私保护也是掣肘移动大数据未来应用的关键问题。

在本书编写过程中广泛参考了许多专家、学者的文章著作以及相关技术文献，作者在此表示衷心感谢。5G 移动缓存和移动大数据分析是当前正在发展的新技术，有些内容、学术观点尚不成熟或无定论，同时由于作者水平有限，虽然尽了最大努力，疏漏之处在所难免，敬请广大读者批评指正。

编者

2018 年 2 月

目录

1 移动缓存与计算概述

1.1　移动通信系统的缓存与计算

在移动设备日益普及的今天，社交网络不断扩张，资源密集型应用喷涌而出，移动通信的数据量正急剧增长。思科公司的最新报告预计，随着无线接入设备的大量增加，移动数据流量也将随之急剧增加，在2018年将达到整个网络流量的60%，其中大部分数据流量来自视频内容。通信数据量这一前所未有的增长，迫使移动运营商和内容提供商开始寻找新方法来管理日益复杂的网络和稀缺的回程资源。

纵观移动通信系统演变的始终，提高通信的峰值数据如传输速率、频谱效率和降低最小延迟等一直是研究的重点。早期信号调制技术的突破、信道均衡和多重接入技术推动了第一代(1G)和第二代蜂窝网络(2G)的发展，而信道编码的进步、多输入多输出技术(MIMO)和正交频分多址接入技术(OFDMA)则是第三代蜂窝网络(3G)和第四代蜂窝网络(4G)的基石。

对于下一代移动网络，目前设想的技术目标是将网络容量提升至当前4G网络的1000倍，这个目标理论上是可以实现的。比如，同时满足以下三个条件：提供至少10倍于以往的蜂窝单元数目，提供至少10倍于以往的频谱带宽，提供至少10倍于以往的频谱效率，就可以得到。

即便这个三管齐下的解决方案可能会得到一个1000倍于以往的网络容量，但移动流量的增长不太可能会在2020年停止，因此，这种拘泥于资源需求型的解决方法无法提供长期的解决方案。

我们需要一种替代方案，这种方案能使移动网络系统实现长期的、可持续的发展。

与通信资源从根本上被限制了带宽和功率不同，缓存(即内存)和计算资源是充足的、经济的和可持续的。这些“绿色资源”的增速在过去的50年里遵循着摩尔定律，并且一直没有放缓的迹象。

近年来，通信领域研究人员尝试了各种各样的方法，以期利用非通信资源提升移动服务。例如，在传输多媒体内容(几乎占据了移动数据流量的80%)方面，尝试将数据缓存在基站和移动终端上以提升服务质量。除了利用缓存来给移动用户提供个性化的服务之外，还可以通过不同移动用户内容的编码多播或其他类似的计算与逻辑处理来节省通信资源。

目前，传统的移动网络所提供的服务都是基于一种以连接为基础的假设，服务质量完全取决于网络的连接能力。为了突破这种局限性，学术界提出一种新型的网络架构，它可以替代现有的基于IP协议的互联网架构。这种新型网络架构有三种名称：

(1) 以信息为中心的网络(information-centric networks，ICN)；

(2) 以内容为中心的网络(content-centric networks，CCN)；

(3) 数据命名网络(named data networking，NDN)。

本书中，我们统一用NDN来表示。在这种网络架构中，内容缓存成为网络的一个组成部分，它脱离基于连接的网络架构，允许无线网络通过网内缓存和内容命名技术对用户进行无主机的内容分发服务，以便在整个网络中使用缓存资源。

在网络边缘，为满足随时随地的接入和计算要求，下一代移动通信网络系统(5G)将实现small cell(也称为小基站，相对于5G超密蜂窝网中的macrocell——宏基站)的超密集部署。small cell的超密集部署可以增加空间的复用，进而提高频谱效率；也可在一定程度上增加网络的吞吐量。然而实际上，这些SBS(small base station)通过有限容量的回程链路连接到宏BS(base station)。当来自终端用户的大量数据请求通过SBS和回程链路到达宏基站时，会导致服务质量下降。

为了克服5G网络中回程链路容量的瓶颈问题，研究者们通过对移动流量的观察发现，大多数的流量请求都是来源于高质量的多媒体视频流应用，即人们对内容的请求存在很大的重复性，比如流行的视频内容经常被重复请求。不同于一般的数据应用请求，这些以内容为中心的请求可以进行缓存，比如在small cell或移动设备上进行内容缓存，可以使用户从small cell或其他移动设备上获得请求的内容，从而减少回程链路负载，而且有利于减少任务请求延时和通信能量的消耗。

移动边缘缓存能使用户从small cell或其他设备处获得请求的内容，实现了内容的本地可用，而不需要通过移动核心网和有线网络从内容服务提供商获取内容，从而减少无线需求容量和可用容量之间的不均衡，缓解了5G网络的回传瓶颈，提高延时保障，降低网络能耗。

与缓存资源一样，移动通信系统中计算资源的作用也逐渐显现。

近年来，云计算(cloud computing)逐渐成为广泛认可的计算基础设施，在虚拟化的基础上，云计算可以在数据中心同时运行多个操作系统和应用，并且保证了多个操作系统和应用的隔离，从而保护在云端运行的程序和数据。因此，可以将终端计算密集型任务卸载到云端，利用云端丰富的资源和计算能力，来提高终端计算的速度。而移动云计算(mobile cloud computing)指的是通过移动网络的云计算。当然，移动云计算也需要克服很多相关的实际挑战，如性能、环境和安全等问题。然而，由于计算任务在端到端的传输过程中存在大量延时，并且频谱资源是有限的，这就导致了无线接入网络吞吐量的不足，所以移动云计算服务在部署和维护方面变得越发困难。于是，研究者提出将一些计算资源部署在离用户较近的位置，如基站附近，此时用户可以直接通过无线信道进行计算任务的卸载(称为移动边缘云计算，即mobile edge-cloud computing)，或直接利用移动终端日益增强的计算能力，基于设备到设备通信(device-to-device communication)来完成计算任务的卸载(称为移动边缘计算mobile edge computing，或移动微云mobile cloudlets)，此模式能够显著地减少计算的延时和能耗。

基于远端云的任务卸载：传统的云计算，如Clone-cloud，ThinkAir等为移动云计算的实现提出了可行方案。移动用户可以将计算密集型任务卸载到云端，在云端完成计算任务，然后将结果返回给移动用户。移动用户可以通过两种方式将计算任务卸载到云端：一种是通过 WiFi 的方式；另一种是在 WiFi 不可用时，通过蜂窝网络（比如 3G/4G/5G 网络）的方式。移动用户应该根据实时的通信状态选择通过何种方式将计算任务卸载到云端。比如根据实时带宽给出终端能耗最小的计算卸载策略；也有学者提出环境感知的计算任务卸载策略，即根据实时通信状态来决定是否卸载。

基于边缘云的任务卸载：边缘云可以分为两个部分，即 small cell 云和宏小区云，前者由部署在 small cell 上的计算资源构成，后者由部署在宏基站上的计算资源构成。small cell 云受其硬件条件的制约，计算资源有限，所以能够提供的计算服务有限。但由于 small cell 云离移动终端较近，用户可以直接通过无线信道与 small cell 云相连，所以其延时较短。宏小区云也提供一定的计算服务和保证较短的计算延时，但其计算资源仍然是有限的。对于具体的用户计算卸载策略，部分论文研究了多用户在边缘云上的计算任务卸载策略，利用纳什均衡原理给出了一种有效的、多用户在边缘云上卸载的方案，能够使得计算的延时和能耗较小。也有学者给出了在用户移动性环境下，如何在宏基站云和微基站云上进行计算任务卸载的方案，能够使得延时最短。

基于移动微云的任务卸载：微云（cloudlet）的概念由 Satyanarayanan 等人首次提出，Miettinen 等人做了进一步研究，指出微云是一种将服务器放在网络边缘的全新架构。微云一般放置在人群密集的公共或商业场所（比如机场、火车站和咖啡馆等），能够为移动设备提供较为丰富的计算资源。微云计算也称为边缘计算。但是部署和维护微云仍然是十分昂贵的，而且微云也不能解决用户移动性的问题。不过，随着移动设备存储和计算能力的发展，有工作人员提出移动微云的概念，给出了移动微云大小和寿命的定义，并解决了移动微云在什么条件下能够提供移动应用服务的问题。基于移动微云，一些研究提出了机会主义微云卸载机制，并给出基于机会主义的移动微云卸载方案，运用这个方案能够在规定时间内完成计算任务，同时系统消耗能效最优。

总之，在移动通信系统中，缓存和计算资源的加入将大大提高网络的业务处理能力，是实现下一代网络 1000 倍容量增长的可行方案。

1.2 边缘缓存与计算的移动性

用户的移动性是边缘缓存和计算的一个重要特征。只有当任务节点和服务节点在通信范围内时，任务才能够进行卸载。但是由于用户的移动性导致网络具有动态性，可能发生任务节点和服务节点之间的连接断开，从而导致任务卸载的失败。

这里我们从空间和时间两个角度简要地介绍现有工作对用户移动性的描述。空间角度指的是与用户移动模型相关的物理位置信息，时间角度指的是与用户移动模型相关的时间信息。

空间角度：用户的移动轨迹（即用户的移动路线）可以对用户移动性进行细粒度的描述。通过用户的移动轨迹，可以得到用户与 small cell、宏基站之间的距离。随机航点移动模型也可以对用户轨迹进行描述。模型描述了用户在服务小区之间的切换，即用户从一个小区移动到另一个小区，可以得到用户在服务基站的信息，也可以描述用户的移动性。这种描述和用户轨迹相比，由于不能具体到用户在每一个小区的移动轨迹，因此服务小区切换含有较少的细粒度信息。但用户在服务小区的切换过程可以用马尔可夫链模型来描述，其中，马尔可夫链模型中的状态数目等于基站数目，转移概率等于一个用户从一个基站移动到另一个基站的概率。此外还有研究发现，用户移动模型很大程度上取决于用户之间的社会关系。

时间角度：两个移动用户通信的频率和持续时间可以描述用户的移动性。根据已有的工作，任意一对用户的通信频率和通信时间可以使用接触时间(contact time)和接触间隔时间(inter-contact time)来表示。其中接触时间定义为一对移动用户在彼此的传输范围内的持续时间，接触间隔时间定义为两次接触时间之间的间隔时间。研究表明，用户的接触时间和接触间隔时间服从指数分布。用户在小区内的停留时间也可以描述用户的移动性。小区停留时间是指用户在特定基站的服务时间，这可能会影响用户从此基站接收到的数据量。此外，用户的返回时间也可以描述用户的移动性，用户的返回时间指的是任意用户返回到先前访问区域的时间间隔，它反映了用户移动的周期特性和用户重新访问特定区域的频率。通过研究返回时间的分布，并计算出返回时间的峰值，从时间的角度可以刻画出用户在 small cell 的移动情况或 D2D 网络中的用户移动性。

基于以上两个对用户移动性的观测，逐渐开始有一些工作研究用户移动性对基站缓存的影响，比如有学者利用马尔科夫链模型建立用户在 small cell 之间的移动性模型，并基于此模型给出在 small cell 上的缓存部署策略，以最小化宏基站上的流量消耗。我们将在本书第 4 章详细讨论移动性缓存策略。

1.3　缓存，计算与通信的联系

通信-缓存：内容缓存技术被广泛应用于内容分发网络(CDN)中，在 CDN 中内容被存储在不同的网络位置以提升内容提供者的服务质量(QoS)。在未来的 5G 网络中，边缘缓存将能使用户从基站或其他设备处获得请求的内容，实现内容本地可用，而不需要通过移动核心网和有线网络从内容服务提供商获取内容，降低了回程链路负载，节约了频谱资源，可有效缓解通信瓶颈问题。

通信-计算：用户可以通过消耗通信资源将终端计算密集型任务卸载到云端(包括远端云、边缘云和微云)，利用云端丰富的资源和计算能力，来提高终端计算的速度。反过来，云化的计算资源也有助于提高通信效率，比如通过中央云进行基带处理，从而提高干扰管理能力。

计算-缓存：在大多数情况下，缓存功能和与之相匹配的处理能力的结合往往是相当有效的，所以计算与缓存密不可分，其本质都是 5G 网络中虚拟的可用资源。缓存和计算卸载必然有其相关性。比如，内容常常在非高峰时间缓存到 MBS、SBS 或者用户终端，而在高峰时间通过上述设备分发到用户，以节省带宽资源。计算卸载也是类似的，比如，当某用户请求流行视频时，SBS 或其他用户设备将传输相关内容到该用户，但有可能该用户发现视频清晰度或者格式不满足，这时用户就需要对视频进行重编码，而这样的计算任务则会被卸载到 SBS 等设备上。当然，缓存和计算卸载也有许多不同的地方，比如缓存内容往往服务于很多人，而卸载计算可认为服务于单一个体。具体的差异如表 1.3.1 所示。

表 1.3.1 缓存与计算卸载的比较

缓　　存	计 算 卸 载
无用户反馈，单向缓存与内容获取	计算结果需要反馈给用户
缓存内容流行度通常较高	缓存计算结果的流行度可认为是零，即往往只服务于某个特定用户
共享存储容量相对较大	存储计算结果的空间相对较小

1.4 移动缓存与计算的应用

移动边缘缓存使得用户能从 small cell 或其他设备处获得请求的内容，实现了内容的本地可用，将一部分流量从核心网服务器卸载到本地，缓解了 5G 网络回程瓶颈。同样，边缘计算通过将小型服务器部署在云端和用户之间，有助于从云和服务器上卸载一部分负载，并缓解由用户设备计算能力有限带来的限制问题。边缘缓存与计算的出现和发展将催生大量新兴的内容密集或计算密集同时要求低延迟的应用服务，这些服务将涵盖多个行业的方方面面，如娱乐、医疗、工业和交通等。

多年来，视频流媒体服务在移动流量负荷中一直占据主导地位，但是不同视频点击率差距悬殊，导致其流量负荷实际冗余。特别要指出的是，视频缓冲是服务质量和用户体验质量中最重要的因素。调查显示，缓冲每增加 1% 会导致用户平均参与度减少 3 min。一旦用户遇到启动失败，只有 54% 的可能性进行重新缓冲。通过把视频分段再缓存，可以把前几秒和必要的视频副本缓存在优先的位置（如非常接近用户的基站），同时为后续视频保留有效的路由路径，这将大大提高用户体验质量。

娱乐行业：移动游戏产业将成为当前娱乐市场最有利润前景的产业。移动游戏应用商店（市场）可以与移动网络运营商合作，在必要的地点（如大学宿舍、公寓和餐厅等）提供缓存游戏客户端。所有的客户端部分内容（包括三维模型、地图、纹理、场景的视频等）可存储下来供玩家尤其是组队玩同款游戏的玩家重复使用。“点击即玩”的理念也可以通过缓存来实现，客户无需下载游戏客户端（只需下载小到可忽略的初始部分），这样下载游戏后可以一边玩，一边继续从高速缓存区下载客户端资源。

健康领域：健康监护行业也在悄然发生变化。形形色色的可穿戴设备将全天候地追踪个人的健康指标、锻炼情况和睡眠质量，等等。这些设备采集到的被监护人健康数据将上传到边缘云进行数据管理和数据挖掘计算，能够及时发现异常数据并及时处理，以避免紧急情况的发生，或者在紧急情况下为医院和医生提供被监护人最新最可靠的信息。

交通领域：车联网逐渐兴起。车辆与路边单元、基站以及其他车辆互联，进行信息的传递和共享。车辆携带信息采集装置、缓存和计算设备，车辆可以对采集到的信息进行边缘缓存以共享给其他车辆，诸如路况、停车情况等信息，以帮助其他车辆进行路径选择、泊车，等等；或者对采集到的信息进行边缘计算，以达到某种决策。比如，自动驾驶汽车可以采集大量数据，并与邻近汽车共享，通过边缘计算确保信息的快速处理和传输，以提醒其他车辆，从而避免车祸发生。

除此之外，工业环境参数监测、处理和自动调节，工业设备的远程健康监控等都是边缘缓存与计算的应用场景。

图 1.4.1 对边缘缓存与计算的应用场景进行了总结，它向我们充分展示了边缘缓存与计算的广阔应用空间。

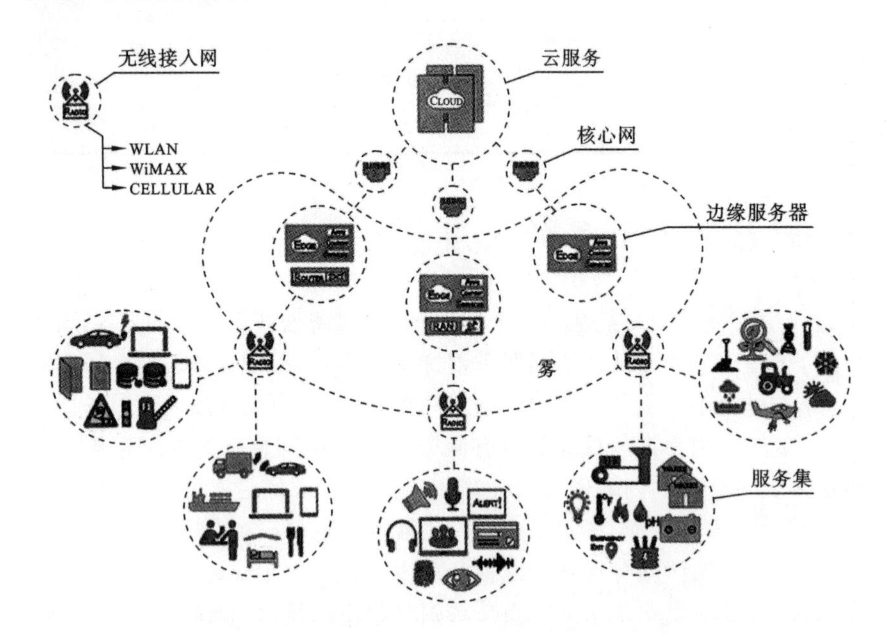

图 1.4.1　边缘缓存与计算的应用架构与应用场景

2

未来网络中缓存架构的演进：从核心网到5G超密蜂窝网

2.1 数据命名网络架构

2.1.1 数据命名网络简介

数据命名网络(NDN)的概念首先由V. Jacobson于2009年在施乐公司的帕洛阿托研究中心(PARC)提出，是美国国家科学基金会(NSF)资助的未来互联网体系结构的四个项目之一。在此之前，加州大学伯克利分校的Scott Shenker教授等提出了DONA体系结构的概念，NDN是在此基础上提出的。NDN项目最初使用内容中心网络(CCN)的代码，2013年又发布了新的基于NSF需求的版本。所以CCN和NDN是指的同一个概念。

NDN概念提出之前，研究人员提出了内容分发网络(content distribute network, CDN)和对等网络(peer to peer, P2P)技术，这两种技术提高了现有互联网的内容分发能力。这种技术路线具有较好的可操作性，能够在短时间内取得收益，减少延时和抖动，提高网络的性能。但是CDN只是局部应用，存在大量冗余数据传输和网络资源利用率不高的问题。内容缓存没有集成到全局网络中，边缘服务器中存储大量数据，只减少了P2P之间的流量，并没有减少主干网的流量，无法从根本上解决流量激增带来的互联网可扩展问题。

P2P过于强调“对等”，每个节点之间的交换完全是无序的。一个北京的用户，既可能和广州的用户进行文件片段的交换，也可能和远在美国的某用户进行交换。显然，无序的交换导致了无谓的跨地区甚至是跨国的“流量旅行”，这耗费了宝贵的国内和国际带宽资源，代价巨大，因此又产生了P4P技术。P4P全称是Proactive network Provider Participation for P2P(电信运营商主动参与P2P网络)，与P2P随机挑选Peer(对等机)不同，P4P协议可以协调网络拓扑数据，能够有效选择节点，从而提高网络路由效率。

P4P方案有助于消除P2P覆盖网络与实际网络拓扑之间的失配，它的核心原则是在现有网络体系结构的基础上增加新的设备。基于用户数据请求特征，实现数据感知与资源调度，并且依赖于运营商与服务提供商之间的协助。正是由于上述问题，人们期望从体系结构本身来解决流量增加问题，NDN 是目前解决流量扩展性问题的革命性体系结构。

NDN 在网络中用对数据命名代替了对物理实体的命名，网络中增加存储功能，用来缓存经过的数据包，用以加快其他用户访问缓存数据包的响应时间，可减少网络中的流量，如图 2.1.1 所示。

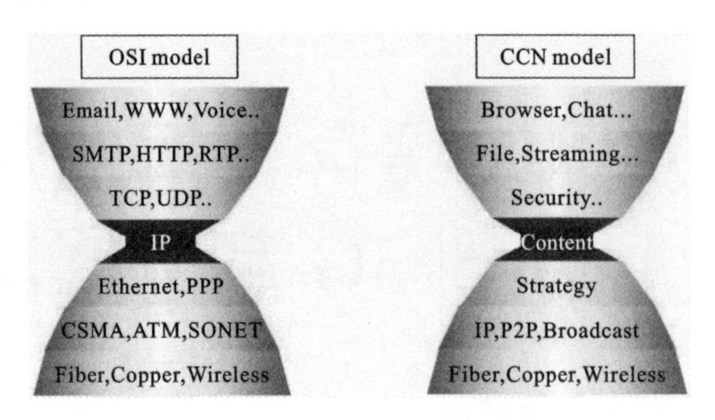

图 2.1.1　NDN 和 OSI 网络模型对比

在对 IP 网络发展和关键技术的深刻理解上，PARC 的 V. Jacobson 和 UCLA 的 Lixia Zhang 等人提出设计 NDN 的 6 个原则，其中沙漏架构、端到端、路由和转发平面分离这三个原则与现有 IP 网络相同。

（1）沙漏架构原则：NDN 体系结构的外形和 TCP/IP 网络非常相似，细腰部分为内容块，原来的 IP 层下移，IP 不再作为关键的细腰部分出现。

（2）端到端原则：该原则在网络故障时可以维持应用运行的鲁棒性，因此，NDN 继承并扩展了该原则。

（3）路由和转发平面分离原则：该原则保证了在路由系统实时更新时不影响转发功能，NDN 延续了此设计原则，使得在保证最好的转发技术的同时，可以实施新的路由机制。

（4）安全原则：当今互联网的设计是没有考虑安全的，所有的安全都是事后增加的。这种修补式的安全，对互联网造成很大的负面影响。NDN 通过为所有命名数据签名的方式，在细腰层构建了基本的安全模块，使安全成为架构的一部分。

（5）自动调节网络流原则：IP 提供的是开环数据分发（即只负责数据的分发，对数据是否到达以及数据在传输过程中遇到的问题没有反馈调节），于是传输层协议就承担了单播的流量均衡任务，而 NDN 将流量均衡与流量控制集成到沙漏的细腰中。

（6）架构中立原则：该原则使用户能够相互竞争。

2.1.2　数据命名网络中的内容命名

NDN 采取分层式的命名结构，一个 NDN 的名字类似于一个 URI，图 2.1.2 所示的为一个 NDN 命名分层树结构，如 EPIC-lab/Healthcare/Experiment/Database. doc，其中“/”表示命名不同的层次组件的分界。这种分层式的命名结构有利于体现不同数据块之间的关系，同时也可以更好地实现命名聚合。为了检索动态生成的数据，请求者与内容的发布者的数据命名规范是一致的，使请求者可以根据命名正确找到数据。

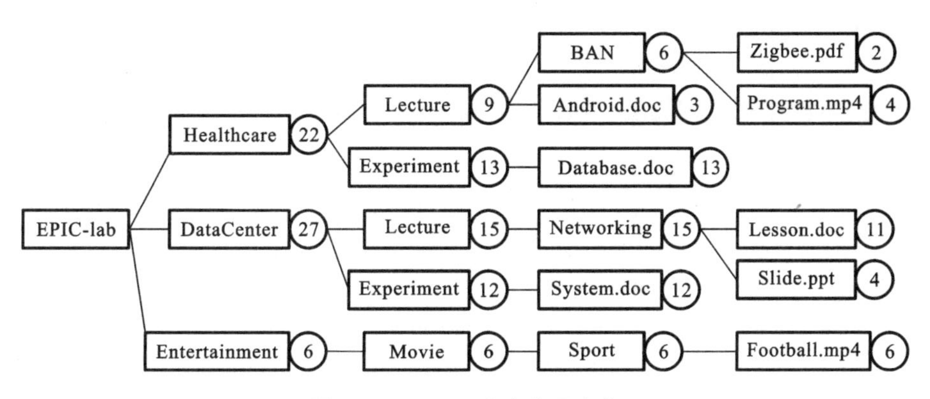

图 2.1.2 NDN 内容分层命名

2.1.3 数据命名网络基本流程

NDN 网络的通信是由接收端(即内容的请求者)驱动的。内容请求者以向网络中发送兴趣包(interest packet，intpk)的方式请求内容，兴趣包含有所需内容的命名。路由器记录收到兴趣包的接口，并且通过查找转发信息库(forwarding information base，FIB)转发兴趣包。在 NDN 架构中，一个 NDN 节点的基本操作类似于一个 IP 节点。NDN 节点基于平面(face)接收和发送包。NDN 中，典型来说有两种类型的包，分别是兴趣包(intpk)和数据包(datapk)。NDN 节点接收兴趣包，如果无匹配的内容包，将其转发到其他平面(face)，转发过程中，兴趣包的路径将被记录，当兴趣包到达存有所请求内容的 NDN 节点后，该节点将发送数据包到前一个路由器。然后依照转发路径，将数据包发送到最原始请求的节点，如图 2.1.3 所示。兴趣包(intpk)和数据包(datapk)的包格式如图 2.1.4 所示。

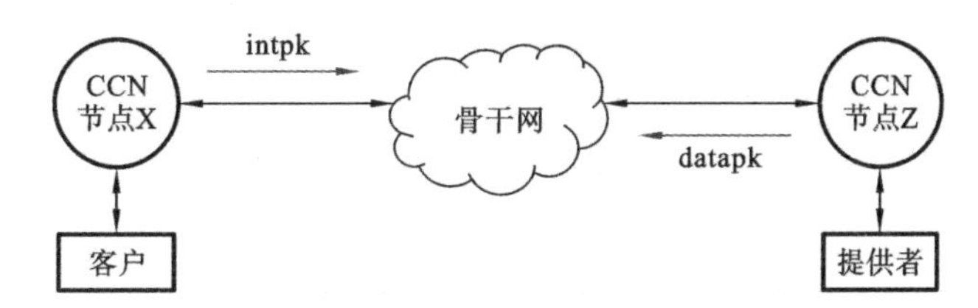

图 2.1.3 NDN 基本流程

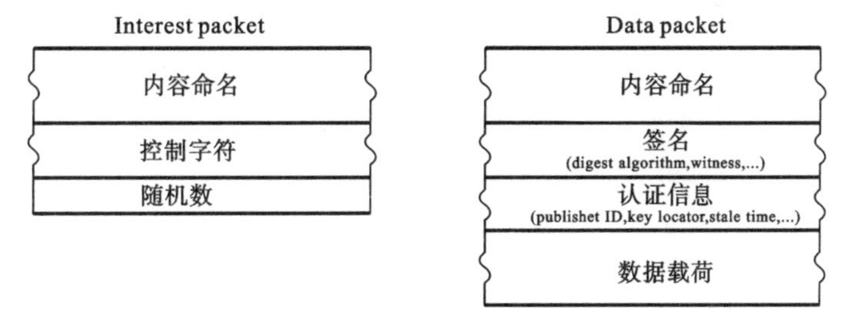

图 2.1.4 NDN 包格式

一般来说，NDN 节点包括两个数据表和一个缓存(cache)，分别是：

(1) 转发信息库(forwarding information base，FIB)，用来存储转发的服务器列表；

(2) 未匹配兴趣库(pending interest table，PIT)，用来存储未匹配的兴趣包；

(3) 内容缓存(content store,CS)。

当 NDN 节点接收到兴趣包后,查找的顺序依次为 CS、PIT 和 FIB。首先查找内容缓存(CS),如果有匹配的内容,则向对方发送数据包;否则,它将搜索 PIT 库。如果 PIT 库中已经有此条内容,它为 PIT 添加一个源需求项;如果 PIT 库无此内容,则为 PIT 库新添加一条记录。接下来 NDN 节点将根据 FIB 库中记录的服务器列表转发兴趣包,直到最后在某个服务器找到需要的数据包,如图 2.1.5(a)所示。

当数据包顺着发送路径返回时,首先查看 PIT 是否还有此需求,如果没有则将包丢弃,否则 NDN 节点将数据包保存到缓存中,如图 2.1.5(b)所示。内容在路由器中保存的时间有一定期限,过期数据将被清除出缓存。当缓存内容存储满之后,它按照一定的替换策略替换掉旧的内容。常用的替换策略有近期最少使用(least recently used,LRU)、最不经常使用(least frequently used,LFU)和先进先出(first in first out,FIFO)三种算法。

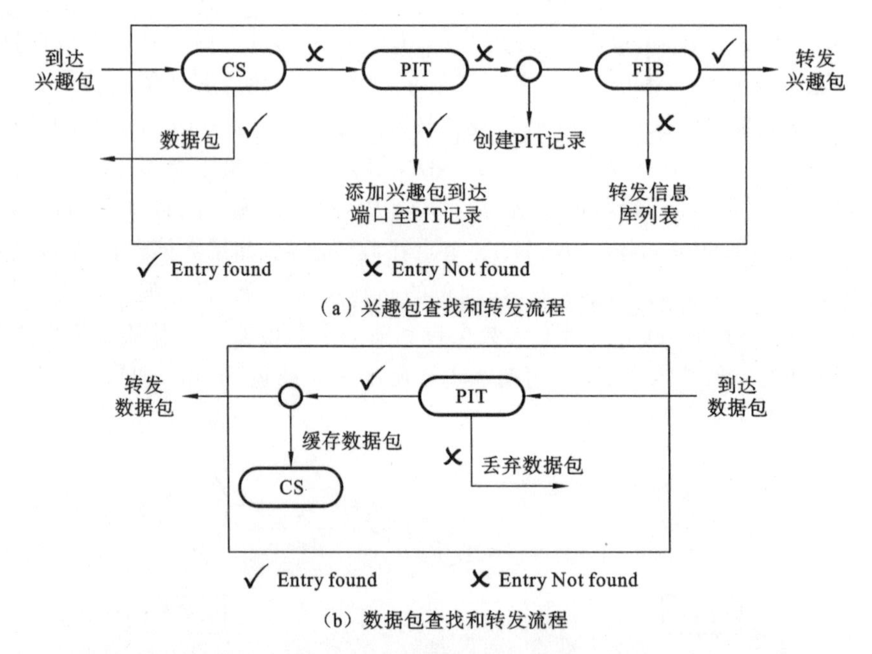

(a) 兴趣包查找和转发流程

(b) 数据包查找和转发流程

图 2.1.5 典型的 NDN 流程

为了提供高可靠性的内容分发,NDN 设计了在一定时间内未被满足的兴趣包会由请求者重发的机制。NDN 通过逐跳的兴趣包转发管理控制链路上的流量负载,当路由器某个端口到达的流量超过负载上限时,它便减慢或停止向该端口发送兴趣包。这意味着 NDN 消除了终端主机在传输层对拥塞控制的依赖。一旦拥塞发生,重传也将在刚丢失包的节点结束,因为刚丢失包的节点已经缓存了该数据。

2.2 5G 超密蜂窝网

在热点和室内区域,超密集无线网络常常作为蜂窝网络的一种补充,为了满足未来十年的 1000 倍的无线通信量增长,下一代网络提出整体超密蜂窝网络构想。

在第三代(3G)蜂窝网络中,宏蜂窝基站(MBS)的致密化旨在提高局部地区的传输速率,如部署在城市地区的宏蜂窝基站。为了避免对相邻宏基站的干扰,3G蜂窝网开发了面向宏基站密集部署的频率重用和扇区化基站技术,其中宏基站的密度为4～5 BS/km^2。在第四代(4G)蜂窝网络中,如LTE-A移动通信系统,已经部署微蜂窝基站(如热点基站和毫微微蜂窝基站)以满足指定区域高速传输速率的要求,其中微蜂窝基站的密度为8～10 BS/km^2。此外,上述所有基站都通过网关直接连接,回程流量通过光纤链路或宽带转发。在3G和4G蜂窝网络中,基站致密化的目的是提高部分区域的无线传输速率,与此同时基站致密化最大的挑战就是蜂窝网络之间的干扰协调。

在5G蜂窝网络中,大规模MIMO天线将被集成到基站中,这意味着数以百计的天线将用于传输千兆级的无线流量。由于5G基站的传输功率被限制在与4G基站传输功率同样的水平,所以与4G基站上每个天线的传输功率相比,5G基站上每个天线的传输功率必须降低为原来的$\frac{1}{20}$～$\frac{1}{10}$。因此,考虑到每个天线发射功率的降低,5G基站的覆盖半径必须减小一个量级。除此之外,5G蜂窝网络还将部署另一个潜在的关键技术,即毫米波通信技术,这项技术预计将为无线传输提供数百兆赫兹的传输带宽。然而,受到毫米波在大气中传播衰减的限制,毫米波通信的传输距离必须限制在100 m以内。因此,未来的5G蜂窝网络将是一个超密集的蜂窝网络。为了满足无缝覆盖,5G基站的密度将高达40～50 BS/km^2。

2.2.1　5G超密蜂窝网架构

随着大规模MIMO天线和毫米波通信技术的发展,5G移动通信系统将部署大量小基站,从而形成5G超密蜂窝网络。在这个过程中,研究者面临的第一个挑战是如何设计5G超密集蜂窝网络的架构。

常规蜂窝网络架构是一种树状网络架构,其中每个宏基站由核心网络中的基站管理器控制,所有回程业务通过给定网关转发到核心网。为了支持微蜂窝网络部署(如毫微微蜂窝、微微蜂窝和热点部署),常规蜂窝网络开始出现一种混合架构。在这种混合网络架构中,微蜂窝网络依然为一种树状网络架构,其中每个微蜂窝基站由核心网中的微蜂窝基站管理器控制,微蜂窝基站的回程业务经由宽带或光纤链路转发到核心网。微蜂窝和宏蜂窝的覆盖范围重叠。与宏蜂窝基站相比,微蜂窝基站可以在室内和热点区域提供高速无线传输。宏蜂窝基站和微蜂窝基站都可以独立地向用户发送用户数据和管理数据。用户可以根据自己的要求在宏蜂窝和微蜂窝之间进行切换。切换过程由核心网中的宏蜂窝和微蜂窝管理器控制。在该网络架构中,微蜂窝网络与传统的宏蜂窝网络互补,以满足部分区域(如室内和热点区域)的高速无线传输要求。

受到大规模MIMO天线和毫米波通信技术的推动,5G蜂窝网络开始出现小蜂窝的密集部署。然而,考虑到城市环境中部署的成本和地理因素等挑战,我们很难通过宽带或光纤链路转发每个小蜂窝基站的回程业务。此外,由于毫米波通信技术限制了小蜂窝基站的无线传输距离,因此小蜂窝基站通常不能将无线回程业务直接发送给给定的网关。在这种情况下,无线回程流量必须经过多次跳转发到指定网关。为了解决这个问题,学界提出一种分布式5G超密蜂窝网架构。

在5G超密蜂窝场景下,为了解决移动用户在小蜂窝之间频繁切换问题,宏蜂窝基站被配置为仅发送管理数据以控制用户在宏蜂窝基站之间的切换,小蜂窝基站负责用户的数据传输。因此，在 5G 超密蜂窝网中的小蜂窝网络并不是宏蜂窝网络的一个延展，而是与宏蜂窝一起共同组成了 5G 超密蜂窝网。根据回程网关的配置，我们这里介绍其中两种分布架构。

单网关超密蜂窝网：此时我们仅在宏蜂窝中部署一个网关，相应的场景和逻辑图如图 2.2.1 所示。为了不失一般性，网关被配置在宏蜂窝基站处，宏蜂窝基站通常有足够的空间来安装大规模 MIMO 毫米波天线，用于从小蜂窝基站接收无线回程业务。小蜂窝基站通过毫米波链路将回程业务转发到相邻小蜂窝基站，最终到达宏蜂窝基站。最后由宏蜂窝基站聚合后通过光纤到区(FTTC)链路发送到核心网。

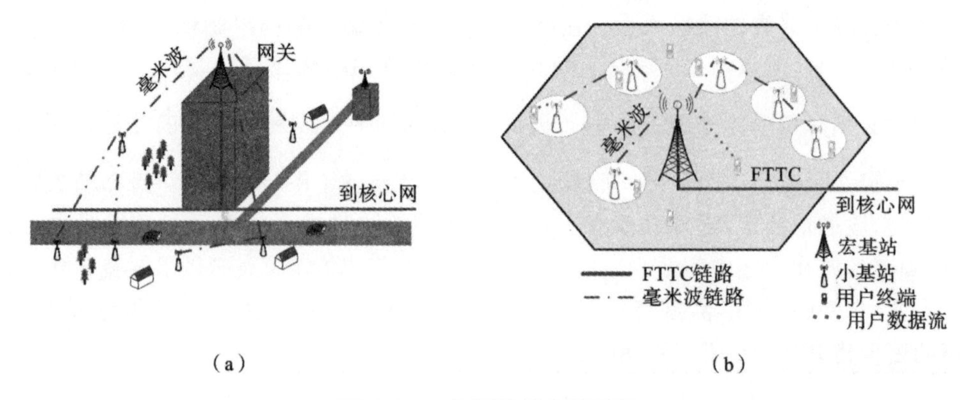

图 2.2.1 单网关超密蜂窝网

(引自:《5G Ultra-Dense Cellular Networks》)

多网关超密蜂窝网：这一架构通过灵活部署多个网关将回程流量转发到核心网络。在这种情况下，考虑到回程流量和地理位置因素，将网关部署在多个小蜂窝基站中。如图 2.2.2 所示，小蜂窝基站的回程业务通过毫米波链路转发到小蜂窝基站。与单网关不同，小蜂窝基站的回程流量将分布到宏蜂窝的多个网关中，并在特定的小蜂窝基站(即网关)处聚合，最终通过 FTTC 链路转发到核心网络。详细情况和逻辑图在图 2.2.1和图 2.2.2 中示出。

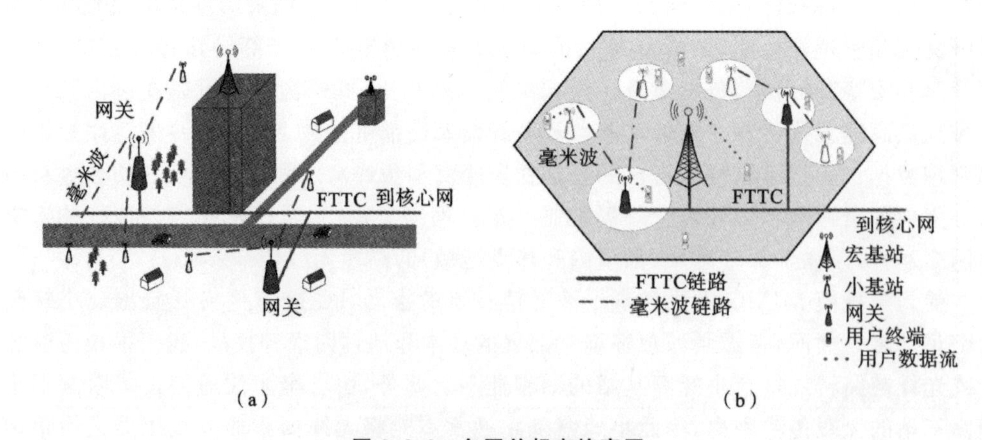

图 2.2.2 多网关超密蜂窝网

(引自:《5G Ultra-Dense Cellular Networks》)

传统蜂窝网架构是一个集中式网络架构，在部分区域(如城市地区)密集部署一些微蜂窝以满足拥挤的通信要求。当 5G 小蜂窝基站采用大规模 MIMO 天线和毫米波通信技术时，蜂窝覆盖范围将明显减少。为了实现无缝覆盖，5G蜂窝网必须密集部署大量小蜂窝基站，进而可为蜂窝覆盖范围的用户提供高比特率服务。考虑到成本和地理部署要求，超密蜂窝网架构往往是分布式的。常规蜂窝网中的每个基站功能相同，宏蜂窝和微蜂窝的覆盖重叠。5G超密蜂窝网中，宏蜂窝基站发送管理数据，小蜂窝基站负责传输用户数据。宏蜂窝基站和小蜂窝基站没有功能和覆盖上的重叠。单网关5G超密蜂窝网具有成本效益，但单网关可能存在回程容量瓶颈。

2.2.2　面向缓存部署的5G超密蜂窝网络

超密蜂窝网(UDN)是第五代(5G)移动通信最有前景的技术之一，它通过小型基站(SBS)的密集部署来减少基站与终端用户之间的路径损耗，从而提升网络的吞吐量。实际上，这些SBS是通过有限容量的回程链路连接到宏基站。当来自终端用户的大量数据请求通过SBS和回程链路到达宏基站时，会导致服务质量下降。解决回程链路限制的一个方案是通过利用UDN边缘的可用存储，如SBS和用户设备(UE)，进行分布式缓存。

通过SBS缓存，用户请求可以直接被SBS满足，而不需要通过回程链路转发到宏基站，从而可以降低回程链路负载。

通过设备到设备(D2D)通信，用户设备(UE)可以彼此通信，而不占用回程链路的带宽。在UDN的D2D范例中，SBS调度并分配资源，以构建用于用户设备的D2D通信信道。当用户设备在通信范围内时，可以直接发送数据。通过D2D通信，启用了高速缓存的用户设备可以共享彼此的数据，这将减少宏基站和终端用户间的带宽消耗，如图2.2.3所示。

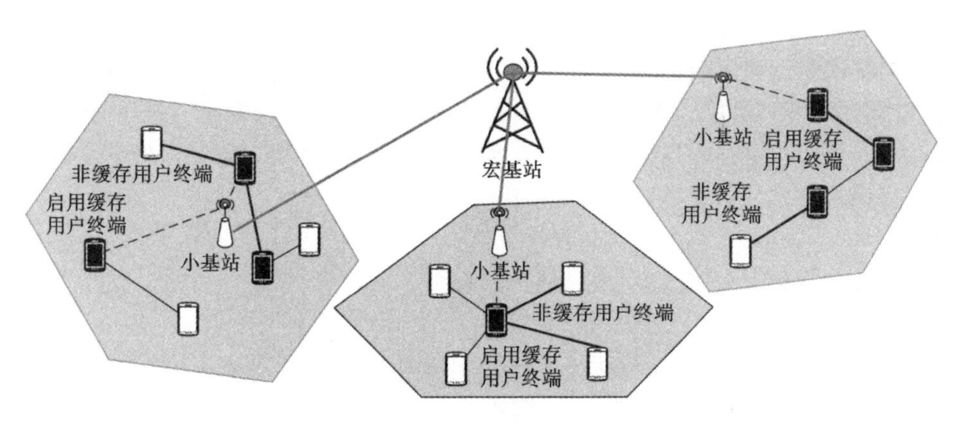

图2.2.3　面向缓存部署的超密蜂窝网

(引自：《Socially Motivated Data Caching in Ultra-Dense Small Cell Networks》)

在移动网络中，由于将数据缓存会带来存储成本，所以节点可能有非合作行为，并在缓存决策时考虑自己的利益。如何激励SBS或用户设备缓存仍然是一个开放的问题。

在数据缓存的过程中，考虑到社会因素，移动设备用户不仅会关心自身利益，而且也希望能帮助到他们信任的朋友和物理耦合的邻居(即D2D通信范围内的节点)。因此，家庭成员、朋友、同事以及其他社会关系的人的互助将是一个很好的激励手段。另一方面，如果物理上紧密接近的用户设备可以帮助彼此进行高速缓存，这也是一个双赢的情况。结合社会关系和物理耦合，每个移动设备都有一个由社交朋友和物理邻居组成的社团。如何最大限度地利用社会群体效用来激励数据缓存和降低缓存成本，成为一个值得研究的问题。

除此之外，在SBS或用户设备中进行缓存还需要考虑的一个重要问题就是用户的移动性。用户的移动性是边缘缓存的一个重要特征，它对于5G超密蜂窝网缓存设计尤为重要。在UDN缓存部署过程中，我们需要充分地考虑用户移动模式中的时空特性，否则缓存资源的优势将荡然无存。

空间上，用户的移动模式可以根据用户轨迹（即用户的移动路线）进行可视化。UDN缓存设计中的关键信息，如服务基站、基站和移动用户之间的距离，都可以通过用户轨迹获得。区域转移，即用户从一个区域移动到另一个区域，暗含了每个移动用户的服务基站信息，这也是基站缓存设计中最重要的信息之一。很适合通过使用马尔科夫链模型来捕捉过渡属性，其中，状态数目等于基站数目。在马尔科夫链中，一个状态表示一个特定基站服务于一个特定用户，过渡属性代表一个用户从一个基站移动到另一个基站服务区域的概率。

时间上，区域停留时间（cell sojourn time）对UDN缓存部署而言也是一个重要信息，具体来说，它是指特定基站为特定用户服务的时间，这可能会影响这一用户从这个基站接收到的数据量。另外，用户移动模式还具有周期特性。我们定义返回时间为任意用户返回到先前访问区域的时间间隔，它反映了用户移动的周期特性和用户重新访问特定区域的频率。

利用以上两个维度的信息，我们可以很好地描述用户与基站的交互情况，从而指导小基站上缓存的部署。

总而言之，在5G超密蜂窝网络边缘（包括SBS和用户设备缓存）部署缓存可以有效缓解网络回程链路负载，有助于实现下一代网络1000倍无线通信量增长的目标。但与有线网络缓存不同的是，无线网络在缓存设计过程中，一方面需要考虑如何激励更多的设备参与到协作缓存的过程中，另一方面在策略中还要充分考虑用户的移动特性，对用户移动模式的充分研究将对缓存性能产生巨大影响。

2.3　基于虚拟化的5G网络架构

受数据快速增长的驱动，传统移动网络正在经历以主机为中心（或者以连接为中心）向以内容为中心（或以信息为中心）的转变。在当前以主机为中心的网络中，通信是基于命名主机（如服务器）的，而在新兴的以内容为中心的网络中，通信是基于命名数据对象（如内容）的。根据内容缓存的位置，这些技术可以分为两个主要类别：核心网络缓存和RAN缓存。

2.3.1　以内容为中心的移动网络架构

1. 核心网络缓存及其局限性

在核心网络中部署内容分发网络（CDN）以处理视频业务，这一热潮引起的技术挑战的解决方案已经被普遍接受。根据思科公司的预测，到2019年，72%的互联网视频流量将由CDN传输。CDN具有许多优点，如减少源内容服务器负载，减少内容检索延迟，提高内容可用性以及增加并发用户的数量，等等。因此，自20世纪90年代末以来，已经建立了许多商业CDN提供商(如Akamai)。然而，使用CDN也存在以下局限性。

(1) 由于高昂的前期部署费用和运维费用，在世界各地建立和维护自己的CDN以处理全球请求对大多数组织或内容提供商而言是不划算的。

(2) 虽然有一些第三方CDN供应商，但是高昂的部署费用和其他潜在费用仍然将小客户拒之门外。一旦由第三方供应商来维护CDN，支持可用性又是另一个问题。

(3) 由于传统CDN是静态资源分配，它们不足以处理瞬间拥塞业务(即短时间内大量出现的意外业务)。

但无论如何，存储在核心网络中的内容对于终端消费者始终不够"靠近"。核心网络缓存只是减少了在核心网络中传输的重复内容的数量，用户到RAN的业务量仍然是庞大的，这将对RAN的回程链路造成高压。

2. RAN缓存及其局限性

根据复制和缓存热点内容的思路，目前学界提出FemtoCaching，即在基站(BS)和接入点(AP)中缓存热点内容，这个方案有希望解决核心网络缓存天然局限性的问题。FemtoCaching有很多优点：首先，与核心网络缓存相比，内容和最终消费者之间的"距离"进一步减小，因此可以进一步降低内容传输延迟；其次，FemtoCaching通过用本地BS或AP处的存储容量替换回程容量，减轻回程负载。但是，FemtoCaching也存在如下一些固有的问题。

(1) 如果每个基站缓存相同的热点内容集，由于每个基站中的高速缓存容量非常有限，因此可以高速缓存的内容总量将受到限制。

(2) 如果基站可以协同工作，则在每个基站中高速缓存的热点内容集可以是不同的。然而，分布式内容放置问题是不平凡的问题(即"哪个文件应该被缓存，缓存在哪里"是一个复杂的问题)。

(3) 为了实现FemtoCaching，必须将新设备(如存储设备)添加到当前RAN中，这个过程的开销很大。

如上所述，虽然最近提出的FemtoCaching可以在一定程度上扩展CDN缓存的能力，但是在FemtoCaching中仍然存在许多技术挑战。

为了应对目前的挑战，虚拟化技术被视为一个可能的解决方案。通过缓存虚拟化技术，我们可以很好地定位和解决当前以内容为中心的移动网络所面临的难题。简单来说，比如，当出现瞬间拥塞业务时，虚拟化技术可通过在线调整虚拟机来达到弹性部署的目的。与此同时，集中式的虚拟资源天然地避免了分布式内容放置这一不平凡的问题。接下来，我们将向读者阐述何为虚拟缓存。

2.3.2　存储即服务(CaaS)

1. CaaS概念

"存储即服务"(CaaS)的概念，具体分为以下几点。

(1) 在移动网络运营商数据中心的物理硬件服务器上运行RAN、EPC虚拟机和缓存虚拟机。数据中心可聚集在同一个地方，或者分散在不同的地方以高性能光纤电缆相连。在现有数据中心上运行流量优化和任务迁移调度技术，测量实际性能指标。

(2) 缓存虚拟机与 RAN 和 EPC 虚拟机并存，因为一切都是虚拟的，缓存可被认定为通用缓存。可以根据内容的实际流量情况、普遍性和用户需求的多样性，在缓存虚拟机中自由分块、复制、分散、捆绑和重新定向。同样，其他层的信息和功能（如 D2D 通信、用户设备的信号质量和流动性管理）可以用于第三方服务提供商和移动网络运营商线上跨层优化，也可供移动用户择优选择服务。

(3) 每个第三方服务提供商可通过应用编程接口对虚拟缓存进行编程。缓存策略可以是静态的或动态的，可以联机或脱机。第三方服务提供商可根据网络拓扑结构管理他们的虚拟缓存以优化流量。移动网络运营商可针对第三方服务提供商的资源利用情况开展动态收费。

2. CaaS 应用与挑战

对于虚拟缓存，大家正在达成共识。5G 系统不是基于某种单一技术的科技，而是需要大家共同收集、互通技术创新和解决方案，以应对各种先进的移动服务导致的流量增长的挑战。因此，在 5G 系统内有效利用 CaaS 非常具有挑战性，也会给研究者和工程师们带来更多有趣的问题。

1) 软件定义网络(SDN)技术与虚拟缓存结合利用

软件定义网络(SDN)使得用户可以实时控制数据交换，调整网络内数据流。移动网络运营商在 CaaS 应用程序接口(API)内为第三方服务提供商提供适当的软件定义网络(SDN)控制接口，以规划他们的服务，这需要有效的方案和协议。这些虚拟资源由移动网络运营商通过大量服务器中的虚拟数据中心使用软件定义网络(SDN)技术产生。软件定义网络(SDN)固有的细致数据包分类器可以识别流量和实时编程，提供快速、灵活、大规模的缓存资源服务。此外，还需要进一步研究如何扩大网络内虚拟缓存资源(虚拟机、临时数据、用户会话等)。

2) 实时调整虚拟缓存转发路径

要对 RAN、EPC 进行虚拟资源整合，移动网络运营商优化虚拟缓存的关键是追踪内容的流行度，实时分配虚拟缓存，并在每个服务器上更新有效的路由表。因此，需要在不同的时间范围自动更新、优化调度的算法。在虚拟机之间，虚拟缓存的措施是实时调整缓存转发的路径。

3) 虚拟缓存的定位服务

通过为移动用户绑定合适、方便的本地线下服务，定位服务(LBS)给移动网络运营商和第三方服务提供商带来了高利润。CaaS 可为第三方服务提供商提供高扩展性、可设计的应用程序接口(API)，让他们可以精确指定缓存的部署位置、规模及策略。例如，移动广告的图像和视频可以缓存在特定的地方以向各类数据挖掘者推广。内容可以缓存在微处理器或者无线网络接入点，第三方服务提供商和移动网络运营商可以根据人流量动态调整缓存的分配算法。

4) 基于 D2D 的虚拟缓存

在公共场合如食堂、餐厅、地铁、公寓等，人们可以利用设备互联(D2D)技术互相分享和存储热点内容。移动网络运营商和第三方服务提供商可以有效地利用和促进基于设备互联(D2D)的缓存，从而更好地利用缓存资源，也可基于上面提到的虚拟缓存定位服务进行延伸。

5）社交网络虚拟缓存

CaaS应该考虑到社交网络服务（SNSs）的影响，尤其当传送的内容与用户的社会活动相关的时候。社会关系会导致大概率的内容传递，因此预先在适当位置缓存可以提高服务质量（QoS）。CaaS为第三方服务提供商提供了灵活的应用程序接口（API）来进行移动社交网络分析，如人们参加的会议、社会关系和用户的移动模式，从而确保设计合适的算法，使相关内容与可能对此感兴趣的用户较近，这样移动用户可以在虚拟缓存中享有高度改进的高速缓存命中率。缓存的策略和协议仍存在很大的提升空间，应根据现实社交网络的痕迹和内容中心网络（CCN）的数据集进行评估。

2.3.3 虚拟化5G架构

通过虚拟化，移动网络运营商可以轻松地利用虚拟机在线动态调整各项功能，为移动用户提供快速、弹性的服务，并按需供给第三方服务提供商和内容提供者。所有的信号处理单元在虚拟机上运行并传送回数据中心，通过高容光纤连接众多无线天线以提供高灵活度的无线接入功能（无线接入技术），并在云端把EPC功能虚拟化以便弹性管理。移动网络虚拟化为研究者指明了一个潜在的研究方向——在移动网络运营商数据中心内部进行虚拟缓存。

缓存并分享用户会话数据，然后切分、归集，重新定向虚拟资源和内容，这是很重要的。常规数据中心网络优化研究显示，分布式缓存可能给数据中心虚拟机的安置和流量控制带来更加复杂的问题。移动网络运营商需要根据移动用户的需求和第三方服务提供商的要求来自动配置有效的路由入口，然后虚拟缓存内容通过路由路径与移动用户进行有效的“预连接”，这对于预留带宽和传输机会是很重要的，这个过程可以看成“预取”内容。

根据插入缓存功能的位置，我们讨论分层缓存和分布式缓存这两种缓存虚拟化机制。

（1）分层缓存：如图2.3.1所示，我们可以在两个位置的服务器（运行RAN虚拟机的服务器和运行EPC虚拟机的服务器）上分层部署缓存虚拟机。在这种形式下，分层缓存可促进缓存性能提升。靠近BS缓存虽有助于缓解拥堵和降低端到端（E2E）延迟，但有限的缓存资源将遭受较高的缓存丢失率。靠近EPC网络缓存拥有较高的缓存命中率，但路径过长可能导致较长的延迟。内容缓存虚拟机应动态分配至移动网络运营商数据中心的两层，以满足用户需求的多样性和流动性。

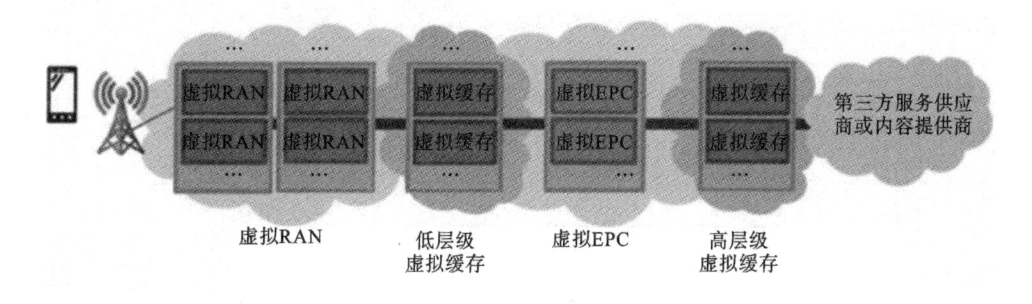

图2.3.1 阶层性的虚拟缓存

(2) 分布式缓存:根据移动用户的要求和提供给第三方服务提供商的服务质量保证,以及物理设备的局限性,需要自由地在移动网络运营商数据中心的任何服务器上分配虚拟缓存虚拟机。为实现全局调度,缓存虚拟机可以附加在任何一个服务器上并可以随时迁移至任意其他服务器。由于RAN虚拟机、EPC虚拟机和缓存虚拟机都在相同的数据中心基础设施中,或在具有极强内部连接的单独的数据中心中,这里的虚拟缓存非常普遍,因此缓存虚拟机(VMs)与RAN虚拟机、EPC虚拟机的结合可应用在任何地方。如图2.3.2所示,缓存虚拟机的内容可以被分块或打包,因而内容得以快速通过运行RAN虚拟机的服务器直接传递给用户,无需回流至EPC虚拟机。如果缓存内容在与RAN虚拟机共享服务器的缓存虚拟机上运行,延迟将会大幅缩短。集中缓存控制器在这里扮演了一个较为重要的角色。

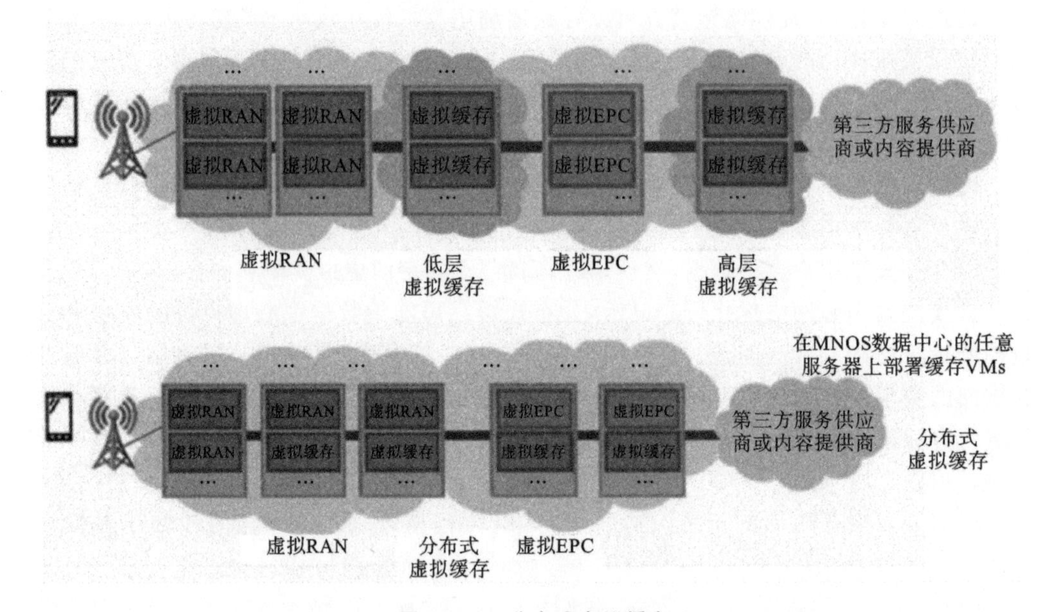

图2.3.2 分布式虚拟缓存

基于虚拟化的5G网络架构通过将缓存等基础资源进行虚拟化,有利于资源的集中管理和动态部署,能更好地应对目前核心网和边缘无线网缓存面临的一些挑战,值得投入更多的研究工作。

3 缓存部署与内容流行度建模

3.1 缓存内容

缓存内容大致可划分为可高速缓存和不可高速缓存两大类。

可高速缓存的内容可能被网络中的每个节点高速缓存，可以进一步细分为如下内容。

(1) 全球受欢迎的内容：一些内容是全球受欢迎的（如 trending You-Tube 视频），并可能被缓存在所有边缘路由器中。

(2) 区域流行的内容：一些内容在孤立的地区流行（如中国人爱玩的羽毛球游戏或印度的板球比赛），因此需要本地缓存。

(3) 特定时间流行的内容：一些只在特定时间段内流行的内容，如游戏的直播流，在过期后变得不可用。

不可高速缓存的内容可能是不受欢迎的（如一部用少数民族语言配音的电影），或只对个人、小团体（电子邮件、视频聊天等）是有用的，或者加密的通信（如在线银行）等内容。这些数据并不流行，因此缓存这些数据并不能帮助减少网络负载。

缓存内容放置方案有多种。一种简单的方案是完全拷贝法，这意味着每个边缘节点缓存来自内容提供商的所有文件，然而这种方法由于代价太高很少实际应用。一种替代方案是部分拷贝法，其中每个边缘节点仅需要缓存整个内容集的一部分。目前，已经有研究人员提出了更复杂的算法来实现部分复制内容放置方案，包括流行度、对象、经验或基于簇的方法。

3.1.1 内容流行度与用户偏好

内容流行度：指该内容在给定时间段内被用户请求的次数与总的请求数量的比值。一般来说，内容流行度遵循齐普夫分布（一种幂律分布），它可以通过内容目录大小 N_f 和一个偏斜参数 β 来表示。在一般情况下，内容流行度变化比蜂窝网络的通信量变化慢得多，因此在一段时间内（如一个星期或者两三个小时的电影）可以近似认为常数。另外，一个大区域（比如一个城市甚至一个国家）和一个小区域（比如校园）流行的内容流行度往往是不同的。

内容流行度的预测已经成为一个研究热点，因为它能够为多种应用带来好处，如网络规划和在线交易。人们提出了许多预测方法，如统计累积方法等。在无线网络中预测内容流行度往往有特殊的困难，因为我们必须知道精细的空间粒度。比如，预测在一个 BS 覆盖范围内的内容流行度，因为与 BS 相关联的用户数目是动态的，并且流行内容在其存在周期内的累积请求数目是有限的，所以这种预测极具挑战性。

用户偏好：用户偏好文档记录了由一个特定的用户在一定时间内请求各个文件的概率。每个用户呈现不同的行为，这基于一个事实，即用户通常对特定类别的内容有强烈偏好。一个用户的偏好可以通过对用户请求的历史记录和用户之间的相似性进行机器学习（协同过滤）来预测，这已在推荐系统中被广泛研究。

预测的不确定性：内容流行度和用户偏好的预测精度会影响主动缓存的性能。通常，我们用高速缓存命中率作为反映缓存性能的指标。不精确的预测将降低高速缓存的性能，并引入额外的成本，如回程线路和在 BS 缓存错误内容消耗的能量。

3.1.2　内容流行度模型

1. 静态 IRM 模型

Web 缓存性能分析的实际模型是独立参考模型（IRM），即根据比率为 λp_n 的一个独立泊松过程进行内容请求。其中，p_n 为通过幂次定律建模的内容流行度（如 $p_n \propto n^{-\alpha}, \alpha > 0$）。这个模型能够发展的原因在于其简单，它只有两个参数：λ 用于控制请求的速率，α 用来控制流行度的偏斜。

2. 静态 IRM 模型的改进

通过大量研究者的工作，IRM 已经能很好地模拟真实流量。然而，我们仍需要对它进行改进，原因如下。

IRM 假定内容流行度是静态的，这是不正确的。因为流行度是快速变化的，比如热门微博、爆炸新闻等，这些内容从出现开始，逐渐变得越来越流行，然后再逐渐变得不流行直至冷却。事实上，对 You-Tube 和视频点播（VoD）的大数据集进行分析，可以发现对于高速缓存的性能分析来说时变模型比 IRM 更精确。有研究人员提出一种非均匀泊松模型，其中每个内容与一个“脉冲”相关联，它的持续时间反映内容的生命周期，它的高度表示瞬时的流行度。这个模型被称为散粒噪声模型（SNM），灵感来自电子的泊松噪声。图 3.1.1 显示了 You-Tube 数据集下时变内容流行度建模的优越性。

为了优化缓存，人们需要追踪内容流行度的变化。例如，传统 Web 缓存系统采用动态驱逐策略，如最近最少使用策略（LRU）来达到相关目的。但是 LRU 策略的效率低下，尤其是对无线系统而言。典型的 CDN 缓存每天正常地接收 50 个请求或内容，但对于基站缓存来说这个数字可能低至 0.1。面对一个这么小数目的内容请求量，流行度的快速变化变得非常难以追踪，此时经典 LRU 方案就无法适用。

这一挑战促进了学习方法论在准确追踪时变内容流行度上的应用，比如使用预过滤 LRU 作为一种替代的解决方案。

3. 跟踪流行变化

考虑电信运营商的 K 个用户和放置在网络中的 L 个缓存（放置在基站或其他位置），每个缓存能存储内容目录里 N 个内容中的 M 个。在矩阵 $\boldsymbol{P} \in \mathbf{R}^{K \times N}$ 中，行表示用户，列表示相应内容。换句话说，该矩阵中的每一条目表示流行内容 N 对用户 K 而言

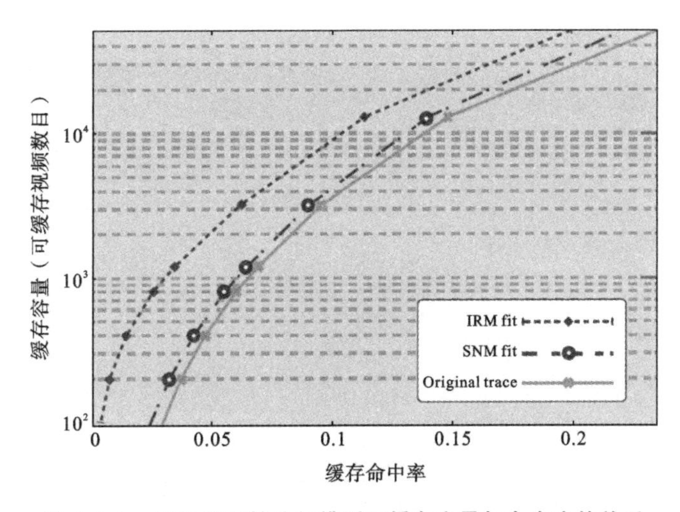

图 3.1.1　不同流行性分析模型下缓存容量与命中率的关系

（引自：《Wireless Caching：Technical Misconceptions and Business Barriers》）

的流行度。显然 $\boldsymbol{P}$ 是稀疏的，在实际应用中 $\boldsymbol{P}$ 只是部分已知，但为了保证基站缓存的正确估计，$\boldsymbol{P}$ 必须被连续估计。

实际上，我们可以使用机器学习来估计 $\boldsymbol{P}$ 矩阵中的未知条目。尤其是当矩阵维数较低时，这种估计是特别有效的，此时系统可以通过少量的“特征”来描述。幸运的是，由于流行内容之间存在相关性，使得运用这种方法确实能够从实际数据中得到较好的估计结果。比如，可以通过低秩矩阵分解方法，即 $\boldsymbol{P}\approx\boldsymbol{K}^{\mathrm{T}}\boldsymbol{N}$，其中 $\boldsymbol{K}\in\mathbf{R}^{r\times K}$，$\boldsymbol{N}\in\mathbf{R}^{r\times N}$ 是因子矩阵，用来构造矩阵 $\boldsymbol{P}$ 的 r 秩形式。这一方法利用了当 r 很小时用户兴趣是相互联系并可被预测的事实，使得所收集到的统计资料能以一种更紧凑的方法被存储。

另外，一个缓存系统应具有类似于推荐系统的功能。著名的 Netflix 电影推荐系统利用用户过去的活动信息来预测哪些电影可能会被用户高度关注。类似地，缓存系统可以利用请求数据来预测什么内容将足够受欢迎而应被缓存。当然，在这种情况下，用户隐私法规可能会影响这些宝贵数据的收集。在这个研究方向下，一个重要课题是隐私保护机制，在不影响用户隐私的情况下能够对时变且与位置相关的流行度矩阵 $\boldsymbol{P}(t)$ 做充分的采样。

3.1.3　大数据技术与内容流行度预测

在无线网络世界中，大数据为网络规划带来了新的思路。大数据技术可以帮助我们更好地了解用户的行为和网络特性（位置、用户速度、社会地理数据等）。

由于人类行为是高度可预测的，大量的数据流将通过运营商的网络，通过收集上下文信息（如用户的浏览历史和位置信息），利用大数据分析和机器学习工具预测用户的需求，可以在合理的时空下在网络边缘主动缓存相应内容。这样将降低回程负载，并带来低延迟和高 QoE（体验质量）。图 3.1.2 显示了这样一个结合大数据平台的网络架构。

1. 缓存基站子系统

假设一个由 N 个蜂窝小区组成的网络，蜂窝小区 n 的回程链路和无线链路容量用 C_n 和 $C_{n'}$ 来表示。假设 $C_n<C_{n'}$，来模拟一个回程链路容量不足的场景。用户请求的内

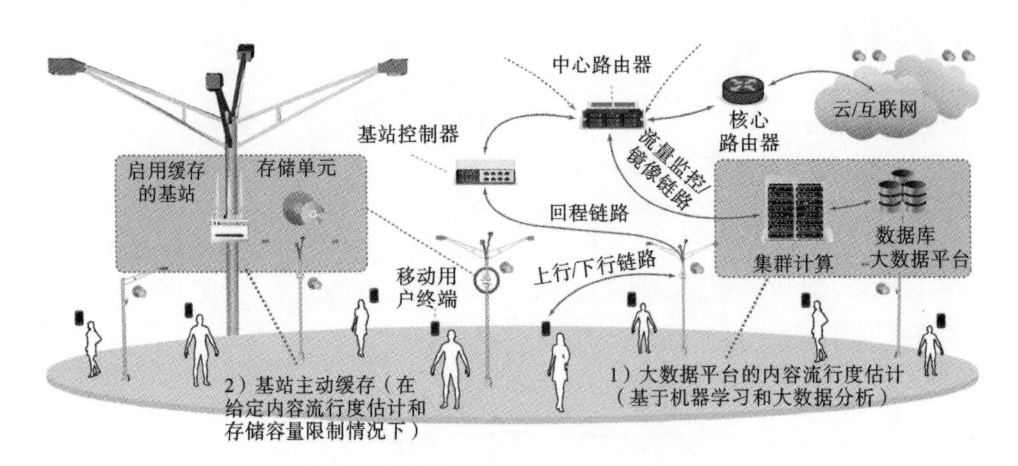

图 3.1.2　结合大数据平台的网络架构

（引自：《Big Data Caching for Networking：Moving from Cloud to Edge》）

容库大小为 $F=\{1,\cdots,F\}$，其中每个内容大小为 $L(f)$ 且 $L_{\min}<L(f)<L_{\max}$，且每个内容传输速率为 $B(f)$，用户在时间周期 T 内进行内容请求。为了能将负载从容量不足的回程链路中卸载下来，小型基站上安装了一定大小的缓存，并存储了内容库中的一部分内容。但由于内容和用户数目都是巨大的，而回程链路和存储容量有限，所以在基站上处理和提取有用信息并存储所有用户所需的内容是一件相当困难的事情。

正如前面所提到的，通过边缘缓存最大限度地减少回程负载是非常具有挑战性的。因此，我们需要根据内容流行度矩阵（记为 $\boldsymbol{P}$，列代表请求的内容，行根据情况可代表用户或基站子系统）来决定内容缓存在哪个基站上。在这个过程中，我们必须考虑内容大小、内容库大小、内容传输率要求、回程和无线链路容量、SBS 缓存容量以及内容流行度矩阵不完整等问题，从而制定恰当的缓存决策。假设缓存决策可以用贪心算法处理，基站通过机器学习估计稀疏流行度矩阵的空缺值。

2. 大数据分析平台

接下来，我们将讨论一个用于上述目的的大数据平台框架。这个平台将存储用户的数据通信量并从中提取有用信息，用于主动缓存决策。假设 Hadoop 被部署在运营商网络的核心位置，以下是这个平台用于分析所需达到的要求。

更短时间内的大量数据处理能力：为了满足主动缓存决策要求，移动核心网络内的数据处理平台应该能够读取并组合来自不同数据源的数据，同时快速、可靠地进行智能处理。因此，在通过网络分析工具采集到镜像数据后，需要通过企业数据集成方法（如 Spring 集成）将其导入大数据存储平台，如 Hadoop 分布式文件系统（HDFS），以进行下一步详细分析。

清洗、解析和格式化数据：数据清洗是数据分析过程的一个重要组成部分。事实上，在对数据进行任何机器学习和统计分析之前，数据本身必须被清理，通常这个过程比机器学习分析花费的时间还要多。原始数据本身可能包含一些错误的、不合适的和错误字符编码的非一致数据包等，需要清洗。下一步是从原始数据提取所需内容。在这个阶段，基于之后的数据分析和建模要求，将对数据和控制包中的指定头文件进行解析。最后，解析后的数据再进行适当的编码（如 Avro 或 Parquet 格式）以存储在 HDFS 中。

数据分析：通过使用高级查询语言如 Hive 查询语言（HiveQL）和 Pig Latin，不同的数据分析技术可以用来对 HDFS 中格式化的数据进行分析，分析技术可以用在控制平面或数据平面的首部或者有效载荷信息中。这一步主要是为了找出控制包和数据包之间的关系，比如通过 map-reduce 操作可以分析出用户的 MSISDN 信息（该信息只存在于控制包中）和请求内容（只存在于数据包中）的对应关系。

统计分析和可视化：在利用机器学习分析预测用户的时空行为以进行缓存决策之后，它的结果可以存储并重用。此外，分析结果可以被重新格式化，并使用适当的提取、转换和加载工具之后，做进一步的分析。该结果也可以导入如 Apache Spark 的 MLlib 等处理系统。此外，数据可视化，也可以用图表和表来表示这些数据，以便于理解。在以推荐系统为基础的平台中，机器学习技术处于中心位置，从有用的数据集中推断出用户可能感兴趣的内容。

3. 实际案例分析

我们进行一个实际的案例分析。案例中将介绍这个大数据平台上的用户通信量，并根据此数据来估计内容流行度矩阵 $\boldsymbol{P}$。最后，我们会根据数值模拟结果展示结合了大数据平台的缓存基站子系统的增益值。

数据来自一个具有超过 10 个运营商网络的核心地区，镜像程序用于将核心网络传输到大数据平台中。所有地区的总平均通信量包括 150 多亿个包的上传量和 200 亿个包的下载量，总共约 80 TB。这些通信都在 Hadoop 大数据平台上进行分析。该平台由一个安装有 Aapche Hadoop（CDH 4）的四节点集群组成，每个节点安装有 Intel Xeon CPU e5-2670（2.6 GHz，32 核）以及 132 GB 的 RAM 和 20 TB 的硬盘。如前所述，该平台负责从原始数据中提取有用的信息。数据集收集了约 7 h 的通信量（从 2015 年 5 月 21 日中午 12 点到下午 7 点）。经过上述第一、二步处理后，大约四百万的 HTTP 内容请求以逗号分隔文本文件的格式存储。经过一些处理后（即计算请求内容的大小），便可以得到最终的内容请求表，其中包括到达时间（frame-time）、请求的内容（HTTP-URL）和内容的大小（size）。

在 6 h 47min 内，我们假设一共有 D 项内容被用户请求，同时我们也可以从最后处理得到的内容请求表中得到请求的 frame-time、HTTP-URL 和 size，这些请求被随机地分配到 N 个基站中。蜂窝小区的无线链路和回程链路的缓存容量都设为同一值。

仿真参数列表汇总在表 3.1.1 中。仿真过程包含以下两个主要步骤。

(1) 内容流行度矩阵 $\boldsymbol{P}$ 的估计（列代表内容，行表示基站）：这一步使用大数据处理平台和机器学习工具处理海量数据。

标准（ground truth）：利用内容请求表中所有可用的信息创建 $\boldsymbol{P}$ 矩阵。矩阵条目密度为 6.42%。

协同过滤：从内容请求表中随机挑选可用条目的 30%，用于训练 $\boldsymbol{P}$ 矩阵。缺少的条目通过正则奇异值分解（SVD）这一协同过滤方法进行预测。

(2) 缓存策略实施：用贪心算法将最受欢迎的内容存储到基站子系统中，直到没有存储空间。

性能指标：请求满意度，如 QoE 指标，定义为在要求目标速率下传送的内容数量。回程链路负荷，即流经回程链路的真实负载与总回程链路负载（未安装缓存时）的比值。

表 3.1.1 仿真参数

参数	描述	值
T	数据集时间跨长	6 h 47 min
D	请求数目	422529
F	内容数目	16419
N	小基站数目	16
$L_{\min}$ $L_{\max}$	内容最小尺寸 内容最大尺寸	1 B 6.024 GB
$B(f)$	内容比特率	4 MB/s
	总回程链路容量	3.8 MB/s
	总无线链路容量	120 MB/s

仿真结果揭示了缓存的收益。用户请求满意度随缓存容量的变化是一个递增过程，如果缓存容量足以存储所有内容，标准和协同过滤方法最终都能达到100%的请求满意度。然而，两种方法之间存在性能差距，由于协同过滤的预测存在一定误差，所以相比标准数据方法，协同过滤的性能要低一些。例如，当基站子系统缓存存储容量为40%时，标准方法请求满意度为89%，协同过滤的性能保持在75%就可以了。存储容量对回程负载也有相似的影响，这两种方法都实现了回程链路的卸载。

以往大部分研究主要考虑内容都有同样的大小，而现实中我们要处理的是内容大小没有统一值的情况。处理这个问题最简单的方法是认为一个特定内容的回程负载=流行度×大小(如果该内容没有被缓存)。因此，不受欢迎但是非常大的内容，如果不缓存在基站，就可能加重回程负载。这反映了内容大小对缓存决策的重要性。

以上结果中协同过滤方法是在用30%的评级密度进行训练得到的，很明显，通过增加协同过滤训练数据量，可以减小估计误差，从而更接近真实收益预期。

3.1.4 缓存内容编码

如果我们在内容的缓存与分发过程中，对内容进行分段编码，将进一步提高缓存效率，降低共享链路负载和传输能耗。

为了突出内容编码的基本性质，我们仅在一个基本缓存网络模型下对内容编码及其优势作简要阐述。

该网络模型通过一个共享链路连接到 K 个用户，如图3.1.3所示。服务器包括 N 个内容，每个内容大小为 F 位。每个用户有大小为 MF 位的独立缓存，其中 $M\in[0,N]$，且 $N\geqslant K$。

图3.1.3中，服务器维护 N 个文件，通过共享链路连接到 K 个用户，每个用户有等价于 M 个文件大小的缓存容量，有 $N=K=3$ 且 $M=1$。

该无线网络有一个传输者(如 WiFi 接入点或蜂窝式基站)和多个用户(手机、笔记本电脑)，共享公共无线信道。终端用户设备也可以缓存内容。

(1) 考虑不对内容进行编码的情况。此时假设每个用户缓存每个文件的前 M/N 位，即每个用户应该在其缓存中平等地存储每个文件的一部分。

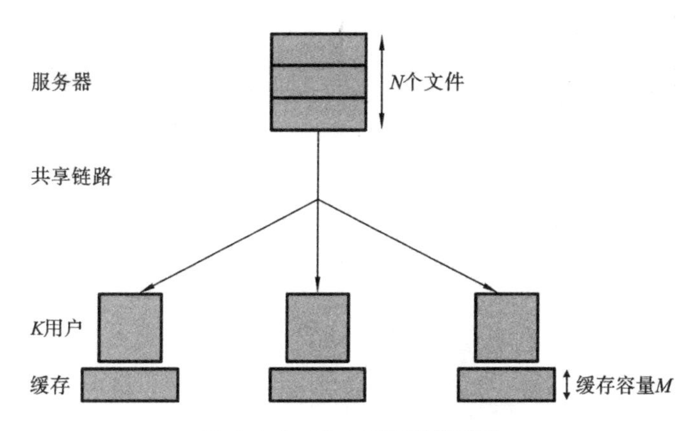

图 3.1.3 基本缓存网络模型

在内容请求过程中，每个用户请求 N 个文件中的一个。由于每个用户已经在本地缓存了请求文件的 M/N 部分，因此服务器只需要发送所请求文件的剩余部分 $(1-M/N)$。在有 K 个用户的系统中，传输率为

$$R_{\mathrm{U}}(M)=K\cdot(1-M/N) \tag{3.1}$$

考虑一个具体的例子，假设 $K=N=2$，存储器大小 $M=1$，此时 $R_{\mathrm{U}}(M)=1$。

此方案的 $R_{\mathrm{U}}(M)$ 有两部分：第一部分 K 是没有高速缓存时的网络数据传输率，第二部分 $(1-M/N)$ 是由于所需文件的 M/N 部分是本地可用的。我们称第二部分为式(3.1)的本地缓存增益。

(2) 考虑对内容进行编码的情况。例如，一个有 $K=2$ 个用户的系统，每个用户设备的缓存容量大小正好可以存储一个文件，即 $M=1$。假定服务器有 $N=2$ 个文件，即 A 和 B。我们将每个文件编码成两个不重叠的大小相等的子文件，即 $A=(A_1,A_2)$，$B=(B_1,B_2)$。在缓存过程中，不同用户缓存不同的内容，如图 3.1.4 所示，用户 1 缓存 (A_1,B_1)，用户 2 缓存 (A_2,B_2)。

图 3.1.4 中，$K=N=2$，$M=1$，每个文件被分成两个相同大小的子文件(如 $A=(A_1,A_2)$，用户 1 缓存 (A_1,B_1) 和用户 2 缓存 (A_2,B_2)，分发阶段使用编码，使得单一传输满足两个用户的需求。这个编码组可用于所有可能的四个需求元组：图 3.1.4(a)所示的需求元组为 (A,B)；图 3.1.4(b)所示的需求元组为 (B,B)；图 3.1.4(c)所示的需求元组为 (A,A)；图 3.1.4(d)所示的需求元组为 (B,A)。

在用户请求过程中，用户 1 请求文件 A，用户 2 请求文件 B，如图 3.1.4(a)所示。用户 1 已经有子文件 A_1，但缺少 A_2；而用户 2 已经有子文件 B_2，但是缺少 B_1。如果是内容非编码的情况，此时服务器需要用 $R_{\mathrm{U}}(M)=1$ 的速率来发送丢失的 A_2 和 B_1 子文件。

然而，对于内容进行编码的情况，服务器可以在共享链路发送 $A_2\oplus B_1$($\oplus$表示按位异或)，用户 1 可以根据接收到的信号 $A_2\oplus B_1$，使本地缓存中的内容 B_1 恢复 A_2。同样地，用户 2 可以根据接收到的信号 $A_2\oplus B_1$，使本地缓存中的内容 A_2 来恢复 B_1，如图 3.1.4(a)所示。由于编码信号 $A_2\oplus B_1$ 对于两个用户同时有用，共享链路的负载相比于未编码方法减小一半。对于四个可能的需求元组，都可以使用上述的多播进行数据传输，此时链路负载都降至原来的一半。

从以上分析我们可以看到内容编码对于降低网络负载的重要性。与此同时，5G 网

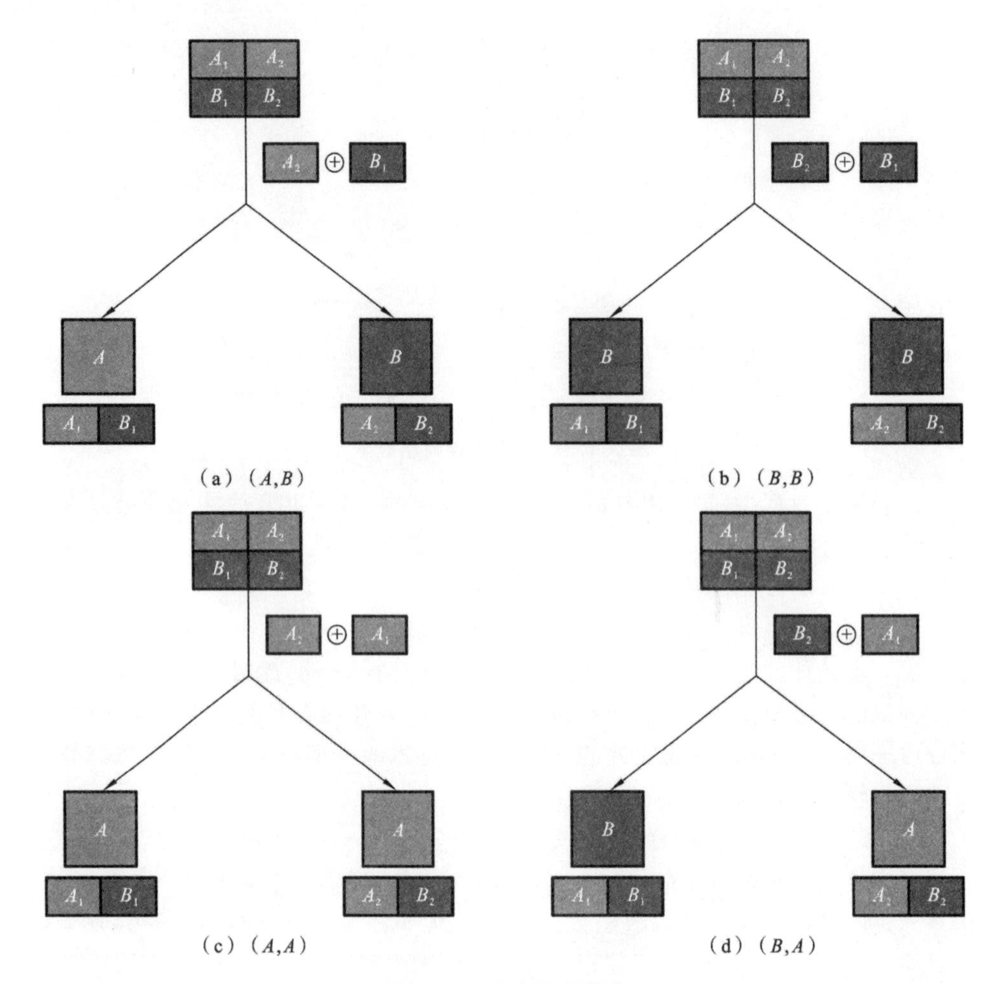

图 3.1.4 内容编码缓存

络还提出了绿色性要求，能耗优化同样是至关重要的，编码缓存通过负载优化可以有效降低传输能耗，这个增益还将随着网络规模的扩大而不断上升。

3.2 缓存部署

有线网络中已经大面积使用缓存，主要用于减少等待时间和能量消耗。同样的，我们可以在无线网络边缘进行高速缓存，通过设备到设备(D2D)通信以及小的 BS 缓存，来消除回程能力的瓶颈，提高频谱效率(SE)和能量效率。边缘缓存可能具有更高的收益，这是因为内容可以在本地获取，而不需要通过回程链路进行冗余传输(更不用提在核心网络中的传输)。

当然，边缘缓存的收益与一个恰当的缓存策略是密不可分的。

缓存策略可以分为主动缓存和被动缓存。被动缓存策略是按照一定的替换算法决定在收到用户请求时是否缓存特定内容；主动缓存策略是基于所预测的用户需求信息，在用户发出请求之前，就确定了哪些内容应被缓存在相关节点。对于主动缓存，多个节点的缓存内容可以进行联合优化，因此预测的精度将极大地影响缓存收益。如果存在预测误差，缓存命中率会降低，此时被动缓存策略就会优于主动缓存策略。

在无线网络中，高速缓存可以安装在宏基站（MBS）、小型基站 SBS（或微基站、毫微基站）和用户设备，如图 3.2.1 所示。

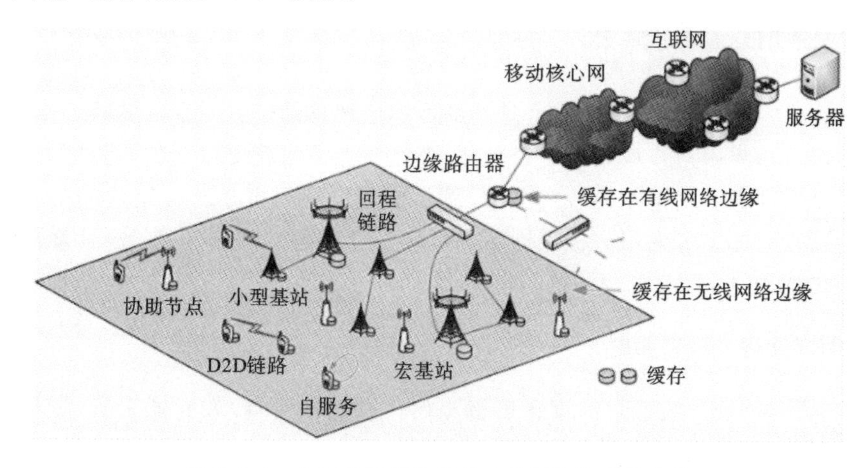

图 3.2.1　在无线网络边缘的本地缓存和内容传输

（引自：《Caching at the Wireless Edge：Design Aspect，Challenges，and Future Direction》）

3.2.1　基站缓存及部署策略

与不断演进的分组核心网（EPC）或更高层次的缓存相比，MBS 和 SBS 缓存代替回程链路，可以减轻回程链路的拥塞。此外，还有一种没有任何回程连接的新型 SBS，称为 helper，可以更灵活且经济地部署，用以向用户提供流行的内容。

由于增加高速缓存容量可以提高高速缓存命中率，并降低所需的回程容量，因此高速缓存容量大小和回程容量之间存在一种折中关系。当回程容量是一个瓶颈，增加缓存容量能够增加吞吐量。这相当于高速缓存大小和网络频谱效率 SE 之间的折中。

基站缓存可以减少回程链路与移动核心网络和有线网络之间的通信量。如果使用高功率的高速缓存硬件如高速固态磁盘，基站缓存还可以提高网络的能量效率。

而对于基站缓存策略，由于 BS 的覆盖范围比 EPC 或服务器小得多，并且 BS 和用户之间的连接是高度不确定的，因此设计变得更具挑战性。原因如下。

（1）缓存命中率低：每个 BS 的缓存容量和收到的请求数量要小于核心网络或 Internet中的路由节点。其结果是，Internet 的被动缓存策略不能有效地用于 BS 缓存。而对每个 BS 独立地设计主动缓存策略（如每个 BS 缓存最流行的内容）又可能导致不能充分利用高速缓存。解决这一问题的一种方法是使基站之间通过回程链路进行协作，即协作缓存。如果所请求的内容不在本地 BS 的高速缓存中，通过检索来自相邻 BS 的高速缓存，而不是从服务器检索，可以减少传输成本和延迟，并提高缓存的命中率。这样的做法更适用于通过高容量的网络光纤来进行数据共享的 MBS，但是很难用于 SBS。

由于无线信道的开放性，SBS 的覆盖范围经常重叠。这表明，一个用户能够从多个缓存中读取内容，从用户的角度来看，可用的等效缓存容量有所增加。基于此，相邻基站的缓存策略可以进行联合优化，以提高缓存命中率，并且此时没有占用回程链路，这种策略称为分布式缓存。

（2）拓扑不确定性：和具有固定、已知拓扑节点的有线网络不同，移动网络中用户的位置不确定，用户具体连接到哪个基站我们无从知晓。

处理这个问题的一种方法是使用概率性缓存策略，而不是有线网络中使用的确定性高速缓存策略。为了反映不确定性，该方法将用户位置作为空间随机过程，然后优化每个 BS 缓存的特定内容概率。

用户在内容传送周期内，从一个基站的覆盖区域移动到另一个区域时，就会出现更复杂的情况。如果用户移动模式可以预测，那么缓存策略就可以优化。否则，我们就只能使用一个比理想情况稍差的替代模型，例如使用可预测概率转移矩阵的马尔可夫链对用户的运动建模。考虑用户移动性下的缓存设计问题将在第 4 章 5G 移动性缓存策略中详细描述。

3.2.2　用户缓存及部署策略

近些年来，卸载无线流量的概念也被提出。在用户终端，如智能手机、平板电脑和笔记本电脑上，预先缓存特定内容可以提高用户的 QoE。

当已知内容流行度时，BS 可以利用广播推送流行内容给所有用户。当已知用户偏好时，BS 可以通过单播预先推送一些用户感兴趣的内容到用户设备。根据内容传送是经由单播还是广播发送给用户，可以将预先缓存分成预取和推送两类。

当用户请求的内容已经被缓存在本地存储器中时，内容可以直接从缓存中检索，这种方式具有零延迟，并且不对其他用户产生干扰。如果检索失败，该内容可以经由单播送给用户。以这种方式，预缓存可以直接或间接地提高所有用户的 QoE，并通过卸载提高无线吞吐量。

在实际应用中，用户可能不会愿意为缓存文件牺牲很大一部分的存储空间。因此，根据小区域内容流行度进行的推送可能会使得缓存命中率较低，用 p_h 表示。例如，当内容流行度呈齐普夫分布且有 $N_f=1000$、$\beta=0.8$，并且只有 10 个文件可以推到一个用户时，p_h 大小为

$$p_h=\left(\sum_{i=1}^{10} i^{-0.8}\right)\Big/\left(\sum_{i=1}^{N} i^{-0.8}\right)\times 100\%=23\% \tag{3.2}$$

因此，如何激励用户缓存是一个值得研究的问题。

通过进一步利用 D2D 通信，一些用户可以分享他们的内容缓存，以帮助改善邻近其他用户的 QoE 和卸载流量。如果所请求的文件不在本地存储缓存中，但在附近的用户缓存中，可建立 D2D 连接从而传递内容。

最近的研究结果表明，具备缓存能力的 D2D 通信使得网络性能得到明显提升，是实现网络频谱效率 SE 大幅度提升的最有效的方法之一。然而，卸载比和用户能耗之间存在正比关系，特别是那些作为 D2D 发射机的移动终端。这可能导致我们要在卸载比和能量消耗之间做一个权衡。

因此，对于用户端的缓存策略也有它的机遇与挑战。

(1) 预缓存：传统的预取由顶级运营商安装在用户客户端的应用程序(APP)实现。由于缓存是根据用户偏好作出的预测，其目的是提高体验质量，内容自然是在信道状况良好时预先通过单播下载到每个用户。但这可能会对其他正在进行的传输产生干扰。

当预取是由知道基站的拥挤状况和用户的信道条件的移动运营商实现时，网络性能的缺点可以通过设计复杂的调度使得影响最小化。鉴于经由单播预下载的过程中

BS和用户都消耗能量，并且可能干扰到其他用户，需要准确预测用户将请求的内容和用户发送请求的时间，以保证收益超过预取带来的弊端。

考虑到内容的流行性通常变化缓慢，最流行的内容可以在非高峰时间进行广播推送，这对网络性能的降低可以忽视。对于更新快的内容(如新闻)，网络带宽的一部分可以保留，用于给用户广播动态推送流行的文件；但是，这可能在高峰时间降低网络的性能。

(2) D2D缓存：不同于通过预取，即预先缓存自己感兴趣的内容这一“自私”的行为，设计D2D通信的缓存策略是为了帮助其他用户。

由于用户的移动性，用户设备之间的内容传输动态变化，这使得概率缓存比较适合于D2D缓存。根据概率缓存策略，缓存内容可以通过多播和单播的组合方式，下载到用户端。为了节省无线网络资源，基站可以只给首次请求的用户传送内容，对其他用户采用“监听”的方式选择他们喜欢的内容进行缓存，不过这种方法的收益仍是未知数。

4

5G 移动性缓存策略

4.1 5G 网络移动性缓存策略研究

4.1.1 引言

5G 网络的超密集部署 small cell 虽然能够增加空间的重用，进而提高频谱效率，也在一定程度上增大了网络的吞吐量，但是此网络主要受限于回程链路（backhaul link，即基站到核心网）的容量，一种解决方案就是在 small cell 和用户设备上进行缓存。通过缓存，用户可以直接在本地或基站上获取内容，而不需要通过回程链路，进而减少延时。

然而，目前的缓存研究策略大多是假设在固定网络结构的前提下，没有考虑用户的移动性对用户设备和 small cell 上缓存策略产生的影响，但是用户移动是缓存网络的重要特征。于是当考虑到用户的移动性时，如何在用户设备和 small cell 上设计缓存策略，使得缓存的命中率最大是一个重要的问题。

基于缓存命中率最大的移动性缓存策略的优化问题是本节主要研究的问题。经证明，该优化问题是 NP 难问题，并可以通过子模态优化算法给出优化问题的近似最优解。

在考虑用户移动性的前提下，我们需要解决如何在 small cell 和用户设备上进行内容的缓存，能够使得缓存的命中率最大。具体来说，我们可以将此问题建模为 0-1 非线性规划问题，并证明该问题是一个 NP 难问题。进一步，将此问题转化为子模态优化问题，并利用贪心算法给出问题的解。当用户的移动性比较低时，small cell 和用户设备应该缓存流行的文件；当用户的移动性比较高时，small cell 和用户设备应该缓存多样性的文件，这样能够使得缓存的命中率最大。

4.1.2 系统描述

本节考虑包括宏基站、small cell 基站和移动用户的 5G 网络。图 4.1.1 给出了一个 5G 网络移动性缓存的例子。假定小区内有 1 个宏基站，5 个 small cell。先考虑有 5 个用户，分别是 Rachel、Eva、Tommy、Suri 和 Cindy，其中，Eva、Tommy、Suri 和 Cindy 分别请求文件 1、文件 2、文件 3 和文件 4。对 Eva 来说，由于 Eva 的移动性导致其不在

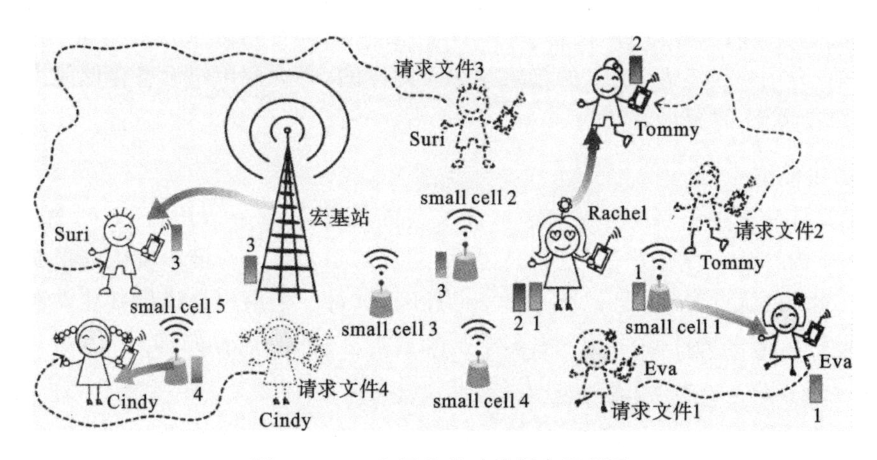

图 4.1.1 5G 网络移动性缓存示例图

Rachel 的 D2D 通信范围内，虽然 Rachel 缓存了文件 1，但是 Eva 无法通过 D2D 方式从 Rachel 处得到文件 1。由于 Eva 在缓存了文件 1 的 small cell 1 覆盖范围内，Eva 可以通过 small cell1 获得文件 1。对 Tommy 来说，虽然开始时 Tommy 没有在 Rachel 的 D2D 通信范围内，但随着 Tommy 的移动，Rachel 和 Tommy 能够进行 D2D 通信，于是 Rachel 将缓存的文件 2 传递给了 Tommy。对于 Suri 来说，由于 Suri 的移动性较高，导致 Suri 没有办法从缓存了文件 3 的 small cell 2 上获取文件，最终只能通过宏基站获取文件。对用户 Cindy 来说，由于 Cindy 的移动性较低，一直在 small cell 5 的覆盖范围内，于是 Cindy 通过 small cell 5 获得文件。

通过上面的讨论，可以看出用户移动性对用户设备和 small cell 上的内容缓存会产生显著的影响。接下来，我们将给出移动性缓存策略模型。假设一个宏小区内有 l 个 small cell，记为 $S=\{S_1,S_2,\cdots,S_l\}$；假定有 n 个用户设备，记为 $D=\{D_1,D_2,\cdots,D_n\}$。接下来给出用户移动和请求模型。

1. 移动模型

本节使用的移动模型是成对碰面模型（pairwise connectivity model），这个模型已经被广泛应用于无线网络，即一对节点碰面的过程是独立的泊松过程（independent poisson process）。

small cell 网络中用户的移动性模型：用户设备 D_i 能够和 small cell S_k 进行通信的条件是 D_i 在 S_k 的覆盖区域内，其中覆盖区域的半径为 R_S。定义用户设备 D_i 不在 small cell S_k 的覆盖区域内停留的时间（接触间隔时间）$T_{i,k}$ 为：$T_{i,k}=\{(t-t_0):\|L_k^t-L_i^t\|\leqslant R_S, t>t_0\}$，其中 t_0 表示最近一次用户设备 D_i 刚离开 small cell S_k 的覆盖区域的时刻，变量 t 表示用户设备 D_i 刚进入 small cell S_k 的覆盖区域的时刻，L_k^t 和 L_i^t 表示 small cell S_k 和用户设备 D_i 在 t 时刻的位置。研究表明，用户设备 D_i 与 small cell S_k 的接触时间间隔 $T_{i,k}$ 服从参数为 $\mu_{i,k}$ 的指数分布，其中 $\mu_{i,k}$ 为用户设备 D_i 和 small cell S_k 的接触频率。由于 small cell 存储能力是有限的，不妨记 small cell S_k 的缓存容量为 c_k^S。

D2D 网络中用户的移动性模型：只有当两个用户设备之间的距离不大于 R_{D2D} 时，两者才可以进行 D2D 通信。定义两个用户 D_i 和 D_j 的接触间隔时间 $T_{i,j}$ 为：$T_{i,j}=\{(t-t_0):\|L_i^t-L_j^t\|\leqslant R_{\mathrm{D2D}}, t>t_0\}$，类似地，$t_0$ 表示最近一次用户设备 D_i 离开 D_j 的通信范围 R_{D2D} 的时刻，变量 t 表示用户设备 D_i 进入用户设备 D_j 的时刻。L_i^t 和 L_j^t 表示用户

D_i和D_j在t时刻的位置，用户设备D_i和D_j的接触时间间隔服从参数为$\lambda_{i,j}$的指数分布，其中$\lambda_{i,j}$为用户设备D_i与D_j的接触频率。同样的，考虑到用户设备存储能力的有限性，记用户设备D_i的缓存容量为c_i^D。

2. 请求模型

考虑文件库有m个文件，定义这m个文件的集合为：$F=\{F_1,F_2,\cdots,F_m\}$。其中文件是基于内容流行度排序的，也就是说，最流行的是文件F_1，最不流行的是文件F_m。假设每个文件的大小相同，且记F_f的大小为$|F_f|$。每一个用户会随机且独立地从文件库中以概率p_f请求文件F_f，并假设p_f服从参数为γ的 Zipf 分布，即

$$p_f=\frac{f^{-\gamma}}{\sum_{i=1}^{m}i^{-\gamma}},\quad f=1,2,\cdots,m \tag{4.1}$$

其中，γ表示这些内容流行度的参数。

定义T_D为用户请求内容的最大延迟。如图 4.1.2 所示，当用户在T_D时间内请求内容时，主要能通过以下三种途径来获取内容。

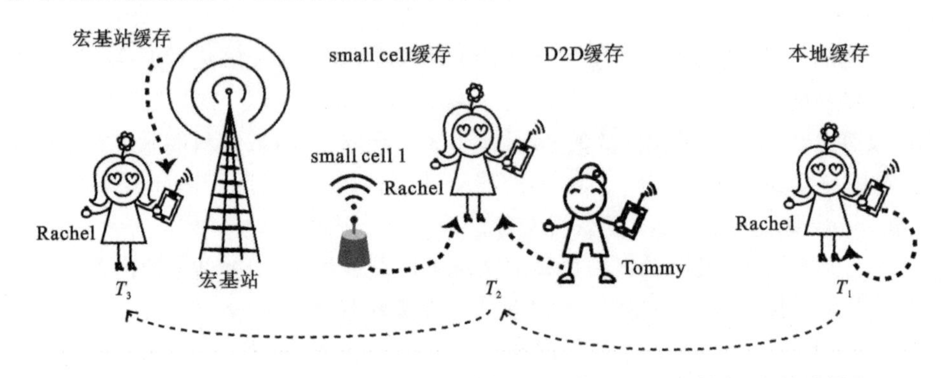

图 4.1.2 用户获取内容的方式：本地缓存，D2D 或 small cell 缓存，宏基站缓存

（1）本地缓存：用户设备请求文件时，首先会检查本地是否缓存了请求的文件，要是本地缓存了请求的内容，那么用户便从本地获取请求的内容。

（2）D2D 缓存或 small cell 缓存：如果用户本地没有缓存其所请求的内容，那么用户设备可以在T_D时间内通过以下两种方式获取到请求的内容。一是假设在其 D2D 通信范围内有其他用户设备缓存了请求的内容，那么他们之间可以通过建立 D2D 通信获得所请求的内容；二是假设请求内容的用户设备在 small cell 的覆盖范围内，并且 small cell 缓存了所请求内容，于是 small cell 可以将缓存的内容传递给请求内容的用户。

（3）宏基站缓存：如果用户在请求内容的最大延迟T_D内，上述方法都不能使用户获取所请求的内容，那么宏基站会处理他的请求，从而获取请求的内容。

此外，本节假设文件是非编码缓存的，也就是说能在一次接触时间内将用户设备请求的文件传递成功。

4.1.3 移动性缓存策略分析与建模

这里提出移动性的缓存策略模型，即考虑到用户的移动性，small cell 和用户设备应该缓存哪些内容，才能使缓存的命中率最大，也就是说请求文件的用户能够从 small cell 和其他用户设备上获取的概率最大。

1. 研究动机

通过一个例子来说明当考虑到用户的移动性时，如何在 small cell 和用户设备上设计缓存策略，能够使得缓存命中率最大。图 4.1.3 体现了用户移动性对 samll cell 基站缓存和用户设备缓存的影响，在图 4.1.3(a)中，假定用户 Rachel 在 T_d时间内请求内容 K，此时网络中用户移动性较差，使得 Rachel 在 T_d时间内不能通过 D2D 通信方式与拥有内容的 Tommy 碰面。但用户 Rachel 一直在 small cell 2 中，在这种情况下应该在 small cell 2 进行内容的缓存(即在移动流量需求较少的时刻，将内容通过宏基站预先缓存在 small cell 中)，使 Rachel 能够获取请求的内容。在图 4.1.3(b)中，同样假定用户 Rachel 在 T_d时间内请求内容 K。此时网络中用户的移动性较强，使得 Rachel 能够在 T_d时间内通过 D2D 通信的方式与拥有内容的用户 Tommy 碰面，在这种情况下，Tommy 应该缓存此内容，并通过 D2D 的方式将内容传递给 Rachel。从这个例子中可以看出，用户移动性的不同，导致缓存策略也不同。

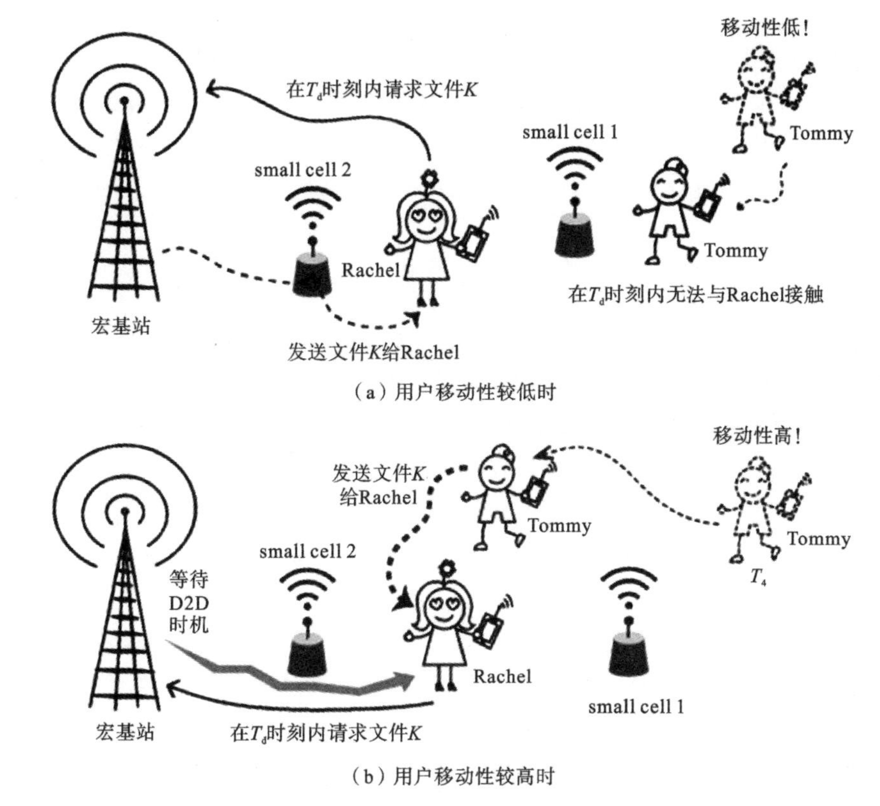

(a) 用户移动性较低时

(b) 用户移动性较高时

图 4.1.3　用户移动性对缓存策略的影响

2. 移动性缓存策略分析

考虑到用户的移动性，本节给出 small cell 和用户设备的综合缓存策略，目标是最大化缓存命中率(cache hit ratio)，从而减少宏基站上的流量消耗。

(1) small cell 缓存命中率分析：定义缓存矩阵 $\boldsymbol{X}=(x_{k,f})_l\times m$ 为 $l\times m$ 的 0-1 矩阵。即当内容 F_f缓存在 small cell S_k时，$x_{k,f}=1$，也就是说，对于任意的 k 和 f，有

$$x_{k,f}=\begin{cases}1, & \text{small cell } S_k \text{ 缓存了文件 } F_f \\ 0, & \text{其他情况}\end{cases} \tag{4.2}$$

当用户设备 D_i 请求内容 F_f 时，如果用户设备在 T_d 时间内的某一个时刻进入缓存了内容 F_f 的 small cell S_k 的通信范围内，则 small cell S_k 可将内容 F_f 传递给用户设备 D_i。由于用户设备 D_i 与 small cell S_k 碰面时间间隔服从参数为 $\mu_{i,k}$ 的指数分布，那么在 T_d 时间内用户设备 D_i 至少与一个含有内容 F_f 的微基站 S_k 碰面的概率为

$$p_{i,f}^{S} = 1 - \exp\left(-\sum_{k=1}^{l} x_{k,f}\mu_{i,k}T_d\right) \tag{4.3}$$

因此，如果不考虑用户设备缓存，small cell 的缓存命中率为

$$P^{S} = \frac{1}{n}\sum_{i=1}^{n}\sum_{f=1}^{m} p_f p_{i,f}^{S} \tag{4.4}$$

(2) 用户设备缓存命中率分析：定义缓存矩阵 $\mathbf{Y}=(y_{j,f})_n \times m$ 为 $n \times m$ 的 0-1 矩阵，即当内容 F_k 缓存在用户设备 D_j 时，$y_{j,k}=1$，也就是说，对于任意的 j 和 f，有

$$y_{j,f}=\begin{cases}1, & \text{用户设备 } D_j \text{ 缓存了内容 } F_f\\ 0, & \text{其余情况}\end{cases} \tag{4.5}$$

当用户设备 D_i 请求内容 F_f 时，如果用户设备在 T_d 时间内的某一时刻能够与缓存了内容 F_f 的用户设备 D_j 碰面的话，那么 D_j 可以通过 D2D 通信的方式将内容 F_f 传递给 D_i。由于用户设备 D_i 与用户设备 D_j 碰面的时间间隔服从参数为 $\lambda_{i,j}$ 的指数分布，那么在 T_d 时间内用户设备 D_i 至少与一个含有内容 F_f 的用户设备 D_j 碰面的概率为

$$p_{i,f}^{D} = 1 - \exp\left(-\sum_{j\neq i} y_{i,f}\lambda_{i,j}T_d\right) \tag{4.6}$$

因此，如果不考虑 small cell 缓存，当用户设备 D_i 请求内容 F_f 时，D_i 会首先检查自身是否缓存了内容，如果自身没有缓存，会通过 D2D 通信的方式从其他用户设备上获取。用户设备 D_i 通过 D2D 通信方式获得请求内容 F_f 的概率为

$$p_i^{f}=\begin{cases}p_f, & \text{如果 } y_{i,f}=1\\ p_f p_{i,f}^{D}, & \text{其他情况}\end{cases} \tag{4.7}$$

因此，在不考虑 small cell 缓存时，用户设备的缓存命中率为

$$P^{D} = \frac{1}{n}\sum_{i=1}^{n}\sum_{f=1}^{m} p_i^{f} \tag{4.8}$$

(3) small cell 和用户设备缓存命中率分析：当用户设备 D_i 请求内容 F_f 时，用户设备 D_i 在 T_d 时间内不通过宏基站获取内容的概率等价于用户设备 D_i 在 T_d 时间内至少与一个含有内容 F_f 的 small cell S_k 或用户设备 D_j 碰面的概率，即

$$p_{i,f}^{SD} = 1-(1-p_{i,f}^{S})(1-p_{i,f}^{D}) = 1-\exp\left[-\left(\sum_{k=1}^{l} x_{k,f}\mu_{i,k}T_d + \sum_{j\neq i} y_{i,f}\lambda_{i,j}T_d\right)\right] \tag{4.9}$$

于是可以得到 small cell 和用户设备的缓存命中率为

$$P^{SD} = \frac{1}{n}\sum_{i=1}^{n}\sum_{f=1}^{m} p_f\left\{1-(1-y_{i,f})\exp\left[-\left(\mu_{i,k}T_d\sum_{k=1}^{l} x_{k,f} + \lambda_{i,j}T_d\sum_{j\neq i} y_{i,f}\right)\right]\right\} \tag{4.10}$$

至此，得到了 small cell 和用户设备缓存的命中率，P^{SD} 越大，用户通过缓存获得内容的概率越大，宏基站的负载也越小。

3. 移动性缓存策略问题的定义

定义矩阵 $\boldsymbol{Z}=[\boldsymbol{X};\boldsymbol{Y}]$ 表示 small cell 和用户设备上的缓存策略矩阵。根据 4.1.2 小节的分析得到了 small cell 和用户设备的缓存命中率的表达式 P^{SD}，本节的目标是最大化缓存命中率 P^{SD}，约束条件为基站和移动设备缓存容量的有限性。于是移动性的缓存问题可以定义为如下优化问题：

$$\underset{Z}{\text{maximize}} \quad P^{SD} \tag{4.11a}$$

$$\text{subject to} \quad \sum_{f=1}^{m} |F_f| x_{k,f} \leqslant C_k^S, \forall 1 \leqslant k \leqslant l \tag{4.11b}$$

$$\sum_{f=1}^{m} | F_f | y_{j,f} \leqslant C_j^D \tag{4.11c}$$

其中目标函数(4.11a)表示最大化缓存命中率，约束条件(4.11b)表示 small cell S_k 的缓存容量不能超过其最大缓存容量 C_k^S，约束条件(4.11c)表示用户设备 D_j 的缓存容量不能超过其最大缓存容量 C_j^D。由于矩阵 $\boldsymbol{Z}$ 为 0-1 矩阵，所以这个优化问题是混合整数非线性规划问题。在不考虑限制条件的情况下，一共有 $2^{(l+m)n}$ 个选法，研究表明该问题可以转化为 0-1 背包问题，所以该问题为 NP 难问题。

4.1.4 基于子模态优化的移动性缓存策略求解

这里将优化问题转化为子模态优化(submodular optimization)问题，并利用贪心算法去求解。

1. 子模态优化问题

定义集合 $\boldsymbol{Z}=\{z_{i,f} | i=1,\cdots,l+n; f=1,\cdots,m\}=Z_1 \cup Z_2$，其中

$$Z_1=\{x_{k,f} | k=1,\cdots,l; f=1,\cdots,m\}$$

$$Z_2=\{y_{j,f} | j=1,\cdots,n; f=1,\cdots,m\}$$

当 $i=1,\cdots,l$ 时，$z_{i,f}=x_{k,f}$；当 $i=l+1,\cdots,l+n$ 时，$z_{i,f}=y_{j,f}$。定义移动性的缓存策略集合为 $A = A_1 \cup A_2$，其中 $A_1 \subseteq Z_1, A_2 \subseteq Z_2$。如果 $x_{k,f} \in A_1$ 当且仅当 $x_{k,f}=1$，$y_{j,f} \in A_2$ 当且仅当 $y_{j,f}=1$，于是，原优化问题目标函数可以写为

$$g(A) = \frac{1}{n}\sum_{f=1}^{m} p_f \Big[n - \sum_{y_{i,f} \in Z_2 \setminus A_2} \exp\Big(-\Big(\sum_{x_{k,f} \in A_1} \mu_{i,k} T_{\mathrm{d}} + \sum_{y_{j,f} \in A_2} \lambda_{i,j} T_{\mathrm{d}}\Big)\Big)\Big] \tag{4.12}$$

定义 $Z_1^k=\{x_{k,f} | f=1,\cdots,m\}$，$Z_2^j=\{y_{i,f} | f=1,\cdots,m\}$，记 $|\cdot|$ 表示集合元素的个数，于是约束条件可以写为 $I=I_1 \cup I_2$，其中

$$I_1=\{A_1 \mid |F_f| \cdot |A_1 \cap Z_1^k| \leqslant c_k^H, k=1,\cdots,l\}$$

$$I_2=\{A_2 \mid |F_f| \cdot |A_2 \cap Z_2^j| \leqslant c_j^D, j=1,\cdots,n\}$$

因此，原优化问题可以转换为如下优化问题：

$$\begin{aligned} &\underset{A}{\text{maximize}} \quad g(A) \\ &\text{subject to} \quad A \subseteq I \end{aligned} \tag{4.13}$$

定理 4.1 优化问题(4.13)中，$g(A)$ 是单调的子模态函数(monotone submodular function)，约束条件 (Z,I) 为拟阵(matroid)。

证 (1) 证明函数 $g(A)$ 是单调的子模态函数。根据单调子模态函数的性质，即证明对于 $\forall A \subset B \subset Z$ 和 $\forall z_{i,f} \in Z-B$，有 $g(A \cup \{z_{i,f}\})-g(A) \geqslant g(B \cup \{z_{i,f}\})-g(B)$

$\geqslant 0$，也就是证明下面两式均成立。

$$g(A\cup\{x_{k,f}\})-g(A)\geqslant g(B\cup\{x_{k,f}\})-g(B)\geqslant 0$$
$$g(A\cup\{y_{j,f}\})-g(A)\geqslant g(B\cup\{y_{j,f}\})-g(B)\geqslant 0$$

这里不再详述具体的证明过程，感兴趣的读者可自行证明。

(2) 证明(Z,I)为拟阵，即证(Z,I_1)和(Z,I_2)均为拟阵。对于(Z,I_1)，满足

- $\varnothing\in I_1$；
- 如果 $B\subseteq I$ 和 $A\subseteq B$，则 $A\subseteq I$；
- 如果 $A,B\in I_1$ 且 $|A|<|B|$，存在元素 $j\in B-A$，使得 $A\cup j\in I$，所以(Z,I_1)为拟阵；同理可证(Z,I_2)也为拟阵，于是可以得到约束条件(Z,I)为拟阵。

2. 移动性缓存策略算法

对于目标函数是单调递增的子模态函数，约束条件为拟阵的优化问题，贪心算法是一个有效的解决算法，能够非常接近最优解。那么结合定理4.1可知，本节的优化问题可以通过贪心算法求解。我们将此算法称为移动性的缓存策略算法，具体如算法4.1.1所示，其思想是先设置一个空的缓存集合 A，在每一次迭代的过程中，加入一个文件使得目标函数最大化，直至达到 small cell 和用户设备的最大缓存容量。

算法 4.1.1　移动性缓存策略算法

算法 4.1.1：移动性缓存策略

输入：所有的 $z_{i,f}$ 集合，Z

　　Z 剩余集合，Z_r

　　small cell 和用户设备的总存储容量，C

输出：在用户设备和 small cell 上的缓存策略，A

(1) $A\leftarrow\varnothing, Z_r\leftarrow Z$；

(2) Repeat；

(3) $z_{i^*}, f^*=\text{argmax}_{z_{i,f}}\in Z_r[g(Z_r+z_{i,f})-g(Z_r)]$；

(4) $A\leftarrow A+z_{i^*,f^*}$；

(5) $Z_r\leftarrow Z_r-z_{i^*,f^*}$；

(6) 如果$|A\cap Z_{i^*}|=C$，则 $Z_r\leftarrow Z_r\backslash Z_{i^*}$；

(7) end if；

(8) 直到 $|A|>\left(\sum_{k=1}^{l}c_k^H+\sum_{i=1}^{l}c_f^D\right)$；

从步骤(3)中可以得出，在 small cell 或用户设备上缓存文件 F_{f*} 能够最大化缓存命中率，所以在步骤(4)中将 z_{i^*,f^*} 加入到最优的缓存策略中。步骤(6)表示当达到 small cell 或用户设备 i 的最大缓存容量 C 时，不能够再缓存文件。从步骤(8)中可以得到，当 $|A|>\left(\sum_{k=1}^{l}c_k^H+\sum_{i=1}^{l}c_i^D\right)$时，停止迭代。在算法4.1.1中，当所有的 small cell 和用户设备达到其最大的缓存容量，将会有 $\sum_{k=1}^{l}c_k^H+\sum_{i=1}^{l}c_i^D$ 次迭代。对于每一次迭代，最多有$(l+n)m$元素没有加入到缓存集合A中。对于每一次计算，其时间复杂度为$o(n)$，所以此算法的总体时间复杂度为$o\left[(l+n)mn\left(\sum_{k=1}^{l}c_k^H+\sum_{i=1}^{l}c_i^D\right)\right]$。

4.1.5　实验结果与分析

这里对上述移动性缓存策略进行评估。为了简单起见，假定所有用户设备具有相同的存储能力 c^D，类似地，假定所有的 small cell 具有相同的存储能力 c^B。我们考虑一个较小的区域，在 250 m×250 m 的区域内含有 5 个 small cell、60 个用户设备。设置用户设备 D_i 与用户设备 D_j 的接触率 $\lambda_{i,j}$ 服从 Gamma 分布，用户设备 D_i 与 small cell S_k 的接触率也服从 Gamma 分布。考虑到接触时间的有限性，在有限的接触时间内只能传输相对较少的文件，于是我们假设文件的大小为 10 MB，文件的个数为 10^4 个，另外我们还假设 small cell 最多能够缓存文件库的 10%，用户设备最多能缓存文件库的 5%，表 4.1.1 给出了具体参数设置。

表 4.1.1　移动性缓存策略参数的设置

参　　数	参数符号	取　　值
small cell 的数目	l	5
用户设备的数目	n	60
用户设备 D_i 与用户设备 D_j 接触时间的指数分布参数	$\lambda_{i,j}$	$\Gamma(4.43, 1/1088)$
用户设备 D_i 与 small cell S_k 接触时间的指数分布参数	$\mu_{i,k}$	$\Gamma(10, 1/100)$
截止时间	T_d	600 s
文件库的数目	m	40
Zipf 分布参数	γ	0.8

1. 对比方案

我们将移动性缓存策略与流行缓存策略和随机缓存策略进行比较。流行缓存策略和随机缓存策略具体设置如下。

1）流行缓存策略

small cell 上的缓存策略：每个 small cell S_k 上缓存 C_k^S 个内容最流行的文件。

用户设备上的缓存策略：每一个用户设备 D_j 上缓存 C_j^D 个内容最流行的文件。

2）随机缓存策略

small cell 上的缓存策略：每个 small cell S_k 上随机缓存 C_k^S 个文件。

用户设备上的缓存策略：每一个用户设备 D_j 上随机缓存 C_j^D 个文件。

可以看出流行缓存策略注重的是文件内容的流行度，而随机缓存注重的是文件的多样性。

2. 缓存命中率分析

这里利用缓存命中率来评估缓存策略。具体从用户移动性、用户设备、small cell 和文件四个方面来给出缓存策略的评估。

1）用户移动性对缓存命中率的影响

图 4.1.4 讨论了用户移动性对三种不同缓存策略命中率的影响，也就是 $\mu_{i,k}$ 与 $\lambda_{i,j}$ 对缓存命中率的影响。在本实验中，为了表示方便，图中横坐标分别取 $\mu_{i,k}$ 和 $\lambda_{i,j}$，对应 Gamma 分布的期望，即 $\mu_{i,k}$ 表示单位时间内用户设备 D_i 与 small cell S_k 的平均碰面次数，$\lambda_{i,j}$ 表示单位时间内用户设备 D_i 与 D_j 的平均碰面次数。从图 4.1.4(a) 中可以看出，

移动性缓存策略要优于随机缓存和流行缓存策略。这是由于流行缓存策略中只缓存了内容最流行的文件，而随机缓存策略是随机地缓存文件，以上两种方案都没有考虑到用户的移动性，而移动性缓存策略考虑到了用户的移动性，能够利用用户的移动性来增加缓存命中率。

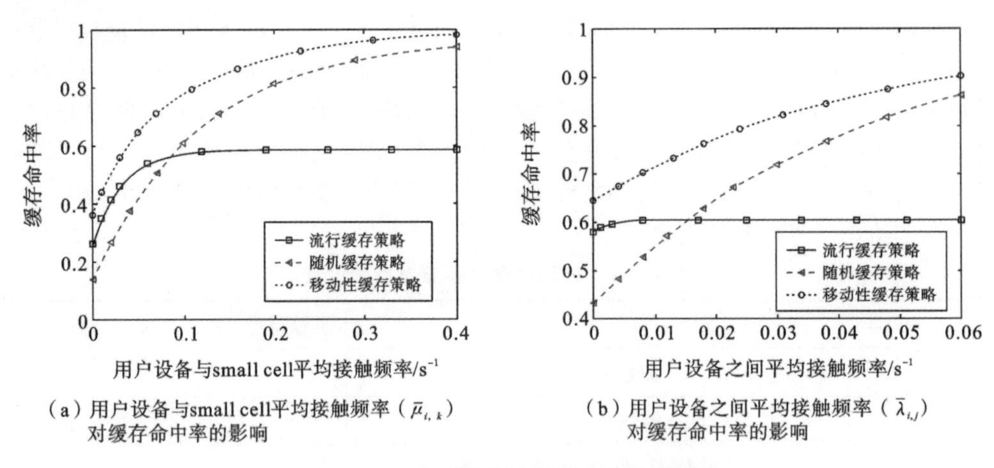

（a）用户设备与small cell平均接触频率（$\bar{\mu}_{i,k}$）对缓存命中率的影响

（b）用户设备之间平均接触频率（$\bar{\lambda}_{i,j}$）对缓存命中率的影响

图 4.1.4　用户移动性对缓存命中率的影响

从图 4.1.4(a)和图 4.1.4(b)中还可以得出，当用户的移动性较低时，移动性缓存策略和流行缓存策略的缓存命中率相差不大，于是可以得到 small cell 和用户设备应该缓存内容较为流行的文件的结论。这是因为当用户的移动性较低时，用户设备不仅在不同 small cell 之间的切换较少，而且用户和用户之间碰面的机会也比较少，但考虑到用户对内容流行度高的文件的需求量比较大，因此 small cell 和用户设备应该缓存内容流行的文件，从而提高缓存命中率。当用户的移动性比较高时，可以看到移动性缓存策略和随机缓存策略的差距较小，这是因为此时网络比较活跃，用户在 small cell 之间切换和在用户设备之间碰面的概率比较大，从而获取需求量较大的内容流行度高的文件的概率变大，此时可以通过考虑文件多样性进行缓存，来提高总体的缓存命中率。

2）用户设备缓存容量对缓存命中率的影响

图 4.1.5 讨论了用户设备的缓存容量与缓存命中率的关系。横坐标是用户设备的缓存容量占文件库的比重，比如横坐标中的 1 表示用户设备最多能够缓存文件库中 1% 的文件。从图 4.1.5 可以看出，当所有用户设备的平均缓存容量增加时，内容缓存的命中率增加。这是因为当用户设备缓存容量变大时，能够存储更多的文件，即当用户设备存储能力变大时，能够提高缓存命中率。另外，从图 4.1.5 中还可以得出，当用户设备的缓存容量变大时，对随机缓存策略命中率的影响要大于对流行缓存策略命中率的影响，这是因为当用户移动设备的缓存容量变大时，随机缓存策略缓存的文件多样性要多于流行缓存策略的，从而提高了缓存的命中率。

3）small cell 对缓存命中率的影响

图 4.1.6(a)讨论了 small cell 的缓存容量对缓存命中率的影响。图 4.1.6(a)的横坐标表示 small cell 缓存容量占文件库的比例，从图 4.1.6(a)可以得出，small cell 平均缓存容量变大时，内容缓存命中率变大。这是因为当 small cell 的缓存容量变大时，可以缓存更多的内容，即 small cell 的存储能力变大能够提高缓存命中率。

图 4.1.6(b)给出了小区 small cell 数量和缓存命中率的关系。从图中可以得出，

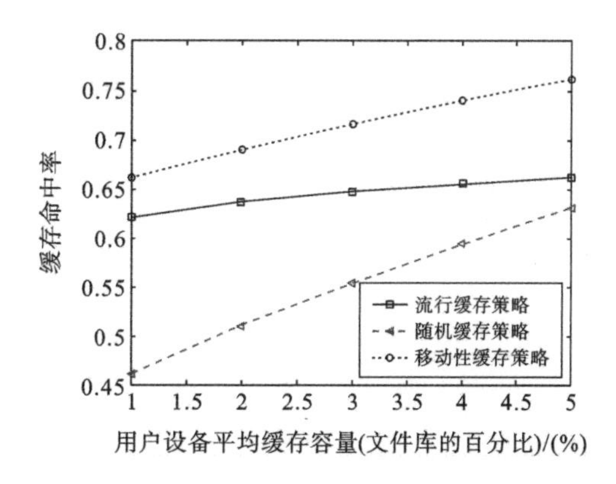

图 4.1.5　用户设备缓存容量对缓存命中率的影响

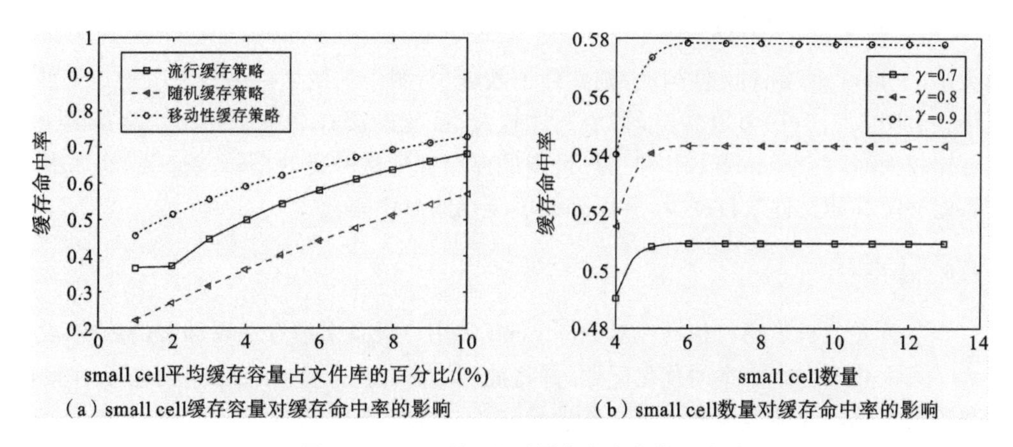

图 4.1.6　small cell **对缓存命中率的影响**

当一个小区内的 small cell 数目小于 6 时，随着基站数目的增加，缓存命中率不断增加；当小区内的 small cell 数目多于 6 时，随着 small cell 数目的增加而缓存命中率变化不大。此外，从图 4.1.6(b)还可以得出，当 $\gamma=0.7$ 时，small cell 的个数达到 5 时就变化不大，而 $\gamma=0.9$ 时，small cell 的个数达到 6 时才变化不大。于是可以得到，随着 Zipf 分布偏斜系数 γ 的增大，small cell 越应该进行分布式部署(即每个 small cell 的存储量不大，但总的 small cell 个数比较多)的结论。这是因为随着 γ 值越高，用户会更多地请求内容流行度高的文件，采用分布式的部署，每个 small cell 都缓存内容较为流行的文件，能够满足大部分用户对内容的请求，进而提高内容的缓存命中率。

4) 文件对缓存命中率的影响

图 4.1.7 讨论了文件大小和文件内容流行度分布偏斜系数 γ 对缓存命中率的影响。在图 4.1.7(a)中，讨论了 Zipf 偏斜系数 γ 对缓存命中率的影响。从图 4.1.7(a)中可以得出，随着 Zipf 偏斜系数 γ 增加，移动性缓存策略的命中率逐渐增加。此外，从图中还可以得出，随着 γ 的增加，流行缓存策略的命中率逐渐增加，而随机缓存策略的命中率变化不大，即 γ 对流行缓存策略命中率的影响比较大，而对随机缓存策略命中率的影响比较小。这是因为随着 γ 的增加，用户对内容流行度高的文件的请求变多，流行缓存策略更能满足用户的请求，所以流行缓存策略的命中率随着 γ 的增加而提高。而随机缓存策略一直随机缓存文件，所以 γ 对其影响较小。

图 4.1.7(b)讨论了文件库中每个文件的大小对缓存命中率的影响。给定文件库

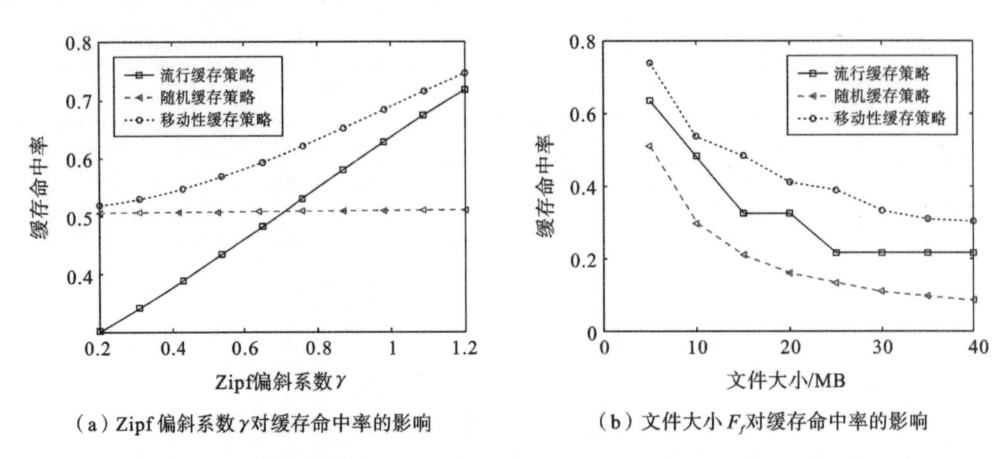

(a) Zipf偏斜系数γ对缓存命中率的影响　　(b) 文件大小F_f对缓存命中率的影响

图 4.1.7　文件内容流行度分布偏斜系数γ与文件大小对缓存命中率的影响

的大小，于是可知，每个文件越大，则文件个数越少，图中的横坐标仍然表示每个文件的大小。由图 4.1.7(b)可以看出，每个文件越大，系统的缓存命中率越小。这是因为当文件比较大时，由于 small cell 和用户设备的存储容量是一定的，那么 small cell 和用户设备能够缓存的文件数目变少，所以降低了缓存的命中率。

4.1.6　小结

本节首先分析了用户移动性对 small cell 和用户设备上缓存策略部署的影响，其次建立了最大化缓存命中率的优化问题，并将此问题转化为子模态优化问题进行了求解，最终给出了移动性缓存策略。用户移动性作为边缘缓存的基本特征之一，在缓存策略设计过程中，是无法被忽视且是需要被重视的。一个优异的移动性缓存策略将有助于缓存资源优势的充分发挥，从而为系统带来性能上的巨大提升。

4.2　5G 网络绿色移动编码缓存策略研究

4.2.1　引言

在 5G 网络中，用户的移动性导致了请求内容的用户与 small cell 或其他用户的接触时间具有动态的特性，在接触时间内可能只完成了部分内容的传输，导致文件传输失败。然而，目前所有的研究均假设请求内容的用户与缓存内容的 small cell 或其他用户在接触时间内能完成整个文件或编码后的固定文件的传输。而实际研究表明每次的传输量和接触时间是相关的。考虑到用户接触时间具有随机性，若假设每次都能够传输固定的值显然是与实际不符的。因此，考虑到接触时间的随机性，如何在 small cell 和用户设备上进行内容安置，使得缓存的命中率最大也是一个挑战。

此外，为了应对 5G 网络绿色性要求，在这一节中，我们还将考虑如何减少缓存传输过程中的能耗这一挑战性问题。

本节通过引入编码缓存，并假设每次的传输量和接触时间相关，提出了绿色移动编码缓存策略。此策略包括编码缓存的安置策略和传输策略，其中编码缓存的安置策略保证了缓存命中率最大，编码缓存的传输策略能够保证内容的传输能耗最小。

针对用户与 small cell 之间或用户与用户之间接触时间的随机性，本节提出了 5G 网络绿色编码缓存策略。具体来说，本节基于编码缓存建立了缓存命中率最大化的安置策略模型和能量消耗最小化的传输策略模型，并通过子模态优化给出了缓存安置策略算法，进一步得到了 small cell 基站和移动设备的最优发射功率，从而保证了最少的传输能量消耗。这一绿色移动编码缓存策略能够提高内容的缓存命中率，减少缓存内容传输的能量消耗。实验结果显示当用户移动性较高时，缓存内容传输消耗的能量较少；当用户移动性较低时，缓存内容传输消耗的能量较多。

4.2.2 问题的提出

本小节考虑了基于 5G 网络中的绿色移动编码缓存中内容的安置与传输问题。图 4.2.1 中给出了一个具体的场景。假设有 5 个手机用户，分别为 Rachel、Eva、Tommy、Suri 和 Cindy，其中 Rachel 请求的文件 1 包含四个编码段 s_1、s_2、s_3、s_4。考虑到用户存储能力的有限性，假设 Eva、Tommy、Suri 和 Cindy 分别存储了 s_1、s_2、s_3 和 s_4。考虑到用户接触时间是随机的，对于用户 Rachel 来说，她可以分别从 Eva、Tommy、Suri 获得编码段 s_1、s_2、s_3，并且能从 small cell 2 中获取编码段 s_4，从而减少宏基站的负载。当用户与 small cell 或其他用户在接触时间内，还需考虑 small cell 和其他用户应该以多大的发射功率传输缓存文件，能够使得其消耗的功率最少。通过上述讨论可知，接触时间对 small cell 和用户设备的内容安置与传输有着显著的影响。系统的场景与上一节类似，假设小区内有 l 个 small cell，记为 $S=\{S_1,S_2,\cdots,S_l\}$，n 个用户设备，记为 $D=\{D_1,D_2,\cdots,D_n\}$。宏基站可以与 small cell 以及用户设备进行通信，每个用户请求的内容都是相互独立的。表 4.2.1 给出了本节使用的主要符号。

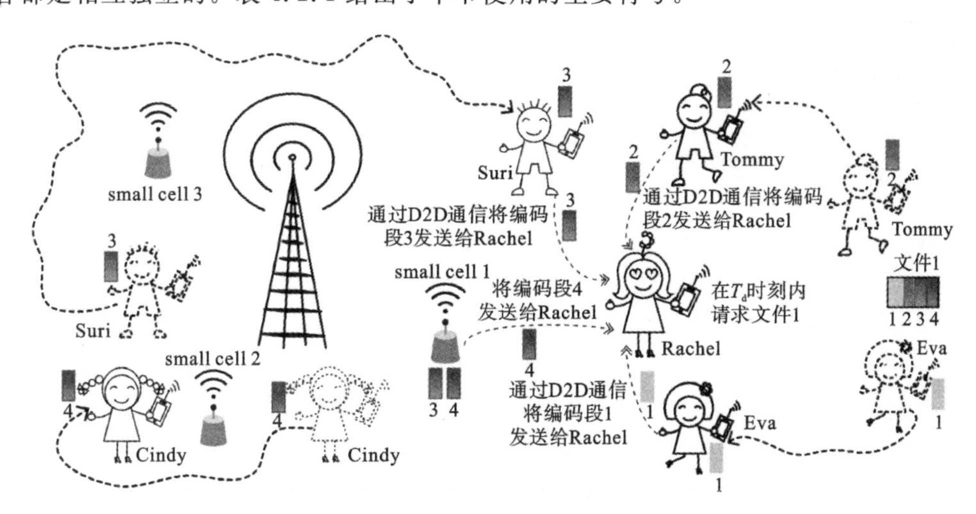

图 4.2.1 绿色移动编码缓存示例图

表 4.2.1 本节使用的主要符号

符　号	含　义
S	small cell 的集合
D	用户设备的集合
F	文件库集合

续表

符　号	含　义
C_k^S	small cell S_k的缓存大小
C_i^D	用户设备 D_i的缓存大小
s_f	编码后文件 F_f的个数
p_f	用户请求文件 F_f的概率
$\lambda_{i,k}^B$	用户 D_i与微基站 S_k接触时间的指数分布参数
$\lambda_{i,j}^D$	用户设备 D_i与用户 D_j接触时间的指数分布参数
$A_{i,k}$	在一次接触时间间隔内，small cell S_k和用户设备 D_i的最大数据传输量
$B_{i,j}$	在一次接触时间间隔内，用户设备 D_i与用户设备 D_j的最大数据传输量
P_T^D	用户设备的发射功率
P_T^B	small cell 的发射功率
W_D	D2D 的通信带宽
W_B	small cell 的下行传输链路带宽

1. 内容请求模型

假设文件库有 m 个文件，定义这 m 个文件的集合为 $F=\{F_1, F_2, \cdots, F_m\}$。本节采用编码缓存的方案，即文件 F_f可通过无速率喷泉(rateless fountain)编码为 s_f个编码段，并且假设文件 F_f可以通过这 s_f个编码段恢复。定义文件 F_f的大小为$|F_f|$，假设文件的大小相同，则每个编码段的大小为 $g_f=|F_f|/s_f$。在本节中，我们假设每个编码段的大小是相同的。

2. 移动模型

本节沿用上一节的移动模型，假设用户设备 D_i与 small cell S_k的接触时间服从参数为$\lambda_{i,k}^B$的指数分布，用户设备 D_i与 D_j的接触时间服从参数为$\lambda_{i,j}^D$的指数分布。由于用户的移动速度和用户的接触比例呈正的线性相关，即用户的移动性越高，用户间的接触频率越高。所以用户移动速度可以近似看成用户的接触频率。换句话说，当用户的移动速度很快时，用户之间的接触频率也会相应地增加，导致用户之间每次接触时间相应地减少，从而导致在接触时间内数据传输量也相应地减少。因此，假设每次接触能够传输整个缓存文件或固定的编码文件与实际不符。由于接触时间是服从指数分布的，因此可以假设在接触时间内内容的传输量也是服从指数分布。定义随机变量 $A_{i,k}$为第 ω 次接触时间内 small cell 基站 S_k传输给用户设备 D_i的最大数据量。定义随机变量 $B_{i,j}$为第 ω 次接触时间内用户设备 D_j传输给用户设备 D_i的最大数据量。

3. 能量消耗模型

本小节首先给出用户设备 D_j将编码缓存段传输给 D_i时消耗的能量。为了简单起见，本节不考虑 D2D 通信的干扰。定义 P_T^D 为用户设备的发射功率，则 D2D 通信时数据的平均传输速率为

$$R_D=E\left\{W_D\log_2\left(1+\frac{P_T^D h_D^2 r_D^{-\alpha}}{\sigma_D^2}\right)\right\}\approx W_D\log_2\left(1+\frac{P_T^D r_D^{-\alpha}}{\sigma_D^2}\right) \tag{4.14}$$

式中：W_D 表示用户设备 D_i 到用户设备 D_j 的传输带宽；h_D 表示信道增益，且服从均值为0的高斯分布；r_D 表示 D_i 与 D_j 之间的距离；σ_D^2 表示高斯白噪声；α 为路径损失指数。

用户设备 D_j 消耗的功率为 $\beta_D P_T^D + P_C^D + P_H^D$，其中 P_C^D 表示 D_j 的电路消耗的功率，β_D 为功率放大因子的倒数，P_H^D 表示缓存的硬件功率。本节不考虑缓存文件消耗的硬件功率。于是当用户设备 D_j 将文件传输量 $B_{i,j}$ 传输给用户设备 D_i 时，用户设备 D_j 对应的能量消耗为

$$E_D = \frac{B_{i,j}}{R_D}(\beta_D P_T^D + P_C^D) \tag{4.15}$$

我们还需给出 small cell S_k 将编码缓存段传输给请求用户 D_i 时消耗 small cell S_k 的能量。定义 P_T^B 为 small cell 的发射功率，同理可得，基站的下传速率为

$$R_B = E\left\{W_B \log_2\left(1+\frac{P_T^B h_B^2 r_B^{-\beta}}{\sigma_B^2}\right)\right\} \approx W_B \log_2\left(1+\frac{P_T^B r_B^{-\beta}}{\sigma_B^2}\right) \tag{4.16}$$

式中：W_B 表示 small cell 到用户设备的传输带宽；r_B 表示用户设备 D_i 到 small cell S_k 的距离；h_B 表示信道的增益，服从均值为0的高斯分布；β 为路径损失指数；σ_B^2 为高斯白噪声。

与前面类似，我们不考虑 small cell 缓存文件带来的能量消耗，于是可以得到当 small cell S_k 将 $A_{i,k}$ 传输给用户设备 D_i 时，small cell 的能量消耗为

$$E_B = \frac{A_{i,k}}{R_B}(\beta_B P_T^B + P_C^B) \tag{4.17}$$

式中：P_C^B 为电路功率；β_B 为功率放大因子的倒数。

4.2.3 绿色移动编码缓存策略模型

本小节将介绍绿色移动编码缓存策略模型，首先概述研究动机，其次提出缓存内容的安置模型，最后提出缓存内容的传递模型。

1. 研究动机

图4.2.2(a)描述了如何根据用户与 small cell 基站的接触时间来设计缓存内容的安置策略和传输策略。假定用户 Tommy 在 T_d 时间内请求文件1，文件1包含两个编码段。图4.2.2(a)描绘了用户移动性较低、接触时间较长的场景。此时由于用户 Tommy 移动性较低，Tommy 与基站和其他用户的接触次数较少，但每次接触时间较长，从图中可以看出，用户 Tommy 可以从 small cell 1 上获得需求的整个文件，因此此时的缓存内容安置策略为将编码段安置在 small cell 1 上。并且在接触时间间隔内，small cell 1 以最节省能耗的方式将缓存的内容传输给 Tommy。图4.2.2(b)描绘了用户移动性较高、接触时间较短时的场景。由于此时用户 Tommy 的移动性较高，用户 Tommy 在与 small cell 1 接触时只完成了一个编码段的传输，在 T_d 时间内 Tommy 与 Rachel 碰面了，Rachel 将缓存的编码段传递给 Tommy，因此此时的缓存内容安置策略为在 small cell 1 和 Rachel 处分别缓存编码段。在传输阶段，Small cell 1 和用户 Rachel在接触时间内，分别以能耗最小的方式将缓存内容传输给 Tommy，因此缓存的策略和接触时间密切相关。下面分别给出编码缓存的安置和传输策略模型。

2. 编码缓存的安置策略模型

定义矩阵 $\boldsymbol{X}_{l*m}$ 为 small cell 上编码段的安置方案，其中 $x_{k,f} \in \boldsymbol{X}$ 为 small cell S_k 上

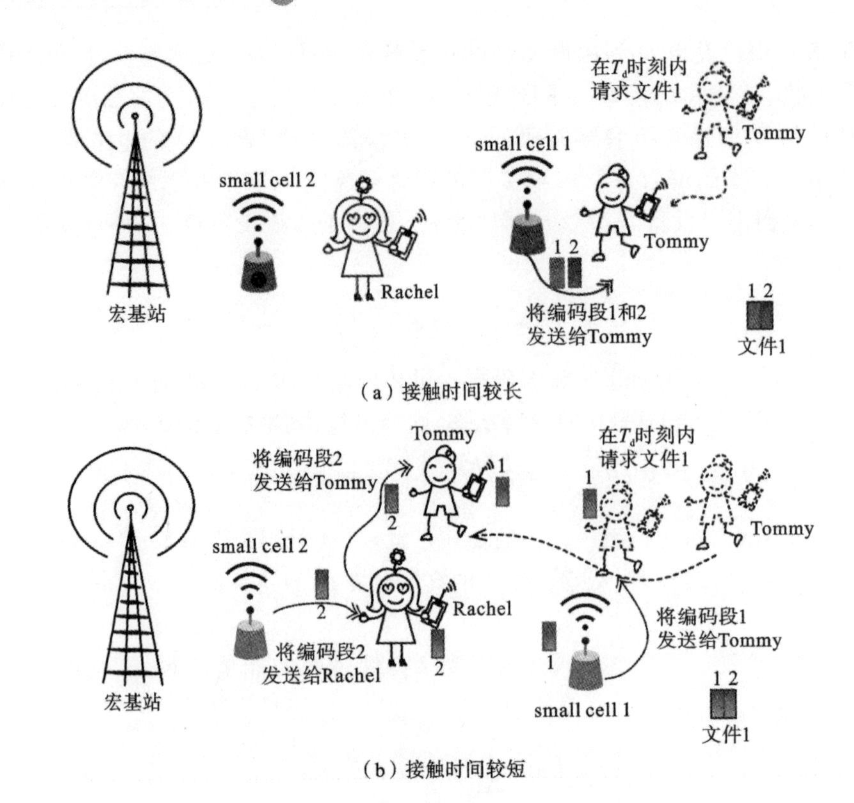

（a）接触时间较长

（b）接触时间较短

图 4.2.2 接触时间长短对缓存策略的影响

缓存的编码段的个数。定义矩阵 $\boldsymbol{Y}_{n*m}$ 为用户设备上编码段的安置方案，其中 $y_{j,f}\in\boldsymbol{Y}$ 为用户设备 D_j 缓存的编码段个数。定义矩阵 $\boldsymbol{Z}=[\boldsymbol{X};\boldsymbol{Y}]$ 为需要求解的编码段安置策略矩阵。定义 $U_i^f(\boldsymbol{Z})$ 为用户 D_i 在 T_d 时间内从 small cell 和用户设备上获得的编码段的总量。因此，最大化缓存命中率的安置策略优化问题如下式

$$\underset{Z}{\text{maximize}} \quad \frac{1}{n}\sum_{i=1}^{n}\sum_{f=1}^{m} p_f P_r(u_i^f(\boldsymbol{Z})) \tag{4.18a}$$

$$\text{subject to} \quad \sum_{f=1}^{m} x_{k,f} g_f \leqslant C_k^S, \quad \forall k \in \{1,\cdots,l\} \tag{4.18b}$$

$$\sum_{f=1}^{m} y_{j,f} g_f \leqslant C_j^D, \quad \forall j \in \{1,\cdots,n\} \tag{4.18c}$$

$$x_{k,f}\in\{0,1,\cdots,s_f\}, \quad \forall k\in\{1,\cdots,l\}, \quad \forall f\in\{1,\cdots,m\} \tag{4.18d}$$

$$y_{j,f}\in\{0,1,\cdots,s_f\}, \quad \forall j\in\{1,\cdots,n\}, \quad \forall f\in\{1,\cdots,m\} \tag{4.18e}$$

其中，目标函数(4.18a)表示如何在 small cell 和用户设备上进行缓存，使命中率最高，约束条件(4.18b)表示在 small cell 上缓存的编码段不能超过其最大缓存量，约束条件(4.18c)表示在用户设备上缓存的编码段不能超过其最大缓存量，约束条件(4.18d)和(4.18e)分别表示在 small cell 和用户设备上缓存的编码段个数必须为整数。接下来给出 $P_r(U_i^f(\boldsymbol{Z}))$的求解。根据上一节对用户移动性模型的讨论，可以得到用户设备与 small cell 基站，以及用户设备之间的接触次数服从泊松过程。假设在 T_d 时间内，用户设备 D_i 和 small cell S_k 接触的次数为 $M_{i,k}$，用户设备 D_i 与用户设备 D_j 接触的次数为 $N_{i,j}$，于是 $M_{i,k}$ 和 $N_{i,j}$ 是服从泊松分布的随机变量。因此，可以得到在 T_d 时间内，用户设备 D_i 获取的文件 F_f 编码段的总量为

$$V_{i,j,k}^{f}=\sum_{\omega=1}^{M_{i,k}}A_{i,k}^{\omega}+\sum_{\omega=1}^{N_{i,j}}B_{i,j}^{\omega} \tag{4.19}$$

式中：$A_{i,k}^{\omega}$和$B_{i,j}^{\omega}$均服从指数分布。定义变量$U_{i,j,k}^{f}$为用户设备D_i从 small cell S_k和用户设备D_j上获得的缓存编码段个数，那么：

$$U_{i,j,k}^{f}=\min\left(\left\lceil\frac{V_{i,j,k}^{f}}{g_f}\right\rceil,x_{k,f}+y_{j,f}\right) \tag{4.20}$$

因此，可以得到

$$P_r(u_i^f(\mathbf{Z}))=P_r\left(\sum_{k=1}^{l}\sum_{j=1}^{n}U_{i,j,k}^{f}\geqslant s_f\right)=1-P_r\left(\sum_{k=1}^{l}\sum_{j=1}^{n}U_{i,j,k}^{f}\geqslant s_f\right) \tag{4.21}$$

下面我们给出 $P_r\left(\sum_{k=1}^{l}\sum_{j=1}^{n}U_{i,j,k}^{f}\geqslant s_f\right)$ 的求解。

定义 $P_r(l+n,s_f)=P_r\left(\sum_{k=1}^{l}\sum_{j=1}^{n}U_{i,j,k}^{f}\geqslant s_f\right)$，根据全概率公式可得

$$P_r(l+n,s_f)=\sum_{a=0}^{s_f}P_r(U_{i,l,n}^{f}=a)P_r(l+n-1,s_f-a) \tag{4.22}$$

根据式(4.22)，可以得到问题转化为求解 $P_r(U_{i,j,k}^{f}=a)$的概率，下面我们给出$P_r(U_{i,j,k}^{f}=a)$的求解。根据式(4.21)和式(4.22)可得

$$P_r(U_{i,j,k}^{f}=a)=\begin{cases}\int_{g_{fa}}^{g_{f(a+1)}}f_{V_{i,j,k}^{f}}(v)\mathrm{d}v, & 0\leqslant a\leqslant(x_{k,f}+y_{j,f})\\ \int_{g_{fa}}^{\infty}f_{V_{i,j,k}^{f}}(v)\mathrm{d}v, & a=x_{k,f}+y_{j,f}\\ 0, & \text{其他情况}\end{cases} \tag{4.23}$$

其中 $f_{V_{i,j,k}^{f}}(v)$为随机变量 $V_{i,j,k}^{f}$的概率密度函数(PDF)，此 PDF 没有解析解，下面给出其近似解。

由于接触次数服从泊松分布，于是可以得到用户设备 D_i与 small cell S_k接触的平均次数为$\lambda_{i,k}^{B}T_{\mathrm{d}}$，用户设备 D_i与用户设备 D_j接触的平均次数为$\lambda_{i,j}^{D}T_{\mathrm{d}}$。用$\lambda_{i,k}^{B}T_{\mathrm{d}}$、$\lambda_{i,j}^{D}T_{\mathrm{d}}$分别代替 $M_{i,k}$、$N_{i,j}$，代入式(4.19)可得

$$V_{i,j,k}^{f}=\sum_{\omega=1}^{\lambda_{i,k}^{B}T_{\mathrm{d}}}A_{i,k}^{\omega}+\sum_{\omega=1}^{\lambda_{i,j}^{D}T_{\mathrm{d}}}B_{i,j}^{\omega} \tag{4.24}$$

由于 $A_{i,k}^{\omega}$服从参数为 $B_{i,j}^{S}$指数分布，即 $A_{i,k}^{\omega}=\mathrm{Exp}(B_{i,j}^{S})$，同时 $A_{i,k}^{\omega}$是相互独立的随机变量，根据相关研究可得到 $\sum_{\omega=1}^{\lambda_{i,k}^{B}T_{\mathrm{d}}}A_{i,k}^{\omega}=\mathrm{Gamma}(\lambda_{i,j}^{B}T_{\mathrm{d}},B_{i,j}^{S})$。同理可以得到 $\sum_{\omega=1}^{\lambda_{i,k}^{D}T_{\mathrm{d}}}B_{i,j}^{\omega}=\mathrm{Gamma}(\lambda_{i,j}^{B}T_{\mathrm{d}},B_{i,j}^{D})$。

接下来给出 $f_{V_{i,j,k}^{f}}(v)$的概率分布函数的计算。记 $f_{V_{i,k}^{f}}(v)$为变量 $\sum_{\omega=1}^{\lambda_{i,j}^{B}T_{\mathrm{d}}}A_{i,k}^{\omega}$ 的概率分布函数，记 $f_{V_{i,j}^{f}}(v)$ 为变量 $\sum_{\omega=1}^{\lambda_{i,k}^{D}T_{\mathrm{d}}}B_{i,j}^{\omega}$ 的概率分布函数，于是可以得到 $f_{V_{i,j,k}^{f}}(v)$ 的概率分布函数为 $f_{V_{i,k}^{f}}(v)$ 和 $f_{V_{i,j}^{f}}(v)$ 的离散卷积和，即

$$f_{V_{i,j,k}^{f}}(v)=\frac{v^{\lambda_{i,k}^{B}T_{\mathrm{d}}-1}\mathrm{e}^{-vB_{i,k}^{S}}}{(B_{i,k}^{S})^{-v}\Gamma(v)}\otimes\frac{v^{\lambda_{i,j}^{D}T_{\mathrm{d}}-1}\mathrm{e}^{-vB_{i,j}^{D}}}{(B_{i,j}^{D})^{-v}\Gamma(v)} \tag{4.25}$$

由于式(4.25)卷积仍然很难求解，基于相关研究工作我们估计其值如下：

$$f_{V^f_{i,j,k}}(v) \approx \frac{v^{\gamma-1}e^{-v\delta}}{\delta^{-\gamma}\Gamma(\gamma)} \tag{4.26}$$

其中，

$$\gamma = \frac{(\lambda^B_{i,k}T_d B^S_{i,j} + \lambda^D_{i,j}T_d B^D_{i,j})^2}{\lambda^B_{i,j}T_d(B^S_{i,j})^2 + \lambda^D_{i,j}T_d(B^D_{i,j})^2}, \quad \delta = \frac{\lambda^B_{i,k}T_d(B^S_{i,j})^2 + \lambda^D_{i,j}T_d(B^D_{i,j})^2}{\lambda^B_{i,k}T_d B^S_{i,k} + \lambda^D_{i,j}T_d B^D_{i,j}}$$

因此，$V^f_{i,j,k}$可以近似看作服从伽玛分布，即 $V^f_{i,j,k}=\text{Gamma}(\gamma,\delta)$，于是可以得到 $P_r(U^f_{i,j,k}=a)$的分布。

3. 编码缓存的传输策略模型

当将 small cell 或移动设备缓存的内容传输给请求内容的移动设备时，需要消耗能量。本小节研究的是缓存内容的 small cell 或其他设备如何以最小的能量消耗将编码段传输给请求内容的用户，即在接触时间内的最优发射功率。根据 4.2.2 节的讨论，当移动设备之间是 D2D 通信时，可以得到以下的优化问题：

$$\begin{aligned} &\underset{P^D_T}{\text{minimize}} \quad E_D \\ &\text{subject to} \quad 0 < P^D_T \leqslant P^D_{\max} \end{aligned} \tag{4.27}$$

其中，目标函数是对于缓存了编码段 $B_{i,j}$ 的用户设备 D_j 来说，应该以多大的功率将缓存编码段 $B_{i,j}$ 发送给请求内容的用户设备 D_i，能够最节省用户设备 D_j 的能量消耗。约束条件为移动设备的发射功率介于$(0,P^D_{\max}]$之间，其中 $P^D_{\max}$是移动设备的最大发射功率。同理，可以得到 small cell 基站的最优发射功率可以通过如下的优化问题得到

$$\begin{aligned} &\underset{P^B_T}{\text{minimize}} \quad E_B \\ &\text{subject to} \quad 0 < P^B_T \leqslant P^B_{\max} \end{aligned} \tag{4.28}$$

其中，目标函数是对于缓存了编码段 $A_{i,k}$ 的 small cell 基站来说，应该以多大的功率将缓存的编码段 $A_{i,k}$ 发送给请求内容的用户设备 D_i，能够使得 small cell 基站消耗的功率最小。限制条件为 small cell 基站的发射功率 P^B_T 介于$(0,P^B_{\max}]$之间，其中 $P^B_{\max}$是 small cell 基站的最大发射功率。

4.2.4 绿色移动编码缓存策略求解

本小节给出了编码缓存的安置策略模型和传输策略模型。基于子模态优化给出了编码缓存安置策略模型的求解，基于优化分析给出了编码缓存的传输策略模型的求解。

1. 编码缓存安置策略模型的求解

对于编码缓存安置策略模型的优化问题，涉及 small cell 和用户设备上缓存编码段的个数安置，因此是一个混合整数规划(MIP)问题。如何在 small cell 网络中和 D2D 网络中缓存文件已经分别被证明为 NP 难问题，而这个优化问题同时考虑了在 small cell 基站和用户设备上如何安置编码段，因此该问题亦为 NP 难问题。

对于缓存安置策略的优化问题，本节利用子模态优化来进行求解。在子模态优化问题中，有研究工作证明，如果目标函数为单调递增的子模态函数，限制条件为拟阵，则可以利用贪心算法求解。而且，如果 OPT 表示原问题的最优解，Z^* 表示利用贪心算法求出的最优解，则有 $Z^* \geqslant \left(1-\frac{1}{e}\right)\text{OPT}$ 成立，即利用贪心算法可以得到近似最优解。

接下来，首先将原问题转化为子模态优化问题，其次利用贪心算法求解此问题。

1）编码缓存安置策略优化问题的转化

定义集合 $Z=\{z_{i,f,v}|i=1,\cdots,l+n,\ f=1,\cdots,m,v=1,\cdots,s_f\}=Z^1\cup Z^2$，其中：

$$Z^1=\{z_{k,f,v}|k=1,\cdots,l,\ f=1,\cdots,m,\ v=1,\cdots,s_f\}$$

$$Z^2=\{z_{j,f,v}|j=1,\cdots,n,\ f=1,\cdots,m,\ v=1,\cdots,s_f\}$$

也就是说，当 $i=1,\cdots,l$ 时，$z_{i,f,v}=z_{k,f,v}$；当 $i=l+1,\cdots,l+n$ 时，$z_{i,f,v}=z_{j,f,v}$。定义集合 A_1 是在 small cell 上的缓存方案，其中 $A_1\subseteq Z^1$，如果元素 $z_{k,f,v}\subseteq A_1$，则表示文件 F_f 的 v 个编码段缓存在 small cell S_k 上。定义集合 A_2 是在用户设备上的缓存方案，其中 $A_2\subseteq Z^2$，如果元素 $z_{k,f,v}\subseteq A_2$，则表示文件 F_f 的 v 个编码段缓存在用户设备 D_j。定义集合 $Z^1_{k,f}=\{z_{k,f,v}|v=1,\cdots,s_f\}$ 表示在 small cell S_k 上缓存的关于文件 F_f 的所有编码段，同理定义集合 $Z^2_{j,f}=\{z_{j,f,v}|v=1,\cdots,s_f\}$ 表示在用户设备 D_j 上缓存的关于文件 F_f 的所有编码段。于是可以得到 $x_{k,f}$ 与 $y_{j,f}$ 分别为

$$x_{k,f}=|A_1\cap Z^1_{k,f}|,\quad y_{j,f}=|A_2\cap Z^2_{j,f}| \tag{4.29}$$

其中 $|\cdot|$ 表示集合的基数。定义 $A=A_1\cup A_2$，于是原问题的目标函数可以表示为

$$f(A)=\frac{1}{n}\sum_{i=1}^{n}\sum_{f=1}^{m}p_fP_r\left[\sum_{k=1}^{l}\sum_{j=1}^{n}\min\left(\left[\frac{V^f_{i,j,k}}{g_f}\right],\ |A_1\cap Z^1_{k,f}|+|A_2\cap Z^2_{j,f}|\right)\right] \tag{4.30}$$

定义 $Z^1_k=\{z_{k,f,v}|f=1,\cdots,m,v=1,\cdots,s_f\}$ 表示在 small cell S_k 上缓存的所有文件的编码段，定义 $Z_j{}^2=\{z_{j,f,v}|f=1,\cdots,m,v=1,\cdots,s_f\}$ 表示在用户设备 D_j 上缓存的所有文件的编码段，那么原优化问题的限制条件可以改写为 $I=I_1\cup I_2$。其中，

$$I_1=\{A_1|g_f|A_1\cap Z^1_k|\leqslant C^S_k,k=1,\cdots,l\}$$

$$I_2=\{A_2|g_f|A_2\cap Z^2_j|\leqslant C^D_j,k=1,\cdots,l\} \tag{4.31}$$

因此，原优化问题可以表示为

$$\begin{aligned}&\underset{A}{\text{maximize}}\quad f(A)\\&\text{subject to:}\quad A\subseteq I\end{aligned} \tag{4.32}$$

定理 4.2　对于优化问题(4.32)，$f(A)$是单调的子模态函数，约束条件(Z,I)为拟阵。

证　(1) 证明 $f(A)$是单调的子模态函数。要证明 $f(A)$为单调的子模态函数，即证 $\forall A\subset B\subset Z$ 和 $\forall z_{i,f,v}\in Z-B$，$f(A\cup z_{i,f,v})-f(A)\geqslant f(B\cup z_{i,f,v})-f(B)\geqslant 0$ 成立，也就是说，要证明下面两个式成立。

$$f(A\cup z_{k,f,v})-f(A)\geqslant f(B\cup z_{k,f,v})-f(B)\geqslant 0$$

$$f(A\cup z_{j,f,v})-f(A)\geqslant f(B\cup z_{j,f,v})-f(B)\geqslant 0 \tag{4.33}$$

这里我们不详述具体的证明过程，感兴趣的读者可自行证明。

(2) 约束条件$\{Z,I\}$为拟阵。要证明$\{Z,I\}$为拟阵，即证明(Z^1,I_1)和(Z^2,I_2)均为拟阵。对于(Z^1,I_1)，有下面式子成立：

- $\varnothing\in I_1$；
- If $B_1\subseteq I$ and $A_1\subseteq B_1$, then $A_1\subseteq I$;
- If $A_1,B_1\in I_1$ and $|A_1|<|B_1|$, there exists an element $k\in B-A$ that makes $A\cup\{k\}\in I$。

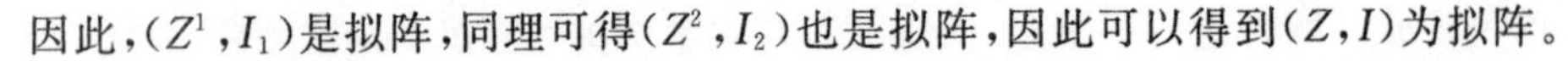

因此，(Z^1, I_1)是拟阵，同理可得(Z^2, I_2)也是拟阵，因此可以得到(Z, I)为拟阵。

2) 编码缓存安置策略算法

通过上面证明得到优化问题(4.32)的目标函数为单调递增的子模态函数，约束条件为拟阵。根据上面的分析，利用贪心算法能够求解。接下来介绍具体的算法。

具体的编码缓存安置策略算法如下，开始时设置一个缓存集合 A 为空，在每一次迭代的过程中，加入一个能够使得目标函数具有最大值的编码段，直至达到 small cell 和用户设备的最大缓存容量。根据第 4.2.4 节提到的概率计算，可以计算 $\arg\max_{z_{i,f,v}} \in Z_r[f(Z_r+z_{i,f,v})-f(Z_r)]$，于是可以得到具体的算法，如算法 4.2.1 所示。

算法 4.2.1　编码缓存安置策略算法

算法 4.2.1：编码缓存安置策略

输入：所有的 $z_{i,f}$ 集合，Z

　　Z 剩余集合，Z_r

　　微基站和用户设备的总存储容量，C

输出：在用户设备和微基站上的缓存策略，A

(1) $A \leftarrow \varnothing, Z_r \leftarrow Z$；

(2) Repeat；

(3) $z_{i^*,f^*,v^*}=\arg\max_{z_{i,f,v}} \in Z_r[f(Z_r+z_{i,f,v})-f(Z_r)]$；

(4) $A \leftarrow A+z_{i^*,f^*,v^*}$；

(5) $Z_r \leftarrow Z_r - z_{i^*,f^*,v^*}$；

(6) 如果$|A \cap Z_{i^*}|=C$，则 $Z_r \leftarrow Z_r \backslash Z_{i^*}$；

(7) end if；

(8) 直到 $|A| > (\sum_{k=1}^{l} C_k^H + \sum_{i=1}^{l} C_i^D)$；

步骤(3)可以得出，在 small cell 或用户设备上缓存关于文件 F_{f_*} 的 k_* 个编码段，能够最大化缓存命中率，所以在步骤(4)中将 z_{i^*,f^*,v^*} 加入到最优的缓存策略 A 中。步骤(6)表示当达到 small cell 或用户设备的最大缓存容量 C 时，不能再缓存文件。从步骤(8)中可以得到，当 $|A| > (\sum_{k=1}^{l} C_k^H + \sum_{i=1}^{l} C_i^D)$时，停止迭代。通过这个算法，可以得到编码缓存安置策略。根据上面的讨论可知，此算法可近似达到最优解。在算法 4.2.1 中，当所有的 small cell 和用户设备达到其最大缓存容量时，将会有 $\sum_{k=1}^{l} C_k^H + \sum_{i=1}^{l} C_i^D$ 次迭代。对于每一次迭代，最多有$(l+n)ms_f$ 元素没有加入到缓存集合 A 中。对于每一次计算，其时间复杂度为 $o(n)$，所以算法 4.2.1 的总体时间复杂度为 $o\left[(l+n)mns_f(\sum_{k=1}^{l} C_k^H + \sum_{i=1}^{l} C_i^D)\right]$。

2. 编码缓存传输策略模型的求解

这一小节给出优化问题式(4.32)和式(4.33)的解，也就是给出了 small cell 基站和用户设备的最优发射功率，如定理 4.3 所示。

定理 4.3　small cell 基站和用户设备的最优发射功率 $P_T^{D^*}$ 和 $P_T^{B^*}$ 如下所示。

证　首先给出 P_T^D 的证明，对于优化问题式(4.27)，定义

$$x=P_{\mathrm{T}}^{D},\quad \delta=\frac{r_{\mathrm{D}}^{2}}{\sigma_{\mathrm{D}}^{2}},\quad \theta=\eta_{\mathrm{D}}P_{\mathrm{C}}^{D}$$

于是可得

$$f(x)=\frac{B_{i,j}(x+\theta)}{\eta_{\mathrm{D}}W_{\mathrm{D}}\log_2(1+\delta x)} \tag{4.34}$$

对式(4.34)关于 x 求导，于是可得

$$f'(x)=\frac{B_{i,j}[(1+\delta x)\log_2(1+\delta x)\ln 2-(1+\delta x)-(\delta\theta-1)]}{\eta_{\mathrm{D}}W_{\mathrm{D}}(1+\delta x)\log_2^2(1+\delta x)\ln 2} \tag{4.35}$$

在式(4.35)中，$f'(x)$的分母恒为正，于是当 $f'(x)$的分子大于 0 时，则 $f'(x)>0$，反之亦然。由于 $x\in(0,P_{\max}^{D}]$，故 $1+\delta x\in(1,1+P_{\max}^{D}]$，令 $y=1+\delta x$，$\xi=\delta\theta-1$，那么式(4.35)可以化为

$$f'(y)=\frac{B_{i,j}[y\log_2 y\ln 2-y-\xi]}{\eta_{\mathrm{D}}W_{\mathrm{D}}y\cdot\log_2^2 y\cdot\ln 2} \tag{4.36}$$

令 $g(y)=y\log_2 y\ln 2-y-\xi$，对 $g(y)$关于 y 求导，可以得到 $g'(y)=\ln 2\log_2 y$，从而可以推出，当 $y\in(1,1+\delta P_{\max}^{D}]$时，$g(y)$是单调递增函数。于是，当 $y\to 1$ 时，$g(y)<0$。若 $g(1+\delta P_{\max}^{D})<0$，则 $f'(y)<0$，于是得到 $f(x)$是单调递减函数，所以在 $x=P_{\max}^{D}$ 时取得最小值。若 $g(1+\delta P_{\max}^{D})>0$，则存在零点 y_0 使得 $g(y_0)=0$，于是可以得到函数 $f(x)$先是单调递减，然后单调递增，所以在 y_0 点取得最小值。根据上面的讨论，可以得到最优的 $P_{\mathrm{T}}^{D^*}$ 为

$$P_{\mathrm{T}}^{D^*}=\begin{cases}P_{\max}^{D}, & \text{if}\quad g(1+\alpha P_{\max}^{D})<0\\ P_{y_0}, & \text{if}\quad g(1+\alpha P_{\max}^{D})\geqslant 0\end{cases}$$

同理可以得到

$$P_{\mathrm{T}}^{B^*}=\begin{cases}P_{\max}^{B}, & \text{if}\quad g(1+\delta P_{\max}^{B})<0\\ P_{y_0}, & \text{if}\quad g(1+\delta P_{\max}^{B})\geqslant 0\end{cases}$$

至此，定理 4.3 证明完毕。

通过定理 4.3，得到 small cell 和用户设备的最优发射功率分别为 $P_{\mathrm{T}}^{D^*}$ 和 $P_{\mathrm{T}}^{B^*}$。将其代入式(4.15)和式(4.17)中，可以得到编码缓存传输消耗的能量为 E_D^* 和 E_B^*，从而可以得到网络传输消耗的平均能量为

$$\widehat{E}^*=\frac{1}{n}\sum_{i=1}^{n}\sum_{f=1}^{m}p_f\Big[\sum_{\omega=1}^{M_{i,k}}E_B^*(A_{i,k}^{\omega})+\sum_{\omega=1}^{N_{i,j}}E_D^*(B_{i,j}^{\omega})\Big] \tag{4.37}$$

由于接触的次数服从泊松分布，利用用户设备 D_i 与 small cell S_k 接触的平均次数 $\lambda_{i,k}^{B}T_{\mathrm{d}}$，用户设备 D_i 与用户设备 D_j 接触的平均次数 $\lambda_{i,j}^{D}T_{\mathrm{d}}$ 来代替 $M_{i,k}$ 和 $N_{i,j}$，于是可得

$$\widehat{E}^*=\frac{1}{n}\sum_{i=1}^{n}\sum_{f=1}^{m}p_f\Big[\sum_{\omega=1}^{\lambda_{i,k}^{B}T_{\mathrm{d}}}E_B^*(A_{i,k}^{\omega})+\sum_{\omega=1}^{\lambda_{i,j}^{D}T_{\mathrm{d}}}E_D^*(B_{i,j}^{\omega})\Big] \tag{4.38}$$

即缓存内容传输时网络的平均能耗。

4.2.5　实验结果与分析

1. 实验的设置

本小节对绿色移动编码缓存策略进行评估。和第 4.1 节类似，考虑一个区域内含有 5 个 small cell，60 个用户。对于缓存请求的延迟，设置 $T_{\mathrm{d}}=600$ s。设置文件内容流

行度偏斜系数为 $\gamma=0.8$ 的 Zipf 分布。对于请求的文件，设置文件的大小为 10 MB，其中包括 10^4 个文件，每个文件可以被编码为 2 个编码段。对于 small cell 和用户设备的缓存容量来说，设置 small cell 最多能缓存文件库的 10%，移动设备最多能缓存文件库的 5%。对于用户移动性的设置，与第 4.1 节一样，用 $\Gamma(4.43,1/1088)$ 表示用户设备 D_i 与用户设备 D_j 接触时间的指数分布参数，用 $\Gamma(10,1/100)$ 表示用户设备 D_i 与 small cell S_k 接触时间的指数分布参数。我们分别设置 small cell 和用户设备在一次接触时间内的传输量服从均值为 20 MB 和 10 MB 的指数分布。表 4.2.2 分别给出了在 small cell 和用户设备上的能量消耗的参数设置。主要从编码缓存安置策略命中率和编码缓存传输能耗两个角度来评估绿色移动编码缓存策略。

表 4.2.2　能量消耗的仿真参数

参数名称	参数符号	取　值
small cell 的最大传输功率	$P_{\max}^{S}$	6.3 W
small cell 的固定功率	P_{C}^{S}	56 W
small cell 的信道带宽	W_S	20 MHz
small cell 的噪声功率	σ_B^2	−104 dBm
small cell 的功率放大器效率因子	$1/\beta_S$	0.38
D2D 通信的带宽	W_S	20 MHz
用户设备的最大传输功率	$P_{\max}^{D}$	0.2 W
用户设备的固定功率	P_{C}^{D}	115.9 mW
用户的噪声功率	σ^2	−95 dBm
用户设备的功率放大器效率因子	$1/\beta_D$	0.2
路径损耗因子	α,β	4

2. 对比实验

本小节将绿色移动编码缓存策略与三种不同的缓存策略，即流行缓存策略、随机缓存策略和移动性缓存策略（每次传输量为固定值）进行比较，其中流行缓存策略和随机缓存策略具体设置和第 4.1 节类似，对于缓存策略，设置每次传输的量为随机变量 $A_{i,k}^{\omega}$ 和 $D_{i,j}^{\omega}$ 的平均值。

3. 编码缓存安置策略命中率分析

图 4.2.3 讨论了用户移动性对四种不同缓存安置策略命中率的影响。和第 4.1 节类似，仍以平均接触次数 $\mu_{i,k}$ 和 $\lambda_{i,j}$ 来刻画横坐标。从图 4.2.3 中可以看出，本节提出的缓存方案要优于其他缓存方案，这是因为在流行缓存策略中只缓存了内容流行度高的文件，而随机缓存策略中缓存的文件是随机的，这两种方案都没有考虑到用户的移动性，虽然移动性缓存策略考虑了用户的移动性，但是没有考虑到在接触时间内能否将缓存内容全部传递，所以本章提出的缓存策略性能最优。

图 4.2.4(a)和图 4.2.4(b)讨论了用户设备和 small cell 的缓存容量大小与缓存命中率的关系。图 4.2.4 的横坐标表示用户设备或 small cell 的最大的缓存容量占文件库的比重，从图中可以得出，当用户设备或 small cell 的存储容量变大时，缓存的命中率

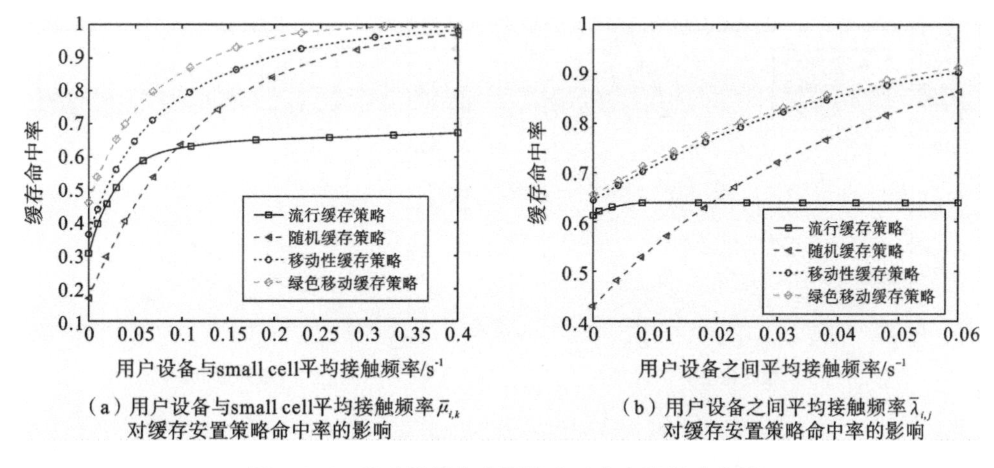

（a）用户设备与small cell平均接触频率$\bar{\mu}_{i,k}$对缓存安置策略命中率的影响

（b）用户设备之间平均接触频率$\bar{\lambda}_{i,j}$对缓存安置策略命中率的影响

图 4.2.3 移动性缓存安置策略对命中率影响分析

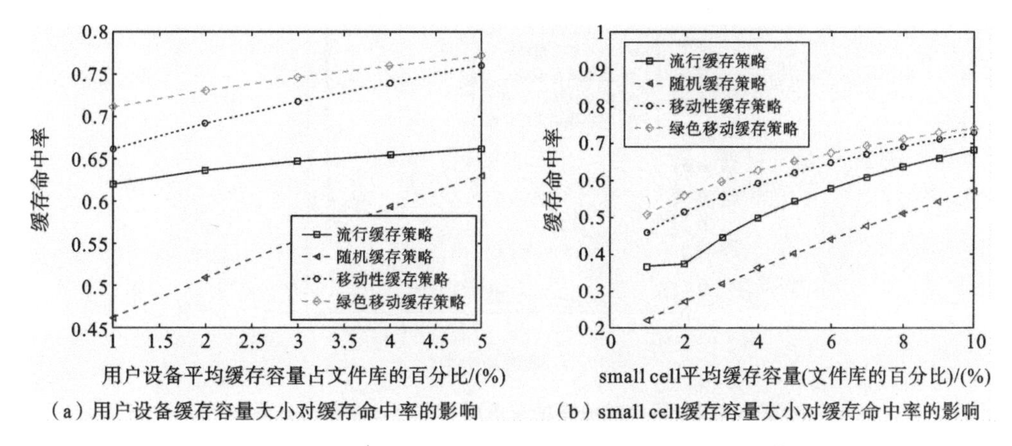

（a）用户设备缓存容量大小对缓存命中率的影响

（b）small cell缓存容量大小对缓存命中率的影响

图 4.2.4 用户设备和 small cell 缓存容量大小对缓存命中率的影响

变大，这是因为缓存容量变大后，能够缓存更多的内容，从而使得缓存命中率变大。此外，对比其他缓存策略，本节提出的编码缓存安置策略比其他缓存策略都优。

4. 编码缓存传输策略能量分析

图 4.2.5 和图 4.2.6 讨论了用户缓存命中率和传输能量消耗的关系。我们将能量消耗进行了归一化处理。从图中可以得到，随着缓存命中率的增加，能量消耗也在增加。这是因为随着缓存命中率的增加，请求文件的用户从 small cell 基站和其他用户设备上获取文件的概率增加，从而增加了 small cell 和用户设备能量的消耗。此外，图 4.2.5(a)表明，当用户与 small cell 接触频率$\bar{\mu}_{i,k}$（即进入 small cell 的覆盖范围内）增加时，在相同的缓存命中率下，$\bar{\mu}_{i,k}$越大，其消耗的传输能量就越少。这是因为随着$\bar{\mu}_{i,k}$的增加，用户的移动性增加，从而导致了缓存命中率的增加，所以在相同缓存命中率下，$\bar{\mu}_{i,k}$越大，消耗的能量越少。同样，从图 4.2.5(b)中可以得出，在相同的缓存命中率下，用户设备之间的接触频率$\bar{\lambda}_{i,j}$越大，消耗的传输能量就越小。图 4.2.6 表明，在一定的缓存命中率下，本节提出的方案比流行性缓存策略、随机缓存策略和移动性缓存策略更能节省能量，但与移动性缓存策略的相差较小。这是因为两种策略都考虑到了用户的移动性，但我们同时考虑了接触时间的随机性。

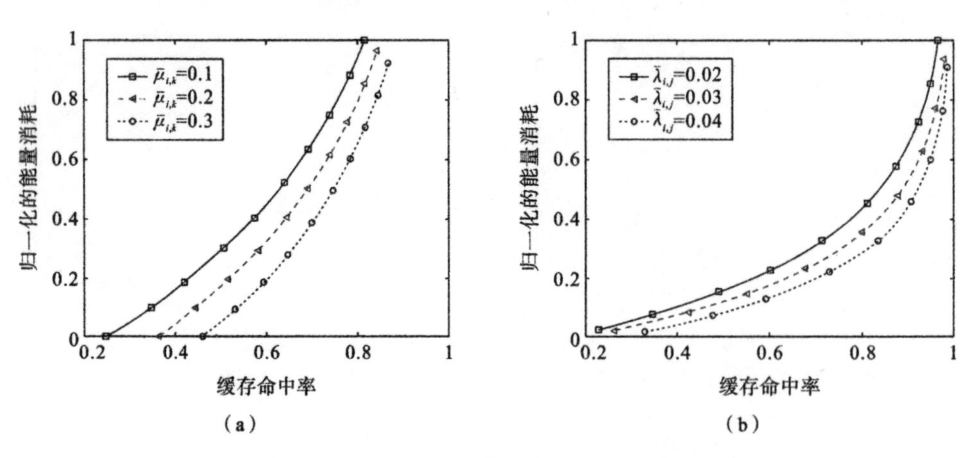

图 4.2.5　用户移动下能量消耗与缓存命中率的关系

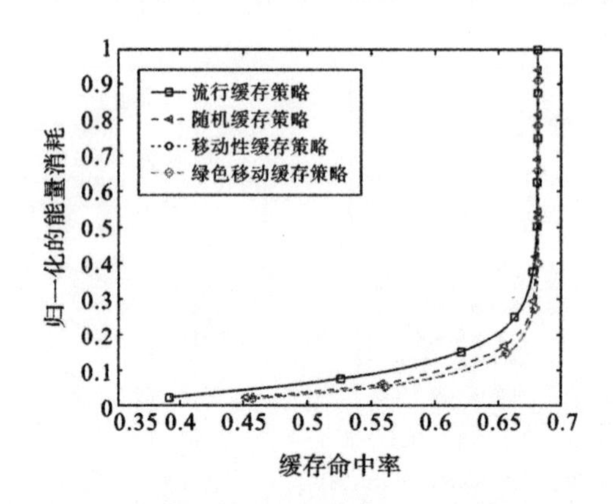

图 4.2.6　不同策略下能量消耗与缓存命中率的关系

4.2.6　小结

本节基于编码缓存，尝试为缓存策略的设计提出一种在提高缓存命中率的同时，降低系统能耗的解决方案。在实际的设计中，我们需分析用户移动性导致的接触时间随机性对 small cell 和用户设备上缓存内容安置和传输的影响，并基于编码缓存建立了最大缓存命中率的安置策略模型和最小能耗的传输策略模型。继而通过子模态优化提出了缓存文件的安置策略，进一步得出了 small cell 基站和用户设备的最优发射功率，从而得出网络的最小传输能耗。

5

5G 缓存应用

5.1　5G 缓存与车联网

随着移动互联网、物联网和无线传感器网络技术的广泛应用，车联网日益成为实现未来智能交通的有效途径之一，是当前全球研究和关注的焦点。目前，车联网应用集中但不限于以下一些方面，如路况信息、事故预警、行人碰撞预警、智慧泊车、实时视频流和实时游戏等。未来车联网将对数据速率、延迟和可靠性提出更高的要求。

在传统的基于连接的车联网系统中，传输过程需要建立和维护传输路径以获取数据。一方面，由于车辆往往处于高速移动中，难以保证传输的可靠性；另一方面，由于基于连接的传输与地理位置相耦合，从车辆到内容供应者往往需要经过很长的路径，并易发生拥塞，导致延迟较长。传统车联网系统已难以满足未来需求。

5G 技术作为新一代移动通信网络技术，主要用于满足 2020 年以后的移动通信需求。其中缓存技术通过将内容存储到移动网络边缘地带，使得用户可以就近获取内容服务，减少因重复下载导致的拥堵，有效地优化了端到端延迟。缓存技术与车联网的结合，将有效地解决当前车联网所面临的困境，可以向用户提供更好的车联网应用服务。

例如，在城市中移动的大量用户，包括公共汽车、出租车和其他车辆中的乘客，对最新的热门电视节目或是体育焦点视频发出内容请求。假设某内容被大量处于同一地点具有相似兴趣的用户同时请求，那么向每个用户提供该流行内容就会在用户和服务提供商之间建立大量冗余的连接。缓存允许用户从附近任何缓存有相应内容的资源中获取数据以实现内容可用性的最大化，而不需要建立底层的网络连接。缓存与车辆的结合将使得更多的娱乐需求被本地或者附近车辆满足，避免了大量冗余传输。

如果用户感兴趣的是给定地区内可用停车场、交通/天气条件、燃料价、当地景点的虚拟旅游，或者附近度假村的快照/视频信息，这些信息可由目标地区的车辆产生，并缓存在感兴趣的车辆中。当某车辆发出相应的内容请求时，可以在附近可用车辆节点获取内容服务，这对降低服务延迟，节省通信资源有巨大的意义。

接下来，我们将对车联网环境下的服务需求进行分析，并在此之上阐述移动缓存在车联网中的应用。

5.1.1 车联网环境下的服务需求

从车联网服务需求的角度来看，车联网应该能够提供的服务包括安全服务、效率服务和信息娱乐服务。下面将介绍这几种服务需求。

1. 安全服务需求

安全服务需求主要包括道路安全服务需求和车辆安全服务需求两类。

1）道路安全服务需求

道路安全服务主要包括安全信息公告和道路事故救援两类。

(1) 安全信息公告：当车联网系统覆盖范围中的某一位置发生如交通事故、复杂天气状况或者人为道路封闭等道路安全状况时，系统将根据车辆的位置，有针对性地实时发布道路安全信息公告。除此之外，系统还能对一些可能会发生交通事故的路段(比如隧道、桥梁、弯道、交叉路况等)附近的车辆发布道路安全信息公告。安全信息公告的内容除了预警信息外，还应该包含车速的建议值。

(2) 道路事故救援：车辆在出现紧急情况或发生事故(碰撞、翻车)后，可以由用户发起或者系统自动向服务后台发出求助信息，联系事故地的救援、医疗机构，及时赶赴现场展开救助，能够最大限度上保证事故人员的生命财产安全。

2）车辆安全服务需求

车辆安全服务需求主要是车辆行驶中自身的安全预警服务，包括显示周围车辆信息、汽车防碰撞(安全距离提醒、安全车速提醒、行人提醒、碰撞避免提醒等)和行车指引(减速提醒、刹车提醒、变道提醒)。

(1) 显示周围车辆信息：车辆在行驶过程中，其对周围车辆情况的把握对行车安全影响尤为关键。在受天气影响或者大型车辆阻挡视距的情况下，周围车辆信息对车辆的安全尤为重要。车联网系统需要能够提供本车道、相邻车道、逆向车道的车辆信息(包括车速、位置、加速度等)。

(2) 汽车防碰撞：车辆安全驾驶最基本的需求就是防碰撞，系统可以在上述显示周围车辆信息的基础上加入报警提醒策略，提供安全距离提醒、安全车速提醒、行人提醒、碰撞避免提醒等功能，从而实现高速行驶的汽车之间的防碰撞。为了实现汽车防碰撞功能，需要车辆能够实时获取周围车辆的车速、位置、加速度、行驶方向、减速能力等信息。

(3) 行车指引：车辆在行驶过程中，还需要获得相关的行车指引来保证自身的安全，比如减速提醒、刹车提醒、变道提醒。这需要车联网不仅能获取周围车辆的信息，还需要能够获取道路环境信息(包括交通状况、交通信号、路面状态、天气情况、道路线形、行人和非机动车、车外的物品和建筑物等信息)。

2. 效率服务需求

效率服务需求重点关注如何提高交通效率。效率服务需求包括导航服务类需求、智能驾驶需求和智能交通管理需求。

1）导航服务类需求

导航服务类需求需要车联网系统能够为车辆提供路线信息、引导用户驾驶，为用户提供路线指引服务，方便用户驾驶出行。导航服务类需求具体包括线路导航服务需求、路况信息服务需求和目标搜寻及指引服务需求。

(1) 线路导航服务需求:用户需要导航时,可以由车载设备给予路线查询与规划,提供驾驶方案(如最短路径方案、最短时间方案等),指引用户到达目的地,同时还有参考行驶时间提示信息,方便用户合理安排时间。

(2) 路况信息服务需求:车联网系统可以将最新的道路流量信息提供给用户,以便用户及时调整并选择合适路线;也可以由设备结合当前道路信息和道路历史行车信息为用户设计最佳路线。

(3) 目标搜寻及指引服务需求:车联网系统可以为用户提供具体的目的地信息,指引用户到达目的地,同时可以展开目的地周边的相关信息。比如,当用户需要进行餐饮、购物消费时,可以为用户提供具体的商家信息并在电子导航系统显示出线路信息;也可以按照用户需求显示特定地点周围的消费、购物场所信息。除此之外,当用户到达目的地时,还可以提供目的地的停车场信息,以方便用户寻找停车位。

2) 智能驾驶需求

智能驾驶是指车与车、车与路之间能够相互通信,使得驾驶者能够及时掌握周围交通信息作出合理决策,甚至使车辆能够自行判断周围环境,采取合理措施达到"智能无人驾驶"的境界。这需要车联网能够提供相关车辆的车况信息(包括车速、各种介质的温度等)、道路环境信息(包括交通状况、交通信号、路面状态、天气情况、道路线形、行人和非机动车、车外的物品和建筑物等信息)和车辆位置信息。

3) 智能交通管理需求

智能交通管理是指利用车联网技术实现交通信息收集和具体车辆信息收集,利于交通管理中心实现交通和车辆的智能化管理。智能交通管理典型的应用包括交通流量管理与预测,监测道路车流量、行驶方向、车速、路况等;智能信号灯根据不同方向车流量进行实时变化,及时引导车辆通行,提高道路利用率,从宏观上规划管理交通;对于高速路段等收费路段,常常由于停车收费的原因在高速路段的出入口发生交通拥堵。利用车联网系统,交管部门可以实时准确地测算车辆的行车距离,并可以通过网络实时扣费。车辆可以快速通过高速路段的出入口,而无需在收费站中停车等待;可以对要实施安检的车辆进行及时提醒或者强制检查措施;对于违法车辆进行跟踪,及时纠正驾驶行为。

3. 信息娱乐服务需求

信息娱乐服务需求需要车联网能够为车内的用户提供手机通信、资讯、社交和娱乐等上网服务。除此之外,车联网系统还可以引入各种基于用户位置的商业服务,如基于用户位置的精确投放式广告服务等。

5.1.2 基于5G缓存的车联网拓扑结构

针对上述的车联网环境下的服务需求,本节介绍一种基于5G缓存技术的车联网通信架构。图5.1.1为基于5G技术的车联网拓扑结构图。从图中可以看出,该网络结构由基础设施云(infrastructure cloud)、SDN控制器(SDN controller,SDNC)、路旁单位控制器(road side unit controller ,RSUC)、路旁单位(road side unit,RSU)、宏基站(MBS)、汽车和车内用户组成。

在该车联网架构下,路旁单位(road side unit,RSU)、宏基站(MBS)和汽车都部署

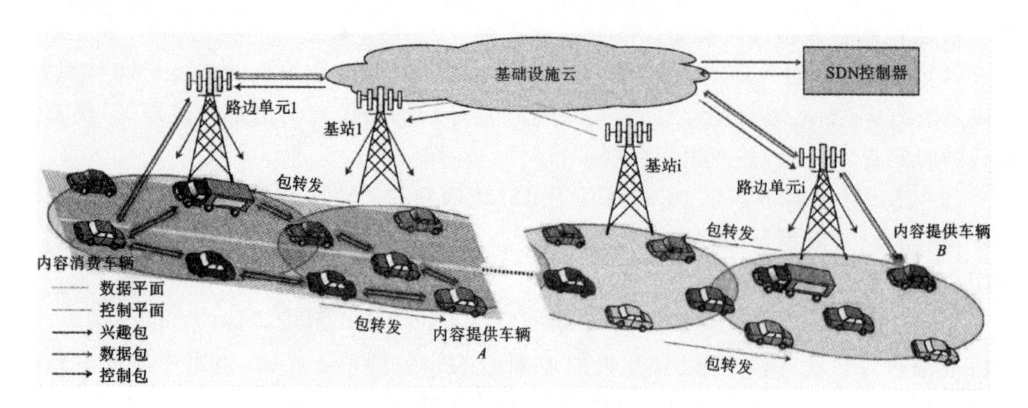

图 5.1.1 基于5G缓存的车联网拓扑结构

(引自:《Named Data Networking for Software Defined Vehicular Networks》)

有一定容量的缓存资源,可以实现数据的缓存与共享。

而SDN作为一种数据控制分离、软件可编程的新型网络体系架构,可将路由器中的路由决策等控制功能从设备中分离出来,统一由SDN中心控制器通过软件来进行控制,实现控制和转发的分离,从而使得控制更为灵活、设备更为简单。

该网络可以通过车与车、车与人、车与路互联互通实现车辆、道路和环境等信息的收集与缓存,并可在信息网络平台上对多源采集的信息进行加工、计算、共享和安全发布,根据不同的功能需求对车辆进行有效地引导与监管,以提供专业的多媒体与移动互联网应用服务。

逻辑上,该车联网架构由数据层、控制层和应用层组成。

数据层包括汽车、RSU、宏基站和fronthaul链路。汽车作为数据层的关键节点,需要进行信息的采集、位置的定位,并与其他车辆及基础设施进行通信。信息采集主要由多种车载传感器组成,包括线圈、视频、激光、红外、声呐、电磁等传感器。这些传感器可以采集汽车运行过程中的各种工况信息(包括车速、各种介质的温度、驱动系统/转向系统的运行状况、油箱存储量、车辆类型和行驶方向等),也可以采集车辆周围信息(包括车辆、物品、建筑物、行人、非机动车、道路线形、路面状态、天气状况等)。定位则主要通过卫星定位系统,但在室内环境或者密集建筑环境下,卫星定位系统往往效果不佳,此时则可以通过与路边基础设施通信来完成。所有这些车辆采集到的数据(甚至包括车内用户移动设备的内容)都可以在本地存储,或者相应地上传到路边基础设施,以实现共享。同样的,RSU和宏基站也配备有摄像头、测速传感器一类的信息采集设备,采集到的数据和内容可在本地缓存,以服务更多车辆。

该车联网架构的控制层需要对数据层采集到的信息负责,包括车况信息、道路环境因素信息(包括交通状况、交通信号、路面状态、天气情况、道路线形、行人和非机动车、车外的物品、建筑物以及前后车辆等信息)和车辆位置信息等,进行汇总和抽象,形成全局的交通路况图、路面状态图、道路线形图、天气状态图等。除此之外,还要对基础设施(包括车辆、路边单元、基站和云基础设施)中的缓存内容进行汇总和抽象,形成缓存视图。SDN控制器将根据应用层不同应用的需求对这些视图进行计算,得到相应的结果,比如复杂路况下的车辆安全运行速度、最优导航路径、数据转发的路径,等等,这些结果将下发到数据层,帮助车联网用户获取相应内容。

应用层则主要包括各种不同的服务和应用，比如安全服务、效率服务和信息娱乐服务等。应用层通过控制层提供的开放接口，完成相应的服务和应用的规则制定，将规则下发给控制层，指导控制层的数据处理，从而保证车辆行驶的安全，提升交通运行效率，为车内用户提供信息娱乐服务。

5.1.3　基于缓存技术的车联网系统实现

基于前面所提到的服务场景和网络架构，我们将描述一个带有缓存功能的车联网系统。该车联网系统通过内置缓存资源，将车辆收集到的信息进行存储、共享，以满足车联网的服务需求。

在实现这个系统之前，我们需要回答以下几个问题。

“在哪里缓存”：这个问题用于确定合适的对象进行内容缓存，以找到网络中重要信息的中心节点。

“缓存什么内容”：由网络中内容的流行度和可用性决定。另外还需要确定其中哪些节点应该保留哪些内容以避免冗余缓存，以及使用哪种缓存替换策略。

“如何获取缓存内容”：该问题则面向内容的分发。

为了解决上述问题，系统封装了三个类：计算类、缓存类和通信类，其中，具有处理、存储和通信能力的车辆可以计算其自身是否具有缓存资格，并且可以相互通信以实现内容分发。移动节点计算类计算自身是否具有被选作重要的信息中心来缓存内容的资格。缓存类囊括了网络中有关内容流行度和可用性的所有问题，包括不同的协作缓存方案。通信类包括不同的内容分发协议，节点通过通信从网络中的重要信息中心获取缓存内容。

计算类的实现依赖于一种新的车辆排名系统。这个排名系统包括三个新的中心性指标：InfoRank、CarRank 和 GRank。每个车辆首先使用基于内容流行度、可用性和时效性的 InfoRank 指标对不同的缓存信息进行分类，然后使用 CarRank 和 GRank 自主计算车辆在网络中的相对重要性；CarRank 允许智能车辆基于用户请求的内容流行度，时空可用性和相邻重要性对自身进行排名；而 GRank 认为城市范围内的信息可达性超出了本地重要性，允许车辆将自身视为全局信息中心来缓存网络上的内容；最后，该系统提出一种内容分发协议，它使用新的车辆中心性计划，用以转发和获取网络中的缓存内容。

接下来，我们将首先概述该缓存车联网系统；然后介绍计算类，展示通过中心性方案解决“在哪里缓存”的过程；随后描述缓存类，讨论“缓存什么内容”问题；再通过介绍一个内容分发过程以说明通信类。

1. 5G 缓存车联网系统概述

在 5G 缓存车联网系统中，车辆将分为以下三个角色。

信息提供者：信息提供者车辆可作为内容源发布内容，如它可以发布由车载嵌入式摄像机和传感器采集到的城市街道信息。

信息辅助者：信息辅助者负责收集、缓存和转发由信息提供者车辆发布的信息，同时它也可以转发用户请求。

信息消费者：信息消费者从信息辅助者和信息提供者处请求不同内容。

每个启用缓存的车辆都会维护以下三个路由参数。

前向转发表(FIB):它类似于一个由内容名称和接口映射对组成的路由表。通过基于中心性的请求/数据转发协议,对路由进行发现,并据此填充每个车辆的前向转发表。这一转发协议将在接下来的内容中讲解。

待定请求表:这个表的条目由所有到达该车辆并被转发但还未被满足的请求中所包含的请求内容名称和该请求的到达接口、转发接口映射对组成。

内容存储器:它是一个临时缓存,用来存储每个中间车辆接收到的内容。由于一个命名数据包与它来自哪里或它要被转发到哪里无关,所以它可以被缓存在内容存储器中,以满足将来的需要。

图 5.1.2 展示了基于缓存技术的车联网系统架构。假定城市依据传统的 ICN 分层命名方式分为不同的城市区域,扮演信息消费者的用户车辆对某一特定区域位置上的信息感兴趣。此时,信息消费者车辆将请求转发给所在范围的信息辅助者车辆,信息辅助者车辆通过缓存提供相应内容。信息提供者车辆负责将内容发送给信息辅助者车辆。

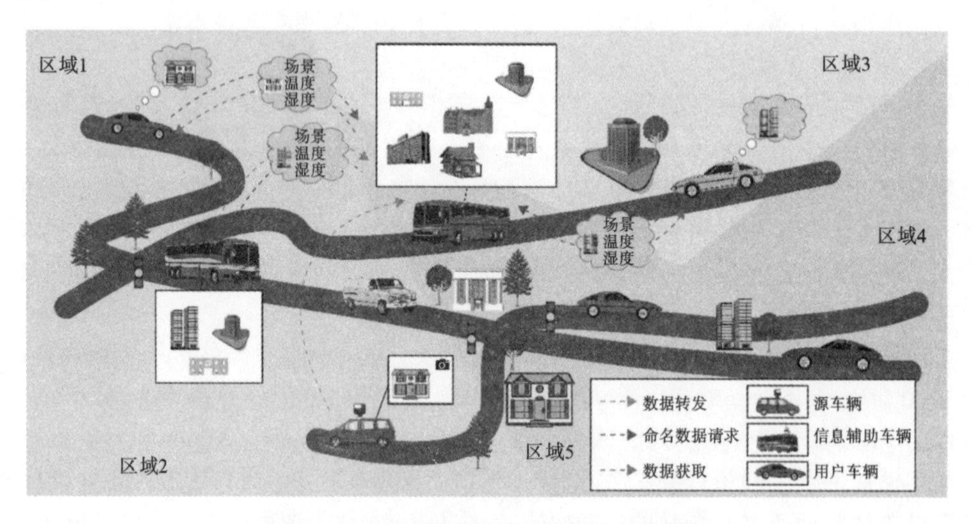

图 5.1.2 基于缓存技术的车联网系统架构

(引自:《SAVING:Socially Aware Vehicular Information-Centric Networking》)

2. 系统缓存设计

1) *在哪里缓存内容*

在数以千计的车辆中挑选合适的车辆来缓存内容,面临着经济性、带宽、移动性和间歇连接性带来的挑战。挑战在于如何通过低成本的车辆间通信,找到在正确时间处于正确位置的可用车辆集,进行高效的数据收集、存储和分发。

基于车辆通信信息,同时考虑到车辆被访问的频繁程度,在所有车辆中,只有一小部分车辆是重要节点。

一辆车如果观察到某内容的用户请求数量和频率开始增加,那么它可以认为这个信息或位置是流行度很高的内容。

在此,我们定义一个新的计算类,即允许具有充足处理、存储和通信能力的移动节点执行自动计算,从而使得移动节点可以自主确定它在网络中的重要性。这里用一个排名系统的例子来说明自动计算的过程,进而可以通过将重要移动节点标记为网络分布式信息中心来解决“在哪里缓存内容”的问题。

(1) 信息中心标识。

本地信息中心——CarRank：车辆网络拓扑的快速变化使得通过车辆接触频率和持续时间来确定车辆重要性太过困难。为了克服这个困难，本书提出 CarRank 的概念，它同时考虑了以下三个重要参数：信息重要性、时空可用性和相邻重要性。用户请求满意度也被认为是衡量车辆重要性的关键因素。

信息重要性：信息重要性衡量的是对于一个特定内容——车辆与用户的相关性。因此，请求响应频率是信息重要性判定的一个重要因素。如果一个车辆与流行且和位置有关的内容相互关联，那么通常可以认为该车辆是一个重要的信息中心。

时空可用性：它反映了车辆日常通勤时的习惯路线这一社会行为。空间可用性反映了车辆在某区域的循环出现的特性，而时间可用性是指它在某位置上的时间相关特性。

相邻重要性：相邻重要性显示了车辆拓扑连接情况，有助于分发信息。网络拓扑中那些容易到达且连接状况良好的车辆可以作为有效的辅助者。

算法 5.1.1 车辆排名算法

算法 5.1.1：CarRank

INPUT：信息网络图 $G(V,X,E)$；
OUTPUT：$LC_v(t_{k+1})$：下一时隙 t_{k+1} 的 $C_V(t_{k+1})$
(1) for 每一个车辆 $v\in V$ do
(2) 　for 每一个关联内容 $x\in X_v$ do
(3) 　　计算关联信息重要度
(4) 　　计算对应于该内容的交互信息
(5) 　end for
(6) 　for 每一个相邻车辆 $T_v\in V$ do
(7) 　　k_T^v←平均相邻度
(8) 　　$C_T^v(t_k)$←相邻中心性
(9) 　end for
(10) 计算车辆的时空可用性
(11) 计算车辆的相邻重要性
(12) 更新车辆的信息中心性
(13) end for
(14) return $LC_v(t_{k+1})$

车辆排名算法 CarRank(见算法 5.1.1)用于识别信息辅助者车辆，以找到在网络中作为信息中心的车辆。考虑到与用户请求的相关性，车辆首先将与其相关联的信息进行分类，然后再考虑相关联信息的流行度，以使用 CarRank 算法计算该车辆在网络中的相对重要性，即车辆中心性：

$$LC_v(t_{k+1})=\theta\times LC_v(t_k)+(1-\theta)\times[\alpha f_I^v(t_{k+1})+\beta f_{T,x}^v(t_{k+1})+\gamma f_\tau^v(t_{k+1})] \quad (5.1)$$

其中，f_I^v、$f_{T,x}^v$、f_τ^v 分别为信息重要性函数、时空可用性函数、相邻重要性函数。

每个函数的贡献度由 α、β 和 γ 控制，其中 $\alpha+\beta+\gamma=1$，且 $\theta\in[0,1]$。由上式容易看出，车辆中心性是随着时间变化而变化的。不同的应用场景下各个参数对车辆中心性的影响是不同的。例如，在车辆处于连接状况良好的街区时，它可以更容易地传播信息。此时，相邻重要性的权重会比时空可用性更高。

(2) 全局信息中心性。

受复杂网络中可传达性(communicability)概念启发，一个全局信息中心性排名算法 GRank(见算法 5.1.2)，允许车辆使用一个稳定指标，即信息的可传达性，对城市位置进行排名，相应地也对它自己排名。使用 GRank，同时考虑到与位置相关的用户请求满意度，车辆可以找出每个位置的可传达性和流行度。车辆还考虑了它在城市不同位置之间的移动模式，并充分利用了它在每个位置的时空可用性信息。在位置流行度高的车辆时空可用性越好，该车辆的全局信息中心性得分也就越高，也就更适合作为重要的信息辅助者。对于所有的信息辅助者，我们认为位置流行度高的车辆才可能有最大的全局信息中心性。位置的流行度取决于很多因素，比如信息类型，这与应用的请求数量以及一天中请求发生的时间有关。类似地，我们可以使用最大位置重要性来识别那些在更长时间跨度上的流行街区。

算法 5.1.2　全局信息中心性排名算法

算法 5.1.2：GRank

INPUT：$G(V,X,E)$：信息网络图，上一时隙中车辆的全局信息中心性
OUTPUT：更新下一时隙 t_{k+1} 的全局信息中心性
(1) for 每一个车辆 $v\in V$ do
(2) 　for 每一个关联位置 $x_i\in X_v$ do
(3) 　　找到信息可达性 $C^V_{x_ix_j}$ $\forall x_ix_j\in X$
(4) 　　for 范围内的每一个相邻车辆 $T_v\in V$ do
(5) 　　　接收相邻车辆的信息可达性 $C^{T_v}_{x_ix_j}$，相邻中心性 C^V_T
(6) 　　end for
(7) 　　计算相邻车辆的可达性函数(neighbors communicability function) $f^{T_v}_{x_i}$
(8) 　　找出车辆信息中心性函数 $f^V_{x_i}$，以及位置重要度 $\rho^V_{x_i}$
(9) 　　计算车辆的全局信息中心性 $G^V_{x_i}$
(10) 　end for
(11) 　return $GC_v(t_{k+1})$

通常可以把某个时刻的车辆全局信息中心性函数值作为所有相关位置的平均全局信息中心性值。对于某一车辆，下一时刻 t_{k+1} 的车辆全局信息中心性 $GC_v(t_{k+1})$ 等于目前和前一时刻全局信息中心性的指数加权转移平均(EWMA)函数值，如下式所示：

$$GC_v(t_{k+1})=\theta\times GC_v(t_k)+(1-\theta)\times f^v_G(t_{k+1}) \tag{5.2}$$

其中，θ 是调节参数，且 $\theta\in[0,1]$，允许车辆调整重要性，$GC_v(t_k)$ 是当前时刻开始时的车辆全局信息中心性，$f^v_G(t_{k+1})$ 是当前时刻结束时计算的车辆全局信息中心性。

CarRank 和 GRank 之间的差异可以这样解释。为每个请求的响应指定两个极限时间 $I_{\max}$ 和 $I_{\min}$，其中 $I_{\max}\geqslant I_{\min}$，代表内容响应的最大和最小阈值时间。因此，在附近的本地辅助者车辆不能通过初始阈值 $I_{\min}$ 满足请求的情况下，请求可以被转发到更广泛的中心车辆；设置最大请求期限时间是为了避免占用带宽，以提高时间利用率。如果请求不能在 $I_{\min}$ 时间内被附近的本地信息辅助者车辆(基于 CarRank 算法)满足，该请求

将会被转发到更多的全局信息中心车辆(基于 GRank 算法),直至 I_{max}。

2) 缓存什么内容

此节主要讨论内容缓存管理方法。假设在车联网中,相邻车辆不断接收彼此不同内容的请求,那么车辆可以根据接收到的用户请求数量很容易地预测出对于网络用户而言什么是重要的内容。因此,如果车辆观察到某内容的用户兴趣增加,则车辆可以认为其为流行度高的内容。我们假设它能够记录每次响应用户请求的时间和位置,那么通过 InfoRank 算法,车辆可以基于用户请求的响应频率和信息时效范围对与其相关的内容进行排序。

(1) 请求响应频率:定义请求响应频率为前一时段中用户请求被满足的频率,即上一时段中被满足的请求数量和总的请求数量的比值。车辆需要依据请求响应频率频繁地更新每个内容的重要性。假设车辆每次响应请求时都可以记录时间和位置,此时我们还需要考虑信息的时效性,比如,道路阻塞信息只有在阻塞时期才有用。因此我们必须保证在超过预期时效之后,信息重要性不会持续增加。

(2) 信息时效性:信息时效性(用符号 τ 表示)用于度量信息有效的时间长度,根据具体的应用可以通过一个调节参数来调整(如事故信息的有效期一般为 1 小时)。如果已经没有对该信息的请求或者已经过了平均请求有效时间,信息重要性将呈指数下降,因为该信息已经不太重要。若 τ 被设置为 1,则该信息在网络中始终可用。

内容重要性取决于开始时段的重要性。如果它在前一时段中没有响应,则内容重要性不会增加。

我们也需要考虑车辆作为内容源所占的时间比重。InfoRank 会定期更新以确保当车辆在前一个时段没有做出响应时,与车辆相关联的内容保持不变。对于与车辆相关的所有内容,我们也考虑漏掉的请求和车辆收到的总请求的比率。漏掉的请求可以用于描述车辆的可靠性,即对请求的成功响应。

下例可以说明上述内容。假定某车辆发送了一个与它即将访问的区域有关的内容请求,这个请求被传输到每一个可能的信息辅助者车辆。每一个接收到该请求的车辆检查其缓存,看是否能找到相应的匹配。如果不能满足该请求,则将其转发给邻近车辆。如果匹配成功,则提供相应内容来响应请求,同时每个车辆通过与内容对应的 InfoRank 值得出其信息重要性。一旦不同辅助者之间就该信息的重要性达成一致,则可通过协作缓存避免网络的内容冗余。

3) 内容分发

本系统开发了基于中心性的内容分发协议,以利用信息辅助者的中心性信息来转发消费者请求,并使得请求内容经过一系列路由选择后能成功响应用户。信息提供者和信息消费者搜索附近的信息辅助者车辆(根据其中心性计算值)来转发请求/内容。接下来,本书提出一种混合内容分发协议,包括 ICN 固有的基于拉取的内容获取方式,也包括信息提供者发布内容时基于推送的方式。

信息辅助者的搜索:辅助者搜索过程允许车辆使用 FACILITATOR()函数搜索其附近具有最高中心性的辅助车辆。该函数比较附近所有车辆的中心性计算值,并返回最佳辅助中心性车辆。PROVIDER()函数指定一个车辆缓存内容以向消费者发布信息。信息提供者发布的信息可以是请求的,也可以是非请求的。对于前者,信息提供者可以使用 PUBLISH()函数以利用附近的信息辅助者车辆发布信息。类似地,非请求信息发布也可以由信息辅助者车辆执行，此时，该信息辅助者车辆可以是在任意时间由信息提供者执行信息辅助者发现进程找到的车辆。CONTENT()函数用于每个中间车辆CS的内容可用性检查。

图5.1.3描绘了辅助者车辆发现过程。消费者车辆v通过INTEREST()函数提出内容请求，并转发给附近最佳的信息辅助者车辆。信息辅助者车辆发现进程不停地发现下一个最佳信息辅助者车辆，以搜索每个中继车辆是否缓存相应内容。因此，每个中继车辆都成为该内容分发的责任车辆。如果某个中继车辆不能在其CS中找到所请求的内容，则它将执行信息辅助者发现进程以找到下一个辅助者车辆，并创建PIT条目。每个中间辅助者都重复该过程，直至找到所需的内容或已经找不到更多的辅助者车辆。

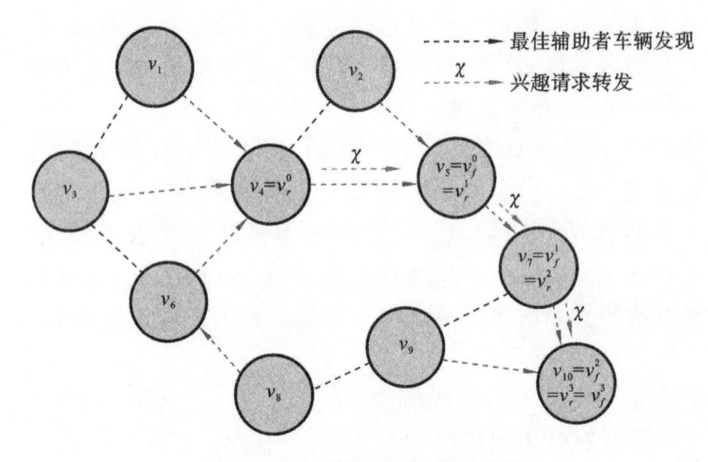

图5.1.3 辅助者车辆发现过程

辅助者车辆发现过程是双重收敛的。第一个明显的收敛发生在当期望的内容在相应的辅助者车辆处可用时，此时，可根据PIT将该内容反向发送回原内容请求者。中间车辆随后更新相应FIB条目。如果没找到相应内容也没有辅助者被进一步发现时，责任车辆则宣布自己是内容供应者，并将内容发布给消费者车辆。

5.2 5G缓存与增强现实

5.2.1 增强现实的服务特征与技术进展

1. 服务特征

随着移动设备逐步渗入我们的生活，人们在日常生活中的内容获取习惯逐步发生改变。到目前为止，人们在智能手机上花费的时间已经远超计算机上的Web系统。随着设备与网络的逐步发展，越来越多的新兴应用和服务开始涌现，这些应用与服务将进一步改变人们获取内容的方式。其中一个特别的新兴服务就是增强现实。

增强现实(AR)是在虚拟现实基础上发展起来的一种新兴计算机应用和人机交互技术。相比虚拟现实，AR更强调补充真实世界，而不是创造一个完全的人工环境。它借助计算机和可视化技术将虚拟的信息应用到真实世界，真实的环境和虚拟的标签实时地叠加到同一个画面和空间。举个例子，当你想知道今天天气的时候，是看天气预报节目还是通过智能手机查找天气情况呢？而实际上，通过增强现实技术，在可穿戴设备的帮助下，你只需要抬头仰望天空，天气情况、空气指标等环境参数将一览无余。

通过移动或可穿戴设备，只要扫一扫周围的环境，你所想知道的，都会尽数展示在你的面前。诸如此类的应用还有很多，比如空间装潢、空房预定，这些新兴的应用服务将向用户提供全新的内容获取方式。

如前所述，增强现实需要以现实的物理对象为背景，用户需要通过携带的移动设备不停地捕获背景信息，经过复杂的实时计算，再将内容和计算结果反馈给移动用户。

由于用户大多数时候处于移动状态，背景画面在不断更改，相较其他应用，增强现实对延迟要求相当严苛，这需要消耗大量的计算资源，然而现有设备的计算能力和电池容量有限，难以支撑增强现实的应用场景。

一个解决方案是将背景内容上传到核心网络服务器进行计算，随后将计算结果反馈给用户。这一方式可以解决用户设备计算能力有限的困境，但却显著增加了延迟。

2. 技术进展

用户设备由于规格和电池寿命等因素的限制不能得到很好发展。因此，这些对计算能力极度渴望的新兴设备只能依靠先进的缓存和计算卸载技术，并需要详细配置新型网络架构。

在当代3GPP长期演进(LTE)蜂窝网络的全IP性质的推动下，两种5G架构的缓存部署位置应运而生：

(1) 4G核心网络(EPC)由服务网关(S-GW)、分组数据网网关(P-GW)和移动性管理实体(MME)组成。

(2) 居民接入网(RAN)的特点是演进型Node B基站(eNodeB BS)。

近年来，云计算(CC)逐渐成为被广泛认可的最先进的计算基础设施，它能显著提高计算卸载能力。在虚拟化计算深加工的基础上，云计算实现了在同一机器(或相同的机器)上运行多个操作系统和应用，并且保证了隔离并保护程序和数据。将计算任务繁重的用户程序卸载到其他资源和计算能力丰富的云，从而获得更大的经济效益。目前，现代云服务提供商使其用户能够更弹性地按需使用资源，包括基础设施、平台和软件。

为了将计算资源迁移到离用户设备更近的地方，"微云"诞生了。微云通过高速有线连接方式与远程云进行连接，使移动设备能够访问附近资源丰富的静态计算机。出于这些考虑，微云服务器被设置在公共和商业等(如机场、火车站和咖啡馆等)人群聚集地。用户设备在低延迟和高带宽的情况下能够将计算任务卸载到附近的服务器，而不是将计算交给遥远的云端。

但目前来说，部署和维护微云仍是十分昂贵的，而且微云也不处理用户的流动性。因此运营商们选择了另一种方法，即家庭基站云，它将云计算框架和微型网络进行了合并，使得家庭eNodeBs也能够支持微云的功能。家庭基站云的出现促进了云计算能力的广泛分布，使云计算更接近移动客户端实际所在位置。

实际上，我们认为缓存功能和与之相匹配的处理能力应当共同部署。我们将这样的功能称为计算缓存，其本质是5G网络中的可用资源。通过合理地部署计算缓存资源，我们得以缓解增强现实面临的技术困境。基于缓存技术的增强现实应用场景如图5.2.1所示。

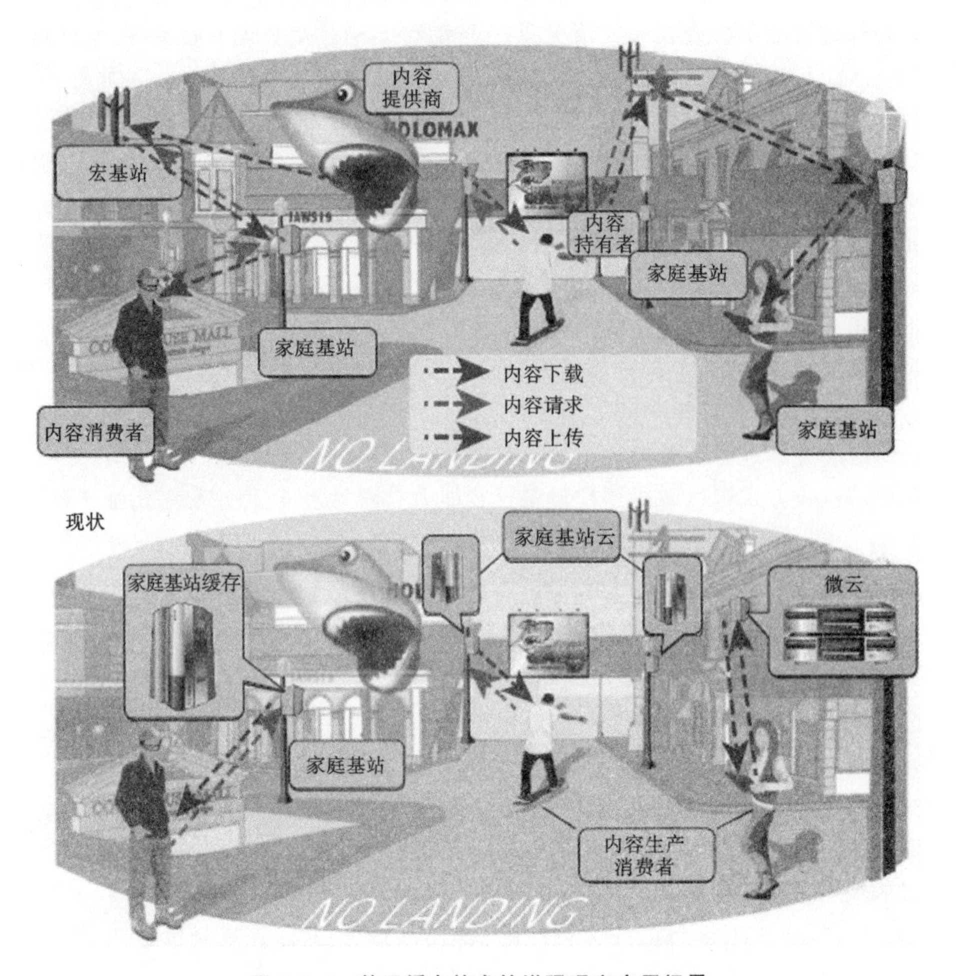

图 5.2.1　基于缓存技术的增强现实应用场景

(引自:《Exploring Synergy between Communications, Caching, and Computing in 5G-Grade Deployments》)

5.2.2　场景实验与缓存部署策略

1. 现场试验

增强现实应用涉及繁杂的计算,对于小型用户设备来说很难实现,因此必须实现卸载。我们假定缓存和计算资源同时存在于 LTE 网络(RAN、EPC 等)中,用户会话将产生大量小数据包,包括用于图像分类和环境识别的特征文件。

在本节的系统级仿真实验中,我们立足于城市范围的研究区域(或者称为追踪区域),在这个区域里,活跃用户会根据特定的随机行走模型移动,即增量呈正相关性的分数布朗运动(Hurst 参数 $H=0.9$),该模型依据我们的实际测量值进行了校正。通常,用户都希望在他们移动过程中与网络保持良好的交互。对于增强现实应用,内容获取由用户当前所在的地理位置决定。

由于用户在研究区域内不停地移动,我们设置了不间断的计算和数据采集(即我们通过用户身上的可穿戴式相机捕获网络推送的环境和公告信息)。对于增强现实(AR),我们设置下载的视频帧大小为 67 KB(即在 30 帧速率情况下视频速率为 2 Mb/s)。

如果移动用户位于小区基站覆盖的区域内,则他们可以与该基站进行通信。另外,用户也可以连接到区域内的一个家庭基站。我们指定蜂窝网络为分层拓扑结构，如图 5.2.2 所示，用户级为"level 0"，RAN 级（家庭基站和微基站）分别为"level 1"和"level 2"，从 EPC 的汇聚节点级为根层级"level k"。

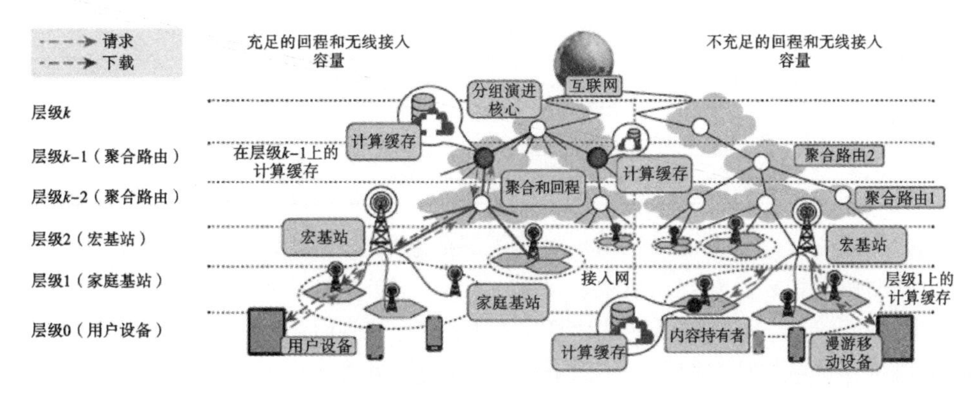

图 5.2.2　实验拓扑

（引自：《Exploring Synergy between Communications，Caching，and Computing in 5G-Grade Deployments》）

在场景评估中，我们的网络结构是由一个真正的运营商网络实例化而来。在较低层级（包括用户级）的所有活跃节点之间的资源都是公平的。当出现回程传输瓶颈时，每个用户的最大吞吐量按比例下降。

通常，终端到终端的延迟包含以下时间段：

- 上传请求时间 τ_{UL}；
- 计算时间 $\tau_{compute}$（远程或用户设备上的执行时间）；
- 下载结果时间 τ_{DL}。

表 5.2.1 给出了各层级的上传请求时间，τ_{UL}、$\tau_{compute}$ 和 τ_{DL} 依赖于系统的负载。为了估计延迟，我们引入了速率 R_i 来表示网络树的 i-1 级到 i 级之间的速率，即 R_1 表示处于家庭基站覆盖范围内的用户的最大传输速率，R_2 是家庭基站和宏基站之间的连接速率，而其余的网络"树"边缘是有线连接的。

表 5.2.1　关键系统参数

描　　述	值
网络层数	5
毫微微基站密度	8 个/宏小区
有效用户密度	560 人/平方千米
毫微微蜂窝覆盖半径	50 m
宏蜂窝覆盖半径	200 m
用户移动速度	3 km/h
LTE 毫微微基站容量	10/10/5 MB/s
LTE 宏基站回程容量	100/50/30 MB/s
聚合点 1 容量	3/1/0.8 Gb/s
聚合点 2 容量	30/8/6 Gb/s

续表

描　　述	值
EPC 容量	300/60/38 Gb/s
LTE RAN 延迟	7 ms
毫微微-微基站延迟	3 ms
小规模聚合点延迟	0.5 ms
大规模聚合点延迟	2 ms

服务提供商可以适当地根据用户可提供的资金配置计算节点处理能力。我们建立的抽象模型假设如果没有其他请求，level 1 的某个服务器在 5 ms 内能处理一个计算任务。对于 level i，$i>1$，假定可用的计算资源能线性扩展，由于新增的并行服务器，用户请求可以按比例更快地被服务。不过，这些层级的延迟将相应增加。

为了了解现实生活中的用户运动行为及其对系统性能的影响，通过收集终端用户设备连接到开放式蜂窝网络的现场数据，我们还对用户移动性进行了研究。这些信息也可以作为一个系统级校准数据集。

我们采用 LTE 测试平台(见图 5.2.3)，由下面几个部分组成：

- RAN 部分，包括几个小网格；
- EPC 部分；
- IP 多媒体子系统(IMS)部分。

我们的测试用户设备为三星 Galaxy S3 和 S4，以及三星的 Galaxy Note 4 设备。此外，我们也用 Java 开发了一种评估工具，用于评估 Cell ID 收集的生活信息、以 eNodeB 位置作为参数的位置区域码(LAC)、接收信号强度，以及用户和服务器之间的连接延迟。

我们对所获得的现场测量值进行处理，提取用户在各网格的停留时间(即用户在一个单元格中的时间)。用户在白天的停留时间散点图如图 5.2.3(a)所示。一小部分测试用户的流动性模式不同，但是整体数据遵循统一的样本趋势。

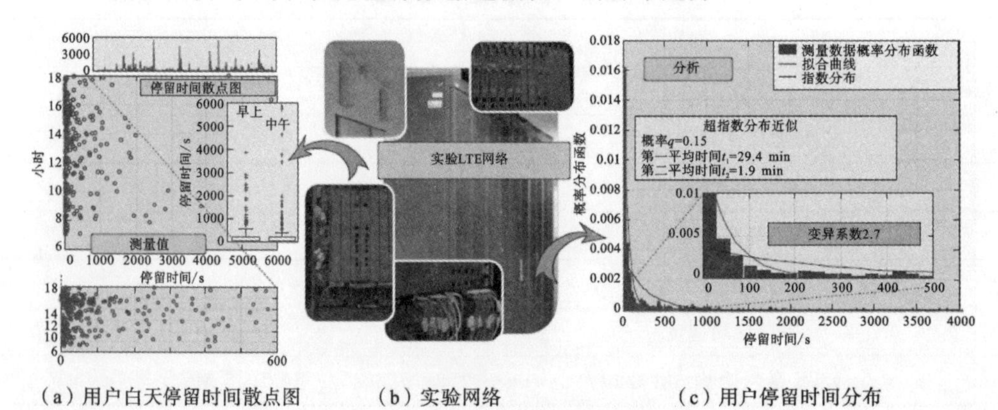

(a) 用户白天停留时间散点图　　(b) 实验网络　　(c) 用户停留时间分布

图 5.2.3　实验与测量值

(引自：《Exploring Synergy between Communications, Caching, and Computing in 5G-Grade Deployments》)

另外，用户行为随停留时间的变化是不固定的，可能一整天都会改变(见图 5.2.3

(a)中上午和下午的时间分布)，这是因为我们的测试用户有特定的习惯：参与者倾向于在早晨频繁移动。此外，我们注意到，经验概率密度函数与标准指数分布非常不同，因为我们的样本变异系数远高于 1，如图 5.2.3(c)所示。因此，我们要使用更复杂的方式来拟合选项相位型(pH 值)的分布，即混合分布。与实验数据校准后，我们得到了以仿真结果为基础的缓存部署策略。

2. 计算缓存部署策略

在现实网络中，当计算缓存节点被放置在网络“树”的高层级时，其计算延迟相应减少(由于节点聚合了多个计算任务并分配到更多的资源)。然而，数据通信延迟相对“树”的层级来说总是呈非递减函数形式，并强烈地依赖于当前的网络负载。当用户与网络频繁交互时，较小的网络容量很难支持流量负载。因此，我们需要将资源移动到更接近网络边缘的位置。当然，这也取决于其他重要因素。

在运营商网络容量充足的情况下，在“高”层级部署计算缓存节点将为用户提供更好的体验，同时降低设备成本(计算缓存节点部署可以依托现有的服务器硬件)，但这会对 RAN 造成更大的负载。

对于回程能力不足的网络，只有当计算缓存更贴近用户位置时才能看到明显的性能增益，因此“计算缓存”的最佳位置是网络边缘(level 1 或 level 2，这取决于可用的计算资源)；因为这一措施减轻了网络拥塞并实现分流，但也可能会带来额外的部署成本。

对于新兴的面向存储的高带宽位置绑定服务(即 AR 场景)，我们倾向于针对实际网络容量施行不同的部署策略。AR 用例的属性决定了我们总希望将计算缓存更有效地迁移至最接近终端用户的位置。不过，即使在这种情况下家庭蜂窝基站缓存依然不总是最好的选择，因为基站切换带来的巨大开销仍然可能存在。

6

边缘计算卸载

6.1 5G网络边缘计算卸载策略研究

随着移动设备和数据流量的爆炸性增长，以及移动设备的日趋智能化，大量的移动设备应用需要强大的计算能力来支撑。然而，由于移动设备的计算能力、内存、通信和电池容量有限，计算密集型任务很难在移动设备上进行处理。为了解决这个问题，研究者提出了移动云计算的概念，即将计算量繁重的应用程序转移到云端进行处理，使得移动终端获得额外的计算与存储资源，并且降低了移动设备的能量消耗。对于计算量繁重的任务，用户可以通过蜂窝网(cellular network)或者 WiFi 将其卸载到远端云(remote cloud)处理。对于这两种卸载方式，WiFi 虽能够达到较高的数据传输率，但是在用户移动环境下，WiFi 不能提供持续性的连接；而蜂窝网络能够支持任意时间和任何地点的无线接入，但是大量设备的连接会导致蜂窝网络的负载过重，从而造成较低的数据传输速度。

近年来，设备到设备(D2D)通信作为同地区内不同设备间的一种直接的短程通信模式，已经在技术、应用和商业模式等方面得到了深入研究。而且随着具有高存储和计算能力的移动设备的激增，有研究者提出一种新型的基于 D2D 的边缘计算卸载模式，称之为移动微云(mobile cloudlets)。在移动微云中，移动设备既可以作为计算服务的提供者(即服务节点)，也可以作为计算服务请求者(即任务节点)。当移动微云的 D2D 连接可用时，任务节点可以将计算任务卸载到微云上进行处理。基于移动微云的计算可以使通信能耗变少、传输延迟变短，然而由于用户移动性使得 D2D 网络具有动态的特性，导致了移动微云计算的不可靠性。

综上所述，在用户移动环境下，远端云和移动微云模式在任务卸载方面各有利弊。如表 6.1.1 所示，远端云模式具有高能耗的缺点，移动微云模式对用户移动性的支持度较低。为了解决这个问题，本节利用远端云和移动微云，提出了一种新的基于 D2D 的边缘计算任务卸载模型，即基于机会主义的移动自组微云模式(OCS)。此模式不仅能够支持用户的高移动性和保障任务延时的需求，而且能够尽可能多地节省系统能量的消耗。

本节基于移动微云和边缘云模式，结合移动性模型给出了基于机会主义的移动自组微云模式的延时和能耗分析，并提出了延时和能耗最小的任务分配优化问题，继而给出了计算任务如何在远端云、移动微云和基于机会主义的移动自组微云的选择算法。

表 6.1.1 几种计算任务卸载模式的比较

Structure	通信方式	能耗	移动支持性	服务节点自由度	计算延时
远端云	蜂窝网络	高	高	无	中
	WiFi	低	低	无	中
移动微云	D2D	低	低	低	高
移动自组微云	D2D	低	中	中	低
	D2D 和蜂窝网络	中	高	高	低
	D2D 和 WiFi	低	高	高	低

实验表明，本节提出的卸载模式在一定情形下优于其他两种模式，并得到如下的卸载策略，即给具有较高移动性和较大计算能力的服务节点分配的工作量越多，越能够减少计算和通信的能量消耗，进而提高移动自组微云模式的性能。

6.2 移动自组微云模式描述

1. 研究动机

群智感知作为一种新型的移动计算方式，指的是针对劳动密集型或耗时性任务，考虑到周围存在大量的普通用户，可以将任务随机分配给普通用户，让他们协助你完成任务。群智感知已被应用于多个领域，包括定位、导航，城市交通的感知，市场预测，舆论挖掘等，但是鲜有工作将群智感知应用于计算任务的卸载。基于此，本章就是利用群智感知的思想来完成用户设备无法完成的任务。

举例来说，假设用户需要处理一系列图片，图片的尺寸非常大，但是用户仅仅对某些特定领域感兴趣，比如对于整幅图像来说，用户仅仅对头像感兴趣。与整幅图像相比较，用户感兴趣区域的尺寸是非常小的。当用户在本地利用移动设备处理时，受电池容量、处理能力的限制，自己很难完成此任务。当通过蜂窝网络将图片传递到远端云时，传输这些图片可能导致较长的延时和较高的能量消耗。当利用移动微云处理时，由于用户的移动性，导致了接触时间的有限性，从而降低了任务的完成概率。也就是说，要保证任务的完成度，就需要限制用户的移动性。所以，设计一种既能支持用户的高移动性，又能保证减少延时和降低能耗的计算卸载模式是一个挑战性的问题。

2. 移动自组微云模式的提出

考虑到用户之间有限的接触时间，那么假设两个节点碰面一次就能完成整个任务或传递整个任务是与实际不符的。为了克服这个问题，本节假设进行 D2D 通信的任务节点和服务节点在接触时间内能够完成子任务的传递。当任务节点和服务节点在碰面完成离开后，服务节点会一直处理子任务，直到它完成子任务的处理。当子任务处理完成后，根据服务节点处理完子任务的位置，可以分为以下三种情形将子任务结果反馈给任务节点：① 又一次进入了任务节点的 D2D 的通信范围内；② 不在任务节点的 D2D 通信范围内，但是 WiFi 是可行的；③ 不在任务节点的 D2D 通信范围内，WiFi 也是不可行的，但是在蜂窝网络的覆盖之下，称这种服务模式为基于机会主义移动自组微云模式（OCS）。移动自组微云模式的一个重要特点就是服务节点和任务节点的接触时间可以长，也可以短。具体来说，基于机会主义移动自组微云计算模式的任务反馈可以分为以下三种方式。

(1) D2D方式：在这种方式下，当服务节点在完成子任务的计算后，一旦服务节点和任务节点再次碰面，服务节点便将子任务的处理结果通过D2D的方式传递给任务节点，我们称这种计算任务反馈的方式为D2D方式。然而这种方式需要服务节点和任务节点至少能够碰面两次。

(2) WiFi方式：考虑到服务节点可以移动到其他区域，而且此时WiFi是可用的。举例来说，在处理完子任务时，服务节点回到了家里。此时，子任务的结果可以通过WiFi的方式上传到云端，进而将结果传递给任务节点。

(3) 蜂窝网络方式：在这种方式下，当服务节点移动到了一些没有WiFi的区域时，它只能通过蜂窝网络将计算结果上传到云端，进而传递给任务节点。

图6.2.1(a)表示Smith将子任务计算结果通过D2D的通信传递给David；图6.2.1(b)表示Bob通过蜂窝网络将子任务计算结果上传到云端；图6.2.1(c)表示Alex通过WiFi将子任务结果上传到云端。

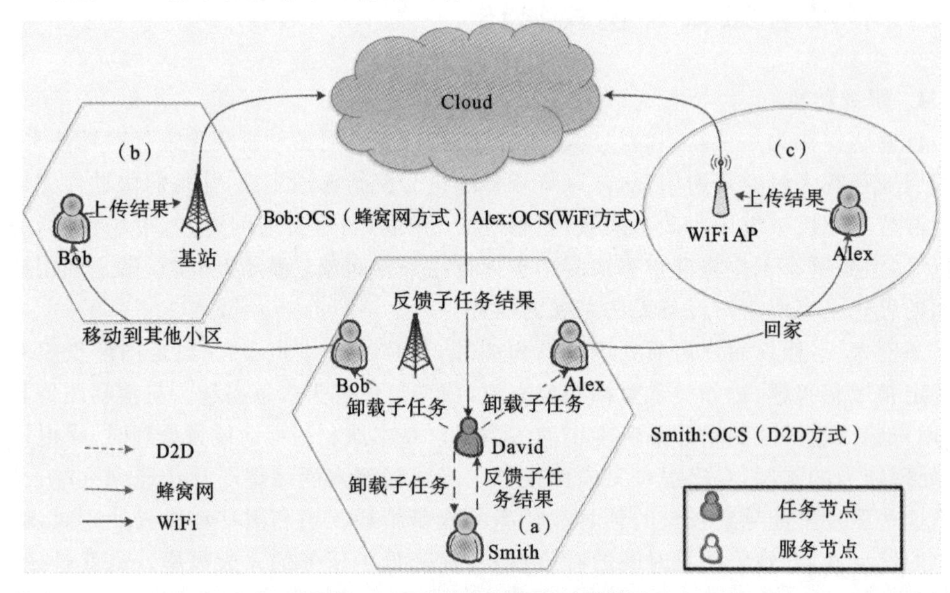

图6.2.1 移动自组微云计算模式

图6.2.1给出了移动自组微云模式下三种反馈方式的一个典型例子。David有一个本地手机无法处理的计算密集型的任务，在他的D2D通信范围内，David有三个朋友Smith、Alex和Bob均处于空闲状态。于是David将计算任务分为3个子任务，并且将子任务通过D2D通信的方式传递给这三个用户。其中Smith是与David一起玩耍的好朋友，他一直在David的D2D通信范围内，当他完成子任务处理后，他将子任务的处理结果直接通过D2D的方式传递给David。Alex因为有事回到家里，于是Alex将结果通过WiFi的方式传递给David。而Bob的移动性较高，在完成子任务处理前，他已经移动到了其他蜂窝网络，于是他通过蜂窝网络的方式将结果传递给David。

根据上面的讨论可知，基于机会主义移动自组微云模式(OCS)在一些情形中是非常有效的。仍考虑图像分割的例子，与远端云模式相比较，移动自组微云模型可以通过D2D通信将整幅图片传递给服务节点，因此带来了较高的带宽和较少的能量消耗。与移动微云相比较，移动自组微云模式有更高的扩展能力，这是因为它不要求服务节点和任务节点在一定时间内或一定区域内一直接触，从而给予任务节点和服务节点更高的自由度。因此，移动自组微云可以看成远端云和移动微云的折中，能够实现更高的灵活性和能效的优化。

6.3 移动自组微云模式分析

本小节从用户的移动性模型、计算任务的类型、计算任务的分配方案这三个方面给出机会主义移动自组微云模型的建立模式。表 6.3.1 给出了本小节所用的符号和默认值。

表 6.3.1 模型的变量和符号

变量符号	默认值	解 释
M	500	区域内移动的节点数
cn_i	N/A	有计算任务需要处理的节点(任务节点)i
sn_j	N/A	帮助任务节点处理任务的节点(服务节点)j
N	45	区域内任务节点的总数目
n	10	每个任务节点包括的子任务数目
K	450	区域内所有子任务的数目
$X(t)$	N/A	t 时刻服务节点的数目
$S_i(t)$	N/A	任务节点 cn_i 在 t 时刻分发出的子任务的数目
Λ	0.0001	区域内任意两个节点平均碰面次数
$r_{t,t+\Delta t}(i)$	1/0	在 Δt 时间内任务节点 cn_i 是否成功分配子任务
$\theta^i_{t,t+\Delta t}(k)$	1/0	在 Δt 时间内任务节点 cn_i 是否成功将子任务分配给服务节点 sn_k
t^*	N/A	完成非克隆任务的平均时间
t_s^*	N/A	完成可克隆任务的平均时间
Q	200	计算任务的总体大小
x_i	N/A	分配给服务节点 sn_j 任务量的大小
r	0.5	子任务处理后 $S^{\text{result}}_{\text{sub-tk}}$ 和处理前 $S^{\text{recv}}_{\text{sub-tk}}$ 的比例
$E^{\text{cell}}_{n\to c}$	2	通过蜂窝网络方式从节点到云端的单位能量消耗
$E^{\text{cell}}_{c\to n}$	2	通过蜂窝网络方式从云端到节点的单位能量消耗
$E^{\text{cloud}}_{\text{proc}}$	0.1	云端处理任务的单位能量消耗
E_{D2D}	1	D2D 通信的单位能量消耗
$E^{\text{node}}_{\text{proc}}(k)$	0.2	在服务节点处理任务的单位能量消耗
P	0.001	搜索服务节点的能量消耗
T_{d}	4000	计算任务完成的时间限制
v_j	N/A	服务节点 sn_j 的平均处理速度
C_{cloud}	N/A	在远端云模式下系统的总体能量消耗
C_{cloudlet}	N/A	在移动微云模式下系统的总体能量消耗
C_{OCS}	N/A	在移动自组微云模式下系统的总体能量消耗
Ω	0.5	计算时延和能量消耗的权重值

1. 用户移动模型

假设在移动云计算网络中有 M 个移动的服务节点，其中有 N 个任务节点，每个任

务节点包括的子任务数目为 n。当且仅当服务节点在任务节点的通信半径 R 内时，任务节点和服务节点能够进行通信。也就是说，定义 L_i 和 L_j 分别表示任务节点 cn_i 和服务节点 sn_j 在时刻 t 的位置，当 $\| L_i(t)-L_j(t) \| < R$，两个节点可以进行通信。在本节中，假设节点的移动性是相互独立的。对于节点移动性的描述，我们假设任意两个节点的接触时间间隔服从参数为 λ 的指数分布，参数 λ 可以理解为两个节点的平均碰面次数。根据指数分布性质，于是得知任意两个节点在 Δt 时间内没有碰面的概率是 $P\{t>\Delta t\}=e^{-\lambda\Delta t}$。对于任务节点的任务描述如下：假设计算任务能够分为 n 个子任务，即每个任务节点的总计算量为 Q，其能够分为 n 个子任务，每个子任务的计算量记为 x_i，可以得出

$$Q=\sum_{i=1}^{n} x_i$$

服务节点 sn_j 可以处理每个子任务，记其单位时间的处理速度为 v_j。

2. 计算任务类型

计算任务（简称为任务）一般由处理代码、数据和参数三部分构成。基于任务类型（比如应用、属性等）的不同，可将任务分为可克隆任务（cloned task）和非克隆任务（non-cloned task）两类。对于非克隆任务，一个计算任务可以分为一定数量的子任务，每一个子任务是对处理代码、数据和参数的特定组合。举例来说，非克隆任务的两个子任务的数据和参数是不同的，但是其处理代码是相同的。所以当任务节点将非克隆子任务分配给服务节点时，服务节点只能再将其处理，由于任务的数据和参数的不同，而没有办法再将其分配。对于可克隆的任务，一般是随机参数的计算任务。当计算节点将可克隆任务分发给服务节点后，服务节点可以将其复制，再分发给其他服务节点。

为了进一步给出非克隆任务和可克隆任务的区别，下面给出可克隆任务的具体特征：① 当服务节点收到一个可克隆任务时，它可以复制可克隆任务，并将其分发给其他服务节点（本节假设每个服务节点只能接受一次可克隆任务，而且在传输过程中不考虑数据包的丢失）；② 一个可克隆的任务一般仅包括处理的代码而不包括提前分配的参数和数据，当服务节点收到一个可克隆任务时，可以根据服务节点随机产生的参数去执行需要处理的代码；③ 任务节点由于一般受限于其处理能力和电池容量，所以需要将执行多次的基于随机参数的处理代码分配给服务节点；④ 尽管可克隆任务的处理代码存在着高度冗余，但在每个服务节点的处理参数不同，所以处理的结果也是不同的。

接下来给出非克隆任务和可克隆任务的具体例子。图 6.3.1(a)给出了一个非克隆任务的例子。David（任务节点）有 20 张图片需要处理，其中每幅图片的内容不同且需要提取特定的感兴趣的区域。在 David 的 D2D 通信范围内，有 Bob、Alex、Smith 和 Suri 四个服务节点。由于这四个服务节点拥有不同设备，其计算任务处理能力也是不同的，所以 David 将计算任务分为不相等的四份子任务，然后将四份子任务分别发送给四个服务节点。举例来说，Bob 被分配了 6 幅图片，Alex 被分配了 7 幅图片，Smith 被分配了 3 幅图片，Suri 被分配了 4 幅图片。当服务节点将图片特定的感兴趣的区域分割完成后，需要将特定的感兴趣区域（任务结果）反馈给任务节点（David）。在这个例子中，Bob、Alex、Smith 和 Suri 均是免费贡献自己的计算能力，即 David 免费使用这些服

务节点的计算能力。事实上，服务节点本身的自私性是机会主义移动自组微云计算卸载的主要障碍，换句话说，大部分用户都想把自己的任务分发给其他用户，而不愿意接受别人分发的任务（分享自己闲置的计算资源）。这个事实可能导致移动自组微云任务卸载的失败。为了解决这个问题，需要对服务节点设置激励机制，此例中，根据 Bob、Alex、Smith 和 Suri 处理的子任务量不同，分配不同的奖励。这些奖励可用于自己有任务需要处理时，给其他服务节点作为奖励，从而加快自己任务的处理速度。由于激励机制的设置不是本章关注的重点，因此不作详细讨论。

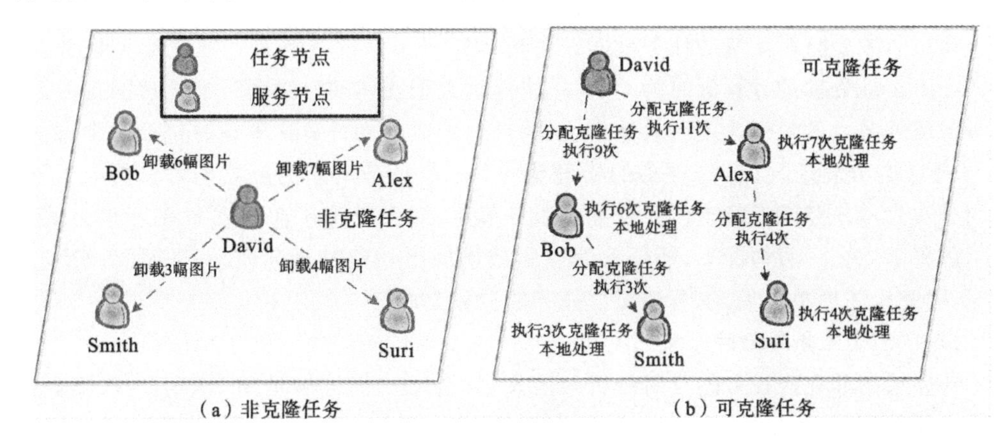

(a) 非克隆任务 (b) 可克隆任务

图 6.3.1 计算任务的类型

图 6.3.1(b)展示了可克隆任务的场景。举例来说，David 有一个可克隆任务需要处理 20 次。在 David 的通信范围内，有 Bob 和 Alex 两个服务节点。考虑到服务节点处理能力的不同，David 分配给 Bob 处理 9 次、Alex 处理 11 次。当 Bob 收到分配的任务处理后，他自己处理 6 次，由于任务是可克隆的，他将剩余的 3 次处理分配给在他 D2D 通信范围的 Smith 进行处理。同理，Alex 自己处理 7 次，将剩余的 4 次处理分配给了 Suri。总体来说，需要处理 20 次的可克隆任务被分配给 Bob 处理 6 次，分配给 Alex 处理 7 次，分配给 Smith 处理 3 次，分配给 Suri 处理 4 次。从这个例子可以看出，当服务节点收到可克隆任务后，可克隆任务可以被复制并且被分发到其他服务节点，这个类似于在线社交网络中的传染病模型。

3. 任务分配方案

考虑到服务节点计算能力的异构处理能力，我们主要讨论以下两种子任务的分配方案。

(1)静态分配(static allocation)：通常情况下，任务节点并不知道服务节点的处理能力，因此可以假设所有服务节点的处理能力并没有差别，也就是说，服务节点具有相同的处理速度(记为 v)，并且每个服务节点可被任务节点分配相同的子任务量 $x_i = Q/n$。然而，这种假设的缺点是可能存在服务节点处理能力弱的情况，可能会导致任务总体延时变大。

(2) 动态分配(dynamic allocation)：为了缩短计算任务延时，任务节点不应该忽略服务节点的异构性。动态分配方案考虑到了服务节点处理能力的异构性，任务节点能够以更加智能的方式分配子任务。比如当服务节点拥有较强的处理能力时，它将会被分配到更多的子任务量。

6.4 卸载策略模型的建立与求解

本小节首先对移动自组微云计算模式的任务的延时(task duration)和能耗(energy cost)进行分析，其次给出了延时和能耗的优化问题，最后给出了计算任务如何在远端云、移动微云和基于机会主义的移动自组微云模式下的选择算法。

1. 任务延时分析

本小节主要分析系统的任务延时。考虑到任务节点的任务是计算密集型任务，那么任务由本地处理的计算延时为 Q/v，它将远远大于在移动自组网络中处理的延时，其中 v 为任务节点的处理速度。具体来说，移动自组微云的计算任务延时包括三个方面：① 子任务的分发延时；② 子任务的处理延时；③ 子任务结果的反馈延时。其中，子任务的分发表示任务节点将子任务分配给服务节点，即将子任务通过 D2D 的通信方式传递给服务节点。一般情况下，子任务处理和结果反馈的延时要远远小于子任务分发的延时，因此为了简单起见，本节仅考虑任务的分发延时。

1) 非克隆任务的延时分析

首先给出非克隆任务的延时分析。定义 Δt 为一个能够满足两个节点一次接触的很小的时间间隔，如果 $r_{t,t+\Delta t}(i)=1$，这意味着任务节点 cn_i 在 Δt 时间内能够成功地将子任务分发给服务节点；反之亦然。因此，可以将 $r_{t,t+\Delta t}(i)$表示为

$$r_{t,t+\Delta t}(i)=\begin{cases}1, & \Delta t\text{ 时间内任务节点 } cn_i \text{ 成功分配子任务}\\ 0, & \text{其他情况}\end{cases}\tag{6.1}$$

根据 6.3 节的讨论，计算节点和服务节点的接触时间服从参数为 λ 的指数分布，那么任务节点 cn_i将子任务成功分配的概率为

$$P\{r_{t,t+\Delta t}(i)=1\}=1-(\mathrm{e}^{-\lambda\Delta t})^{X(t)}\tag{6.2}$$

其中 $X(t)$为 t 时刻服务节点的数目。根据式(6.2)，可以得到变量 $r_{t,t+\Delta t}(i)$的数学期望为

$$E(r_{t,t+\Delta t}(i))=1-(\mathrm{e}^{-\lambda\Delta t})^{X(t)}$$

进一步可以得到没有被分配子任务的服务节点的数目为

$$X(t+\Delta t)=X(t)-\sum_{i=1}^{N}r_{t,t+\Delta t}(i)\tag{6.3}$$

对式(6.3)两边同时求期望，于是可以得到

$$E(X(t+\Delta t))=E(X(t))-NE(r_{t,t+\Delta t}(i))\tag{6.4}$$

当 $\Delta t\rightarrow 0$ 时，基于极限理论，可以得到 $E(X(t))$的导数如下

$$E'(X(t))=\lim_{\Delta t\rightarrow 0}\frac{E(X(t+\Delta t))-E(X(t))}{\Delta t}=-N\lambda E(X(t))\tag{6.5}$$

通过求解上面常微分方程(ODE)，得出 $E(X(t))$表达式为

$$E(X(t))=E(X(0))\mathrm{e}^{-N\lambda t}\tag{6.6}$$

通过对式(6.6)的反函数进行求解，可以得到非克隆任务的平均延时(记为 t^*)为

$$t^*=\frac{\ln\dfrac{M-N}{E(X(t^*))}}{N\lambda}\tag{6.7}$$

相应的，可以得到 $E(X(t^*))=M-Nn$。

2）可克隆任务的延时分析

下面给出可克隆任务的延时分析。首先考虑系统中仅有一个任务节点，定义 $S(t)$ 为时刻 t 拥有子任务的服务节点的数目，$\delta_{t,t+\Delta t}(k)$ 为在 Δt 时间内任务节点 cn_i 是否完成了子任务的分配，与非克隆任务时延分析类似，可以得到

$$E(S(t))=\frac{S(0)Me^{M\lambda t}}{M-S(0)-S(0)e^{M\lambda t^*}} \tag{6.8}$$

其中 $S(0)=1$。于是可以得到可克隆任务的延时 t 为

$$t=\frac{\ln\left(\dfrac{S(t)(M-S(0))}{S(0)(M-S(t))}\right)}{M\lambda} \tag{6.9}$$

其次，考虑有多个任务节点。假设系统中有 N 个任务节点，并且每个任务节点的任务都是可克隆任务。定义 $S_i(t)$ 为 t 时刻已经由任务节点 cn_i 分配子任务的服务节点数目，于是可以得到 $S_i(t+\Delta t)$ 为

$$S_i(t+\Delta t) = S_i(t) + \sum_{k=1}^{M-NS_i(t)} \theta^i_{t,t+\Delta t}(k) \tag{6.10}$$

其中 $\theta^i_{t,t+\Delta t}(k)$ 表示在 Δt 时间内任务节点是否将子任务分配给了服务节点，对于式(6.10)，利用类似于式(6.4)和式(6.5)的方法，可以得到

$$E'(S_i(t))=(M-NE(S_i(t)))\lambda E(S_i(t)) \tag{6.11}$$

通过求解常微分方程(ODE)，可以得到 $E(S_i(t))$ 为

$$E(S_i(t))=\frac{e^{\lambda Mt}M}{M-N+e^{\lambda Mt}N} \tag{6.12}$$

最后，通过对式(6.12)的反函数求解，可以得到可克隆任务的平均处理延时（记为 t_s^*）为

$$t_s^*=\frac{\ln\left(\dfrac{E(S_i(t_s^*))(M-N)}{M-NE(S_i(t_s^*))}\right)}{M\lambda} \tag{6.13}$$

2. 能耗最小的卸载策略

本小节将给出远端云、移动微云和移动自组微云三种模式下计算卸载的系统能量消耗分析。其中系统的能耗可分为三部分：① 子任务分发消耗的能量；② 子任务执行消耗的能量；③ 计算任务结果反馈消耗的能量。具体来说，考虑一个任务节点，其计算总量为 Q，并且可分为 n 个子任务。对于节点的计算任务分配而言，由于静态分配可以看成动态分配的特殊情况，所以本小节主要关注计算任务是动态分配的。由于能量的消耗与传输量有关，假设云端和服务节点接收到的子任务大小为 $S_{\text{sub-tk}}^{\text{recv}}$，子任务处理后结果的大小为 $S_{\text{sub-tk}}^{\text{result}}$，记 r 为 $S_{\text{sub-tk}}^{\text{result}}$ 和 $S_{\text{sub-tk}}^{\text{recv}}$ 的比值。

1）远端云模式能耗分析

讨论远端云模式下计算任务卸载的系统能量消耗。这里考虑的场景均是 WiFi 不可用的场景。根据上面的讨论，远端云的系统能耗主要包括任务卸载的能耗、任务处理的能耗和任务反馈的能耗，即

$$C_{\text{cloud}} = \sum_{i=1}^{n}(E_{n\to c}^{\text{cell}}x_i + E_{\text{proc}}^{\text{cloud}}x_i + rE_{c\to n}^{\text{cell}}x_i) = Q(E_{n\to c}^{\text{cell}} + E_{\text{proc}}^{\text{cloud}} + rE_{c\to n}^{\text{cell}}) \tag{6.14}$$

式中：$E_{n\to c}^{\text{cell}}$表示服务节点将任务处理完成后，将结果上传到远端云的能量消耗；$E_{c\to n}^{\text{cell}}$表示计算任务结果从远端云反馈给任务节点的能量消耗；$E_{\text{proc}}^{\text{cloud}}$表示云端处理的能量消耗。

2）移动微云模式能耗分析

讨论移动微云模式下计算任务卸载的能量消耗。移动微云计算任务卸载消耗的能量主要包括D2D的通信能量消耗、服务节点处理任务的能耗和周期性的检查周围服务节点的能量消耗。于是可以得到移动微云模式下系统的能量消耗为

$$
\begin{aligned}
C_{\text{cloudlet}} &= \sum_{i=1}^{n}(E_{\text{D2D}}x_i + E_{\text{proc}}^{\text{node}}(i)x_i + rE_{\text{D2D}}x_i) + M\rho t^* \\
&= Q(1+r)E_{\text{D2D}} + \sum_{i=1}^{n}E_{\text{proc}}^{\text{node}}(i)x_i + M\rho t^* \qquad (6.15)
\end{aligned}
$$

式中：E_{D2D}为任务节点和服务节点之间D2D通信的能量消耗，$E_{\text{proc}}^{\text{node}}$表示服务节点处理任务的能量消耗；$\rho$为探索服务节点的能量消耗；$t^*$表示任务完成的时间。

定义$X=\{x_1,x_2,\cdots,x_n\}$为需要求解的移动微云计算模式下的任务分配方案，最小化其能量消耗的优化问题可以表示为

$$
\begin{cases}
\underset{X^*}{\text{minimize}} \quad C_{\text{cloudlets}} \\
\text{subject to} \quad \sum_{i=1}^{n} x_i = Q \\
x_i \geqslant 0, \quad i=1,2,\cdots,n
\end{cases} \qquad (6.16)
$$

式中，优化变量是任务节点的分配方案，优化目标是最小化系统能量消耗，约束条件是需要将任务处理完成。

3）移动自组微云模式能耗分析

讨论移动自组微云模式下任务卸载能量消耗分析。考虑到服务节点的移动性，它可能移动到没有WiFi的区域。在WiFi不可用的条件下，基于服务节点反馈计算任务结果方式不同，分为以下两种情形：① 服务节点移动到任务节点的附近，并且可以进行D2D通信，此时D2D通信可以用于任务结果的传递，对应上面提到的D2D方式；② 通过蜂窝网络反馈计算结果是唯一的选择，这种方式称为蜂窝网络方式。

首先给出服务节点sn_i和任务节点在T_{d}时间内碰面两次的概率值P_i的计算，其中T_{d}表示计算任务的最大延时。定义$t_{i,1}$为初始时刻到服务节点sn_i第一次碰到任务节点的时间间隔，定义$t_{i,2}$为从第一次碰面后到第二次碰面的时间间隔。由于碰面的时间间隔服从独立同分布的指数分布，于是可以得到在T_{d}时间内服务节点和任务节点碰面两次的概率为

$$
P_i = P(t_{i,1}+t_{i,2} \leqslant T_{\text{d}}) = \int_0^{t_i} P(t_{i,1}+t_{i,2} \leqslant T_{\text{d}} \mid t_{i,1}=x)\lambda \mathrm{e}^{-\lambda x}\,\mathrm{d}x \qquad (6.17)
$$

由于$P(t_{i,1}+t_{i,2}\leqslant T_{\text{d}} \mid t_{i,1}=x)=P(t_{i,2}\leqslant T_{\text{d}}-x)=1-\mathrm{e}-\lambda(T_{\text{d}}-x)$，那么$P_i$可以表示为

$$
P_i = P(t_{i,1}+t_{i,2} \leqslant T_{\text{d}}) = \int_0^{t_i}(1-\mathrm{e}^{-\lambda(T_{\text{d}}-x)})\lambda \mathrm{e}^{-\lambda x}\,\mathrm{d}x = 1-\mathrm{e}^{-\lambda t_i}-\lambda t_i \mathrm{e}^{-\lambda t_i} \qquad (6.18)
$$

其中，$t_i=T_{\text{d}}-x_i/v_i$。于是，在机会主义的移动自组微云计算模式下，任务卸载的能量消耗可以表示为

$$C_{\mathrm{OCS}}=\sum_{i=1}^{n}(x_iE_{\mathrm{D2D}}+E_{\mathrm{proc}}^{\mathrm{node}}(i)x_i+rx_iP_iE_{\mathrm{D2D}}+rx_i(1-P_i)(E_{n\to c}^{\mathrm{cell}}+E_{c\to n}^{\mathrm{cell}}))+M\rho t^{*}\tag{6.19}$$

与上面类似，定义 $X=\{x_1,x_2,\cdots,x_n\}$ 为需要求解的机会主义的移动自组微云计算模式下的任务分配方案，因此关于能耗的优化问题可以表示为

$$\begin{cases}\underset{x}{\text{minimize}} & C_{\mathrm{OCS}}\\ \text{subject to} & \sum_{i=1}^{n}x_i=Q\\ x_i\geqslant 0, & i=1,2,\cdots,n\end{cases}\tag{6.20}$$

其中，优化变量是具体的分配方案，优化目标是最小化系统能量消耗，约束条件是需要将总的任务分配出去。由于此问题的目标函数是非线性函数，约束条件为线性约束，所以是一个非凸优化问题。对这个优化问题的求解分为两部分：首先是优化变量 P_i 的能量消耗，其次优化移动自组微云的能量消耗，从而给出问题的解。

一般来说，通过蜂窝网络传递任务、处理结果消耗的能量要大于 D2D 的能量消耗。因此，研究人员考虑到不同情形下任务处理延时和能量消耗，针对特定的应用，给出如何在远端云、移动微云和移动自组微云模式下的选择算法（见算法 6.4.1）。

(1) 远端云：如果计算任务所处的环境有稳定的 WiFi，将其卸载到云端是一个不错的选择。

(2) 移动微云：如果任务节点是能耗敏感型任务而且区域内的节点移动性比较弱，移动微云是一个比较好的选择。

(3) 机会主义移动自组微云模式：如果 r 比较小，而且服务节点的自由度比较大，机会主义移动自组微云是一个好的选择。

算法 6.4.1 选择算法

```
算法 6.4.1：模式选择算法
输入：S^result_sub-tk 和 S^recv_sub-tk 的比例为 r；
    用户设备之间平均碰面率为 λ
输出：远端云、移动微云和移动自组微云
If 用户所处环境有稳定的 WiFi then
    用户将任务通过 WiFi 上传到远端云处理；
End
If λ 较小并且任务是能耗敏感性 then
    用户通过移动微云处理计算任务；
End
If r <1，λ 较大并且用户具有较大的自由度 then
    用户通过 OCS 卸载计算任务；
End
```

3. 延时和能耗最优的任务卸载策略

本小节将给出时间延迟和能量消耗的联合优化。考虑到不同的任务对时间延迟和能量消耗的关注点不同，我们引入权重因子 ω，表示对能量消耗和时间延迟不同的关注

度。最小化延时和能耗的问题可以建立为

$$\begin{cases}\underset{x}{\text{minimize}} \quad t^* + w \cdot C_{\text{OCS}} \\ \text{subject to} \quad \sum_{i=1}^{n} x_i = Q \\ x_i \geqslant 0, \quad i = 1,2,\cdots,n\end{cases} \tag{6.21}$$

其中,目标函数是综合考虑任务处理的延时和能耗,约束条件是需要完成任务的处理。由于此问题是非凸优化问题,本章利用启发式的遗传算法去解决,通过启发式的搜索最优的 x_i 可以求解此问题的有效解。

6.5 实验结果与分析

本小节将给出机会主义移动自组微云模式下计算任务卸载的评估。首先,给出实验参数的设置,我们设置两个节点单位时间内碰面的次数 $\lambda=0.00004\sim0.00032$,区域总节点数 $M=300\sim3000$,$\rho=0.001$。其次,给出实验的分析,对于实验的分析,主要关注两个方面,即可克隆任务和非克隆任务的延时分析、静态分配方案和动态分配方案的能耗分析。最后,给出本文提出模型的对比方案,即远端云模式和移动微云模式。

1. 任务延时分析

1) 非克隆任务延时分析

由于 t 时刻服务节点的数目 $X(t)$ 与区域内任务节点的总数 N、区域内的总节点的数目 M、区域内任意两个节点碰面次数 λ 和子任务的个数 n 均有关,所以在实验中,我们将评估 N、M、λ、n 对 $X(t)$ 的影响。

在图 6.5.1(a)中,设置区域总节点数 $M=500$,任务包含的子任务数 $n=10$,两个节点单位时间碰面的次数 $\lambda=0.0001$,区域内任务节点的数目 N 取不同的值,分别为 30、35、40 和 45。值得注意的是,任务的延时是任务节点将它们所有的子任务分配给那些没有任务的移动用户。从图 6.5.1(a)中可以看出,初始时刻服务节点的数目 $X(0)$ 要比 M 小,这是因为 N 个用户已经有计算任务,因此 $X(0)$ 取值 $X(0)=M-N$。

在图 6.5.1(b)中,设置 $N=45$,$n=10$,$\lambda=0.00001$,而变化 M 的取值分别为 500、750、1000 和 1250。从图 6.5.1(b)中可以看出,当 $M=1250$ 时,任务完成的时间最短。这是因为小区内的节点数越多,在相同的时间内,对于任务节点来说,它们有更多的机会碰到服务节点来卸载任务。相比之下,当 $M=500$ 时,$M-N$ 个服务节点对任务卸载过程来说是不够的,从而导致了更长的任务延时。

在图 6.5.1(c)中,设置 $M=500$,$N=45$,$n=10$,λ 分别取为 0.00004、0.00008、0.00016和 0.00032,以此来得到 λ 对 t 和 $X(t)$ 的影响。从图 6.5.1(c)中可以看出,当 λ 取值越大时,表示用户的移动性越大,任务节点碰到计算节点的概率越大,从而使得子任务的分配越快,进而降低了用户的延时。因此,当 λ 减小时,任务延时会随之增加。

在图 6.5.1(d)中,设置 $M=500$,$\lambda=0.0001$,区域内子任务总量 $K=450$,n 取不同的值,分别为 5、7、9 和 11,因此 N 为 K/n。从图 6.5.1(d)中可以看出,随着 n 的变大,任务延时就会增加。这是因为在 K 一定的前提下,n 的增加预示着 N 的减少,即任务节点的总数变少,从而使得延时增加。这表明,在固定 M 和 λ 取值的情况下,n 越小,N

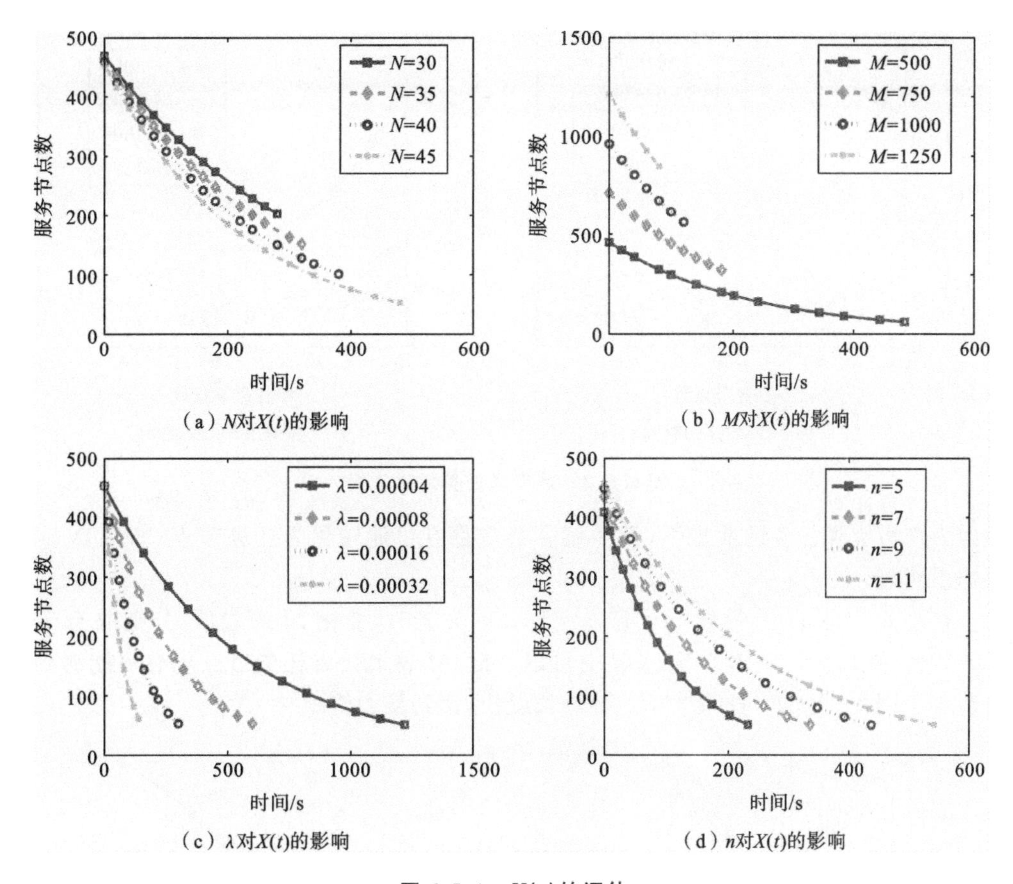

图 6.5.1　$X(t)$的评估

越大，能够越快地完成任务。此外，从图 6.1.3(d)中还可以看出，初始时刻服务节点的数目 $X(0)$不相等。这是因为当 n 变化时，N 也会变化。与图 6.1.3(a)类似，$X(0)=M-N$。

在图 6.5.2(a)中，设置 $M=500$，$K=450$，变化 λ 的取值，分别为 0.00004、0.00008、0.00016 和 0.00032。从图 6.5.2(a)中可以看出，由于子任务的总量是固定的，随着 N 的增大和 λ 取值的增加，任务完成时间会不断减少。然而当 $N=40$ 以后，效果就不那么明显了。这就说明在区域内节点总数和子任务量一定的前提下，拥有的任务节点数存在最优值，过少的任务节点会导致每个任务节点的任务量过多，而过多的任务节点会导致服务节点数过少。从图 6.5.2(a)中还可以看出，当 λ 取值变大时，随着 N 不断增大而产生的延时减少的效果越不明显。这是因为随着 λ 取值变大，λ 对延时的影响比重越来越大。

在图 6.5.2(b)中，设置 $\lambda=0.0001$，$K=450$，变化 M 的取值，分别取为 500、750、1000 和 1250。从图 6.5.2(b)中可以看出，随着 N 的增大，任务完成时间会不断减少。从图 6.5.2(b)中还可以看出，当 $M=1000$ 的时候，增加 N 所带来的延时减少是不明显的，这是因为当总任务量固定时，只需要一部分服务节点就可以完成任务的处理。

2) 可克隆任务延时分析

在图 6.5.3(a)中，设置 $M=500$，$n=10$，$\lambda=0.0001$，变化 N 的取值，分别取为 30、35、40 和 45。从图 6.5.3(a)中可以得出，N 值的变化对 $S_i(t)$的影响是不明显的。这

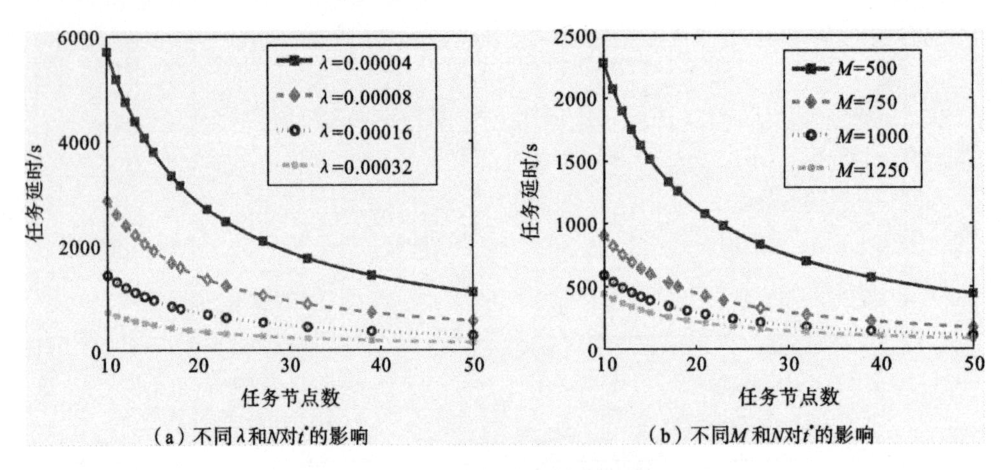

(a) 不同λ和N对t^*的影响 (b) 不同M和N对t^*的影响

图 6.5.2 非克隆任务延时分析

是因为在可克隆任务的前提下，每个服务节点都有可能转化为任务节点，所以 N 对其影响不明显。

在图 6.5.3(b)中，设置 $N=45$，$n=10$，$\lambda=0.0001$，变化 M 的取值，分别取为 500、750、1000 和 1250。从图 6.5.3(b)中可以看出，M 越大代表任务节点更有可能遇到任务节点。因此，当 $M=1250$ 时，$S_i(t)$ 增长最快，达到最大值。

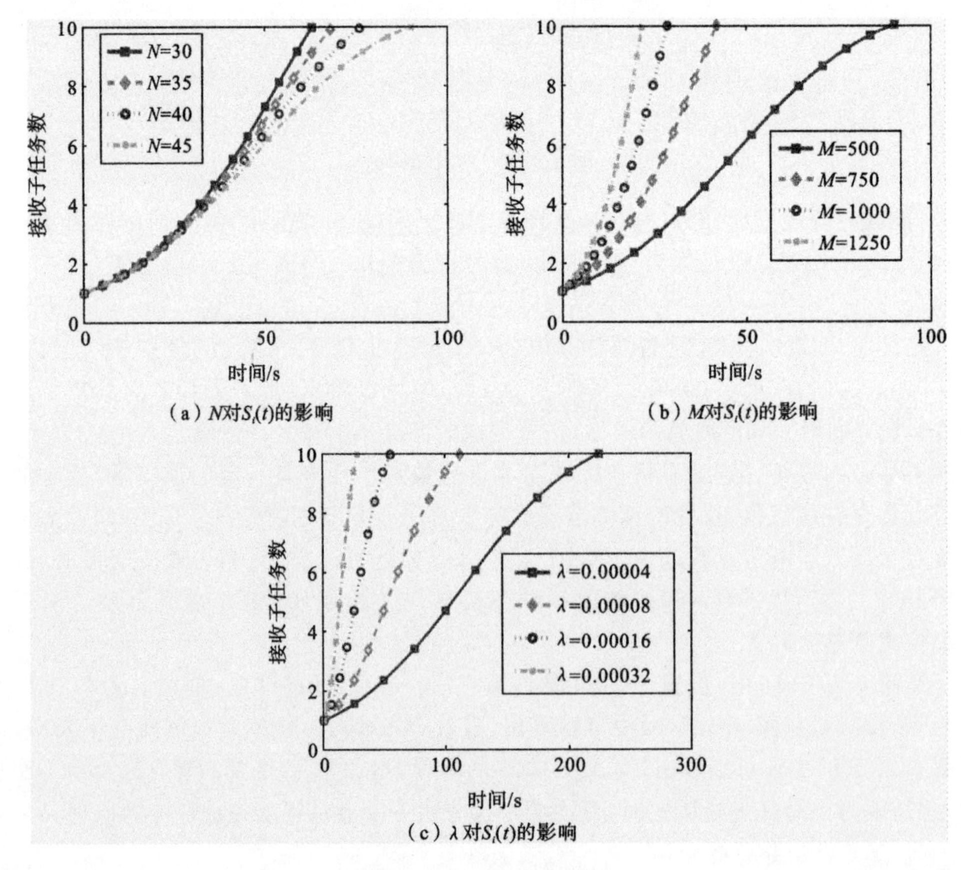

(a) N对$S_i(t)$的影响 (b) M对$S_i(t)$的影响

(c) λ对$S_i(t)$的影响

图 6.5.3 $S_i(t)$的评估

在图 6.5.3(c)中，设置 $M=500$，$N=45$，$n=10$，变化 λ 的取值，分别取为 0.00004、0.00008、0.00016 和 0.00032。从图 6.5.3(c)中可以看出，λ 值越大表示任务节点碰到服务节点的概率越大。因此，当 $\lambda=0.00032$ 时，$S_i(t)$增长得最快，达到其最大值。

在图 6.5.4(a)中，设置 $M=500$，$K=450$，变化 λ 的取值，分别取为 0.00004、0.00008、0.00016 和 0.00032。在图 6.5.4(b)中，设置 $\lambda=0.0001$，$K=450$，变化 M 的取值，分别取为 500、750、1000 和 1250。将图 6.5.4 与图 6.5.3 进行对比，可以得到在相同的 N 值、λ 值下，或相同的 N 值、M 值下，图 6.5.4 的任务延时 t_s^* 比图 6.5.3 的任务延时 t^* 要小得多。这是因为与非克隆任务相比，可克隆任务允许任务的复制，也就是说当任务节点遇到服务节点时，这个服务节点就可能变成任务节点。换句话说，如果任务是可克隆的，会导致任务节点的数目变大，从而减少了任务的延时。然而，非克隆任务的任务节点数目是保持不变的。

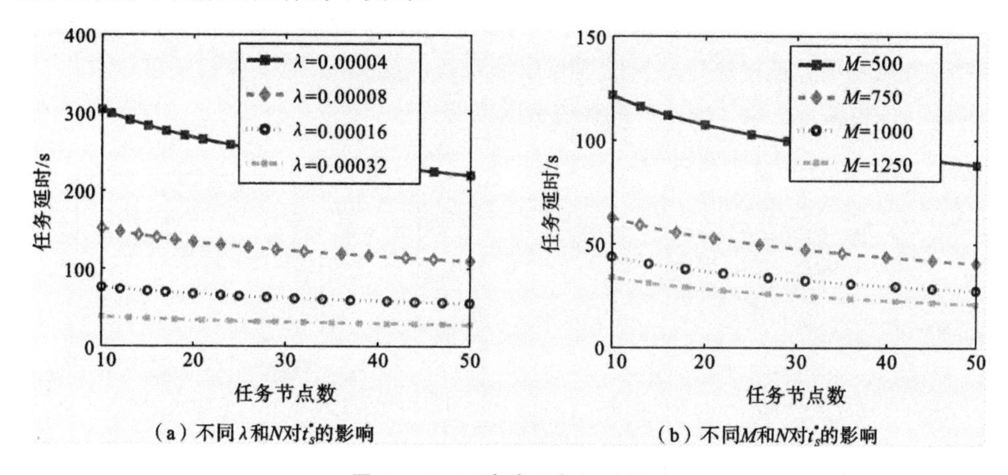

(a) 不同λ和N对t_s^*的影响　　(b) 不同M和N对t_s^*的影响

图 6.5.4 可克隆任务延时分析

3) 计算任务的时延分析

图 6.5.5(a)比较了移动自组微云计算模式和移动微云计算模式的任务延时分析。从图中可以看出，相同的 λ 值下，移动自组微云计算模式下，当任务可克隆时，任务延时是最短的，并且移动自组微云计算模式的任务延时比移动微云计算的任务延时还要短

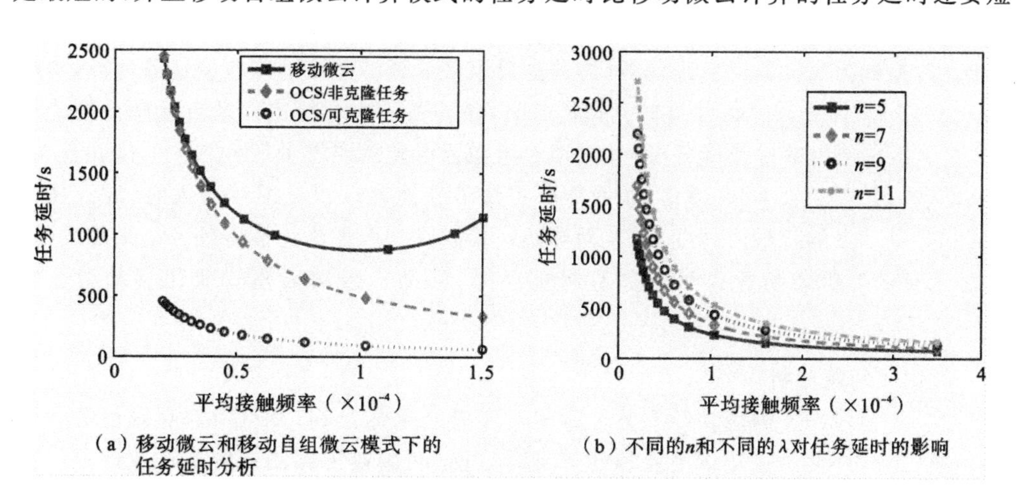

(a) 移动微云和移动自组微云模式下的任务延时分析　　(b) 不同的n和不同的λ对任务延时的影响

图 6.5.5 计算任务延时分析

一些。而且随着 λ 的增大，移动自组微云计算模式呈现了较好的延时性能，这是因为随着 λ 的增大，任务节点会更加频繁地遇到服务节点。对于移动微云计算模式，当 λ 较小时（比如 λ 从 0.00002 到 0.0001），其计算任务延时会逐渐减少，但是当 λ 继续增大，移动微云的任务延时就会开始增加。这是因为随着任务节点和服务节点接触频率的增加，导致了接触时间的变短，从而导致子任务没有足够时间来实现任务结果的反馈。从图 6.5.5(b)中可以得出，当 $\lambda>0.0003$ 时，移动自组微云计算模式的性能开始变得不明显。这是因为节点的接触时间太短，以至于无法保证子任务成功地卸载。

2. 计算任务的能耗分析

图 6.5.6(a)比较了远端云模式和移动自组微云模式下的能量消耗，图中四条线分别代表了远端云模式下的能量消耗，以及移动自组微云模式下不同的 E_{D2D} 值时的能量消耗。因为 $E_{n\to c}^{\mathrm{cell}}, E_{c\to n}^{\mathrm{cell}} > E_{\mathrm{D2D}}$，所以当 $r<1$ 时，移动自组微云模式的能量消耗要比远端云的能量消耗小一些。当 $r>1$ 时，随着 r 的增大，移动自组微云模式下的能量消耗也会增加，并且其增长速度比远端云的增长速度要快。此外，从图中我们还可以看出，当 E_{D2D} 增加时，移动自组微云模式的能耗也会随之变大。

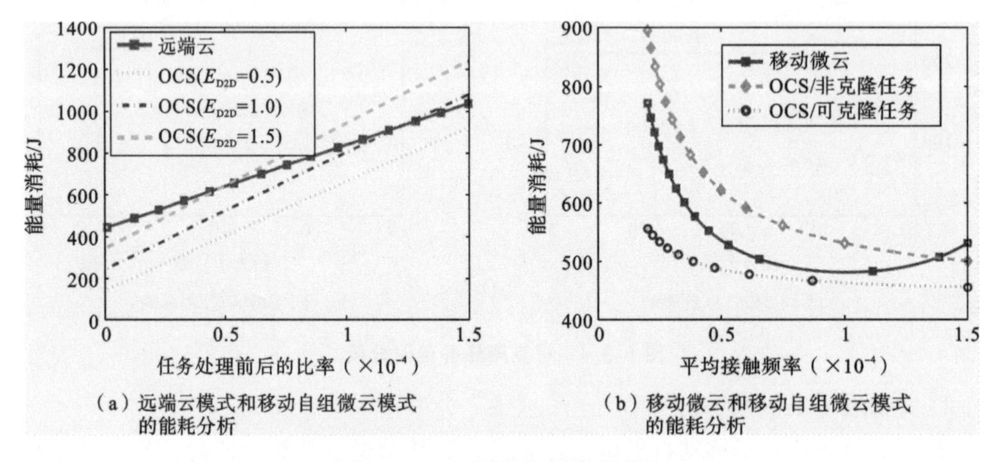

（a）远端云模式和移动自组微云模式的能耗分析

（b）移动微云和移动自组微云模式的能耗分析

图 6.5.6　计算任务的能耗分析

图 6.5.6(b)比较了移动微云模式和移动自组微云模式下的能量消耗。从图中可以得出，当 λ 值固定并且当计算可克隆任务时，移动自组微云的能耗比其他模式的能耗要小。这是因为当计算可克隆任务时，移动自组微云能够更快地完成子任务计算处理。当 $0.00002\leqslant\lambda\leqslant0.00014$，并且非克隆任务时，移动微云的能耗比移动自组微云的能耗小。这是因为当计算非克隆任务时，移动自组微云可能需要将子任务结果上传到云端，而移动微云仅仅通过 D2D 通信，从而能够更加节省能耗。当 λ 继续增大时，导致任务节点和服务节点的接触时间变短，从而导致在接触时间内无法完成子任务结果的反馈。因此，当 $\lambda\geqslant0.00014$，并且计算非克隆任务时，移动自组微云模式要比移动微云模式好。

3. 优化问题分析

这一小节考虑了静态和动态分配方案对实验结果的影响，并且对非克隆任务和可克隆任务进行评估。在能量消耗和任务延时方面，利用遗传算法来解决优化问题。在具体的实验中，设置任务延时和能量消耗的权重因子 $\omega=0.5$。

图 6.5.7(a)比较了移动微云模式下静态分配和动态分配方案的能量消耗。从图中可以看出，动态分配方案的能耗比静态分配方案的能耗都要小一些，这是因为在动态分配的方案下，任务节点知道每个服务节点的处理能力，这样任务节点可以将计算量大的任务分发给处理能耗低的服务节点，从而降低能量的消耗。从图中还可以得出，当 $\lambda<0.00005$ 和 $\lambda>0.00017$ 时，动态分配的收益并不大。这是因为当 $\lambda<0.00005$ 时，用户的移动性比较低；当 $\lambda>0.00017$ 时，用户的移动性又比较高。这两种情况下用户的移动性均对能量的消耗影响比较大。

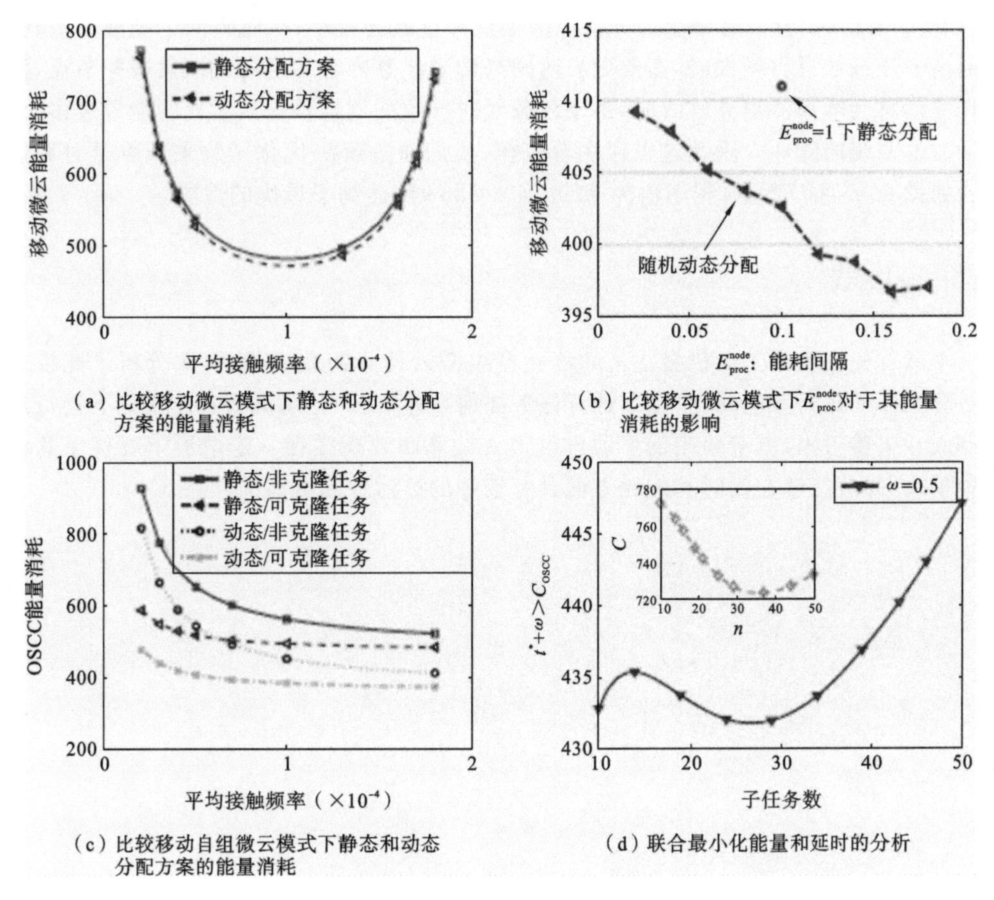

（a）比较移动微云模式下静态和动态分配方案的能量消耗

（b）比较移动微云模式下E_{proc}^{node}对于其能量消耗的影响

（c）比较移动自组微云模式下静态和动态分配方案的能量消耗

（d）联合最小化能量和延时的分析

图 6.5.7 对于优化问题的评估

图 6.5.7(b)给出了在静态分配和动态分配方案下，单位能量消耗 E_{proc}^{node} 对能耗的影响。对于静态分配来说，图中圆圈连线表示当 E_{proc}^{node} 固定为 0.1，即服务节点具有相同的处理能力时，静态分配的能量消耗情况。对于动态分配来说，为了描述动态分配，考虑使用随机值来给出节点的处理能力。图中，X 轴上的数据点的值表示平均值取 0.1，方差为 X 轴上的点。例如，X 轴上的 0.2 意味着 E_{proc}^{node} 的取值在 0.01 和 0.19 之间随机获得；X 轴上的 0.01 意味着 E_{proc}^{node} 的取值在 0.09 到 0.11 之间变化。从图中还可以看出，计算节点处理能耗的间隔越大，动态分配的性能越好。

图 6.5.7(c)给出了移动自组微云模式下任务在可克隆和非克隆条件下，静态分配和动态分配方案下的能量消耗。从图 6.5.7(c)中可以看出，可克隆任务在动态分配方案下的能量消耗是最小的。随着 λ 的增大，四种情况下的能耗都是减少的。其中，非克

隆任务在动态分配方案下，其能耗减少得最快，这是因为 λ 的值对非克隆任务的影响比对可克隆任务的影响大。当 $\lambda=0.00018$ 时，任务是否克隆对能耗的影响变得比较小，这是因为单位时间内的任务节点和服务节点的碰面时间增加，因此加速了子任务的分配，而任务是否克隆对其影响相应变得较小。

图 6.5.7(d)展示了联合最小化任务延时和能量消耗的分析。在本实验中设置 $\omega=0.5$，通过图 6.5.7(d)中的小图可以看出，当 $n<35$ 时，随着子任务数目 n 的增加，能耗逐渐减少。这是因为当总任务 Q 固定时，随着子任务的增加，越来越多的子任务可以进行 D2D 通信时，分配给每个服务节点的子任务量就会变小，从而降低了能量的消耗。然而当子任务数目再增加时，需要更长时间来传递任务内容和定期地探索服务节点，因此任务延时会增加。当 $n>35$ 时，由于任务延时导致的周期性探索消耗的能量过多，从而增加了系统的能耗。因此这里存在着权衡，我们通过解决优化函数来减少延时和能耗。如图 6.5.7(d)所示，利用遗传算法，当 $n=26$ 时，达到了最优的性能。

6.6　小结

本章首先提出了基于机会主义的移动自组微云计算卸载模式，其次分析了此模式下计算任务的延时和能耗，给出了计算任务如何在远端云、移动微云和此模式下进行选择卸载。实验得出，本节提出的移动自组微云计算卸载模式在一定情形下要优于其他两种模式，并且能够在延时和能耗方面具有较好的灵活性和更高的性能。

7

OPENT 缓存建模与网络仿真

7.1　数据命名网络中的缓存建模与仿真

基于 NS-3 模块的 ndnSIM 平台可支持 NDN 源码，但 ndnSIM 仅限于移动环境(如 2G/3G/4G)的 NDN 仿真。与之相比，OPNET 不受此限制，所以本章使用 OPNET 16.0 实现 NDN 协议和仿真。

尽管已经有很多学者在研究缓存策略，但大多数人都是通过长时间跟踪数据，然后利用缓存策略对跟踪内容进行测试，却很少有人进行网络缓存的仿真。而本章中的 NDN 模型与目前的 Internet 兼容，并覆盖 IP 层，可以将 NDN 的处理模块集成到所有网络节点中，如 eNodeB、LTE 移动基站、分组演进核心网(EPC)、网关、PC、服务器和 IP 云等，最终实现 NDN 的仿真。

7.1.1　NDN 模型设计

1. 网络模型

我们在 OPNET 上建立了基于 NDN 的 5G 模型，它是基于 NDN 实现的节点模型，并使用分层式缓存机制，图 7.1.1 所示的是基于 NDN 的 5G 网络场景，为 WAN 与 LTE 的混合仿真架构。LTE 网络有 3 个单元(cell)，每个单元又包括 eNodeB 节点、NDN 处理器节点和 25 个 LTE 移动站点(mobile stations，MSs)。根据幂律分布，80% 的流量处理的是 20%的流行内容，即 20 个 LTE 节点需要处理 20%的流行内容，剩下的 5 个 LTE 节点需要处理余下所有内容。

2. 节点模型

我们在所有网络元素中集成了 NDN 进程模块，包括 eNodeB、LTE Mobile Station、Evolved Packet Core(EPC)、Gateway、PC、Server 和 IP Cloud。图 7.1.2 所示的是 eNodeB 节点模型图，NDN 进程是在 IP 层上构建的。

3. NDN_Process 进程模型

NDN_process 的进程模型如图 7.1.3 所示。

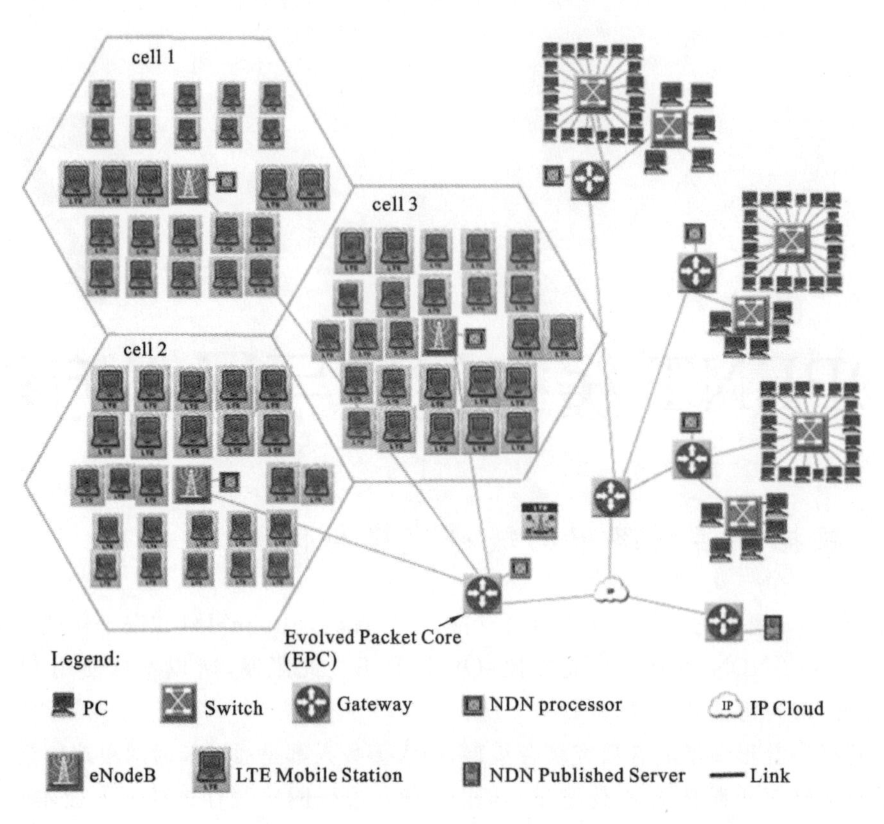

图 7.1.1 基于 NDN 的 5G 网络场景

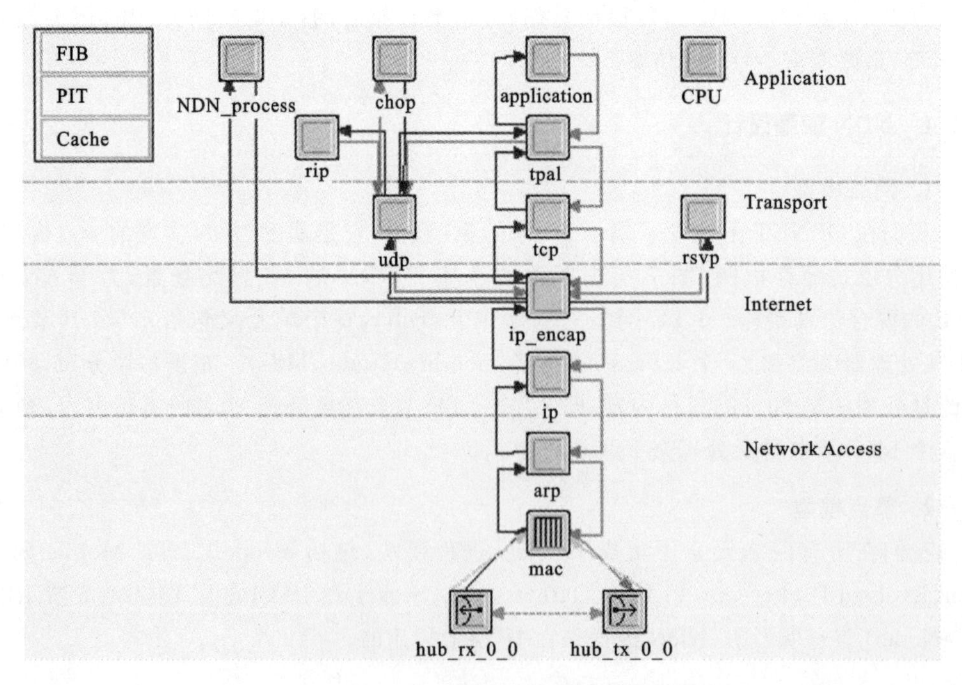

图 7.1.2 eNodeB 节点模型

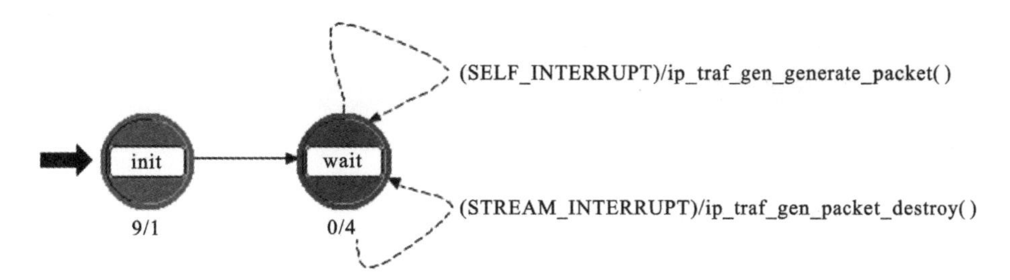

图 7.1.3 NDN_process 进程模型图

7.1.2 数据结构

1. 转发信息库

转发信息库 FIB(forwarding information base,FIB)的数据结构为

int ads[10][2]

即存储 10 个服务器,每个服务器存储的信息有 ip 和对应的 ccnx_dir_int(目录名称对应的整数)。

2. 未匹配兴趣库

未匹配兴趣库 PIT(pending interest table)用于存储未匹配的兴趣包。NDN 节点用于保存用户需求、url 和 ip,这里分别用了 6 个二维数组节省存储空间(6×1000^2),而不是直接使用一个 6 维数组(1000^6)保存分层 url,这样可以有效地降低存储空间,代码格式如下。

```
int  prefix1_prefix2_PIT[1000][1000]
int  prefix2_prefix3_PIT[1000][1000]
      ⋮
int  prefix6_IPs_PIT[1000][1000]
```

对于 prefix6_IPs_PIT 数组来说,第 0 个元素记录第六次命名,第一个元素记录需求个数,第 2 个元素到第 999 个元素记录用户 ip 地址。

当过来一个新的兴趣包,而且没有匹配的内容时,有这样的代码如下。

```
prefix6_IPs_PIT[i][0] = prefix6_req;
prefix6_IPs_PIT[i][1] = 1;
prefix6_IPs_PIT[i][2] = addr_value
```

3. 内容缓存

内容缓存(content store)的数据结构为

int cache[10000][16]

即 10000 条内容,每条内容的记录格式为

[p1_name][p1_count]…[p6_name][p6_count][time][file_size][file-count][store-bool]
[0] [1] [10] [11] [12] [13] [14] [15]

其中,第 11 项是该内容文件被索求次数,第 12 项表示最后索求时间。

4. 流行度记录数组

流行度记录数组的数据结构为

popular_table[500000][3]

即 500000 条记录，每条记录中[0]表示内容索引，[1]为发送次数。

7.1.3 包结构及说明

主要包结构如图 7.1.4 所示。

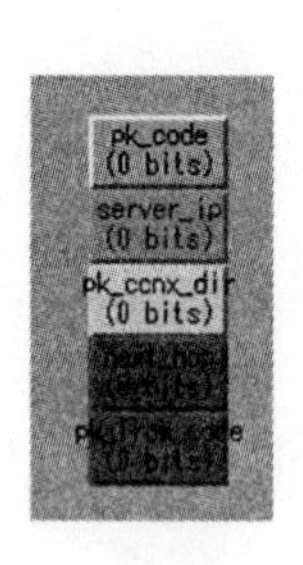

(a) ndn_data_adsvertise_pk

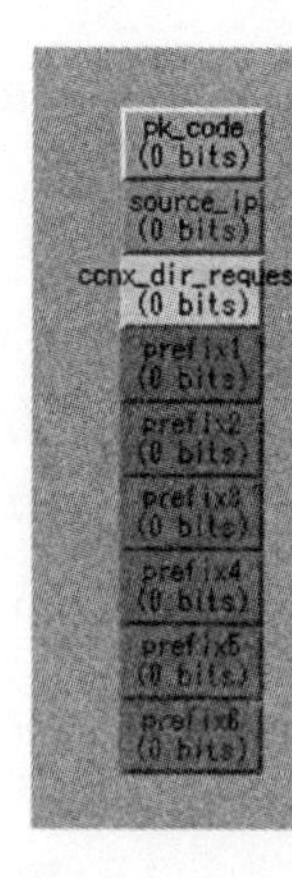

(b) ndn_interest_pk

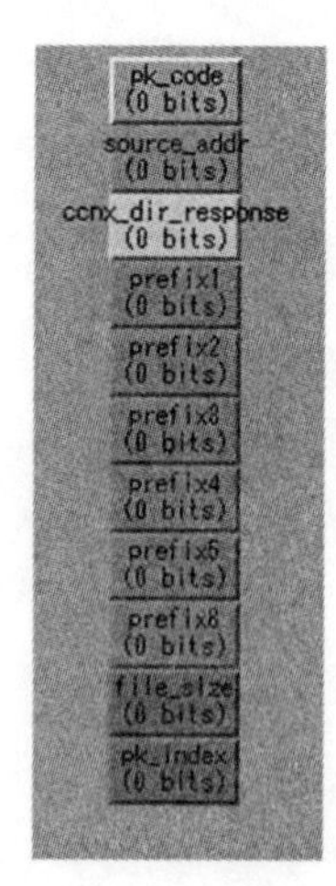

(c) ndn_data_response_pk

图 7.1.4 主要包结构

包说明如表 7.1.1 所示。

表 7.1.1 包说明

包索引	包　　名	说　　明
0	ndn_data_adsvertise_pk	NDN 服务器广播包，有服务器广播或者 NDN 节点广播
1	ndn_interest_pk	兴趣包，可能由用户发往 NDN（如果未找到，如何保存用户需求，等到得到内容之后给用户回复）或者 NDN 发往 Server
2	ndn_data_response_pk	NDN 内容回复包，可能由 NDN 节点发往用户或者 Server 发送 NDN 节点
3	ndn_ip_node_pk	NDN 节点广播包，60 s/次
4	ndn_coorporate_pk	NDN 节点广播包，30 s/次，用于 PPCC 策略，收到该包，要保存相应的 cache 内容
5	Suggest_sms	NDN 节点广播包，收到新的服务器内容包时，用 MPC 策略（新内容，流行度大于阈值）进行广播，其他节点收到该包后保存到 cache

7.1.4 PPCC/PP 仿真结果

仿真时，仿真方案一是在 cell 1 中使用 LRU 替换策略，在 cell 2 中使用 LFU 替换策略，在 cell 3 中使用 PP 替换策略。仿真方案二是在 3 个 cell 中同时使用 PPCC 策略，其中命中率、服务器的到达稳定状态的时间和流量卸载的百分比都是重要的衡量参数。

仿真时间设置为 3000 s，我们使用了 500000 条内容，每条内容均设置为 1 Mb，那么所有内容的总大小为 500000 Mb。缓存的大小依次设置为 300 Mb、500 Mb、800 Mb 和 1000 Mb，分别是 0.06%、0.1%、0.16%和 0.2%。选择兴趣包的间隔为 5 s，总共 3000 s 仿真，NDN 节点接收的兴趣包总数为 25×1×3000/5=15000。仿真结果如图 7.1.5 所示。

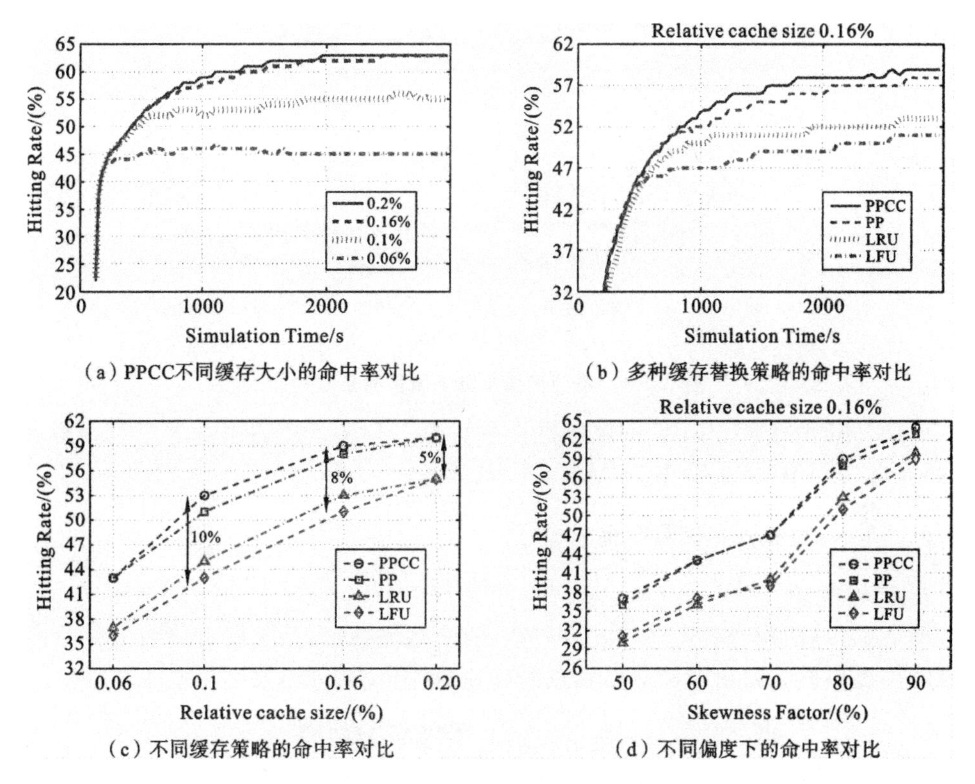

图 7.1.5　LRU(LFU)和 PPCC(PP)性能比较

(1) 缓存大小对命中率的影响。

如图 7.1.5(a)所示，缓存分别设置为 0.06%、0.1%、0.16%和 0.2%，PPCC 最终命中率分别对应 45%、55%、63%和 63%，表明扩大缓存可以提高命中率，但是命中率的提高和缓存大小不能成正比。从图中可以看到，当缓存大小为 0.16%时，PPCC 策略足可以处理所有流行的内容，再扩大缓存到 0.2%时，命中率并没有提高。

(2) 不同缓存策略对命中率的影响。

如图 7.1.5(b)所示，缓存为 0.16%时的不同策略随时间变化的命中率。可以看到命中率排名依次是：PPCC>PP>LRU>LFU。图 7.1.5(c)给出不同缓存策略的命中率对比，与图 7.1.5(b)类似，PPCC 的命中率比 PP 的高 1%～2%。

(3) 不同偏度对命中率的影响。

偏度指内容流行度的分布，80 表示 20%的内容流行，80%的内容不流行。图7.1.5(d)中偏度范围为 50%～90%，缓存大小为 0.16%，仿真结果表明不同偏度下，PP 和 PPCC 的性能始终比 LRU 和 LFU 的高。

(4) 替换策略对服务器负载的影响。

如果 NDN 节点的命中率提高，则 NDN 转发的兴趣包将会减少，服务器的负载将会降低。图 7.1.6 中，PPCC 比 PP 更快到达稳定时间。服务器负载降低到 12 Mb/s 时，PPCC 需要 500 s，而 PP 需要 700 s。

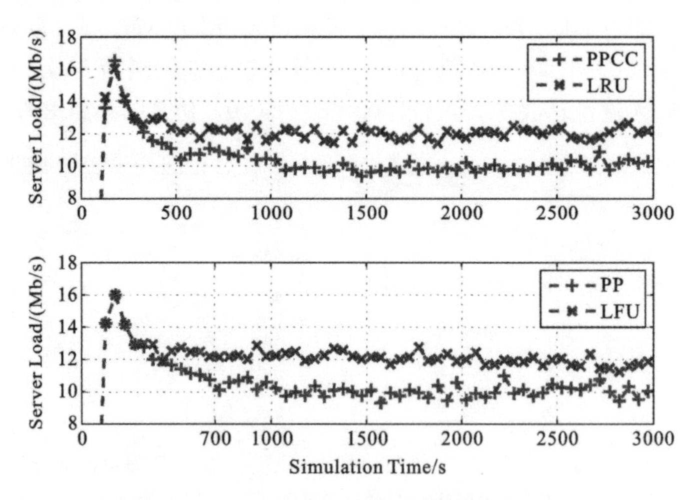

图 7.1.6　不同替换策略下服务器负载对比

PPCC/PP 比 LRU/LFU 的服务器负载更低，PPCC/PP 的服务器负载大概在 10 Mb/s 左右，而 LRU/LFU 在 12 Mb/s 左右。

7.1.5　FGPC/D-FGPC 仿真结果

1. 网络模型

图 7.1.7 所示的是 FGPC 和 D-FGPC 的网络场景图，几乎所有网络由三层构成，如核心层提供核心路由器和分布站点的高速数据传输；分布层提供基于策略的链接、

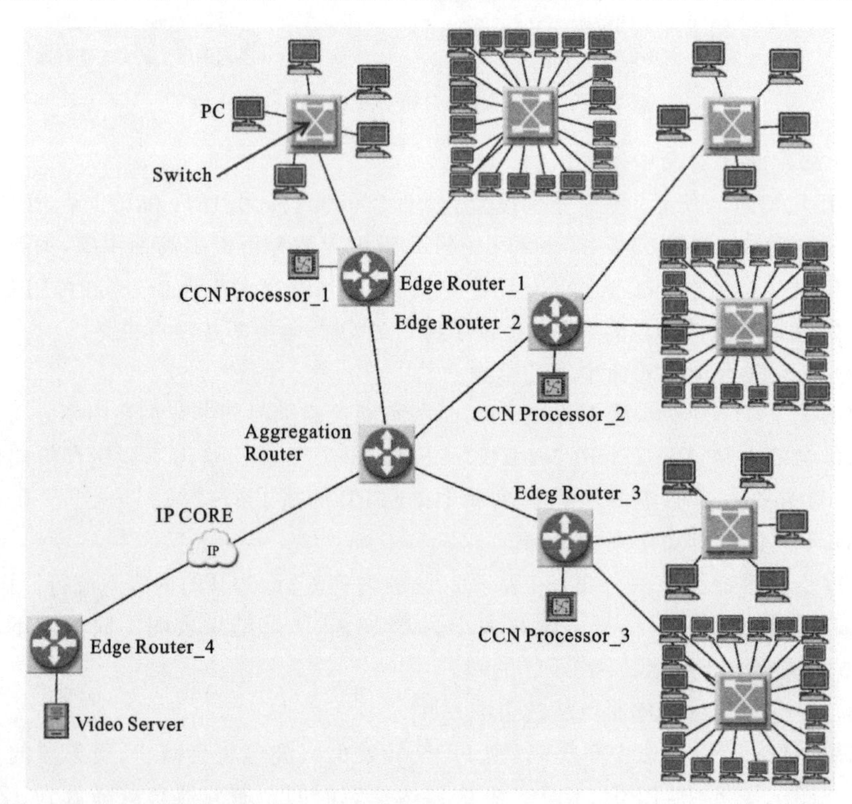

图 7.1.7　FGPC 和 D-FGPC 网络场景

对等简化和聚集;接入层使普通节点接入到 Internet 中。仿真网络包括三簇终端用户,每个簇包括一个边缘路由器、一个 NDN 处理节点、一个网关和 25 个 PC。所有 PC 需要从视频服务器读取视频内容,服从帕累托(Pareto)分布,20 个 PC(80%)需要流行视频内容,而其他 5 个 PC(20%)需要非流行内容。视频流从视频服务器经过 IP core,聚合路由器(aggregation router)和边缘路由器(edge router)最终通过 NDN 进程接收。

2. 仿真参数

FGPC/D-FGPC 的仿真参数如表 7.1.2 所示。主要考虑 3 个仿真边缘路由器中的兴趣包的命中率。

表 7.1.2 FGPC/D-FGPC 仿真参数

Element	Attribute	Value
WAN	Link between routers	OC-24 data rate
	Link for server	1000 BaseX
	Link for PCs	100 BaseT
Server	CCN root	ccnx://hust. edu. cn/epiclab/video/
	Publish root name interval	100 s
	Number of video files($\|F\|$)	500000 files
	A video file by default(F)	1 MB
	Practical video size(F^{P})	0.5/1/1.5/2/2.5/3 MB
	The variety factor of $F(\alpha)$	0.5/1/1.5/2/2.5/3
	Packet size	1024 b
PCs	CCN directory	Root/prefix1/…/prefix5
	File based popularity	Pareto distribution
	Start time	100 + random(10)seconds
	Stop time	20000 s
	IntPk inter-arrival time	5 + random(2)seconds
	DataPk time-out	2 s
CCN node	Relative cache size(C^{R}_{size})	0.05/0.1/0.15/0.2/0.25/0.3%
	Replacement policy	LRU/MPC/FGPC/D-FGPC
	The popularity threshold(P_{th})	5(in case of MPC/FGPC)
	Hitting rate results sampling rate	0.1 Hz

3. 仿真结果

仿真时间设置为 20000 s,所有 PC 间隔 100 s 发送兴趣包。图 7.1.8 所示的是缓存大小对命中率的影响,图中缓存的大小依次为 0.05%、0.1%、0.15%、0.2%、0.25% 和 0.3%,仿真中总的文件数为 50 万个文件,而 cache≤1500 个文件。仿真结果表明,命中率并不随缓存大小线性增加，当缓存为0.25%时，缓存可以处理绝大多数的内容流行度高的文件的请求。

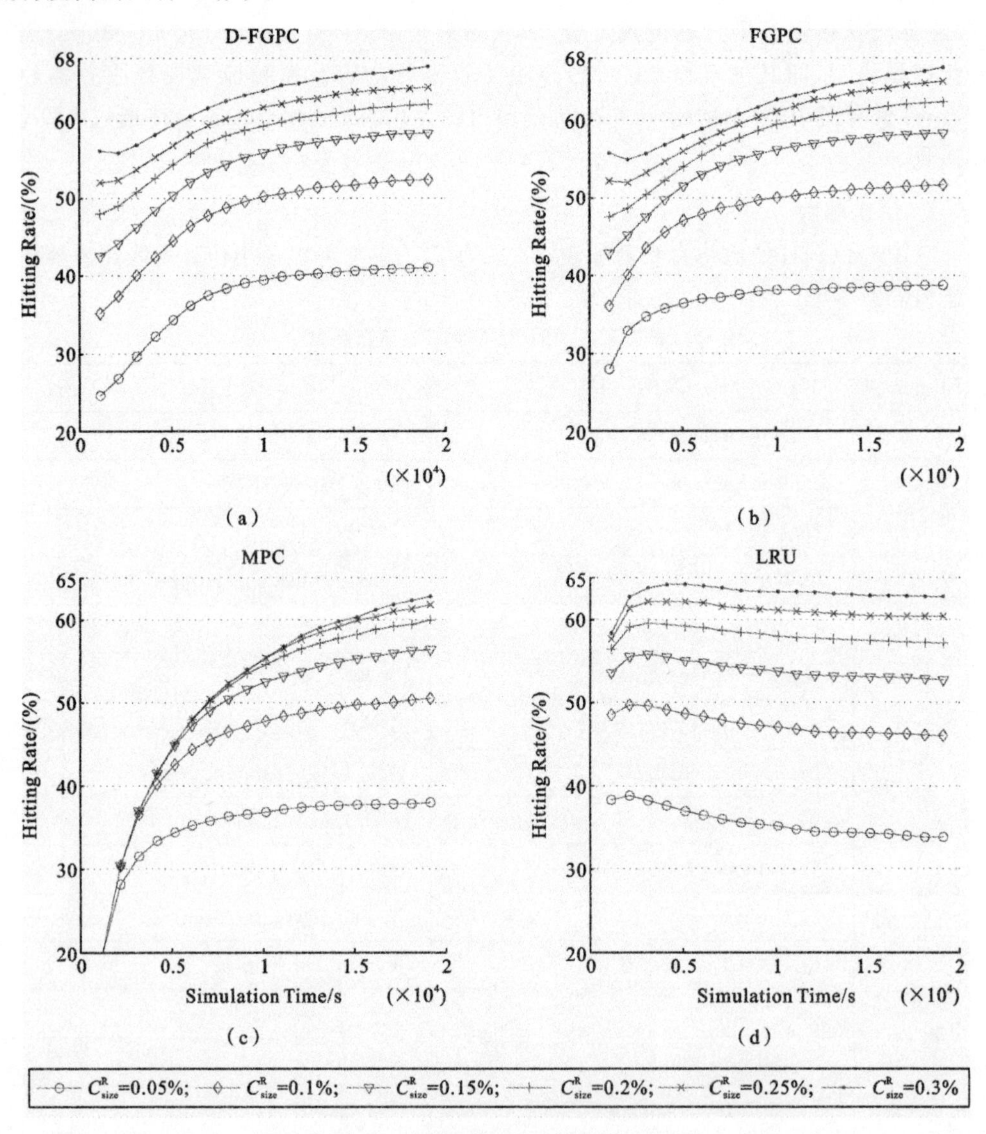

图7.1.8 缓存大小对命中率的影响

图7.1.8(d)中，LRU刚开始的命中率较高，但是当缓存开始替换时，它的缺点开始显露，因为它只保存最新的内容，因此命中率开始下降。图7.1.8(c)中，MPC需要一定的时间累计内容流行度高的数据，动态改变流行度阈值，D-FGPC比FGPC更加稳定。

图7.1.9所示的为不同策略的命中率对比（缓存设置为0.1%），可以看出，D-FGPC的性能超过了其他方案。LRU在初期的命中率较高，但是随后命中率开始下降。

图7.1.10显示了不同文件大小对命中率的影响，文件越小，缓存中能保存的文件个数越多，命中率越高；反之，命中率越低。

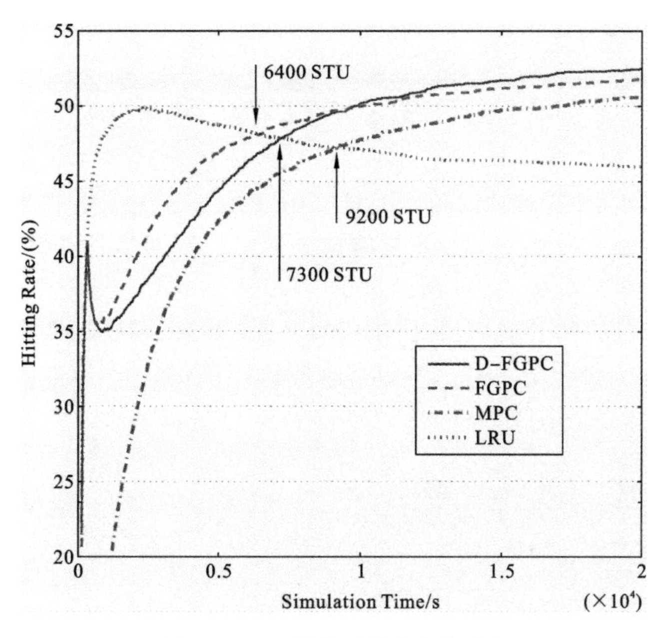

图 7.1.9 不同策略的命中率对比

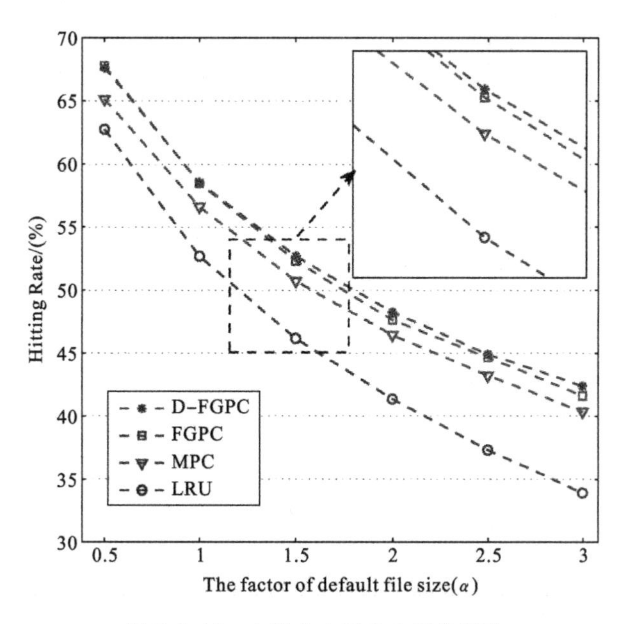

图 7.1.10 文件大小对命中率的影响

7.2 无线网络中缓存建模与仿真

7.2.1 无线网络模型设计

本节使用 OPNET 16.1 实现 NDN 协议和基于 D2D 协作缓存模型的仿真。NDN 模型与目前的 Internet 兼容，覆盖了 IP 层，将 NDN 处理模块集成到所有网络节点中，如 WLAN 移动工作站、无线接入点 AP、WiMAX BS、内容服务器和 IP 云，最终实现了蜂窝网络中 NDN 的协作缓存模型仿真。

1. 网络模型

在创建网络之前，我们要熟悉该网络模型各节点的功能。该网络模型中包含五种类型的节点模型，即无线工作站、无线接入点 AP、宏基站 MBS、IP_cloud、内容服务器 Server 等。在该网络中无线网络使用的是 wlan 802.11g 无线技术，接入网部分使用 WiMax 宽带无线接入技术，通过回程链路连接至骨干网，再通过有线链路连接到核心网络以及内容服务器，如图 7.2.1 所示。

基于 NDN 实现的节点模型，我们在 OPNET 上建立了 5G 模型，图 7.2.1 所示的是 Wlan 与 WiMax 的混合仿真架构，仿真网络有 3 个区域(cell)，每个区域中包括 AP 节点和 5 个移动工作站点(mobile stations，MSs)。

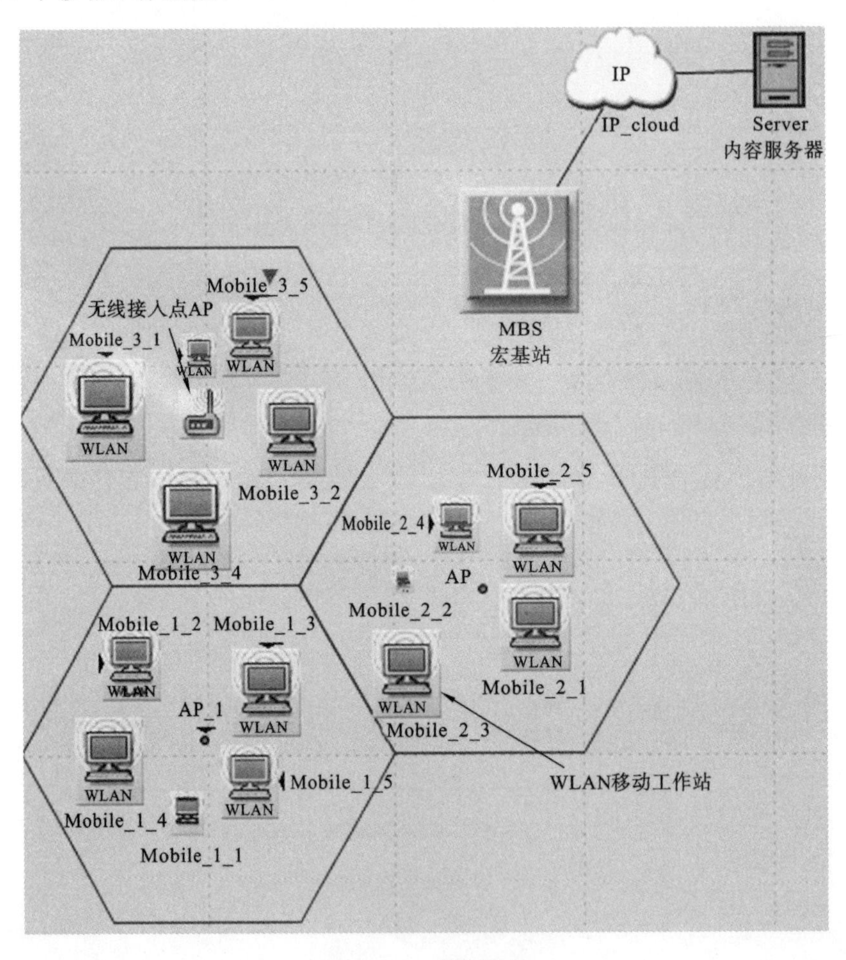

图 7.2.1　网络节点

该网络模型的主要功能是实现基于 D2D 的无线协作缓存模型，其中各种设备都具有一定的存储和计算能力，且具有不同的开销。例如，用户移动设备可利用本身的硬件设备实现本地缓存，开销比较小，而小基站或宏基站则需要部署额外的硬件设备来支持额外的存储和计算资源，需要一定的开销，因而需充分利用终端设备本身的存储和计算能力，设计一种缓存策略尽可能地使得本地缓存命中率最大，从而减少对宏基站的内容需求，这样不仅可以降低宏基站的资源开销，还能有效减少回程负载和能量消耗。

在该网络模型中，移动终端不断地发出兴趣包请求，请求内容服从帕累托原理(Pareto principle)，即 80%的用户共同需求的内容只占 20%。刚开始的时候，各设备均没有缓存内容，随着兴趣包的请求转发和数据包的沿路返回，各节点设备不断更新本地 PIT 表并根据一定的缓存策略判断数据包是否被缓存，不断更新本地 CS 内容。

各设备节点的基本数据处理流程介绍如下。当节点接收到兴趣包后，查找的顺序依次为 CS、PIT 和 FIB。首先查找 CS，如果有匹配的内容，则向对方发送数据包；否则，它将搜索 PIT 库。如果 PIT 库中已经有此条内容，它为 PIT 添加一个源需求项；如果 PIT 库无此内容，则为 PIT 库新添加一条记录。接下来，根据 FIB 库中记录的服务器列表转发兴趣包，直到最后在某个服务器找到需要的数据包。当数据包顺着发送路径返回时，首先查看 PIT 是否还有此需求，如果没有则将包丢弃；否则，NDN 节点将数据包保存到 CS 中。内容在节点中保存的时间有一定期限，过期数据将被清除出缓存。当 CS 内容存储满之后，它按照一定的替换策略替换掉旧的内容。为了尽可能地通过 D2D 方式使得内容在移动终端命中，在移动终端和小蜂窝无线接入点 AP 中增加了对兴趣包的判断。如果本地没有命中，首先判断兴趣包被转发的次数，如果小于一定次数，我们将兴趣包进行广播，否则根据 FIB 库中的列表转发此兴趣包。这样便增加了终端缓存的命中率。

无线工作站的功能：兴趣包的请求源，有一定的本地缓存能力，不断发送兴趣包请求，对接收的数据包进行缓存和替换以提高内容命中率；此外，记录兴趣包响应时间。

无线接入点 AP 的功能：有一定的缓存能力；对于兴趣包，本地响应命中或继续广播兴趣包或转发兴趣包到基站；对于数据包，根据 PIT 进行数据包转发，并根据缓存策略进行缓存或替换；记录本地命中率和流量负载。

宏基站 MBS 的功能：有一定的缓存能力；对于兴趣包，本地响应命中或转发兴趣包到核心网；对于数据包，根据 PIT 进行数据包转发，并根据缓存策略进行缓存或替换；记录本地命中率和流量负载。

IP_cloud 的功能：路由的作用，数据包或兴趣包的路由中转。

内容服务器 Server 的功能：请求内容的提供者，定期广播其信息到整个网络，其他节点接收到该信息后建立 FIB 库。

2. 节点模型

模型中有四个节点类型，包括集成了 NDN 模块的无线工作站节点模型 wlan_wkstn_adv_d2d、无线接入点 AP 节点模型、宏基站 MBS 节点模型和内容服务器节点模型等。下面分别介绍这几种节点模型。

标准的无线工作站 wlan_wkstn_adv 节点模型如图 7.2.2 所示，为了实现无线网络的缓存策略，以内容中心网络的体系架构为基础，在 IP 层之上构建 NDN 节点。从图 7.2.2 中可以看到在 ip_encap 上添加了 NDN_device 用于处理 NDN 协议，其他节点模型中都添加了一个类似进程处理 NDN 协议。

3. NDN_device 进程模型

在图 7.2.3 所示的 wlan_wkstn_adv_d2d 节点模型中，NDN_device 进程模块通过包流与 ip_encap 进程模块相连。因为每个包的到达都触发 NDN_device 进程的一次中断，NDN_device 进程接收到中断后将从休眠状态激活执行代码处理包。

该进程模型主要实现 NDN 协议，如兴趣包如何产生、转发、命中，以及数据包如何

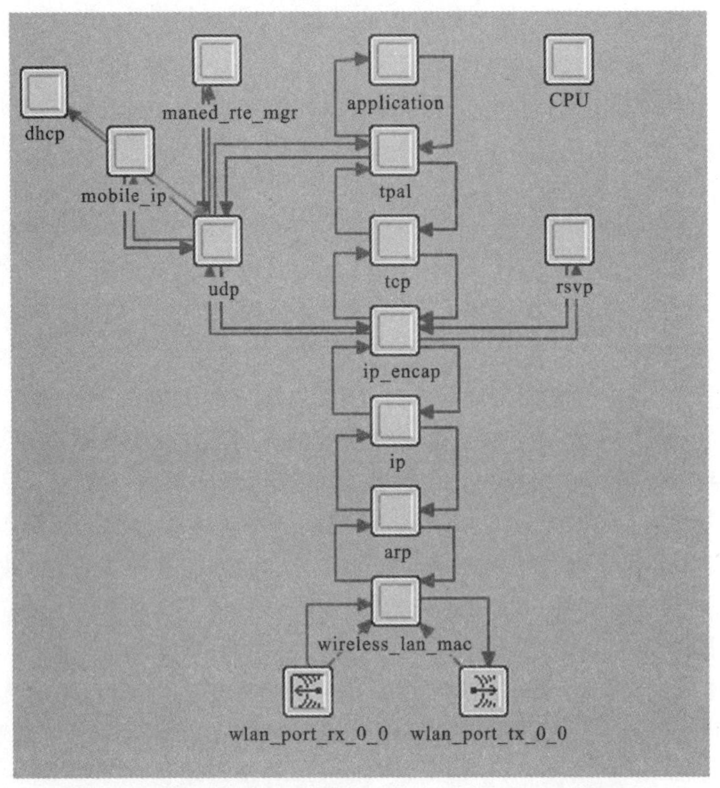

图 7.2.2 标准的无线工作站 wlan_wkstn_adv 节点模型

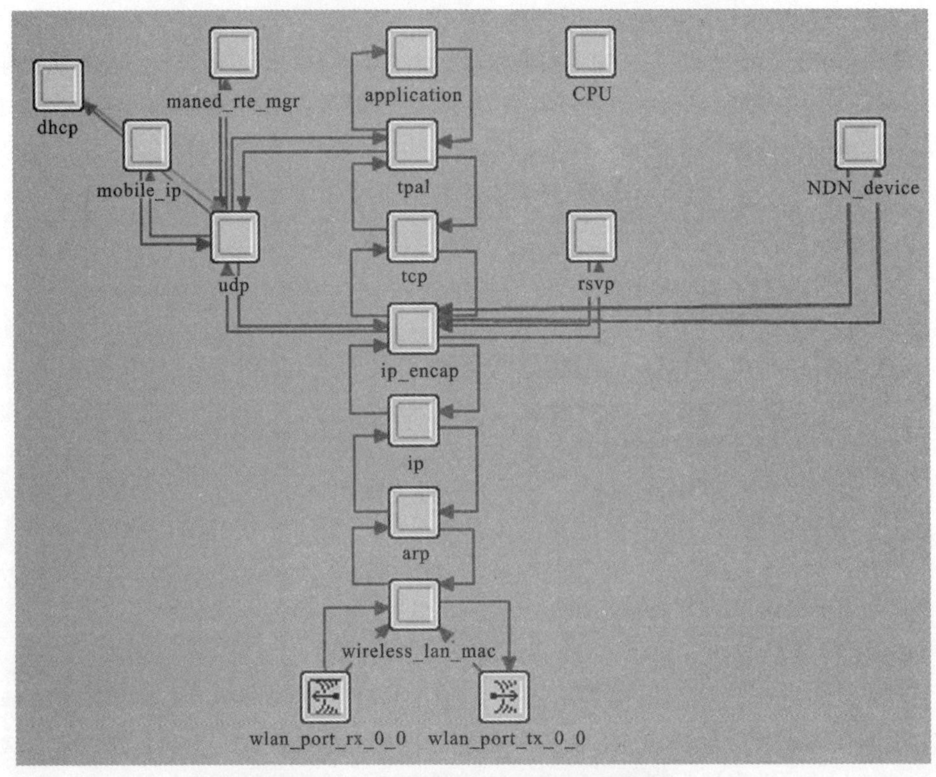

图 7.2.3 wlan_wkstn_adv_d2d 节点模型

被缓存和替换，等等。包含了兴趣包的创建，对接收到的兴趣包、数据包和服务器广播包的处理等，是该 wkstn 节点的核心进程。进程模型如图 7.2.4 所示。

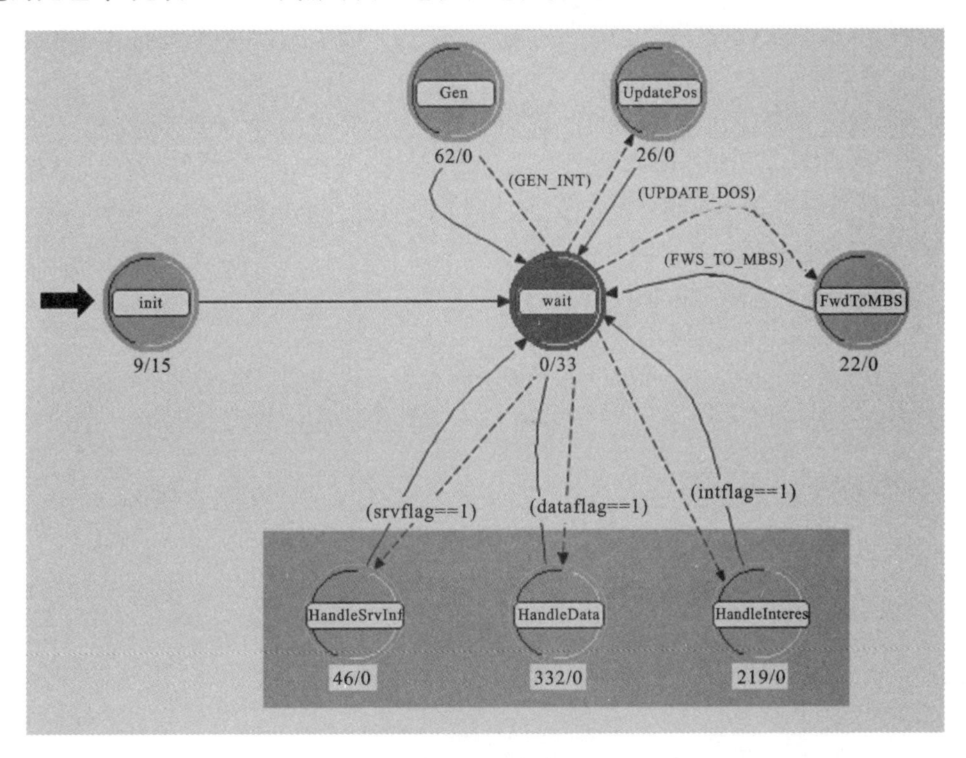

图 7.2.4 NDN_device 进程模型

7.2.2 数据结构

1. 转发信息库

转发信息库(forwarding information base，FIB)的数据结构为

int ads[10][2]

即存储在 10 个服务器上，每个服务器存储的信息有 IP 和对应的 ccnx_dir_int(目录名称对应的整数)。

2. 未匹配兴趣库

未匹配兴趣库(pending interest table，PIT)节点保存用户需求、url 和 IP，数据结构为

int content_ip[50000][100]

对于 content_ip 数组来说，第 0 个元素记录请求目录，第 1 个元素记录需求内容，第 2 个元素记录需求内容的 fragment ID，第 3 个元素到第 99 个元素记录了请求该内容的用户 IP 地址。

当过来一个新的兴趣包且没有匹配的内容时，有如下这样的代码：

```
content_ip[i][0] = ccnx_req;
content_ip[i][1] = file_req;
content_ip[i][2] = part_req;
content_ip[i][3] = rcvSrcIP;
```

3. 内容缓存

内容缓存(content store,CS)的数据结构为

int cache[10000][6]

即 10000 条内容,每条内容的记录为

[ccn_dir][content][part][Fsize_res][time][counter]

[0]　[1]　[2]　[3]　[4]　[5]

其中第 5 项是该内容文件被索求次数,第 4 项表示最后索求时间。

4. 流行度记录数组

流行度记录数组的数据结构为

popular_table[500000][3]

即 500000 条记录,每条记录中[0]~[2]表示内容索引信息,[3]表示发送次数,即

[0] :ccnx　[1]:content　[2]:[part]　[3]:[counter]

7.2.3 包结构

主要包结构如图 7.2.5 所示。

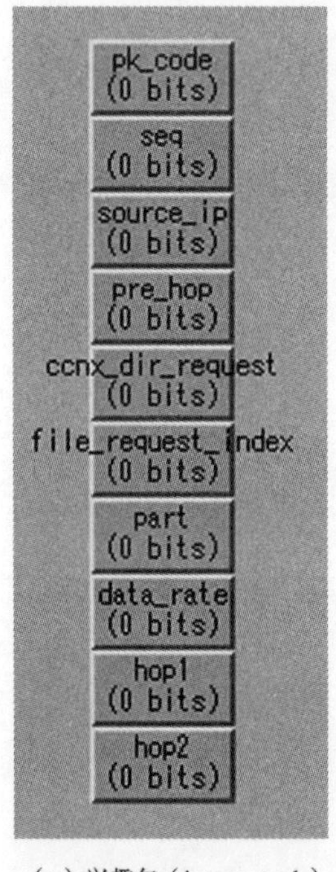

(a) 兴趣包(interest_pk)

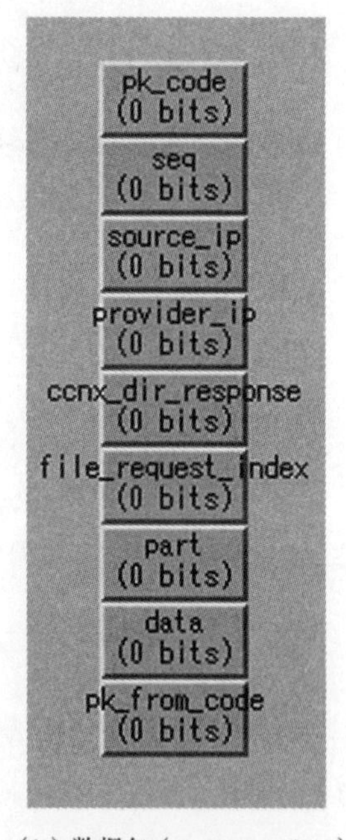

(b) 数据包(response_data)

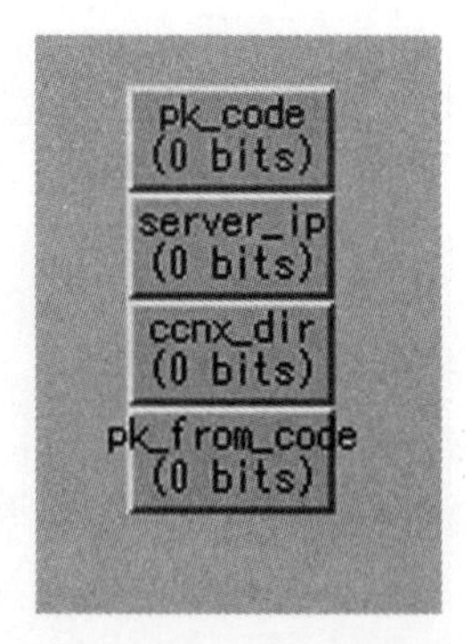

(c) 广播包(server_info)

图 7.2.5 主要包结构

包说明如表 7.2.1 所示。

1. 兴趣包(interest_pk)

兴趣包中的参数说明如表 7.2.2 所示,结构如图 7.2.5(a)所示。

2. 数据包(response_data)

定义的数据包结构如图 7.2.5(b)所示,包中的参数说明如表 7.2.3 所示。

表 7.2.1 包列表说明

包索引	包　　名	说　　明
0	interest_pk	兴趣包，可能由用户发往具有缓存能力的节点(如果未找到，应保存用户需求，等得到内容之后给用户回复)； 或者中间缓存节点发往 Server
1	response_data	缓存节点内容回复包，可能由中间缓存节点发往用户； 或者 Server 发送给中间缓存节点
2	server_info	服务器广播包

表 7.2.2 兴趣包参数说明

参　数　名	说　　明
pk_code	包类型编号
seq	包序号
source_ip	兴趣请求源节点 IP
pre_hop	兴趣包上一跳
ccnx_dir_request	请求 ccnx 目录
file_request_index	请求文件编号
part	请求文件段编号
data_rate	请求文件大小
hop1	兴趣包第一次广播
hop2	兴趣包第二次广播

表 7.2.3 数据包参数说明

参　数　名	说　　明
pk_code	包类型编号
seq	包序号
source_ip	兴趣请求源节点 IP
provider_ip	内容提供者 IP
ccnx_dir_response	响应 ccnx 目录
file_request_index	响应文件编号
part	响应文件段编号
data	响应文件大小
pk_from_code	数据包来源类型

3. 广播包 server_info

定义的广播包结构如图 7.2.5(c)所示，包中的参数说明如表 7.2.4 所示。

表 7.2.4 广播包参数说明

参　数　名	说　　明
pk_code	包类型编号
server_ip	服务器 IP
ccnx_dir	服务器 ccnx 目录
pk_from_code	包来源类型

7.2.4　仿真结果

1. 配置仿真

仿真参数配置如表7.2.5所示，节点属性设置如表7.2.6所示。

表 7.2.5　仿真参数设置

Element	Attribute	Value
WAN	服务器链接	1000 BaseX
Server	CCN root	ccnx:// epic/video/
	发布根名的时间间隔	100 s
	视频文件的数量($\|F\|$)	500000 files
	视频文件(F)	1 MB
	包大小	1024 b
UEs	CCN 目录	ccnx:// epic/video/
	基于流行度的文件	Pareto 分布
	开始时间	100 + random (10) seconds
	结束时间	20000 s
	IntPk 外部到达时间	5 + random(2) seconds
	DataPk 超时	2 s
	Buffer size	0.05/0.1/0.15/0.2/0.25/0.3% $\|F\|$
	Wireless interface	802.11g @ 54 Mb/s
	Routing protocol	Ad-hoc(AODV)
AP, MBS	相关缓存大小	0.05/0.1/0.15/0.2/0.25/0.3%
	更换策略	LRU/MPC/CC
	流行度阈值(P_{th})	5
	命中率结果采样率	0.1 Hz
	MBS PHY Profile	WirelessOFDMA 20 MHz
	AP PHY Profile	802.11g @ 54 Mb/s

表 7.2.6　各节点主要属性设置

Element	Attribute		Value
Aps(1-3)	IF0	Address	10.10.10.1;10.10.10.2;10.10.10.3
		Routing Protocol	AODV
	IF1	Address	192.0.1.10;192.0.2.10;192.0.3.10
		Routing Protocol	AODV
	BSS ID		1,2,3
	AP Functionality		ALL Disabled

续表

Element	Attribute		Value
MBS	IF32	Address	10.10.10.10
		Routing Protocol	AODV
UEs	AD-HOC Routing Parameters		AODV
	IP Address	Mobile_1_1～Mobile_1_5	192.0.1.1～192.0.1.5
		Mobile_2_1～Mobile_2_5	192.0.2.1～192.0.2.5
		Mobile_3_1～Mobile_3_5	192.0.3.1～192.0.3.5
Server	IP Address		20.20.20.10

2. 仿真结果

仿真时间设置为 21000 s，我们使用了 500000 条内容，所有文件设置为 1 Mb，那么所有文件的大小为 500000 Mb，缓存的大小依次设置为 100 Mb、300 Mb、500 Mb、800 Mb 和 1000 Mb，占比分别是 0.02%、0.06%、0.1%、0.16%和 0.2%。所有移动工作站发送兴趣包的间隔时间为 5 s，NDN 节点接收的总的兴趣包个数为 5×3×21000/5＝63000。仿真结果如图 7.2.6 所示。

(1) 缓存容量对缓存命中率的影响。

图 7.2.6 评估了不同缓存策略在缓存命中率上的性能。缓存容量占比分别设置为

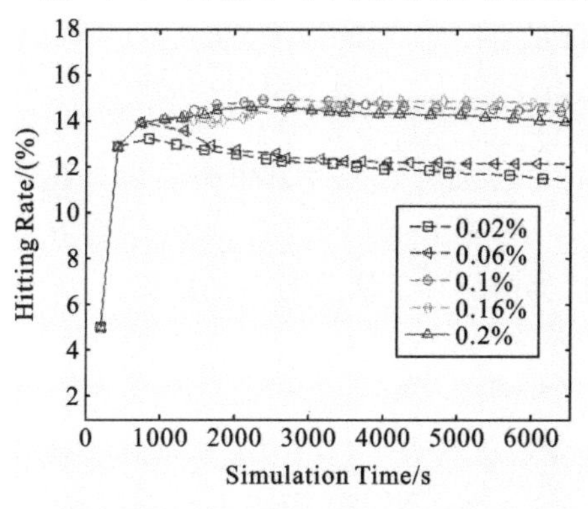

(a) 随机替换策略下缓存容量对命中率的影响

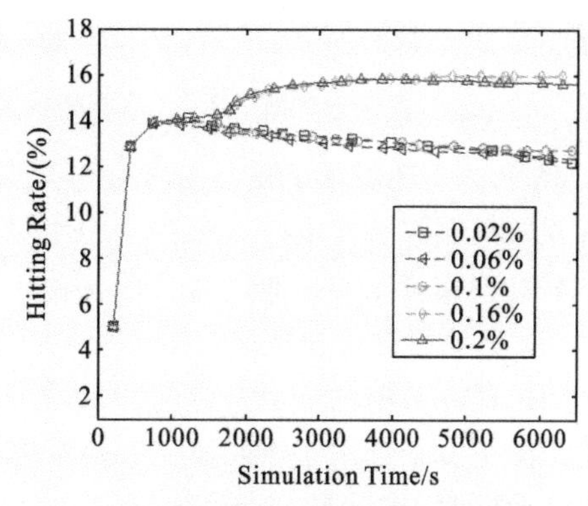

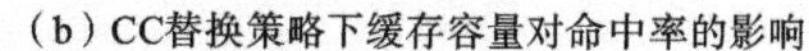

(b) CC替换策略下缓存容量对命中率的影响

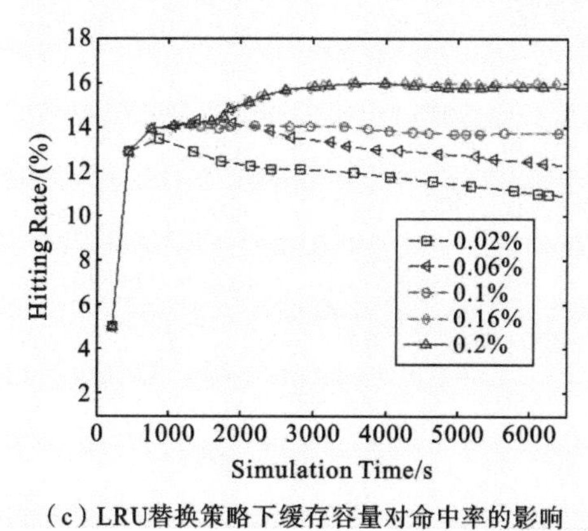

(c) LRU替换策略下缓存容量对命中率的影响

图 7.2.6 缓存容量对缓存命中率的影响

0.02%、0.06%、0.1%、0.16%和 0.2%。从仿真结果可以看出，随着缓存容量占比的增加，缓存命中率也随之增加，但两者并不是线性关系，当缓存容量占比增加到 0.16%后，提高缓存容量对增加缓存命中率帮助不大。

(2) 缓存替换策略对缓存命中率的影响。

图 7.2.7 对比了三种不同缓存替换策略下的缓存命中率，即在随机缓存策略、LRU 缓存策略和协作缓存策略(CC)下的缓存命中率。在协作缓存策略中，每个用户设备的缓存被分为两个部分：特征部分和共享部分，其中特征部分缓存本地请求内容，共享部分缓存 D2D 网络中共同的请求内容，从而实现 D2D 协作。在进行内容替换时，来自蜂窝网的内容在特征部分进行内容查找和替换，来自 D2D 网络的内容则在共享部分进行查找和替换。

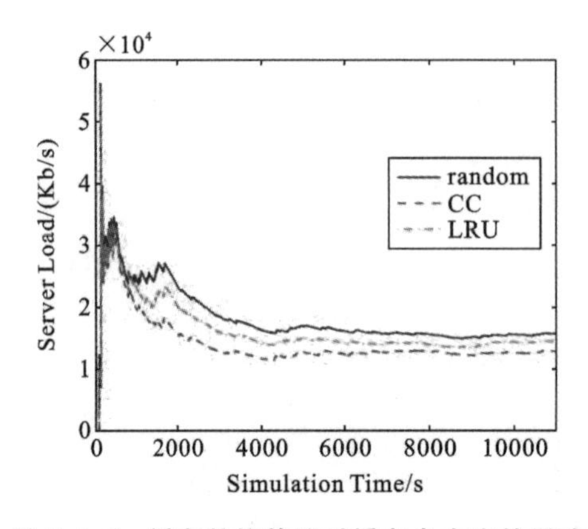

图 7.2.7 缓存替换策略对缓存命中率的影响

图 7.2.7 还展示了在不同缓存容量下不同替换策略的缓存命中率表现。我们可以看到随机缓存替换策略下缓存命中率最低，而 CC 替换策略最高。另外缓存容量几乎不影响替换策略的性能优劣关系，选择一个优异的缓存替换策略至关重要。

(3) 不同缓存替换策略对服务器负载的影响。

如果缓存策略的命中率越高，那么转发到服务器的兴趣包越少，服务器的负载将会降低。图 7.2.8 展示了不同缓存替换策略的服务器负载对比。结果显示，CC 替换策略低于其他两种，接近于 15.4 Mb/s。

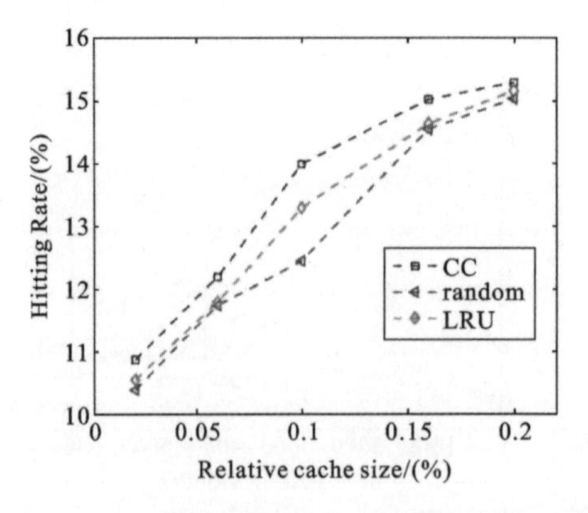

图 7.2.8 不同缓存替换策略对服务器负载的影响

8

移动大数据概述

正如互联网成为 20 世纪 90 年代的技术突破那样，手机在 21 世纪的第一个十年改变了人们的通信习惯。在短短几年，全球范围内的移动电话用户量已经从 2000 年占世界人口的 12%上升至 2014 年的 96%，覆盖 68 亿用户——相当于 128%的发达国家占有率，90%的发展中国家占有率。移动通信已经导致座机使用的下降——自 2005 年以来无论是发展中国家还是发达国家，座机的使用率都减少了，移动通信让即使在世界最偏远地方的人们也能够彼此连接起来。

总之，手机是无处不在的。在大多数发达国家，手机覆盖率达到人口的 100%；甚至在发展中国家的偏远村庄，行人用手机打电话也是很寻常的事。由于其惊人的普及速度，手机已经刺激了科学家的创造力——把数以百万计的它们作为潜在传感器。手机已被广泛用作分布式地震仪、高速公路交通传感器、医疗影像的信号传输器或者高级数据通信枢纽、入侵物种的报告，等等，当然这还只是列举了手机用途的几个侧面。

除了用户将安装在自己手机的应用程序作为传感器主动报告这些项目外，手机的本质可以看作是透露用户更丰富数据的工具。移动运营商需要呼叫数据记录来计费，以及获得我们任何时候，以任何方式跟其他人沟通的大量信息。在过去，个体间相互作用的研究主要是通过调查问卷的形式进行，这种形式下参与者的数量典型值大约是 1000 人，这个典型值导致了其结果存在参与者答案的主观性偏差。与问卷调查形式不同，手机通话记录包含大量人口的一次交流信息，得到的是他们之间交流的实际观测信息而不是自我报告信息。

此外，手机通话记录还包含位置数据，并且可以获取客户额外的数据，如年龄或性别。这些个人数据的组合，使得手机通话记录成为科学家极其丰富和详实的数据来源。在过去的几年里，基于 CDR(call detail record，呼叫详细记录)分析的研究增多，首先表现为网络理论中的侧面话题现在已经独自成为一个研究领域，这几年还成为 NetMob 的主导话题。NetMob 是与对手机数据集进行分析的国际会议非常相关的一个侧面话题，即以发展为目的的手机数据集分析，现在已经备受关注。电信公司 Orange 为此提出了一个名为 D4D 的挑战，他们的理念是给在世界各地大量的科研团队提供从非洲国家获得相同数据集的方法，目的是对手机数据中提取的观察结果提出建议。D4D 第一个挑战在 2013 年进行得非常成功，第二个挑战的结果在 2015 年 4 月的 NetMob 会议上有所介绍。

当然，在投射的应用和数据类型的可用性上有一些限制。首先，通信(SMS 或电话讨论)的内容不是由运营商记录的,因而任何第三方是无法访问的,除非在电话被窃听的情况下。其次,虽然移动电话运营商有机会获得客户的通话记录及所有资料,但是根据他们自己的隐私政策和关于实施应用的隐私保护的法律,他们可能不会给第三方(如研究人员)提供所有信息。例如,姓名和电话号码绝不会发送给外部各方。在有些国家,位置数据,即在哪个基站的呼叫是必须保密的。一些运营商甚至不允许使用自己的数据做私人研究。

最后,当一个公司的数据传送给第三方时,为了保护用户隐私,会与其签署保密协议,并且严格约定授权的研究方向。

然而,即便是最小的信息比特也足够触发新应用的诞生,随着时间推移,研究人员通过探索发现人们可以从移动电话的数据得到新的目标。电话记录的研究(虽然不是移动的)的首次应用出现在1949年,由乔治·齐普夫开创了距离通信影响模型。自那时以后,由于大量的移动电话数据的出现,以及计算机和方法的支撑使得能够有效地处理这些数据,通过电话记录来推断通信量和其他参数之间的关系的研究已经取得了突破。作为个人物品,使用手机可以从他们的CDR推断真正的社交网络,而固定电话由具有相同地理空间(住宅、办公室)的用户共享。因此,手机通信记录代表一个单一的人,而固定电话的记录显示的是一些社交网络的社会角色叠加。由于移动性,手机有两个额外的好处:第一,它的主人几乎总是带着电话,从而使通信记录能非常详细地反映通信时间模式;第二,手机的定位数据可以跟随它的主人的移动而变化。

移动通信的能力已经改变了成千上万人的生活方式。它改变了我们的工作方式、制定日常时间表的方式、发展和维持社交关系的方式、享受闲暇时间的方式,以及处理紧急事件的方式。在过去的十年里,移动电话遍布全球。当智能手机取代了功能机,另一场移动革命运动开始了。现今,电话服务已经涉及旅游、在线社交网络、在线购物和大量其他服务。在今天,具有多核CPU和千兆字节存储器的智能手机有能力处理以前台式计算机也难以处理的任务。然而,与台式计算机不同的是,智能手机还是小型的移动设备。因此,手机成为我们日常生活的一部分,并且终日陪伴在我们的身旁。另外,现代智能手机上还有许多复杂的传感器,能够感知使用者的方向、加速度和位置,也能记录声音和视频。因此,智能手机已经不仅仅是一个移动计算机,它还是一个能帮助人们拓宽人类感知能力的设备。这些设备最终与互联网相连,促使它们能通过云服务区分享这些收集到的信息,并发掘信息中蕴含的资源。

尽管最近智能手机发展迅猛,但是移动个人设备领域仍有望向感知和处理能力方向发展。在这个调查中,我们讨论了早期移动计算的兴起,这是一个利用移动感知和机器学习进行智能推理来预测未来事件的领域。我们基于这个假设的预测系统建立了新的范例——一个在预测模型中基于人自身和所在环境建立的行动计算系统。当智能手机连接了设备、环境和人,它就会成为预测系统的一个潜在的革命性平台。第一,它们为预测推理的成功创造了先决条件:装备的大量传感器能同时对环境进行推测和监视,强大的处理器可以让它们运行机器学习的公式,建立复杂的未来模型。第二,手机与每个人每天的生活是紧密相连的,因此,通过手机建立起来的模型具有实时性、独立性,同时与用户具有极大的相关性。另外,预测结论的实现中很重要的一环就是与环境的交互,因为用户信赖智能手机提供的信息。

预测移动计算天生就是各个学科结合的产物,移动感知、人机交互、机器学习和环境预测是与预测移动计算相关的主要研究领域。每一个领域的研究成果都已经发表在现存的综述文献中，所以我们要做的就是制定一个正交的目标并且确定这些领域在设计预测移动系统的过程中所扮演的角色。如果有必要，我们可以系统地展示这些子领域的发展历程，去给初学者提供一个统观总体的选项。但是，我们的目标不仅仅是展示预测艺术的各个阶段，还要描绘出建立预测移动系统的实际指导方针。

我们注意到预测计算可能是一个令人迷惑的术语，尤其是把它与最近情景感知的浪潮和对于移动设备的预测应用放在一起时。在工作环境中进行情景预知使手机变成一个感知器，而不仅仅是一个交流工具。虽然移动感知领域需要被完全探索，但最近的研究基本上都集中在给手机提供感知能力方面，这使得手机被训练成能从现在和过去感知信息并预测未来事件的工具。这种用户位置、社会交往或健康状况的预测使智能手机越来越成为获取个人信息不可替代的资源。处理大量的不同质量的用户信息使得推测使用情景很困难，预测未来场景则更加困难。情景预知和辨析收集与预测信息、预测的可信度、预测的水平线和可能的输出量紧密相关。

个人移动通信技术毫无疑问是 2000 年以来最成功的创新。越来越多的人不仅在工作上甚至在生活娱乐上都完全依赖移动设备。因此，大量移动设备的使用导致了移动流量的爆炸式增长。它在 2006 年至 2013 年间的年复合增长率达到了 146%——这样的表现甚至超过了在新千年时期的固定流量，在当时互联网已经开始普遍存在于人们的生活中了。

个人移动通信技术的成功带来的间接结果是目前移动用户在人口中所占的比例非常大，这一趋势横跨发达国家和发展中国家。移动设备也在持续地和网络基础设施相互影响，针对包括账单和资源管理等不同目的的相关联的地理事件也可以很方便地由运营商记录。上述两种因素的结合暗示了一种可能性：尽可能用最小的花费去监测全国的大部分人口——在今天没有其他技术能提供如此的覆盖范围。这丰富的信息资源给众多的研究团体展示了一个明确的机会，即允许跨学科扩大研究，如物理学、社会学、流行病学、交通和网络。

其结果是，移动流量是一个迅速崛起的研究领域，涵盖范围广泛的学科。我们将其范围总结为“由移动网络运营商收集大量移动流量数据集的研究，提高对大规模自然或技术现象的理解，并设计它们可能会产生的问题的解决方案”。这个定义是通用的，因为它需要容纳以不同方式及出于不同目的而产生的不同类型的移动流量的研究。

8.1 移动大数流研究概述

移动流量传达了前所未有的、大规模的有关个体运动、交互和移动服务消费的信息。图 8.1.1 提供了在这个意义上具有代表性的数字，它展现了文献中研究的移动流量数据集的主要特征：包括成千上万甚至百万移动用户的典型数据，并覆盖了广泛的地理区域，即在很长的时间跨度内的整个国家的所有城市。而传统的数据收集技术如人口普查、人口调查、电话访问或志愿者招募，都不能像这样提供一个人类活动的远程视角。

超大移动流量数据集的开创性研究始于 2006 年。在移动流量的激增变得明显的同时，社会学家、流行病学家、物理学家、交通和通信专家在移动网络运营商收集的数据

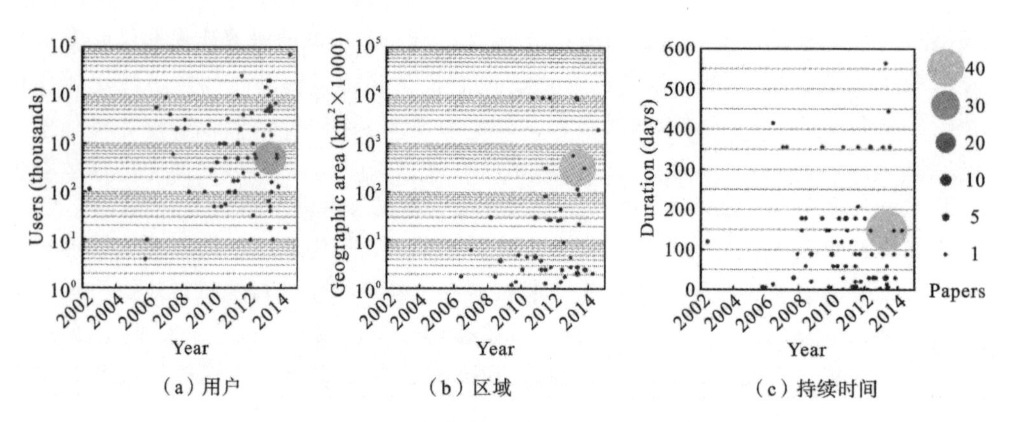

（a）用户　（b）区域　（c）持续时间

图 8.1.1　数据集用户、区域、持续时间

集中看到了明确的机会——这将使他们在一个前所未有的领域进行分析研究，同时保持着个体细节的高水平。从此，移动流量分析迅猛增长，年均复合增长率达到了 90%，图 8.1.2 给出了有代表性的数字。移动流量数据集的本质是将大规模研究和不同的学科相互关联，这也是这种现象的主要原因，但并不是唯一原因，其他方面的贡献也促进了移动流量分析的成功。

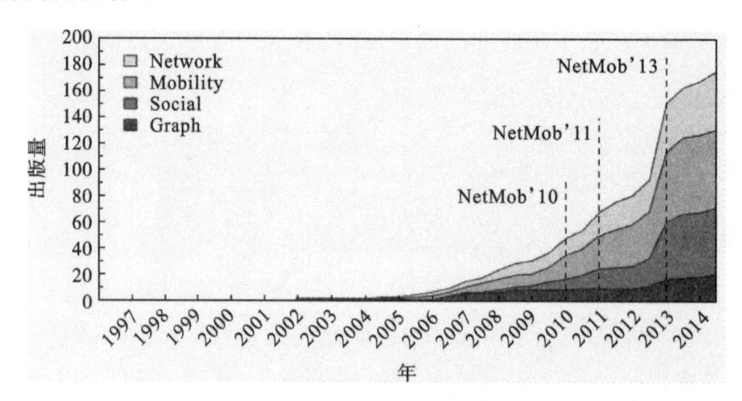

图 8.1.2　随着时间推移的出版量的变化

8.1.1　原因分析

在大量增长的研究工作背后，第一个首要的辅助性原因是可用性数据集的增长。就像上述提到的，移动运营商总是为了故障排除、效率和计费等目的去监测他们网络中的移动流量，但他们对共享这些数据非常谨慎。这种态度在过去的几年中已经开始改变，目前运营商已经变得越来越倾向于对广大研究团体开放他们的数据。同时，得益于这些开创性的研究，这样的转变成为可能，它们也证明了移动流量数据能成为对基础研究非常有价值的数据，并且这些研究将会给运营商带来回报。学术研究团队和网络运营商之间基于现实世界的移动流量数据集分析的合作已经蓬勃发展，研究成果和出版物的数量也随之持续增长。

第二个有利于这个研究领域蓬勃发展的因素是数据集质量的提高。一方面，运营商受移动流量数据可能带来的价值利益的驱动，在他们的网络中部署更先进的探测器，能对用户的活动有更精细的测量结果。另一方面，移动服务已经从简单的通话和短信传递进化成基于云的实时在线的应用，致使用户（或他们的设备）和网络间有了更频繁的交互；反过来，它也导致运营商采集活动样本记录精度的显著提高。很明确的是，移动流量数据集精确性的提高能够进行更多和更复杂的分析，从而吸引更广泛的研究团体。

第三个关键因素是基于上述两个原因，涌现了一批非常活跃和跨学科的团体，它们汇集了研究人员和产业参与者。学术产业合作创造的凝聚力有重要的影响，如移动运营商正在通过目标挑战促进移动流量的基本研究和应用研究。典型的例子是 Orange 公司发起的数据挑战（D4D）以及意大利电信发起的大数据挑战。在这些举措中，移动运营商公开了移动流量的数据集，并要求研究团体拿出能解决典型社会问题和技术难点的方案。

运营商提出的挑战所带来的影响确实应值得注意。在图 8.1.2 中，我们标记了致力于移动流量分析的主要国际会议 NetMob 的召开年份。在 2013 年，早期观察到的出版物数量的跳跃和 2013 年发布的会议相对应，其中第一个 D4D 挑战的结果已经提交，这更明确地证明了类似的举措能促进该领域研究活动的迅速发展。类似于 NetMob 的会议同样对移动流量分析应用的异构性感兴趣。会议议题跨越了多个领域，从运输系统到图论，从健康到隐私，从社会结构到网络管理。

考虑到上述列出的所有趋势正在增强，作为研究领域的移动流量分析表现出足够的前景。具有开放趋势的调查的数量和相关性也是如此，专业团体仍有空间去显著地扩展它们。因此，如果这种期望得到尊重，移动流量分析将有显著的机会发展成为一个非常受欢迎的、高度跨学科的研究领域。

8.1.2 文献分类

移动流量分析的文献是非常异构的，这是多学科研究的结果，也是移动网络运营商收集的数据集体现的一个重要资产。以全面的方式构建相关的工作是不平凡的：一个人需要从起源于如物理学、社会学、流行病学、交通，当然还有网络的领域去调查和研究；同时，以一种限制性的方式迫使在每个这样的领域中所获得的结果整齐地分离，这将使现有的跨学科失去显著的重叠和相互引用。

因此，我们的分类围绕研究课题进行组织，每个课题都反映了多学科的贡献。所提出的层次结构的全局轮廓如图 8.1.3 所示。在第一层中，我们定义了三个宏观学科的多领域的接口，它们独自处理社会分析、移动性和网络属性；然后，每个宏观学科发展了一个课题树。下面，我们提供一个对整个分类进行处理的主题的概述。

1. 社会分析

社会分析调查了移动流量和广大的社会特征集之间的关系。主要的研究聚焦在移动用户交互的社会结构描述上，以及关于人口、经济或环境因素如何影响用户消费移动服务的研究上。我们也考虑了这些类别的研究，如利用从移动流量得出的社会特征，来推出流行病传染的特征和缓解方法。

2. 移动性

移动性分析、处理从移动流量中萃取的流动性信息。流动性在这里意指其广泛的可接受性，包括了个体和聚集体两个水平上的一般人的运动，也关注特定用户的专用形

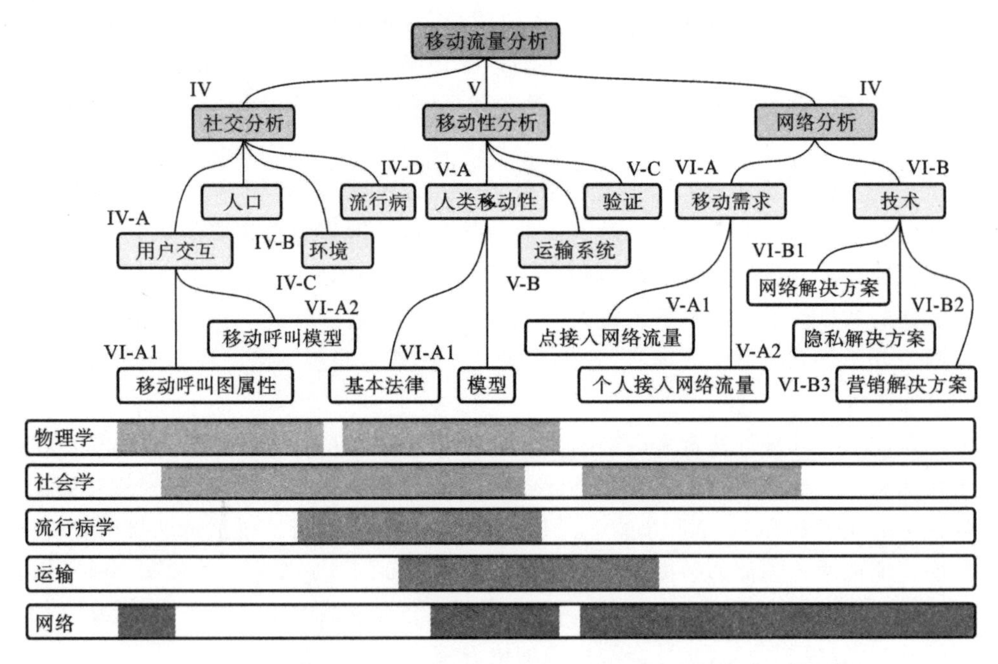

图 8.1.3 移动流量分析文献的建议分类，包括相关主题的学科的频谱

态，如使用交通系统行进。在这一部分我们也概述了作为流动性信息来源的移动流量数据的可靠性的文献。

3. 网络属性

网络分析采用一个更加技术的角度，因为更注重了解移动流量需求的动态，以及如何改进移动网络基础设施以更好地缓和该动态。因此，这种类别的研究不仅注重移动服务用途的特点，也注重利用这种知识去指定不同性质的改进技术的解决方案。

绝大多数的研究是跨学科的，因为它们有自己的特质。在图 8.1.3 的下方，我们给出移动流量分析的不同主题，提供了 5 个具有代表性的主要研究领域的关联。关系虽然不清晰，但是我们可以注意到移动性研究是吸引科研捐助最多的研究。大部分研究是跨 2 个或 3 个学科的，唯一不跨学科的课题是关于移动网络的新型解决方案的发展：作为一个非常特别的和技术性的课题，它只能吸引来自网络团体的捐助也是可以理解的。

8.2 移动网络中的大数据产生与收集

本次调查的范围包括处理由探头收集到的数据的研究，它记录了蜂窝网络基础设施中不同位置的流量，图 8.2.1 给出了它的结构，涵盖 2G、3G 和 LTE 技术以及用于被动监测的探头位置。这样一个网络通过大范围的设备授权访问电话通信服务和互联网，不仅仅通过移动用户所携带的手提设备，如智能手机或平板电脑，更包括仪表或其他类型的机器对机器(M2M)的通信设备，也包括不需要布线的本地连接的蜂窝网和蜂窝连接无线访问点。

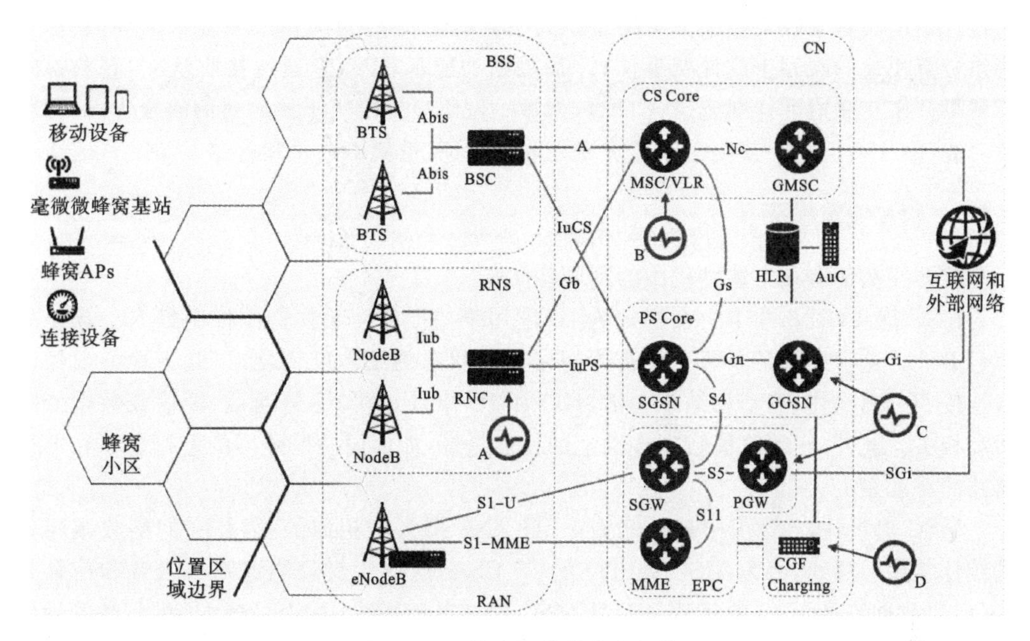

图 8.2.1 蜂窝网络的简化架构

8.2.1 蜂窝网络结构的概述

蜂窝网络由两个主要部分组成:一个是无线接入网络(RAN),它提供了单个设备的无线接入;另一个是核心网络(CN),它管理了所有需要传输的来自 RAN 不同部分和进出外界网络的内容(包括互联网的声音和数据操作)。RAN 由基站组成,每一个基站管理一个或多个区域(单元扇区),它们共同覆盖地理表面的网络服务。终端设备连接到监督它们当前所在单元扇区的基站。当和 RAN 交换数据时,移动设备可能擅自闯入单元扇区边界,它产生的切换事件会发送给新的服务基站。此外,单元扇区都聚集在位置区(LA),它们代表该设备的位置是蜂窝网络在任何时候都知道的空间粒度,因此,它被用于传呼。移动到不同 LA 的设备被要求通过位置更新(LU)事件去通知网络,即使它们在当时并没有任何正在进行的流量。

从技术的角度,基站在 2G(GSM、GPRS 和 EDGE)和 3G(UMTS 和 HSPA)结构中分别被称为基站子系统(BSS)和无线网络子系统(RNS)。在这两个系统中,基站由分离的天线(基站收发台,即 BTS 或 NodeB)和控制硬件(基站控制器,即 BSC 或无线网络控制器,即 RNC)组成。在 LTE 结构中,eNodeB 结合了所有基站的功能。在 CN 和考虑 2G、3G 的架构中,语音和短信服务是通过电路交换(CS)核心管理的,而数据(即 IP-based)服务由分组交换(PS)核心处理的。CS Core 的主要实体是移动交换中心(MSC)和网关移动交换中心(GMSC),它能够在移动网络和不同运营商的网络内分别交换语音或短信。在 PS Core 中,服务网关支持节点(SGSN)和网关 GPRS 支持节点(GGSN)分别是面向设备和互联网的接口,并留意分组交换数据传输。在 LTE 中,引进新的实体去演变成分组核心(EPC)。它们管理设备控制(移动管理实体或 MME)和数据(服务网关或 SGW)管理,并将它们的接口和其他基于 IP 的网络连接起来(分组数据网络网关或 PGW)。

最后,逻辑交换功能集在计费和移动运营商间的会计程序网络中实现。它们负责通过每个消费者来收集网络资源用途。其主要功能如下：计费触发功能(CTF)，它基于网络资源用途的观察生成计费事件；计费数据功能(CDF)，它通过接收从 CTF 获得的计费事件来构建通话详细记录(CDR)，为每一位用户提供关于他们通信的报告；计费网关功能(CGF)，负责在其发送到计费域之前的验证、重新格式化和存储 CDRs。

8.2.2　移动流量探头

监测探头部署在上述结构中的不同位置。

RNC 探头(图 8.2.1 中被标记为 A)能用于捕捉任何无线资源控制(RRC)操作的信号事件。这有助于记录每个设备的网络连接状态的细粒度变化，以此去检测设备网络连接和分离操作、启动和结束会话、HO 和 IU 事件，这与任何通话、短信或数据传输活动相关。此外，它能收集数据传输上的性能指标，如由设备所经历的上行链路和下行链路的吞吐量。

MSC 探头(图 8.2.1 中被标记为 B)与 RNC 探头是相似的，因此它们能收集相似的统计结果。然而，因为 MSC 被定位在 CS Core，这些探头只能追踪与语音和信息相关(但与数据流量无关)的信号。而且 MSC 控制多个基站，由 BSC 或 RNC 本地管理的事件(如基站内部切换发生在单元扇区之间，由一个相同的 BSC 或 RNC 的控制)对探头是透明的。

GGSN/PGW 探头(图 8.2.1 中被标记为 C)在 PS Core 或 EPC 中控制连接一个数据网关的 Gn/S5 接口。它们检查经由 GPRS 隧道协议(GTP-U)的用户数据部分的核心网络中的隧道的消息；这映射到由移动设备产生或接收的 IP 流量。运营商通常使用已经就绪的测量基础设施，以监听这些 GTP-U 消息交换的 IP 级统计。收集的信息包括 IP 会话开始和结束的时间、设备和用户识别符、通信量、服务类型(即传输层和应用层协议、服务类别，如网络、电邮、流式音频/视频，以及在某些案例中应用的名字)。此外，GGSN/PGW 探头能关联位置信息和上述数据流量统计。在最后，它们监控 GPRS 隧道协议(GTP-C)部分的控制数据，这些数据携带了分组数据协议(PDP)环境的消息。这些消息被 SSGN 或 MME/SGW 传输到数据网关，以建立、更新或拆除终端设备的 IP 会话(即 IMSI-to-IP 地址映射)。PDP 环境消息包括的其他属性中，当开始或更新 IP 会话时，被定位的移动设备的单元扇区能被用于定位数据流量。在当前的网络配置中，关于声音或信息活动的信息不能被 GGSN/PGW 探头收集。

CGF 探头(图 8.2.1 中被标记为 D)从 CGF 中取回信息。CGF 负责为移动运营商的计费领域提供通话详细记录(CDR)信息，其中终端设备的持有者被收取的费用是确定了的。它是由 CGF 收集的精确的 CDR 确定的：包括开始时间戳、持续时间以及每个设备的每个声音、信息和数据流量活动的始发单元扇区。比较少见的是包括在活动期间发生的在活动的最后一个单元扇区和 HO 事件上的额外信息的 CDR。

上述列出的所有探头都有优势和劣势。按常规规则来说，被定位在离终端设备越近的探头(即按照图 8.2.1 中的字母顺序)越能够提供更精细的移动流量的视角，但其变得更加难以部署且经常在运行时间方面不太可靠。

例如，部署在 RNS 的 PNC 探头能监测到发生在网络中的所有重要的事件，因此能够在任何时间提供与单元扇区关联的每个设备的精细信息。这为任何有关用户移动和移动流量消耗的研究提供了理想的数据。然而，不是所有的 PNC 设备都是为支持探头而设计的，在任何案例中，不可忽视的是在 PNC 硬件设备之上的计算和存储。此外，PNC 是地理分散的，它促进了大量探针的部署和维护，从而实现覆盖显著的地理区域，以及显著的额外长途容量，用以向一个中央服务器传输所有事件。

反之，必须覆盖整个国家去监测移动流量的少量数据，少数的 GGSN/PGW 探头用于网关部署会更高效。另外，由这样的探头所提供的信息能提供更详细的由每个设备产生的 IP 流量的描述，在很大程度上足以研究移动流量消耗。其缺点是，GGSN/PGW 探头现在不记录语音或短信数据。更关键的是，这些探头只产生非常近似的位置信息，且只在 PDP 环境确立时，或当设备移动横跨不同的 GGSN 或 2G/3G/LTE 覆盖区域时，才会通过终端设备更新。后者的事件是非常罕见的，即单元扇区的改变触发了 HO 甚至 LU 事件，但这在蜂窝网络中不是非常频繁的，因此不报告到 GGSN 和 PGW，所以经常被忽视。其结果是，GGSN/ PGW 探针通常有过时的设备位置的信息。

这样的权衡在 CGF 探头的案例中是有偏差的。一方面，它们收集的 CDR 不提供任何由设备产生的数据流量类型的详细信息。由 GGSN/PGW 授权的服务级别的操作在 CGF 探头中是缺失的，它只监视流量容量。另一方面，CDR 对于移动运营商是可读的，尤其是在整个网络的单个服务器上，包含数以万计的设备上的“干净的”和格式化的信息。这让这种类型的移动流量源在研究中非常流行。另外，由 CDR 产生的移动性信息比由 GGSN/PGW 探头提供的更精细。尽管事实上 CDR 只包括每项活动的起始单元扇区，它们追踪除数据之外的语音和短信会话，导致设备位置的采样频率较高。很明显地，这意味着语音和短信行为可使用 CDR 进行研究，而 PDP 环境数据是不可能用来研究这些的。

在某些案例中，数据集没有或少量包含了给每个使用者提供的实际服务的概念（如语音、短信、数据）；而在其他案例中，他们细化了每个网络交易涉及的协议、应用和网址，在客户基础、地域和时间覆盖面等方面也与之前有了极大的不同。图 8.1.1 给出了这样一个多样性的清晰的演示，它展现了：① 通过一些数量级的对比分析，移动流量数据集覆盖的用户数量、地理表面和时间跨度是如何的不同；② 随着时间的推移，将没有明显的趋势和问题数量的增多，即导致更多的研究的多样性；③ 一个明显的例外是，每一项研究都会使用自己的移动流量数据集的趋势。

8.2.3 移动流量匿名化

移动流量数据里包含用户生活的各方面的信息，如他们的活动、兴趣、日程、移动和偏好。正是这样前所未有的大规模访问信息的可能性证明了在许多不同的领域的研究是至关重要的。

然而，访问这么丰富的资源也增加了对移动用户隐私权的潜在侵权的关注。除此之外，个体能被识别，他们的行为能被追踪，且他们的移动流量能被监测。其结果是，监管机构一直试图在法律方面保护移动用户的隐私。例如，欧盟数据保护指令 95/46/EC 号指令规定在数据运行任何交叉处理之前，所有移动流量数据集都会被匿名，以此保证个体不会被识别。另外，2002/58/EC 号指令声明了匿名数据应该只在必要的时间被分析以提供预期增值服务。

然而，在数据收集期间或之后，就像上述给出的指示，并没有明确规定任何精确匿名技术或者隐私保护模型，其原因是在这个学科仍存在高度不确定性。一方面，隐私中有很多不同的概念，它们并不一定是彼此的子集，如 K-匿名、l-多样性、t-密闭以及差分隐私等公知的几个。在什么情况下采用哪一种定义，这值得商榷。另一方面，现有的旨在保障上述不同隐私观念的匿名化算法被认为是静态属性的标准表格数据库，它和用户的时空活动的移动流量数据集在本质有非常大的不同。事实上，用户重新鉴定匿名化的实际隐私威胁与否的争论仍在进行。

总体而言，目前尚不存在明确的将移动用户从隐私泄漏的风险中解救出来的方案，首要原因是后者（风险）仍没有被明确定义。这样导致的结果是，到目前为止，运营商考虑到的用来保护客户隐私权的技术都比较简单。

9 基于移动大数据的用户画像

通过对一段时间内的用户带有时间戳的位置数据的观测，可以对用户轨迹、用户移动性进行研究，产生用户画像。

本章的主要研究内容可以概述为：通过对用户接入点的功能分类，基于已有的账号划分技术，将不同应用域账号登录的带有时间戳的位置记录归并为用户层级，形成完整的用户轨迹，再在此基础上进行用户行为特性的分析，如图 9.0.1 所示。

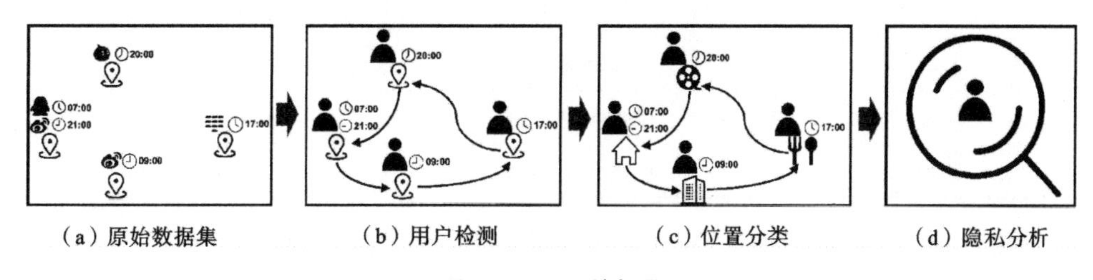

图 9.0.1 系统框图

(1) 账号划分：对于四种典型的网络账号类型，将物理世界中属于同一个真实用户的不同账号进行归并，获得每一个用户的所有账号。

(2) 接入点分类：对上海市的某网络运营商提供的所有宽带接入点，按照其特性进行分类。

(3) 用户移动性研究：基于上述两部分的工作，将账号轨迹合并为完整的用户轨迹，从而进行进一步的分析。

9.1 数据集与数据预处理

9.1.1 数据来源

本节的核心数据集来自网络运营商提供的 DPI 系统，数据的获取包括两个步骤：第一步是从 DPI 中提取 Cookie 数据；第二步是从 Cookie 数据中获取用户的账号。第一步的过程如图 9.1.1 所示。

宽带租户通过核心交换机接入核心网从而使用网络服务，所有的数据均要经过核心交换机，因此可以通过 DPI 系统获取用户的 Cookie 数据，并将其关联至对应的宽带租户。

第二步则是从收集的 Cookie 数据中得到用户使用网络服务时所用的 ID，为了保

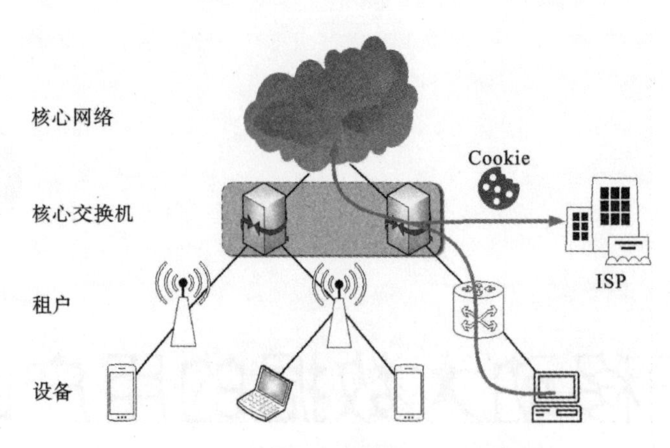

图 9.1.1　从 DPI 中提取 Cookie 数据

证数据的代表意义以及数据的质量，我们使用了中国常见的三种网络服务，如 QQ（一种即时通信服务）、微博（在线社交网站）、淘宝（在线购物平台）。这几种网络服务均是在中国对应行业市场占有率与用户群最大的服务，如表 9.1.1 所示。

表 9.1.1　不同服务类型

服　务	类　型	网　址
QQ	即时通信	qq. com
淘宝	在线购物平台	taobao. com
微博	在线社交网络	weibo. com

虽然 Cookie 中有很多不明语义的字符串，但是仍然含有可以肉眼辨识的有用信息。使用浏览器拓展工具，可以在 HTTP 请求和响应包中观察到我们需要的信息。以图 9.1.2 为例，当用户访问 qzone. qq. com 产生 QQ 登录行为时，会生成一个请求报头，报头中诸如 Accept、User-Agent 等域可以忽略，而 Get 字段中包含着 User ID。另一方面，在 Cookie 字段中，还有许多可以获取的信息，不仅有 User ID，还有设备分辨率等。所以，我们可以通过匹配“pt2gguin=”字段获得用户的 ID。同样的，用户通过 www. weibo. com 访问微博时，可以同时在 Get 字段和 Cookie 中获取用户 ID。而用户通过 www. taobao. com 访问淘宝时，因为采用的是 HTTPS 协议，故无法直接在 Get 字段获取用户 ID，但是经过调研，可以通过匹配 Cookie 中的“cnjjcna=”字段获取用户的 ID。

同时，手机号码是一种常见的用户登录网络服务的 ID，故我们在 Cookie 中寻找所有符合手机号码规则的数字字段，再将其与该地区的所有手机号码进行匹配，如果匹配成功，则认为这是一个有效的用户 ID。

在图 9.1.2 中，我们给出了更多的细节，包括服务对应的请求域名，基于正则表达式的匹配规则、实例与获取到的用户 ID 的个数。

从 2015 年 11 月 1 日 0：00 到 2015 年 11 月 30 日 24：00，采集的有效数据集接近 50 GB。该数据集中有大约 4.7 亿条记录，每条记录包含：网络服务的名称、用户账号、宽带接入点的标识、登录时间。例如，<Weibo，123456，789，2015112113>，表示用户在 2015 年 11 月 21 日 13：00 使用了微博应用，其用户 ID 为 123456，其所在的宽带接入点的标识为 789。

为了保证隐私，所有用户账号以及宽带接入点的标识均做了加密的哈希匿名处理。该数据集涵盖了约 340 万个宽带租户以及约 3270 万个用户账号。数据集的规模保证了工作的可靠性。

```
GET/<User ID>HTTP/1.1
Host: user.qzone.qq.com
Referer: http://qzs.qq.com/qzone/v5/loginsucc.html? para=izone
Cookie: pt2gguin=o<User ID>||_qz_referrer=
www.baidu.comjjqz screen=1920x1080
```

```
GET/u/<User ID>/home? wvr=5 HTTP/1.1
Host: www.weibo.com
Cookie: SUS=SID-<User ID>-1462809518-GZ-kegic-9be6
28ae4bc14c92b0ee9200543cc7f8
```

```
GET/HTTP/1.1
Host: www.taobao.com
Scheme: https
Cookie: thw=cnjjcna=<User ID>
```

图 9.1.2 获取的 Cookie 示例

9.1.2 数据分析

基于核心数据集，先对数据进行一定的分析。表 9.1.2 所示的为不同账号类型对应的记录数目。

表 9.1.2 账号类型及数目

账号类型	数目
QQ	10000000
淘宝	10000000
微博	2000000
手机号码	4000000

接着，我们研究网络账号、操作系统与宽带租户之间的关系，如图 9.1.3 所示。

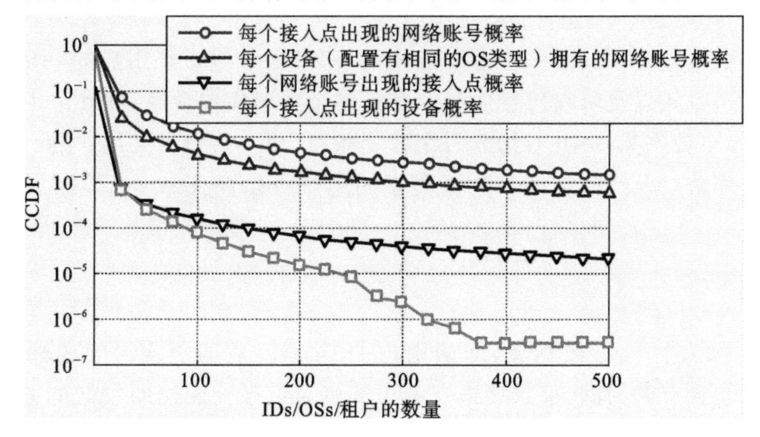

图 9.1.3 网络账号(ID)、操作系统(OS)、租户(Subscriber)统计

除去用 CCDF 表达，我们还计算了均值和标准差，如表 9.1.3 所示。

表 9.1.3 网络账号、接入点、设备的统计

参　　数	均　　值	标　准　差
每个接入点出现的网络账号数	10000000	122.28
每个设备拥有的网络账号数	10000000	69.59
每个网络账号出现的接入点数	2000000	41.68
每个接入点的设备数	4000000	2.57

此外，我们还统计了在每个接入点下，不同类型的账号个数的均值和标准差，如图 9.1.4 所示。

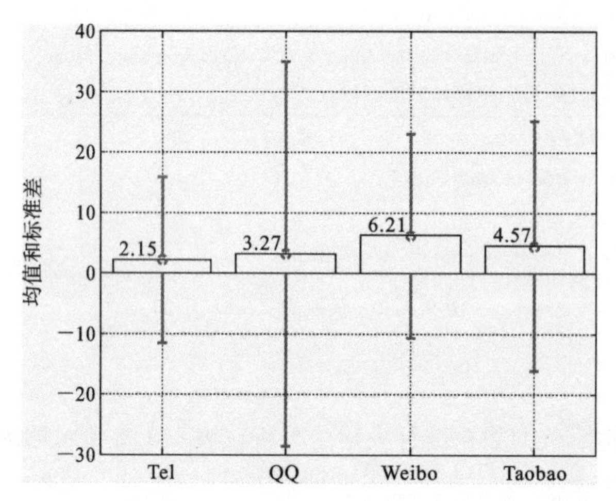

图 9.1.4 每个接入点下不同类型账号个数的均值和标准差

9.1.3 辅助数据

同时，我们获得了 Zhang 等人分享给我们的数据集，将其作为辅助数据。该数据集通过抓取 www. twitter. com 和 www. foursquare. com 两个网站的网页获得。在 Zhang Jiawei 等人的工作中，通过在用户等级的资料中，找到用户的跨域连接关系（用户可以在 Twitter 资料中登记自己的 Foursquare 账号），进而作为验证账号合并的验证数据。

Twitter 数据集：一共有约 50 万个数据条目，每一条包括某用户的一条 Twitter 的文本内容、发送时间以及所在位置的经纬度。整个数据集包含约 3000 个用户的信息。

Foursquare 数据集：一共有约 5 万个数据条目，每一条包括某用户的一条“状态”的文本内容、时间戳以及经纬度。该数据集里的用户可以在 Twitter 数据集中找到对应的信息。

9.1.4 总结

这一节主要使用核心数据集，即从用户的 Cookie 数据中获得的四种常见网络账号，账号信息包含有时间戳、登录接入点标识的登录记录。而辅助数据集主要用作对一些理论方法的测试。

两种数据集各有优劣，Cookie 数据集的优点在于覆盖面广，涵盖了整个上海市的用户信息，而且包含了四种不同类型的网络服务，而 Twitter 和 Foursquare 数据集只有社交网络一种类型，因为社交网络带有明显的用户倾向性，账号的轨迹很难代表用户的轨迹。

但是 Cookie 数据集也有其限制，其中登录记录最小时间单位是小时，相比于 Twitter 的 Foursquare 数据集的登录最小时间单位分钟而言，更易丢失信息。

总的来说，两者各有优劣。

9.2 账号合并

9.2.1 问题建模

为了将网络账号匹配到物理世界的真实用户，我们首先使用一个数学模型用以检测隐藏在数百万个网络账号之后的用户。用 A 表示数据集中所有网络账号的集合，用 2A 表示账号的所有子集。对给定的属于 A 的任意一个账号 a，我们定义它的移动记录为 $R^a=\{(l_1,t_1),(l_2,t_2),\cdots\}$，其中，$(l_1,t_1)$代表在 t_1 时刻，在 l_1 位置的一条登录记录。

此外，对于一类网络账号 U，我们定义其移动记录为 $R^U=\{R^a\mid a\in U\}$。故所有的网络账号的登录记录可以表示为 $R^A=\{R^a\mid a\in A\}$。用 $t(a)\in T=\{\mathrm{IM},\mathrm{OSN},\mathrm{EC},\mathrm{MP}\}$ 代表网络账号的服务类型，其中 T 是网络账号的集合。

定义 9.1 令 $p=\{U_1,U_2,\cdots,U_n\}$，其中 $\forall k=1,2,\cdots,n,U_k\in 2^A$。我们进一步定义 p 为 A 的一部分，并满足以下四个条件：

(1) $\phi\notin p$；

(2) $U_{u\in p}U=A$；

(3) 如果 $U_1,U_2\in p$，且 $U_1\neq U_2$，则 $U_1\cap U_2=\varnothing$；

(4) $\forall U\in p$，如果 $a_1,a_2\in U$，则有 $t(a_1)\neq t(a_2)$。

传统的方法一般设定满足条件(1)、(2)、(3)，我们假设每个用户只有每种网络账号的一个，故加上条件(4)。

假设不同用户之间没有共享的网络账号，存在一个真实的账号划分 p_{true}，故我们的工作是寻找一个划分 p，使得其尽可能地接近于 p_{true}。

9.2.2 移动模型

为了检测属于一个用户的所有账号，需要测量轨迹属于相同用户的概率。因此，需要一个用户移动性的概率模型。

为了获得移动模型，我们画出了两个小时内一个用户连续出现的位置的间隔距离及其累积分布函数(CDF)和概率分布函数(PDF)。同时，还绘出了 $\sigma=21.43$ 的高斯分布，如图 9.2.1 所示，可以看出，高斯分布和实验结果的分布很接近，平均 R^2 统计高达 99.85%。另一方面，从图 9.2.2 还可以看出，两者的 PDF 值很接近。所以用户移动可以很好地用一个高斯随机变量近似。

基于这个观察，我们假设用户移动遵循高斯马尔科夫模型，即用户的下一次出现的位置只与当前出现的位置相关。因此，可以获得基于上次记录的下一次记录的条件概率：

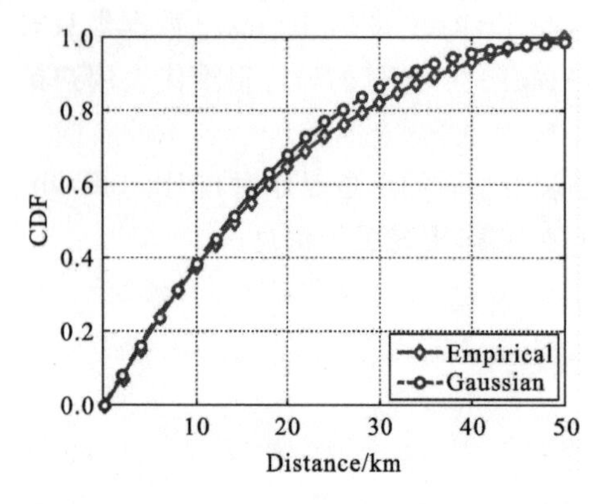

图9.2.1　连续时间的距离间隔分布(CDF)

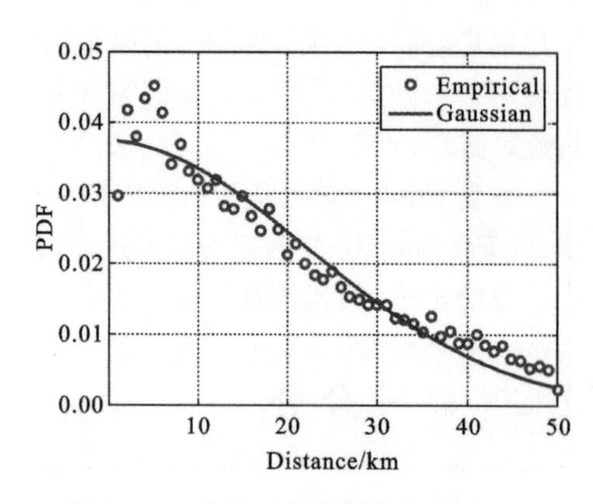

图9.2.2　连续时间的概率分布(PDF)

$$p((l_2,t+1)|(l_1,t))=1/\sqrt{2\pi\sigma^2}\,\mathrm{e}^{-\frac{d^2(l_1,l_2)}{2\sigma^2}}\Delta S \tag{9.1}$$

式中：ΔS是在每个地点周围的单位面积区域。

使用马尔科夫模型，可以获得在Δt小时的位置分布：

$$p((l_2,t+\Delta t)|(l_1,t))=1/\sqrt{2\pi\sigma^2}\,\mathrm{e}^{-\frac{d^2(l_1,l_2)}{2\Delta t\sigma^2}}\Delta S \tag{9.2}$$

对于一系列的移动记录$R=\{(l_1,t_1),(l_2,t_2),\cdots,(l_n,t_n)\}$，一般地，我们假设$t_1<t_2<\cdots<t_n$，令$\Delta d_t=d(l_{t+1},l_t)$，$\Delta t_t=t_{t+1}-t_t$，则概率可以表示为

$$P(R)=\prod_{i=1}^{n-1}\frac{1}{\sqrt{2\pi\Delta t_i\sigma^2}}\mathrm{e}^{\frac{\Delta d_i^2}{2\pi\Delta t_i\sigma^2}}\Delta S \tag{9.3}$$

9.2.3　侦测方法

基于高斯马尔科夫模型，真实的账号划分P_{true}与最大化后验概率的账号划分p近似，有

$$\hat{p}=\operatorname{argmax}_{p\in P}P(p|R^A) \tag{9.4}$$

接着，应用贝叶斯定理，有

$$P(p|R^A)=P(R^A|p)P(p)/P(R^A) \tag{9.5}$$

假设登录记录由不同的用户独立生成，因此有

$$P(R^A\mid p)=\prod_{U\in p}P(R^U\mid U) \tag{9.6}$$

其中，$P(R^U|U)$是R^U中的移动记录属于同一用户的概率。基于改进的高斯马尔科夫概率模型，通过应用式(9.4)到混合移动记录，可以求得$P(R^U|U)$，其中$R^U=U_{a\in U}R^a$。此外，进一步假设先验概率$P(p)$只取决于每个人的网络账号，即$P(p)=\prod_{u\in p}P(U)$。因此有

$$P(p\mid R^A)\propto\prod_{u\in p}P(R^U\mid U)P(U) \tag{9.7}$$

进一步假设对于每一类网络账号，用户拥有该账号的概率满足伯努利分布θ_t，即

$$P(u)=\prod_{t\in T}\theta_t^{I_t(u)}(1-\theta_t)^{(1-I_t(u))} \tag{9.8}$$

其中，$I_t(u)$为是否包含类型的账号的指示函数。对于目标账号，因为我们将其作为用户的标识，因此每一个用户都有一个该类型账号。为了简化问题，假设拥有该账号的概

率对于其他账号都是相同的，记为 θ。那么有

$$P(u)=\theta^{|u|-1}(1-\theta)^{|T|-|u|} \tag{9.9}$$

然而，对于类似上海市 3000 万个网络账号的数据量，直接进行账号归并的时间消耗将无法承受。因为这是一个 NP 难问题，所以我们转而寻找使得局部相似度最高的分布，即 $P(R^U|U)P(U)$。

从目标账号类型出发，作为初始节点，接着迭代地寻找属于相同用户的账号。在每轮迭代过程中，挑选出对于当前类的局部似然度提升最大的节点，其中局部对数似然度定位为

$$q(C)=\ln P(R^C|C)P(C) \tag{9.10}$$

因此，加入账号 a 影响到的对数似然比，表示为 $\Delta q(C,a)$，计算公式为

$$\Delta q(C,a)=q(C\cup a)-q(C)-q(a) \tag{9.11}$$

每次在加入被选中的节点后，该类更新，继续挑下一个点，直至不发生似然度的上升，C 即为我们需要的结果。

9.2.4 衡量性能

为了验证我们的方法的性能，需要将其与其他几种现有方法进行对比。我们有一个可以用来验证的数据集，即 3000 个用户账号。对于每一个用户，我们挑选一个账号作为初始节点，应用我们的算法，在迭代结束后，我们将其与用来验证的数据集进行比较，获得账号检测的精度。

图 9.2.3 所示的为我们的算法与已有的两种方法的比较，图中圆点代表我们算法的性能，方框和三角代表现有两种算法的账号合并的性能。

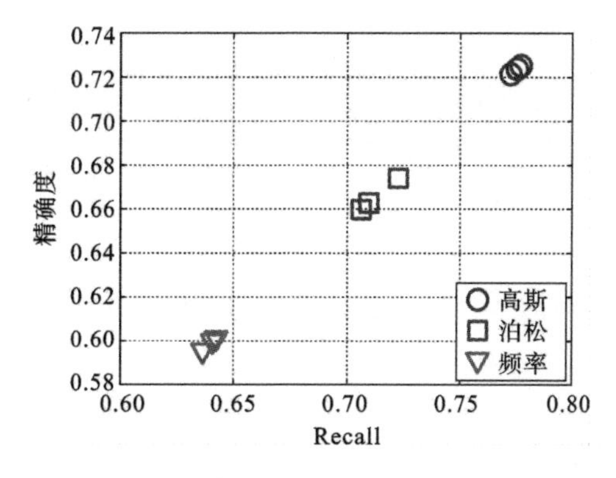

图 9.2.3 账号合并方法与已有方法的性能比较

9.3 接入点分类

9.3.1 基础信息

为了将用户的网络活动与物理世界对应，我们有必要将用户登录网络服务的位置属性进行划分。在使用的 Cookie 数据集中，含有宽带租户接入点的唯一标识，而对于部分的宽带接入点，含有登记信息，分为家庭（residential）和非家庭（non-residential）两类。

如图 9.3.1 所示，在共计约 1300 万的宽带接入点中，约有 371 万含有登记信息，其

中家庭类与非家庭类的比例大致为 14∶1。

9.3.2 家庭类型与非家庭类型

1. 预处理

由于存在大量没有登记信息的接入点，我们有必要根据已有信息，构造分类器得到所有宽带接入点的类型。

通过对宽带接入点的登录特性的初步观察，有大量的接入点表现很不活跃，因为登记数据时间较久，到 2015 年 11 月，也就是 Cookie 数据的抓取时间范围，故可能有一些宽带接入点已经无人使用，所以我们有必要剔除不活跃的宽带接入点。

同时也考虑到，三种账号都存在的情况下更易于我们定义特征，故我们在构造分类器的过程中，只考虑三种网络账号均有登录记录的宽带接入点，如图 9.3.2 所示。

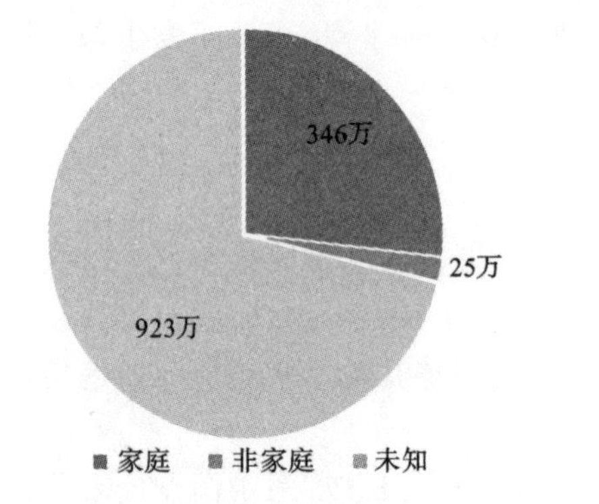

图 9.3.1 不同类型接入点所占比例

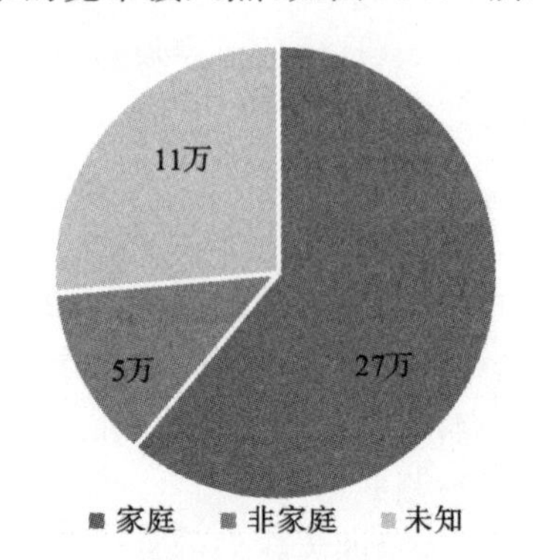

图 9.3.2 活跃的宽带接入点类型分布

2. 特征分析

区分家庭类型和非家庭类型的出发点是寻找可以有效区分的特征。主要使用四种特征，即登录的账号数目、登录频次、账号熵、日夜比。

账号登录频次的定义：对于一个宽带接入点，其每有一条登录记录，频次加 1。

图 9.3.3 所示的为手机账号登录频次的累积概率分布（实线为家庭类型，虚线为非家庭类型）。可以看出家庭类型与非家庭类型区别明显，非家庭类型的账号登录频次整体偏大。

从该分布图可以看出，有 74.1%的家庭类宽带接入点的登录记录数目小于 10，而 66.4%的非家庭类宽带接入点的登录记录数目大于 10。

我们继续观察登录一天内的时间分布，如图 9.3.4 所示，可以看出从 8∶00 至 18∶00的时间段内，非家庭类有更多的登录，因为这段时间公司、公共热点有更多的活跃用户，符合常识；而 18∶00 至 24∶00 的时间段内，家庭类宽带接入点有更多的登录记录，这段时间通常是人们从下班回家到休息的时间。综上，家庭类和非家庭类接入点在上述两段时间内登录的用户数的比例差异很大，故可以作为分类器的一项特征。

我们选择的另一项特征是该位置的熵，定义如下：

$$E(L) = -\sum_{u \in U_L} P_L(u) \ln P_L(u) \tag{9.12}$$

其中，U_L 表示在地点处出现的所有账号的集合；$P_L(u)$代表在地点 L 处，u 的登录记录数占所有登录记录数的比例，即

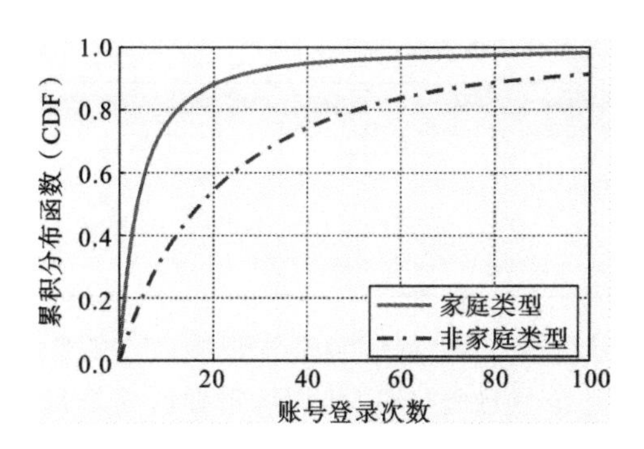

图 9.3.3 账号登录频次分布

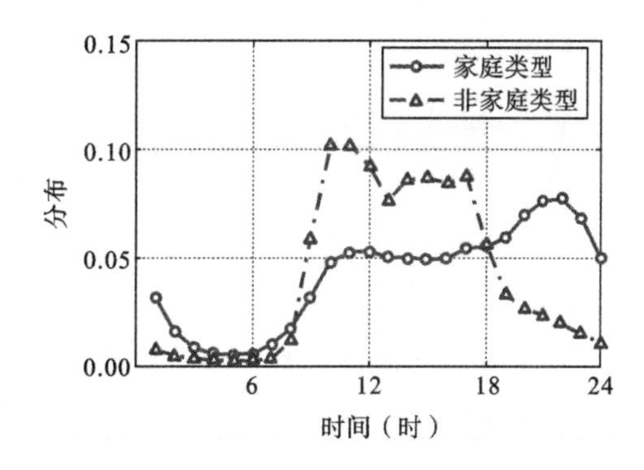

图 9.3.4 一天内登录记录的分布

$$P_L(u)=\frac{N_L^a}{\sum_{a\in U_L}N_L^a} \tag{9.13}$$

其中，N_L^a 是账号 a 在地点 L 的登录次数。

通过人工观察，大学校园、商场、饮食街等处具有较高的熵，而住宅区的熵则比较低。我们可以画出分布图(见图 9.3.5)。

可以看出，家庭类宽带接入点普遍具有较低的熵，非家庭类则反之。熵反映了一种账号的分散程度。

与之类似，在接入点下出现的所有账号的个数也有类似的分布，如图 9.3.6 所示。

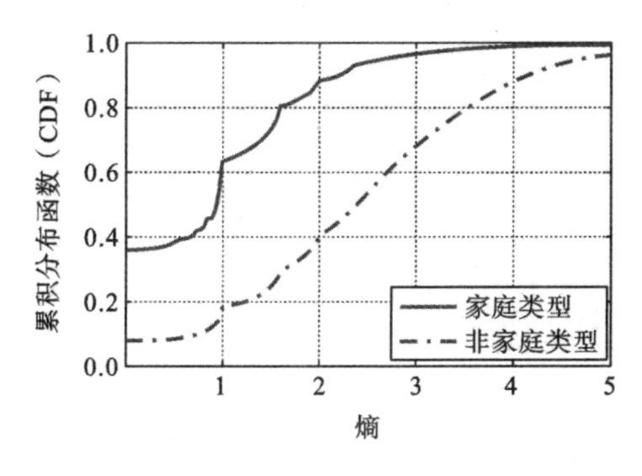

图 9.3.5 熵分布

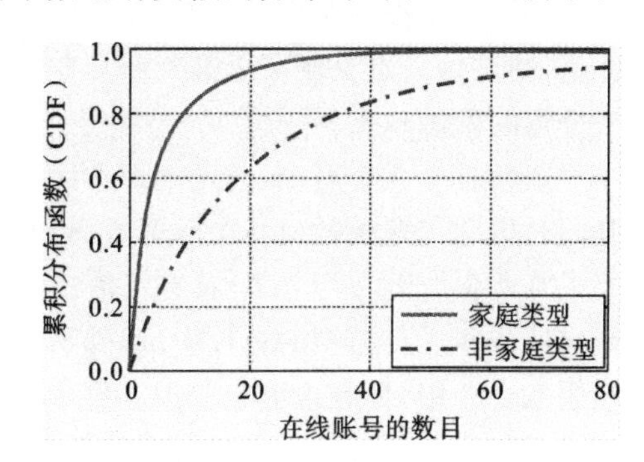

图 9.3.6 登录账号数目分布

3. 有监督学习

所以我们选择上述指代(图 9.3.3～图 9.3.6 的四种分布)。对于每一种网络账号而言，均有对应的四种特征，故一共为 4×4＝16 个特征。

接着，我们做 10 折的交叉验证，并尝试使用逻辑回归(logistic regression，LR)、支持向量机(support vector machine，SVM)和随机森林(random forest，RF)等算法，结果如表 9.3.1 和表 9.3.2 所示，随机森林分类器表现出了最佳的性能，对于非家庭类接入点而言，F1-Score 为 0.78，而对于家庭类接入点，F1-Score 为 0.95。

表 9.3.1 家庭类型接入点分类性能

算　法	准 确 率	召 回 率	F1-Score
逻辑回归	0.92	0.97	0.94
支持向量机	0.97	0.91	0.94
随机森林	0.95	0.95	0.95

表 9.3.2　非家庭类型接入点分类性能

算　法	准 确 率	召 回 率	F1-Score
逻辑回归	0.79	0.58	0.67
支持向量机	0.66	0.88	0.75
随机森林	0.78	0.78	0.78

可以用从逻辑回归方法中训练得到的向量，判断每一个特征对于宽带接入点的影响。由于每个特征的数值取值范围不同，甚至差几个数量级，所以将训练得到的向量每一维的数值，乘以对应的特征数值的标准差，用来衡量每个特征对于接入点类型的影响大小，如表 9.3.3 所示。

表 9.3.3　不同特征的影响

特　征	即 时 消 息	在 线 购 物	社 交 网 络	手 机 号 码
账号数目	−0.0005	0.0333	−0.0131	−0.0382
登录记录数	−0.3655	−0.1145	−0.0315	−0.0447
熵	−1.1319	0.0344	−0.1617	−0.1645
日夜比例	0.4614	0.4074	0.5807	0.6245

在表 9.3.3 中，正值表明，如果一个宽带接入点拥有更大的对应的特征值，则该接入点更倾向于被判断为家庭类；而负值表明，如果一个宽带接入点拥有更大的对应的特征值，则该接入点更倾向于被判断为非家庭类。表中的值的绝对值越大，表明该特征对于分类的影响越大。

观察表 9.3.3 可知，地点的熵在区分家庭类与非家庭类的过程中的作用最大，因为其同时包含了登录数目与次数两方面的信息。同时，在大多数情况下，$N_l(L)$、$E(L)$与$N_u(L)$具有负值，而 $R_d(L)$具有正值。对于不同的账号类型而言，即时通信类账号的特征在区分接入点类型的过程中，起到最大的作用，而网上购物类账号的作用相对较小。在表 9.3.3 中，具有正值表明拥有更多网上购物类账号登录的宽带接入点，更有可能是一个家庭类型宽带接入点。这个现象表明，与公共场合相比，人们更倾向于在家中使用网上购物的账号。

总的来说，我们通过精心挑选四种特征，比较多种主流的分类器构造方法，成功地将几百万个位置分成两类，即家庭类型和非家庭类型，并达到了较好的性能。

4. 特征分析与聚类

显然，将数以百万计的宽带接入点仅仅分成家庭类和非家庭类是很粗糙的分类，尤其对于非家庭类型的接入点，有很多不同的属性。因此，我们有必要对于非家庭类型的接入点进行进一步的细分，由于缺少有关非家庭类型接入点的具体类型的训练集，因此我们转而使用非监督学习的方法。

在将所有接入点区分为家庭类和非家庭类的过程中，我们观察到，熵起到了很关键的作用，因此从时间角度进一步考虑熵。

我们考虑从 1 天到 30 天不同持续时间内的接入点的熵，将其作为一个 30 维的向量，再将其作差，产生一个熵增向量，将其作为特征。

关于该熵增向量的定义为

$$D_i(L)=E_i(L)-E_{i-1}(L) \tag{9.14}$$

其中，$E_i(L)$是在前 i 天，即在计算熵的时候，只考虑前 i 天的登录记录，然后在不同时间范围内计算。

为了保证计算的一致性，令：

$$E_0(L)=0 \tag{9.15}$$

我们用熵增向量描述不同天在接入点出现的账号的差异。试想，如果每一天出现的账号和对应的频次都是相同的，那么熵增为 0，即熵增越小，表明不同天数之间的差异越小。

我们将该特征应用到层次聚类，成功地将非家庭类型的接入点分为两类。

图 9.3.7 所示的为两类非家庭类型的接入点的熵增分布。

可以观察到，第一类的熵增曲线（圆点）在前面的几天急速下降，说明在不同时间，该类接入点出现的账号差异很小。同时，曲线表现出周期性，而循环周期正好为 7 天，即一周的长度，表明这些用户在这类地点的登录行为有很强的周期性。

第二类的熵增曲线（三角）表现出平缓的下降，在一个月中，均保持较高的值，表明在该类接入点下登录的账号不稳定，即每天登录的账号均不相同，或是今天登录的账号在明天不会出现。

我们绘制出一周中每一天出现的账号数目的分布图，如图 9.3.8 所示。

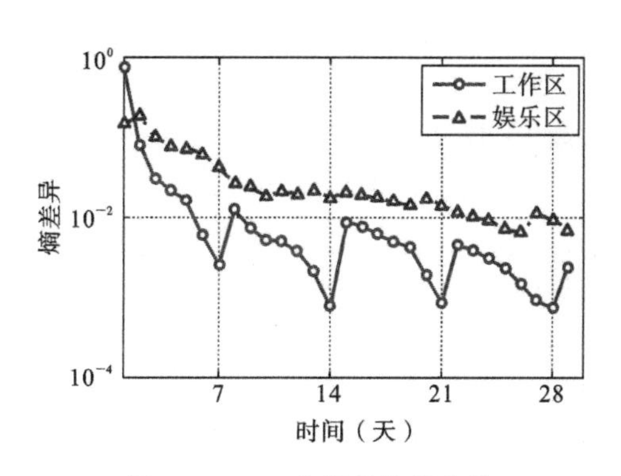

图 9.3.7 一个月的熵增曲线

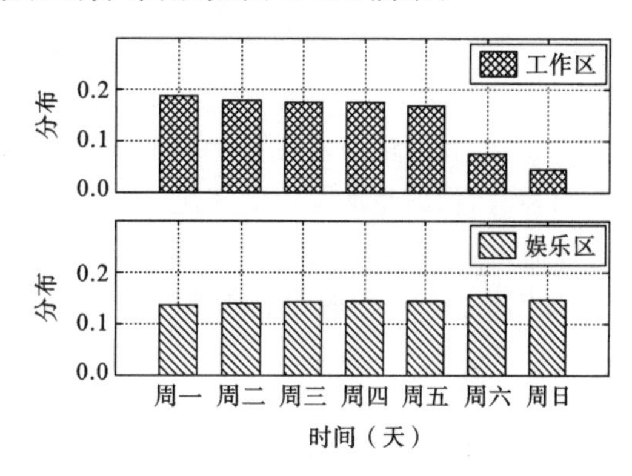

图 9.3.8 一周内的登录比例

可以看出，在第一类中，工作日有更多的登录账号，而在周末登录账号则较少；在第二类中，一周内每一天的分布都较为均匀。

故可以判断，这两类分别为工作区（business）和娱乐区（entertainment）。

5. 结果验证

为了验证我们的结果，先后尝试了两种验证方法。

首先是通过宽带接入点的经纬度，在地图上标记接入点的具体位置，如图 9.3.9 所示，使用人工判断验证的方法，即众包（crowdsourcing）。

在验证阶段，我们打乱工作类和娱乐类的账号信息，让参与实验的人员，根据自己的判断，对每一个接入点标记上类型，最后和无监督学习结果进行比照。

但在操作过程中，我们发现由于经纬度的精度不够，使得大量接入点的坐标映射到街道上且将地图放大到一定尺度后，地图上没有任何的文字说明，故使用人工验证可行度和可信度不高。

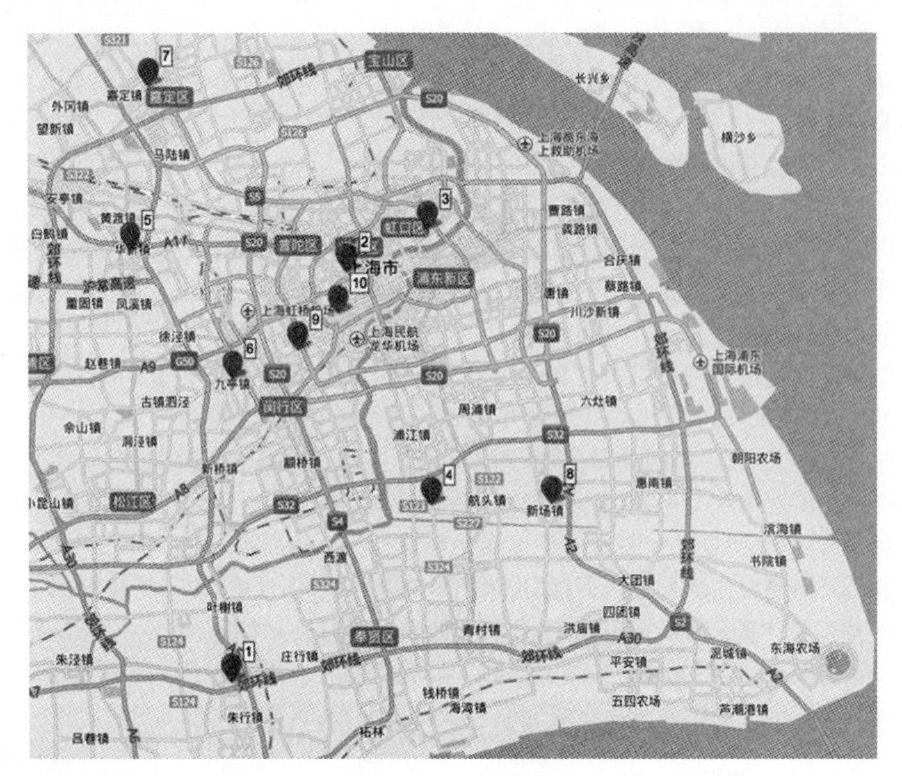

图 9.3.9 人工验证

于是，我们转而采用了 POI 验证的方法。所谓 POI，是英文 point of interest 的首字母简写，指的是地图中的兴趣点，即在地理信息系统中，那些具有一定功能的地点。一个地区内，其含有的 POI 的分布，可以一定程度上反映该地区的功能。我们考察在接入点附近 500 m 的圆形区域内的 POI 分布，结果如表 9.3.4 所示。

表 9.3.4 使用 POI 验证

关 键 词	工 作 类	娱 乐 类
写字楼	1.6289	0.9574
工厂	0.6968	0.3143
餐厅	2.3082	4.1418
酒店	2.0710	3.1643

从表 9.4.4 中可以看到，无论工作类还是娱乐类，餐厅和酒店的数值都要高于写字楼和工厂的数值。与前面的观察结果综合考虑，可以证实我们研究所得的聚类结果。

经过有监督学习和无监督学习两个步骤，我们成功地将所有的宽带接入点分成三类，即家庭类、工作类和娱乐类。

9.4 结论

首先，我们在网络运营商的核心交换机中抓取 Cookie 数据，通过匹配相关字段获得用户账号的唯一标识，包含四种典型的网络服务账号。然后，我们通过一种改进后的账号划分算法获得一个用户拥有的所有类型的账号，为了简化复杂度，采用局部最优而不是整体最优。接着，我们分析了宽带接入点的登录特性，结合有监督学习和无监督学习的方法，以较高的性能完成了接入点的分类，对每一个接入点分配了物理标签。基于这两部分工作，我们获得了用户在一个月内，最小时间分辨率为一个小时的用户轨迹。

账号的归并使得简单的账号轨迹转换成了完整的用户轨迹，轨迹的质量得到了明显提高。同时我们发现，由 Cookie 数据获得的用户轨迹，与现有的研究中通过签到数据获得的用户轨迹不同，并用多个数学参数说明了这一点。接着，我们对于用户轨迹暴露的个人隐私进行了进一步的探索。

然而，另一方面，我们在工作中的一些步骤需要改进。在账号归并中，我们对账号初始节点依赖性很强，暴露了部分账号数据质量较差的缺陷；在接入点分类中，尤其是对于非家庭类型接入点的进一步分类中，我们的验证方法说服力不够；最后，针对我们的主题用户重标识，我们的研究缺乏深层次的挖掘。

10

公众健康的移动网络数据

移动电话在全球范围内的普及，使得人类个体和团体产生了前所未有庞大的行为数据。大约在十年前，已经出现了对如此丰富的人类活动信息资源数据的研究。从那时开始，此项研究就已经通过在社交网络、城市和交通运输计划、经济发展、能源和最近的公众健康等不同领域的应用，逐渐发展成为一个称为计算社会科学的很有潜力的研究领域。

本章介绍目前移动电话在公众健康领域的科技发展水平，以及在公众健康领域，这种数据给我们带来的机遇和挑战。本章还将介绍移动数据带来的巨大机遇，即它从基础网络移动设施获得方式以及它在公众健康中的使用形式。“移动网络数据”小节中描述了获得移动网络数据的不同来源和类型，以及它们的优势和限制。“移动网络数据”小节和“流动性和公众健康”小节概述了移动数据如何被用于公众健康。“移动数据应用于公众健康的挑战”小节中主要强调了与机遇随之而来的技术、管理、法律和伦理挑战以及可能克服上述挑战的策略。

10.1 移动网络数据

移动（或蜂窝）网络由一种称为基站（BTS）的可以覆盖一定地理区域的信号塔组成。每一个基站的覆盖范围称为一个蜂窝，并被分为 3 个扇区，每个扇区为 120°。这只是一种传统的划分方式，在人口密度大的地区，一个基站可能只有一个方向的扇区或多于 3 个扇区。基站的覆盖区域主要取决于它的天线。根据人口密度，在人口密度大的地区，基站的覆盖范围一般小于 1 km^2；但是在人口密度小的农村地区，会大于4 km^2。简单起见，一般会假定每一个基站的蜂窝都是二维的不重叠的多边形，泰森多边形就是一个代表性的近似用例。这一方法会简单地对每一个基站的覆盖区域进行很好的近似。事实上，为了建立“真正的”区域覆盖图形，人们必须考虑影响移动网络的因素，包括每个天线的功率和方向。

为了使信号以最优状态发出，基站被聚合成位置区域网络（LAC）。在此网络中，一般包含了 10～100 个基站，此数目由通信需求来决定。移动手机在蜂窝网络中的当前位置可以通过 LACs 来帮助判定而不通过基站这一层次。图 10.1.1(a)描述了一组基站每一个蜂窝原始的覆盖范围，图 10.1.1(b)描述了用泰森多边形进行模拟的覆盖范围，图 10.1.1(c)描述了将这组基站划分为 LAC。

（a）BTS原始覆盖区域　（b）利用Voronoi图的近似覆盖区域　（c）LACs的地域表示

图 10.1.1　LAC 覆盖区域划分过程

当一部手机连接到网络中，为了给用户提供通信服务，它就会通知基站自己所处的位置。有两种不同的通知方式，并产生两种不同的数据类型：① 事件驱动的手机网络数据，它指的是当用户很活跃地访问一个服务时收集的信息；② 网络驱动的手机网络数据，它指的是为了获取手机用户的位置，当网络发出更新请求时，会触发网络周期性地捕获位置信息。

10.1.1　事件驱动的手机数据

传统上，事件驱动的手机网络数据已经被称为通话详细记录（call detail records，CDRs），它会存储开发所需要的信息。在 CDRs 中存储的信息是不需要标准化的，而且在不同的移动运营商中可以改变。总之，一旦一个移动用户连接到了网络并使用了一种服务（如拨打、接听电话，手机短信，彩信服务等），基站会记录日志、加密的起始号码和目的号码、时间戳、通话持续时间、扇区和基站的标识符等其他数据，以及两部手机之间的通信信息。这些标识符会给出移动手机在某一特定的时间所在地理位置的提示。然而，在一个蜂窝的覆盖区域之内，移动手机的位置信息都是未知的。附加信息，如错误编码、网络运营商的标识符、合同类型等信息也可以包含在 CDRs 中。而且，当服务是拨号时，如果因为用户的移动而导致覆盖区域的改变，那么在此次会话中，CDRs 一般会包含所用到的蜂窝的信息，也就是基站之间的信息移交。CDRs 有将扇区与经纬度相关联的数据库，还有标识网络运营商、错误代码等数据库。请注意，如果手机没有活跃地使用移动网络服务，那么在 CDRs 中也就不会有信息产生。

表 10.1.1 举了一个 CDRs 的例子，表中有 3 个通话，CDRs 已经保存了这些信息，包括初始的加密手机号码、目标手机号码、通话的日期和时间、初始手机号码的网络运营商的标识符、目标手机号码的网络运营商的标识符、以秒为单位的通话持续时间、初始手机号码发生通话的扇区、目标手机号码发生通话的扇区，还有一个编码标明在通信过程中是否发生错误。在这个例子中，我们假设 CDRs 是由标识符为 1 的网络运营商产生，这意味着只有当手机号码属于此运营商时，CDRs 才能收集到扇区信息。第一个通话的加密号码是从 3643533533 拨打到 5643786412，初始的手机号码属于网络运营商 1，目标号码属于网络运营商 3，这表明只能获得初始号码的扇区信息。第二个通话是发生在同属于网络运营商 1 的两部手机之间，像这样的通话类型，我们就可以收集到两部手机的扇区信息。在这种情况下，目标手机在通话过程中一直移动，扇区信息列表也就会在相应区域给出。第三个通话中，电话是由加密的号码 5643786412 拨出，此号码的手机是属于网络运营商 3，此时只能获得目标号码的扇区信息。请注意，因为移动

信息一直在被收集，若只有一个扇区，则意味着手机在通话过程中没有改变扇区。

表 10.1.1　表示三个不同通话的典型 CDR

初始手机号码	目标手机号码	日期/时间	初始手机号的网络运营商的标识符	目标手机号码的网络运营商的标识符	通话时间/s	初始手机号的扇区	目标手机号的扇区	错误代码
3643533533	5643786412	01－01－14/17：22	1	3	56	2354626		0
3643533533	8641278633	01－01－14/19：22	1	1	432	2354626	2354666 2354667	0
5643786412	3643533533	01－01－14/19：56	3	1	167		2354626	0

而且，当移动电话连接到网络，基站也会创建一个数据连接事件的记录，在 CDRs 的示例中，存储内容不是必须标准化的，但是一般会包含一个移动电话、事件日期和时间、网站访问信息、转发字节数、控制编码的加密标识符，包含 Internet 存取信息的日志被称为 Internet 存取日志（Internet access logs ）。

CDRs 和 Internet 存取日志构成了经度方向上的人类行为的数字信息，从中我们可以推测出通信模式、位置、社交网络链和历史浏览。特别地，可以从 CDRs 和 Internet 存取日志中计算出四种变量：消费、社交、流动性和个人爱好。

这些匿名的信息，同时大多也是聚合的信息，允许我们从个体和整体层次进行人类行为建模。在个体层次，以前的工作已经推测了行为变化、用户人口统计资料、信用评分、个人特征和睡眠模式。从整体的角度来看，研究人员已经可以表征整个人口的流动性特征、交通流量、在空气污染中的暴露、预测犯罪、推断区域的社会经济指数。

10.1.2　网络驱动的手机数据

蜂窝网络为了提供服务（如路由选择、信息发送等），需要知道移动电话的位置。为此，网络将生成用于更新移动电话位置的事件网络驱动的手机数据，有时在文献中被称为无源监控，即使用户并不一定请求任何服务，手机数据也可以由网络触发的事件产生。其结果是，每一个网络事件都会有一个入口，用于与它相关联的时间戳和基站处理。存储的字段包括：① 事件类型的标识符；② 触发该事件的加密电话号码；③ 基站的标识符或触发该事件的多个基站的标识符；④ 事件的日期和时间；⑤ 错误码。网络事件数据库也会包含表格来将事件的标识符与事件和描述错误的错误码关联起来。

一般来说，网络主要捕获的事件有 3 种类型。请注意，不同的网络供应商捕获全部或部分的信息，这取决于网络中传感器设施的部署。

（1）LAC 变更：例如，按照图 10.1.1(c)的示例，如果一部手机从 LAC1 的基站移动到 LAC2 的基站，将会产生一个事件表明连接到 LAC1 中基站的移动电话移动到了 LAC2 中的基站区域。

（2）手机的开关转换：在这种情况下，手机最近一次连接的基站信息会被登记。

（3）周期性位置更新请求（寻呼）：如果在最近几小时中，上述情况都没有发生，一个位置请求将会被发出，它将会登记移动电话连接的基站标识符和相应的 LAC。时间参数通常为 2～4 h，即如果网络缺乏移动电话最近 2～4 h 的信息，位置请求将会发出。

最后，拨打、接听电话，短信服务和通话过程中产生基站之间信息的移交，也会在网络中产生一个更新信息，会被当作网络驱动数据捕获。在这种情况下，与 CDRs 进行对比，事件只会生成手机的位置信息和日期、时间信息，而没有关于通信的另一方（即其他手机）的信息。其结果是包含在网络驱动数据集中的位置信息会比只考虑 CDRs 的信息要密集得多，但是不能用于导出社交变量。

到目前为止，网络驱动的数据主要用于估算通信量拥挤、产生警报、推测平均运行速度。

10.1.3 附加网络数据

本节将介绍被用在此章节中的附加移动数据，即：① CDRs 与/或网络驱动数据的仿真；② CDRs 的人为产生；③ 移动数据的信号三角化。当不可能使用真实的手机网络数据时，我们可以采用前两种方式，而第三种方式通过考虑网络中的其他信息来处理位置解析的限制。

1. CDRs 或网络驱动数据的仿真

这个方法意味着在网络中，可以通过一个移动应用捕获本地的电话交互信息。移动电话连接的基站标识符是可以被手机得到的，这个信息可以与其他信息，如信号强度，或者其他可以得到的基站等信息相结合，并存储在本地；也可以用来模拟手机网络产生的网络驱动数据。如果移动应用捕获了交互信息（如短信），CRDs 可以被仿真并用于以后的研究。

2. 人造 CDRs

人造痕迹主要是从真实人类行为模型，尤其是在称为模式和/或移动模式的形式中产生。为此，有一些商用软件可用，如通话详细记录产生器和 CDRs 产生器。这些方法的技术复杂性在于模型的创建以及捕获实时的人类行为。Isaacman 等人在其所做的工作中展示了一个称为 WHERE 的人为产生器，此产生器可以通过捕获真实的 CDRs 痕迹的统计特征来产生人造模型。此方法的主要优点是不用关心隐私问题，因为所使用的信息是人造的，而且这些信息也不会与任何的真实移动电话通信。

3. 移动数据的信号三角化

CDRs 和无源网络信息都不能确定一部移动手机在一个蜂巢中的位置信息。为了更精确地获得网络中手机的位置信息，需要收集其他信息，如天线发出的信号的衰减量、信号强度、信号的传播时间长度。通过这些信息，可以使用三角化技术来估计手机与基站的距离。

10.1.4 不同网络数据类型的优势和局限

先前的每一种移动数据类型都有它自己的技术优势和局限。对于 CDRs 来说，可以找出两个其固有的局限性：① 只有当一个服务发生时，才会获取位置信息，这就导致时间解析度降低；② 获取的位置信息接近于真实的位置，这会导致粗空间粒度。如果网络存取信息也被 CDRs 获取，那么粒度限制就不会那么强烈。因为一般来说，用户和安装在他们手机上的应用软件对数据的访问频率很高（如每小时几次），而且许多文献提出的模型每时每刻都会估测位置信息，同时涵盖了在CDRs中两个连续数据项之间的所有时间。Song等人演示了假设在采集训练组的过程中，手机每小时的使用频率高于平均值的50%，而且个人访问的位置信息多于两个，那么对每一时刻的位置的估计精度都可以达到93%。

请注意，网络驱动的手机数据比CDRs有更高的时间解析度，因为信息的获取是与使用的移动电话无关的，也就是说，即使手机没有被使用，网络中也会有信息。即便如此，它还是有粗空间粒度。三角化技术解决了这一限制。然而，获取一个网络中所有手机的三角化信息是极其复杂的，所以该技术仅被应用于手机数量较少的情况。

网络驱动数据最主要的优势是信息的获取与用户使用的手机无关，这意味着可以为所有的移动电话创建移动模型。不过，没有关于个人的社交网络信息。

CDRs的确包含了构建社交网络所需要的信息，但是因为CDRs稀疏的时间粒度，从CDRs中计算出的移动模型要比从网络驱动数据中计算出的模型限制更多。

在公众健康的背景下，移动网络数据的两种数据类型都为我们提供了很大的机遇，尤其是在发展经济中的公众健康相关信息的获取是昂贵和有限的。

在本章的剩余部分，我们会讨论在公众健康中利用移动网络数据的机遇和挑战。我们尤其专注于流动性建模(举例来说，在发生疫情或自然灾害的情况下，检测人类的迁徙和有针对性的干预措施)和从这些数据中获取行为习惯(比如，推断显著的行为变化，并评估心理健康状况)。

10.2 流动性和公众健康

个体和整个人口的流动性对公众健康是非常重要的，尤其是在有潜在的传染病、环境风险和自然灾害的情况下。移动特性是预测一个人传播感染的时空风险，对类似疟疾的病原体抗药性的空间传播进行建模，了解自然灾害或紧急情况后的人类迁徙，量化暴露于空气污染或其他环境的化学制品的关键因素，它会对公众健康的控制和消除方案产生重大影响。传统的分析移动模型的方式是基于户口调查和人口普查提供的数据。这些方法考虑了对移动模型的人口统计误差。然而，这些用传统方法收集的数据集受到回忆偏倚和人群样本大小的限制，这主要是由于数据获取的昂贵费用造成的。人口调查或普查数据只是给我们提供了人口动态变化中的一个快速变化的时刻状态，而在公众健康中，获得连续的移动模式和波动图像是很重要的，尤其是在紧急事件(如潜在疾病或灾难的爆发)中，它们可以协助政府作出干预措施，并评估政府措施的影响，以使利益最大化。在这种情况下，公众健康工作者通常是在交通枢纽手动统计人口。

Tizzoni等和Wesolowski等人所做的工作都是集中于对传统的移动调查信息和CDRs提供的信息进行对比，然后对疾病的传播进行建模。两人的对比结果都提倡使用CDRs，通过他们自己，或与传统资源相结合提高所研究的疫情的精确度。Wesolowski等人的研究重点放在低收入群体以及一些调查的可行性限制较高的地区，如发展中经济体，从而更加突出移动网络数据用于公众健康的潜力。

10.2.1 移动网络数据的流动性建模

在公众健康中，移动网络数据得出的人类迁徙模型有可能克服传统方法的缺点。

考虑到基站在网络中的地理位置(经纬度),CDRs 和/或网络驱动数据可以推断出移动手机近似的位置,这已经成为在个体和团体层次,发展人类迁徙模型的基础。对于移动网络数据的流动性,有一个重要因素要考虑:它的时空解析度。

我们可以从包含常用基站总体数目的 CDRs 中,在一个特定的时间段内计算流动性变量:回转半径(即一组基站和它们的质心距离的均方根)、总的传播距离、影响区域的直径(即在用户进行日常活动的地理区域中,用户进行通话所使用的基站组之间的最大距离)。

而且,近期的研究将流动性和社会信息相结合,这对公众健康的研究极为重要,尤其是在人类传染病传播的情况下。Calabrese 等和 Wu 等人发现人们连接到同一个基站进行通话是取代面对面交流的很好方式:在这样的事件发生前后,人们更喜欢进行物理互动。他们也发现随着用户之间的距离越来越远,用户面对面交流的机会也就更少,而且他们也能够预测用户会在何时何地见面。在相关的研究中,Farrahi 等人表明大范围的接触追踪策略可能会显著降低流行病的最终范围,这主要影响其发病高峰。

选择有代表性的人群样本和逐一合并推测流动性模型是表征人口流动动态的第一步,也是必要的一步。移动网络数据挖掘的一个重要优势就是抛弃那些不经常使用手机的人群,这样就不会影响有意义用户个体的 CDRs 样本。另一个优势就是分析人们对隐私问题的关注及其聚合性质最小化,这对公众健康的研究仍具有巨大的价值。

1. 当前科技水平

Frias-Martinez 等人提出了获取人口流动性的传染病扩散模型和社会模型,然后对这些模型随着时间的变动进行了量化。个体流动性模型的分析是基于计算移动用户处于哪个基站并实时估测位置。通过在 CDRs 的通信模式中推断出密切关系,建立用户的社交网络。传染病传播模型假设属于同一社交网络的两个用户,如果发现他们在同一个信号塔附近,就可以推测出他们可能很亲密。这个方法已经通过 2009 年在墨西哥爆发 H1N1 期间的 CDRs 数据得到了验证,验证表明高峰期的感染人数减少了大约10%,政府干预的结果使高峰期的到达推迟了大约 40 小时。

同样的,在一系列的研究中了解疟疾的传播,分析了大约 1500 万肯尼亚人的 CDRs,该方法证明人口流动有助于疟疾的空间扩散,甚至超过了蚊子的传播。收集为期超过 1 年的移动网络数据进行分析,以确定个体的主要位置(即他们主要在何地)和目的地,确定行程的持续时间,以建立人口流动模型。为了提高疟疾控制方案,流动模型加上疟疾流行的数据来推断双方居民和游客被感染的概率,最终得到寄生虫传播的路线图,即在疾病的起源地区,在那里它被传播并找到高风险点。Tatem 等和 Chuquiyauri 等人也在一个更小的区域中探寻了疟疾的传播,他们的研究重点是从坦桑尼亚到桑吉巴的寄生虫外来进口率,实验表明少数人会有很大风险感染外来疟疾。Le Menach 等人将从桑吉巴到坦桑尼亚的手机数据和轮船交通数据相结合,得出的结论是,桑吉巴居民前往疟疾流行区,它的感染人数会是感染游客人数的 1～15 倍。在登革热病毒传播的秘鲁的伊基托斯地区,人类的旅行同样被进行了研究。在秘鲁的研究是在一个小区域内进行,包括 126 个人,依赖 GPS 对这些人进行定位。除了量化关于登革热病毒在资源匮乏地区的传播风险并探索其流动模型的潜力外,他们也赞同将 GPS 设备用于经度研究并确定了一些问题,也就是,健康效应、护理单位、隐私和信息保密。

在 2010 年海地地震之后,霍乱病毒在 10 月份爆发。在瑞典,卡洛琳斯卡医学院的研究人员每天都会分析 200 万部手机的运动数据，并能够：① 确定霍乱病毒爆发的临界区域；② 量化受灾难影响的人口并预测他们受灾之后的运动。这个研究说明了在灾难发生之后，公众健康研究和应急服务人员的巨大价值。

在 2014 年，我们经历了历史上最糟糕的埃博拉病毒的爆发。考虑到以前相关的工作和无处不在的移动电话，包括我们自己在内的一个小型研究团体中的大数据专家提倡用聚合的和匿名的 CDRs 去帮助对抗病毒。然而，这些努力没有成功，主要是由于监管和法律限制，再加上可能缺乏用户激励机制以及技术专长，另外，还需考虑一些环境因素的影响，比如地区动乱等带来的安全性问题。

万一发生自然灾害，除了要了解人口流动性以外，移动网络数据挖掘也可以提供有价值的信息，以使在危机爆发下日常公众健康检测持续进行。这样的例子之一就是对个体暴露于空气污染的分析和对公众健康影响评估的意义。Liu 等人提出了通过分析分配给人和车辆的轨迹，评价与交通相关的空气污染对公众健康的影响。这个模型考虑了车辆类型、速度和排放量。虽然这个研究不是基于经验证明的，但是作者认为这个方法会帮助识别个人身份，尤其是暴露群体的轨道模式，而且有助于提供公众健康研究的新视角。Orange 公司在 D4D 挑战中，已经向提供科特迪瓦共和国和塞内加尔的匿名 CDRs 数据集的研究机构公开发出了两个挑战。虽然没有专注于公众健康，但是在 D4D 挑战中有很多使用 CDRs 的有趣文章研究控制疾病的蔓延，比如 Lima 等人所做的研究表明信息活动能比隔离措施更有效地限制疫情。Kafski 等人所做的研究建议人们不要越境进入其他地区，哪怕只是人口的一小部分，也会对疾病的传播产生很大的影响。

2. 行为和公众健康

个人和团体的流动性是在公众健康领域中需要测量、建模和预测的关键变量。正如我们从前一节所了解的，人类流动性模型可以通过被动收集移动网络数据建立，以帮助我们在公众健康领域做出决策，特别是在对抗传染病，面对流行性疾病的风险或处理自然灾害所造成的后果时。

然而，流动性并不是能够从移动数据推测出的唯一的人类特征变量，正如前面所说，消费模型和社会变量也可以从 CDRs 和 Internet 存取日志中推测出来，从而能够对人类特征和行为进行更加丰富的建模。我们相信，公众健康领域中有一个能够产生重大影响的领域就是精神健康，为此，在精神疾病的治疗和管理中，行为监控就变得尤为重要。

精神健康问题占全球疾病负担的 20%，每年都有四分之一的人遭受精神健康问题，这也是就医的第三大病因。而且，全球每年增长 80 万人口自杀的问题也被认为是一个重要的公众健康问题。虽然精神健康问题处于公众健康实验外，但是它在公众健康行动计划中的关注度一直在提升，此计划建议战略的实施要围绕它的预防来进行。传统的保健护理并不能预防精神疾病，但在改善慢性疾病成果中是最适合的。

为了评估人们在正常精神状态下的行为，标准的临床试验依赖于定期的自我报告，主要包括记忆依赖、回忆偏倚、主观性和个体当前情绪的影响这几个要素。而且，一般情况下，有精神问题的病人去看医生时，他们的病症已经爆发或正在爆发，前期的报告信息有限，最终可能会导致无法阻止病情恶化。诊断危机或病症的挑战是，在低收入或中等收入的国家，患有重症精神障碍的人中，有 75%～85% 的人无法获得适当的医疗服务，其病情进一步恶化。

现在，借助于移动设备的普及，我们有能力去检测人类的行为信息而不需要依赖临床环境，也不需要依赖于个人报告信息。主动收集人体行为数据所带来的机遇是早期诊断和预防精神状况，减轻医疗系统的压力并对公众健康带来重要利益的关键。公众健康的一个主要功能是评估和监测社区的健康风险，识别健康问题和其严重程度优先级。人类行为的监测和理解是实现这些功能的关键因素。

10.2.2 移动网络数据的行为建模

移动技术在医疗健康领域的应用称为移动健康（mHealth），它能拓展传统健康保健的范围，因而一直被人们称道。移动电话通过传感来分析影响人类的行为，这对精神医疗健康有很大的意义，能够促进心理健康预防和管理工具的发展。最终目标是将一些心理健康保健任务应用于临床环境之外的日常生活。虽然移动健康应用已经展现出它在克服个人报告方式限制方面的潜力，但是大范围的移动健康应用仍会受到以下几点的限制：① 安装应用程序之前的历史信息缺乏；② 应用程序消耗大量的手机资源（如电池、CPU、内存）；③ 有限的使用范围，即在智能手机用户中，只有五分之一的人会安装移动健康应用；④ 可移植性差（比如应用程序要求特定的操作系统）。就这一点而言，手机移动网络数据可以克服移动电话的缺点，同时仍可以作为人的行为的精确代理而服务。

就像前面所描述的，CDRs 和 Internet 存取日志构成了人类行为数据痕迹，从中，我们可以推断出通信模式、位置、社交网络链和历史浏览。从中计算出的变量主要有：

(1) 消费变量，比如特定的时间段（日、周、月等），用户拨打或接听电话的总数；用户拨打或接听电话的平均持续时间；总的通话费用；用户发出或收到短信的总数；在所有的通信中，收发短信所占的比率；上网时长。

(2) 社会变量，比如用户在通过通话记录或 CDRs 建立的社交网络中的进出度；网络的核心和出入度总和。

(3) 流动性变量，比如在特定时间段内，进行通信所使用的基站总数、回转半径（即基站组到它们中心的距离的均方根）、总的传输距离、影响区域的直径（即在用户进行日常活动的地理区域中，用户进行通话所使用的基站组之间的最大距离）。

(4) 个人爱好变量，比如用户最常访问的网站或手机应用程序的话题和类型。

除了以上几个变量，从日志中还可以推测出人类行为其他方面的变量，如睡眠模式（可以从一天中最后一次/第一次的访问时间戳计算得出）、上下班方式和距离（在推测出用户的家和工作的位置后，可以得出上下班的方式和距离）。

从这些变量中，可以建立人类个体和团体与精神健康状况相关的行为模型，尤其是分析用户的日常生活行为方式和习惯，这对于以下几个方面是很重要的：① 状态监测；② 监测指示危机的行为偏差。

从公众健康的角度看，移动网络数据挖掘很有潜力，能使我们确定人口数量和状况，短信、拨打电话或拜访的介入可以促进人们积极地改变行为或坚持治疗，这将有助于改善公众健康和降低医疗费用。在最近的一篇报道中，世界卫生组织强调了公众健康对提高精神健康的作用。在这个报告中提出，将会开发工具来支持这样的公众健康活动。

目前用于症状评估、心理教育、资源定位和治疗进度跟踪的移动应用程序已经被提出,而在将移动网络数据用于检测患者的精神状况并以特定的风险识别群体方面,目前既没有尝试过此类的研究,也没有在商业服务中的应用。下面概述依靠智能手机进行检测行为或健康状况或提供干预措施的相关研究。

(1) 移动电话检测人类行为。

通过移动手机收集的行为数据已经被广泛应用,如情绪和压力识别,了解情绪变化的触发方式,帮助缓解压力、焦虑和情绪紊乱。尤其是精神障碍,欧盟 FP7 项目 MONARCA 通过智能手机平台连续采集的躁郁症患者的行为数据,调查了当他们狂躁和抑郁发作时,他们的行为发生显著变化的可能性。Gruenerbl 等人描述了一部智能手机可以被用来当作躁郁症患者的"测量设备",此设备可以高精确度地了解当前状态并预测未来状态变化。类似的,最近也有少数现成的移动应用,如 Ginger. io 和 Mobilyze,它们旨在监测行为变化(比如在家待几天),然后将推断的行为参数推送到专家手中。

(2) 移动电话提供干预措施。

手机已经越来越多地被认为可以作为提供反馈和行为疗法的平台,这是由于人们习惯性地随身携带手机,它们能够不明显地感测和分析人类行为。Lathia 等人提出了一个系统,此系统在合适的时间内检测一组特定的用户活动,学习手机用户的行为模式并为其提供量身定制的行为干预模式。特别地,针对精神健康的移动应用程序显示出干预辅助治疗的有效性。

但涉及基于干预的非智能手机,与智能手机应用的交互界面相比,用户交互的可用渠道(如短信、电话)就变得有限,然而,短信已被证明是一个简单但功能强大的来实现积极行为改变的方式:Fogg 等人指出还存在一些卫生领域,基于短信的干预措施是有效的,他们重点说明了几个用例,用短信来进行教育或是通知人们,收集用户数据的具体使用情况(比如特定问题的答案或自我报告),并将个人与集体进行连接。由于被动收集精神健康的移动网络数据缺乏事先的工作,所以,我们相信,在这个领域会有一个对此领域产生积极影响的很大的机会。然而,这样的影响只会在当技术、管理、法律和伦理挑战按下述的方法解决之后实现。

10.3 移动数据应用于公众健康的挑战

移动网络数据用于公众健康会带来一系列的挑战,不仅是技术方面,还有隐私、安全、管理和法律方面。

10.3.1 隐私、管理和数据安全

尽管事实上,移动网络数据可以为公众健康提供机会,但是在实际中,利用这些数据的优势绝不是微不足道的。存储、访问、处理包含有个人敏感信息的数据,比如用户的位置和足迹、Internet 存取日志、通话信息、短信,还有一些与个人社交网络相关的信息,必须依靠一个数据隐私法律和明确的道德准则来进行保护。即使数据被加密,也经过了用户的同意并进行了处理,但仍然会存在从数据中推断出个体信息的风险,尤其是与其他数据源相结合进行推断时。所以,个人信息的所有权、透明度和控制权仍然是需要讨论的重要话题。

1. 从匿名的个人数据中还原身份信息

尽管匿名数据和散列识别的算法已经很厉害了，但事实表明，从匿名的人类行为数据中可以推断出身份信息，尤其是与不同的数据源相结合推断时。例如，Zang 等人表明如果可以得到一些用户的家庭和工作地址，那么超过 35％的用户可以通过他经常访问的两座信号塔（很有可能是他的家庭和工作区域）来进行鉴定。进一步考虑这个想法，de Montjoye 等人展示了个体移动信息是多么的独一无二，以及如何用这些数据来识别用户以达到 95％的精确度。

因此，利用移动网络数据的漏洞进行恶意攻击是人类行为研究建模的障碍之一。然而，推导公开问题仍是许多个人数据集的公共问题。正如 Eagle 所主张的那样，数据共享协议必须和医学界长期使用的协议类似。另外，对于流动性数据的几个隐私保护技术已经被科学界提出。Krumm 提出的解决方案是位置混淆，它以不可逆的方式轻微地改变位置信息，使得数据不反映实际的位置但仍然代表所研究的事物。另一种是 K-anonymity所提出的轨迹方法，其前提是在特定的轨迹区域中，以及被分享和分析的轨迹中，存在至少 $k-1$ 个独立的人，且它们相联系的轨迹不能从模型中推断出来，此算法能够确保每个人的轨迹都无法被揭露出来。

2. 数据所有权

移动网络数据是通过移动用户以数据痕迹的形式产生，这就产生了一个问题，数据的拥有者以及控制者没有一个明确的定义。即使数据在总体水平上进行了分析，但通常来说，用户并不能停止这种数据分析并从中删除自己的数据。这个问题需要法律干预，国际标准的缺失也会导致公众在使用技术时互不信任。但是，存储和访问用户行为极其隐私的数据的例子可以在许多情景中找出，如银行、健康医疗、教育、社交网络和其他在线服务。

在我们可以利用这种新型的人类行为数据之前，有必要更新技术标准、规范和法律。为了解决隐私问题，需要采用隐私保护技术，而且，用户需要有数据的全部控制权以便用户决定哪些信息是可以公开的。人工的 CDRs 数据产生器可能是解决隐私问题和数据所有权的限制，同时增加价值的另一种方法。

有几个成功的示例，比如用于 Orange 公司的 D4D 挑战，意大利电信数据挑战 Telefonica 的 Datathon 公益组织所提供的匿名移动运营商日志数据，还有 2011 年海地地震之后，研究者访问的 Digicel 的数据。这些例子说明了在特定情况下，与隐私和数据安全相关的障碍可以被解决。这样的单一案例协议应当演变成一套正式的协议，以加速这一进程，以及在数据访问时最大限度地减少风险。

3. 社会因素

尽管手机在全球都有很广泛的应用，但是仍然有数亿人没有手机或是因为某些限制而不能使用手机。这些人有可能被排除在风险分析之外，研究者、决策者和卫生官员基于大数据的分析做出的决定肯定要考虑这个因素。而且，随着我们逐步进入数据驱动的社会，会有越来越多的基于数据分析结果所做出的决定。我们应该有意识地去努力避免在有权访问数据者和无权访问数据者之间，或者在有专门的技术和知识来分析这些数据的人和没有此手段的人之间，产生数据分歧。

最后，因为它已经被一些提交给 D4D 挑战的建议证明了，考虑到潜在的意想不到的后果是很紧要的，这些后果可能由公开的数据分析观点造成，即使这是出于公众健康的目的。例如，迁徙模型的推断是为了更好地了解与预测疾病的蔓延，疾病的蔓延可能会使不同民族之间的某些高危人群发生内乱或冲突。

10.3.2 技术和研究的挑战

移动网络数据提供了极大的优势，如全球性的数据访问和不需要人工干预的被动数据收集。然而，它也受到数据收集（例如，定位跟踪的差距，不能访问手机传感器，如加速计、光传感器）和用户交互（比如，交互方式不是通过一个应用程序或在线仪表盘提供交互界面，而是限制在移动网络的通信渠道，如短信和电话）的限制。所以还需要进一步的研究，为公众健康的移动网络数据的价值和局限性提供更深的认识。

虽然公众健康的移动网络数据有很大的潜力，也很有可能产生积极的影响，但是为了能够充分将这些数据用于公众健康，还有以下一些技术和研究方面的难题需要解决。

1. 科学验证，缺乏评价标准

大多数的移动健康应用没有科学验证，因此不能被正式列入标准的医疗实践。同样的，对基于网络数据的研究方法进行深入研究和实际验证是将此方法应用于公众健康领域中的重要步骤。一个前提条件是，有可靠的评价标准，这往往是一个不平凡的任务。

例如，在移动的情况下，获得可靠的评价标准的困难与前面提到的人口调查和普查方法的缺点有联系，包括有限的人口样本、过时的数据和回忆偏差。Wesolowski 等人报告了通过调查产生的流动性与通过肯尼亚的 CDRs 分析模型产生的流动性不同，由前一种方法获取的数据量明显更低。作者推测可能是工作者经常在团体活动中缺席，行程的一些细节可能被遗忘或是没有精确的报告，这是进行大规模调查的难题。相反，移动电话用户样本可能倾向于来自受过更多教育的城市男性（注意，对于隐私问题，没有可用的关于移动用户的人口数据）。在这样的情况下，因为没有一个最终的评价标准，也就难以评估每种方法。然而，两个数据集相结合会比一个数据集对人口流动性进行评估有更完整的了解。

在因为精神健康状况而导致行为改变的方面，评价标准局限于病例（住院，看医生），在很多情况下，含有大量的自我报告信息。诊断情感障碍时，患者的病症和目前状况主要是基于行为和情绪的自我报告，还有精神科医生和护理人员的直接观察，这些都会受到主观性和人为错误的影响。所以，当涉及精神健康时，可靠的评价标准也是一个难题，因为我们既没有准确的生物标志物，也没有成像技术来准确地诊断精神状况。

2. 干预的必要性

将移动数据应用于公众健康的一个有希望的方式是以干预的方式，结合行为异常模型的检测结果，通过移动电话，将其直接发送到具体的政府机关人员或医生或护理人员（如在精神健康方面）。只有当我们能够关闭从数据中提取出的见解和产生这些数据的人之间的循环，才能够将在真实世界分析的定量价值和此技术的潜力结合起来。

3. 时空粒度

像前面所说的，从移动网络设施中获取的数据有时空限制，这是在分析中需要考虑到的。空间限制表明从移动网络包含的信息中找到精确的物理位置是极其困难的。时间限制表明只有用户活动的局部视图，即我们不能拥有用户长期的信息。所以，考虑到这种不确定性的结果，制定算法来克服时空粒度的限制是很重要的。

4. 数据和概括能力的偏差

大数据挖掘的巨大潜力是不可否认的，但数据的数量并不能保证该方法的可靠性和有效性。需要注意的是，现今，最初收集的人类行为数据大多以投机取巧的方式用于其他目的。在大数据分析中，关于这一限制有众所周知的例子，如由疾病预防中心进行的估算对比得出的“谷歌流感趋势报告”的偏差。根据 Lazer 等人所说，产生这些偏差的原因之一是其背后谷歌搜索算法的动态性质。虽然互联网服务（如谷歌、Facebook、Twitter 等）频繁改变（从而使日志不一致，比如流感流行的分析），但是移动网络日志更加稳定，它们不依赖于动态的算法。不过，移动数据对于一小部分案例来说，仍然隐藏有过度拟合的风险。为此，移动手机偏差的所有者会是要考虑的潜在风险产生者之一。Wesolowski 等人在人口流动性理论中，报告了移动电话所有者不平衡性（对城市中受教育的男性来说）的有限影响。因此，移动数据样本和结果验证的选择应该谨慎，因为手机的拥有者可能会由于社会、经济、文化和人口等因素产生变化。

5. 实时分析

在某些公众健康的情景中，比如疾病流行存在的风险，需要做出实时决策。能够实时获取和分析移动数据在许多国家仍然是一个难题。移动网络数据一般是在特定的时间段获取，然后才会存储到数据库中，这使得它不是实时可以获取的。流式数据的分析算法需要能够处理实时的移动数据。

6. 和其他数据源结合

移动网络数据可以使我们对人类行为变量进行特征化，这对公众健康是很重要的，如移动日程、消费模式和社交网络特征。然而，对于许多公众健康场景来说，将这些变量与来自其他数据源的变量相结合是很有必要的，如医疗的公众健康信息。这些不同数据集的连接交互，也给我们带来了技术和隐私上的挑战。

10.4　总结

在本章中，我们已经描述了将不同类型的移动网络数据用于公众健康的潜力，尤其关注于对个人和人口流动性的建模的机遇，以用来刻画人类行为。与传统方式相比，将用更客观的方式和更精细的时空解析度来对个人和人口流动性模型进行分析，为公众健康的革命打开了一扇门。而且，移动网络数据还可以连续地观察人类行动，评估和检测特定社区的健康风险，如精神状况，由此来完善促进健康和预防的途径。

由于移动数据的采集并不完全是为了科学研究和支持公众健康，它的分析意味着技术、法律和监管方面的挑战，可能限制了实际的执行，包括隐私和道德、潜在的技术偏差、有限的时空粒度和实时分析。

为了加速将移动数据用于公众健康，需要进行全球性的协调，以支持最佳实践的高效传播，建立和更新现有的监管制度和法律，并提高技术水平。

在我们看来，最终目标是对传统方法进行补充，并实现从基于人口的被动反应性的健康监护向个性化、主动性和预防性的健康监护的转化。

11

移动大数据与社会计算

社会研究的规模和粒度，一直受到数据收集所带来的高成本所限制。广泛、可靠的统计人口调查需要显著的经济实力和组织机构的努力，同时可能需要很长的时间，并且不能保证调查结果不包含由样本选择或调查方法不同而引入的偏差。社会研究仍旧经常需要使用非当下移动流量数据的信息，因此后者实施的是传统调查，包括国家和地区的受众人口统计特点和统计数据，或附加个人的观念，包括用户的年龄、性别、职业或收入。

11.1 用户交互

理解移动用户交互的复杂结构是一个有挑战的学习任务，这些知识里包括物理学、社会学以及网络的含义，因为这可用于了解客户群体中的服务采纳或预期演变程度。

绝大多数的移动数据表征研究采用图形表述，它允许从图论出发，采用众所周知的分析技术。

11.1.1 移动呼叫图属性

移动流量数据集经常被呈现为移动呼叫图。一个移动呼叫图 $G=(V,E)$ 是一个表述一系列移动用户集的数学化的结构，它映射到顶点的集合 V，以及它们的交互（即交换的声音通话或者短信消息），也对应于连接顶点对的边的集合 E。这个通用的定义可以容纳一些差异，这取决于有向或无向、加权或不加权，或受制于滤波规则。

事实上，移动呼叫图的图形结构没有唯一性，且在文献中有各种表述方式。然而，在独立图形结构方法中，存在一组有限的指标，能产生移动呼叫图形结构的显著的信息，本文将运用这些指标对相关研究进行分类。

1. 度分布

顶点度分布是通过边连接到其他单个顶点的这类顶点数目的统计分布，它传递移动用户之间流量的基本结构的信息。

2. 幂律分布

幂律不仅表述了顶点度分布的形状，也表述了移动呼叫图的其他特征。

第一个例子是加权边，如 Karsai 等人在无向加权图中展示的，用加权边表示用户对之间的通话数量。然而，Onnela 等人找到了一个不同的加权定义：两个用户之间的总通话持续时间能在分布中引入截止点或线，导致指数截断的幂律。

第二个例子是时空属性。Karsai 等人分解了随时间推移的移动呼叫图形，并研究了用户的活动率，即在每个单位时间参与交互的顶点的概率。他们发现该活动率的分布将变得胖尾，具有 2.8 的指数。在空间方面，Lambiotte 等人从计算 ZIP 代码到图的顶点关联了地理信息，并找到幂律引力模型，这个模型很好地估计了图中指定距离的两个移动用户有联系的概率，即彼此通话。

3. 同类性

如果图的顶点倾向于连接到度数相近的其他顶点，则称该图具有相配选型性，该属性也称为混合选型，是社交网络的典型属性。相反，在异配网络中高度的节点往往会连接到低度的节点，反之亦然。

在有向移动呼叫图的案例中，Nanavati 等人用相配混合值代表入度，而出度图甚至是弱异配的。无向图的出现总是相配的，就像 Onnela 等人展示的。

J. P. Onnela 等人扩展了加权边的相配分析，对顶点边缘的平均权重及其邻居进行比较。其结果依赖于加权边的定义：如果边和移动用户对的呼叫交换数是相匹配的，那这个图是加权选型的，但不是所有的通话持续时间都可以当作边的权重。

4. 顶点和边的结构角色

一些研究注重顶点和边的定义，它在移动呼叫图的结构中尤为重要，这样才能找出手机用户和通信网络中发挥关键作用的通话交互。

PageRank 算法被 Nanavati 等人用于评估移动呼叫图中顶点的重要性。结果表明，秩即一个用户和其顶点的入度的紧密相关的重要性，或换句话说，是接收的通话量。

Onnela 等人关注边的重要性而不是顶点。具体来说，他们将边的显著性映射到在保持移动图结构的强健性所扮演的角色上，即连接良好。他们发现，一些方法会根据它们对保持图形稳健性方面的重要性对边进行排名：除去具有最低的权值和最低的重叠，或在图中快速分解的最高中心性结果的边。再进一步，Onnela 等人深入研究了边缘权重的相关性，以此来衡量一对用户之间联系的强度。有趣的是，他们发现这种权重和移动图形结构中边的逻辑定位是相关的。高权重边，即强相关，连接一个相同团体中的成员，就如弱相关趋向于在团体间建立连接。这就解释了为什么弱相关对图形的连接是至关重要的。这个结果在 Karsai 等人最近的工作中被确认。

相反，Doran 等人仅赞同上述结论的部分内容。他们根据其外围行为对边进行排名，即边缘加权和重叠如何显著偏离图中的平均值，而不管是主动呼叫还是被动呼叫。结果表明，该移动呼叫图形是由连接良好的具有非外围边缘的社区组成。这些社区是由外围边缘的基干一起保持。

最后，Hidalgo 和 Rodriguez-Sickert 定义了在移动呼叫图形结构中顶点和边的重要性的关系。他们将前者作为顶点度，将后者作为边出现在构建图的不同时期的频率，即边缘的持久性，并发现低度顶点会有更持久的边缘。

5. 簇结构

真实世界的网络通常具有非随机的组织结构，这是社会交往或时空制约因素的结果。其结果是，它们的顶点和边建立了一种精确的内部结构，并不会在随机图形中被发现。

真实世界网络的一个典型特征是集群，即一组顶点会以更紧密的形式彼此连接，而不是与图形中的其他顶点连接。图形中簇水平的典型指标是聚集系数。Nanavati和Onnela等人测量了两个有向或无向移动呼叫图的平均聚类系数，并发现它类似于许多其他实验性的具有非随机结构的网络，如邮件通信图或国际互联网。Lambiotte等人添加了地理维度分析，通过在移动呼叫图中研究其顶点形成三角形的移动用户的ZIP区域之间的分配差距。他们发现，三角形的典型特征使其比一般的网络行为具有更短的地理距离和通话持续时间。

图形的簇结构的另一个测量标准是小圈子的存在，即完整的子图，其中所有的节点都能彼此连接。Onnela等人确认在移动呼叫图中也存在此功能，因为他们观察到派系数量比在随机图预期的更重要。

6. 时间动态

只有少数的研究考虑到了移动呼叫图随时间的演变。Miritello等人在移动呼叫图的时间动态上进行了大规模的研究，使用了西班牙20多万移动客户的19个月的数据集。研究表明，随着75%以上的联系在数据集的全时间跨度上保持活跃，用户往往会慢慢地更新他们的社交圈子。此外，通过观察社交网络大小的守恒原理，他们发现每个个体活跃或非活跃的联系是非常相似的。这样的结果也与用户的人口统计相关，因为男性用户相对于女性用户展示了更大的社交圈子，且年轻用户接触的频率比老年人的多。Palla等人完善了这一结果，通过显示大的群体发现即使在重要成员关系失效的时候仍然持续坚持，而小团体只有当他们的组成保持不变，它们才会有更长的寿命。

11.1.2 移动呼叫图模型

一个正确的移动呼叫图的模型有很多的应用，包括：① 解释移动呼叫图结构形成背后的生成过程；② 从移动用户的合成人群中建立通话交互网络；③ 预测移动需求的演变。

1. Treasure-Hunt模型

Nanavati等人是第一个提出有向移动呼叫图模型的研究机构。他们的Treasure-Hunt模型把图中节点分成了3个组，取决于它们是否属于强连通分量图(SCC)，达到这样的分量(IN)，或达不到这样的分量(OUT)。然后它告诉分离的边连接IN-IN、IN-SCC、SCC-SCC、SCC-OUT、OUT-OUT或IN-OUT对。Treasure-Hunt模型用于适应来自四个不同区域采集的移动流量数据集的定向移动呼叫图。

Seshrandi等人通过研究这样一种图形的生成过程，提出了一个建立合成移动呼叫图的方法。最后，他们利用来自两个不同时间段的数据集，研究了用户群交互的演化。他们得出结论，该图的时间增长遵循对数正态分布乘积过程，并已成功地用于收入分配建模。对数正态分布乘积过程产生了DPLN分布，他们用该分布来特征化顶点度分布。

2. 迁移模型

Lambiotte等人认为经典模型忽视了地理距离和移动流量数据集存在的边缘的关联。因此，他们提出了一个生成模型，其顶点由代理人表示，它可以从一个区域迁移到另一个区域。迁移后，代理既可以维持其先前的边，也可以在它移动到新的区域时创建新的顶点。迁移模型捕获了图中三角形地域的多样性，它大部分是由短距离边组成，有时还包括长距离边。

11.2 人口统计学

移动流量最直接的用途可能是研究通信和移动设备的使用模式与人口统计的关系。许多这样的因素可以用于刻画移动用户的行为，如他们的年龄、性别和人际关系。

11.2.1 年龄和性别

年龄和性别是来自人口统计学的基本特性，在用户的限定行为中起重要作用。在揭示社会和人口统计因素之间的强联通性的研究中，Yang 等人第一次提出了这种强联通性。其使用了覆盖中国大部分城市 6 个月的移动流量数据集，并将用户的年龄和性别信息融合。他们发现在相同年龄组的人群之间通信频繁且时间长，这样的结论在每个年龄类别中都适用。性别也发挥了显著的作用，结果表明女性用户之间的通话比男性用户之间的通话持续时间更长。

Sarraute 等人考虑了墨西哥的 50 万用户，确定了在一个国家范围内的年龄趋同性。然而，文化差异似乎在性别相关模式中发挥着重要作用，比如在墨西哥男性比女性有更多更长的通话，这与在中国发生的相反。其他国家已经进一步调查了性别对移动流量的影响。Stoica 等人调查了由比利时的 300 万用户组成的一个更大的数据集，结果表明女性的平均通话时间更长。Mehrotra 等人概述了性别还会影响卢旺达夜间和日间的通话动态。具体来说，他们证明在夜间女性打电话比男性要多得多，而在白天则相反。性别差异同样会在特殊状态下出现，如当临近情人节或政治选举时女性会增加她们的活动，而男性同样会在年底节日期间增加活动。

电话使用情况的人口因素显著影响、发展了开发技术，用以自动推断移动用户的个人资料。Wang 等人通过利用移动呼叫图形性能的同质性和将地面实况数据组合在一个小的用户子集里，定义了 2 亿个体的社会特征，如年龄群组、收入水平以及居住区。其精度在所有例子中达到 70%～80%。Brea 等人采用了一个相似的方法，研究墨西哥公民的年龄预测，通过使用在移动呼叫图形中关联的用户人口统计属性之间的相关性，成功地将 72%的人口归类到四个年龄组。

11.2.2 族群和语言

除了性别特征，社会特征也吸引了研究人员关于移动流量分析的关注。从这个角度来看，大部分研究已经解决了从网络数据中识别族群的问题，并了解它们的属性和动态。

在一个开创性的工作中，Blondel 等人分析了 200 万比利时用户的移动流量，并展示了这个国家的两个主要族群，即 Walloons 和 Flemish。这个结果可以从移动呼叫图中清楚地推断出来。为此，他们抽取了团体，即在集合内彼此是强联通但和集合外的个体是弱联通的用户集。团体检测的问题，在计算上用昂贵的大型图形并用原始技术解决，这种方法称为 Louvain 方法，并已成为在所有类型的大数据集团体检测的标准方法，并不局限于移动流量。

Blumenstock等跟随Toomet等人，研究了爱沙尼亚首都塔林的移动流量数据，并确定了城市的两个不同的族群。此外，他们调查了两个社区之间的空间隔离，并发现，虽然受族群组成的影响，住宅和工作的社区存在分隔，但是其他活动部分，如购物和娱乐，发生在几乎不隔离的环境中。

Morales等人分隔了科特瓦特的族群。毋庸置疑的是，语言特性发挥了民族分离的基础性作用。此外，移动流量偏好集中发生在族群内。Bucicovschi等人在相同的国家提出了相同的分析，使用了一个空间的方法。

11.2.3　经济因素

用户的社会经济地位由三个主要因素决定：收入、教育和职业。如果在个人层面上衡量，这些因素表明了人在社会中扮演的角色。如果衡量超过一定数量的人口，则可以衡量一个国家或地区的发展。

Soto等人定义了279个移动用户特征的完整列表，并使用机器学习方法表明客户的经济水平能用38个这样的特点以高达80%的精确度来预测。因为结果还是通过合并相当大量的特点而获得，Smith等人认为这样的微计量方法过于复杂，并可能在最后缺乏透明度。因此，后者仍使用机器学习技术，但指向族群而不是个体，并对它们的分析限定在4个属性（地区、重力差、多样性以及内倾性）之间的流量总和。研究表明，在有限的学习样本中，低于总移动流量数据的10%确定了科特迪瓦的贫困指数，但空间粒度可以通过更完善的训练得到显著改善。事实上，贫困和在每个区域的移动流量之间的相关性也可以用简单的指标来表示，如呼出通话的数量。事实上，Mao等人发现了后者与经济指标的负相关性，如贫困率和科内瓦特19个地区的年收入。作者解释造成这种结果的事实是流量费用通常由通话的发起方支付，且在富裕地区的人群会有更好的办法去发起通话。同样的，通过探索每个区域的移动呼叫图，他们展示了富裕地区有向许多小型社区分裂的倾向，而贫困地区在通信模式上表现出更少的异质性和隔离倾向。

Wckita等人使用移动流量来确定科特迪瓦的工业化水平和不同地区的经济发展状态。他们将大城市视为具有较高的社会关系强度的天线集线器。然后，他们使用日均人类活动的时间序列，以分辨在城市和非城市地区的住宅、工作和混合区域。研究结果显示，科特迪瓦的经济仍然在很大程度上依赖于农业，除了首都阿比让，城市地区不明确区分住宅和工作区。进一步的证据是由Fajebe等人提供的，他们发现移动流量容量和商品的供应情况与在同一个国家的不同地区的咖啡、可可油或棕榈油消费呈正相关性。

原始指标和工具也被用于填补移动通信和经济发展之间的差距。Lim等人提出了社会资本的概念，即经济影响的一系列社会属性。在移动呼叫图中使用经典的簇方法，Lim等人能在科特迪瓦的人口中找到有类似社会资本的移动用户团体。同样的，Frias-Martinez等人提出了一个名为CenCell的工具，它能够从用户的通话记录中获得的行为模式来推断移动用户的经济水平。CenCell能达到50%～70%的准确度，这取决于分类类型。与此相关，Krings等人在移动流量数据集中利用社区检测技术，以便在巴西经济体制内确定商业领袖。他们分析了在巴西的334000家公司工作的600万企业用户的移动流量，这项研究有70%的准确性。

11.3 环境

不仅在人口方面,用户的移动流量模式还受到地理位置和社会环境的影响。下面,我们总结了关于影响移动流量的突出环境特征的主要结果。

11.3.1 地理距离

在一个开创性的工作中,Onnela 等人专注于最基本的地理属性,即物理距离。使用了全国范围内一个月的数据集,他们给 3.4 万用户每人分配了一个地理坐标,对应于他们最常使用的基站。通过调查每一个用户的移动呼叫图,他们发现两个用户之间关于位置的关系遵循幂律规律。有趣的是,关系强度,即两个用户之间的通话量并不随距离变化而变化。

事实上,Wang 等人表明该整体分布是两种类型的流量关系的组合。第一个类型具有较强的协同定位率,这样的用户被认为是朋友,他们的位置常常是彼此邻近的。因此,这样的关系确定了在总体分布观察到的大量短距离链路。第二种类型的关系属于零协同定位率的用户,即需要建立远距离的通信,而且导致了分配的重尾。

Lambiotte 等人表明了和彼此通话的三个用户群体更倾向于在短地理距离内生活,而且,他们之间是快速通话。Wang 等人确定了这样的一个结果,沟通关系在空间内不是统一的,更可能是由住在附近的用户形成的。他们确定了一个在 10~20 km 内明确的过滤阈值,这意味着几乎所有的通信发生在这样距离内的用户之间的网络中。

对移动呼叫图的团体分析也帮助 Onnela 等人揭开了保持重要交流活动的群体的地域特性。一个社区的地域跨度依赖于社区的规模:对于少于 30 个用户的社区几乎恒定是 50 km;而对于大社区,会急剧增加到超过 100 km。

Krings 等人通过他们的账单地址对移动客户进行了分组,并获得在比利时的 571 个市镇之间的通信网络移动呼叫图。通过研究这个图,其工作展示了城际通信遵循的引力模型。因此,这一结果证实了移动通信距离往往是重尾分布。相应的,Schmitt 等人还表明了呼叫平均持续时间随着互联网订户距离增加而增加。

11.3.2 城市化和土地使用

城市或农村两种不同环境产生了移动流量的差异。Eagle 等人使用收集到的整个国家 4 年的移动流量数据来研究城市和农村用户之间的差异。研究发现,在城市地区的用户通话达到 50%以上,并在人数上高于农村用户,尽管后者的平均通话时间更长。Schmitt 等人完善了这些研究结果,表示城市和农村地区的用户之间存在着一些区别,农村地区的用户倾向于在农村用户之间通话,而不是和居住在城市的用户通话。当考虑两种区域之间迁移时,这些趋势不变。Eagle 等人表示个人用户的通话量在迁移到城市地区时会增加,而回到注册地的农村地区时通话量会减小。

一些研究发现,在城市中,土地使用之间有着显著的关系,即地理区域注定了活动的类型以及该地区的移动流量。在早期的工作中,Almeida 等人根据里斯本每个基站定位区域的土地用途来给基站分组。然后,他们研究了不同组内的移动流量,发现在市区住宅和郊区之间的时空演化是相似的,包括主要交通要道的区域产生了一个多元化的时间廓线。

移动流量的热点，即高活动性的位置，也依赖于土地用途。Trestain 等人辨识了一个大都会社区在白天、中午、傍晚和夜间的热点，并发现用户与他们所属的地理区域的性质有关。同样，Vieira 等人展示了在市中心的基站如何在工作日的早晨接受高负载，而商业和商务区的基站在工作日的剩余时间成为热点。在周末的上午和下午，热点出现在商业和商务中心的周围，傍晚和夜间热点出现在商业和夜生活区。

在工作日和周末之间的移动流量的空间分布的差异也有相关研究。Pulselli 等人采用了意大利米兰的日均需求总量的地域图，并注重研究在工作日期间集中在城市中心的活动，以及在周末期间的周边居民区域的活动。在差异很大的环境中也发现了类似的行为，如阿比让等地区的移动流量的空间分布。如 Naboulsi 等人论述的，再次说明，土地利用似乎是一个主要的解释。Griardin 等人检测到在意大利罗马的工作日接近火车站的活动水平高，而火车站周围的斗兽场——这个城市一个主要的旅游景点，在周末期间会产生很多的移动流量。在更精细的空间粒度上，Bajardi 等人专注于精确的兴趣点，展示了整体流量容量和国际用户的移动活动信息熵相结合是如何成为旅游景点的知名度估计。

一个有趣的双重问题是，如何从动态移动流量数据中检测土地使用。Toole 等人利用土地使用分区信息为波士顿大都会区计算不同区域的平均移动手机活动的时间序列，属于住宅、商业、工业、公园和其他这五大类区域中的一个。其工作表明，在这些区域的剩余活动是不同的，并且可以被映射到人类活动周期的每日和每周。他们还测试了一个监督分类算法，试图通过移动电话活动预测一定区域内的土地利用，结果不是很理想(覆盖整个城市的54%的分类精度)。他们认为，问题出在地面实况数据的质量，它们是不完整和不准确的。Soto 等人采取了反向的方法，确认了移动通信的性质取决于当地的土地使用，并根据他们的通信量对基站进行了分簇。他们发现群组的结果要和工作、居住、混合动力、夜生活、休闲度假区进行关联，因而它们的特点是独特的流量廓线。

Cici 等人开发了一种改进技术，他们把移动流量时间序列分解为季节性(即归因于常规)的和剩余(即归因于一次性事件)的流量。通过展示类似季节性的通信的地理位置聚类，可以检测到具有更高精度的土地使用，通过对地面实测数据相当的评价来证明。Furn 等人提出了另一种方法来定义移动流量特征，它在处理两种不同的市区的地面真实土地使用时，远远超过之前的提案。类似的方法也被 Grauwin 等人用于对三个全球主要城市的土地使用进行较粗略检测。

替代的方法也已提出，Ma 等人在每个蜂窝基站利用点措施计算土地使用检测解决了同样的问题。结果与上述研究得到的结果一致。Secchi 等人反而执行了结合时空的分析，它允许提取重要的时间模式，并在特定城市区域将他们立即关联。结果是查明了渗透到意大利米兰城的典型网络的使用情况，以及几个独特的模式，如交通枢纽和类似领域。

11.3.3 特殊事件

人类居住的环境通常会发生有可能诱发异常移动流量模式的特殊事件。如政治事件(如选举或示威运动)、娱乐活动(如音乐会、体育比赛)和公共事故(如断电或异常道路拥堵)，都可以在蜂窝接入网络负荷上产生异常，可通过汇聚移动流量的时空动态来检测。早期的尝试是由 Candia 等人提出的通过测量电流之间的间隙和临近基站组内发生的平均呼叫次数来检测异常事件。他们发现该方法对于间隙阈值是高度敏感的。最近，类似的方法被 Calabrese 和 Dixon 等人采取：都利用了移动业务量的巨大变化，来确定大型社会事件、节假日或电力网络中断。前者甚至可以追溯到发生在波士顿的 MA、USA 事件中人群的原始位置。

特殊事件检测的更复杂的技术也已被提出。Gowan 等人使用分层聚类技术来隔离在足球比赛中出现的特殊流量模式。Naboulsi 等人引进了一个专门的框架来检测一般外围行为，基于移动流量的按小时检测的地域差异。作者可以检测到一些特殊活动，包括节假日、示威运动以及体育赛事。Cici 等人用残余的流量，而不是信息，来确定不同的地理区域是如何被同一个异常事件影响的。基于此，其工作表明了揭开一个城市的社会联系的区域是有可能的。最后，Bajardi 等人采用了国际用户的移动活动熵作为信息来源。具体来说，他们发现在不同地点测得的熵值的异常值，并把它们看成是影响一个或多个外国社区特别活动的指标。这种方法允许他们去准确跟踪，如在国际比赛的前、中、后期，足球支持者在城市区域内的不正常活动。

也有不属于社会行为，但属于自然或人为灾害情况的事件。在一个广泛的研究中，Bagrow 等人关注于紧急情况（如目标区域发生轰炸、飞机坠毁、地震和停电事件），利用了 1000 万用户两年的数据集。研究对比了发生这些事件时的移动流量活动与常规日子的移动流量活动，以及记录存在的特殊的计划活动，如音乐会和节日。所有的特殊事件，在紧急和非紧急情况下，都会导致典型模式中通话量的增加。当遇到突发事件时，移动活动增长是立竿见影的；而当碰到计划好的事情时，移动活动增长平缓。此外，移动活动增加的幅度与事件的严重性是相关的：爆炸事件造成的呼叫数量最多，其次是空难、地震和停电。考虑到移动呼叫图中通信的快速增多，发生重大事件的消息将会从事件发生中心向外传播到很远：在轰炸和飞机坠毁事件之后的通信活动将会使其他外部关系的人知道这些消息。卢纳尔迪等人于 2011 年至 2012 年对在科特迪瓦发生暴力事件后移动活动进行了类似研究。研究表明，事件发生后移动流量迅速增加。此外，他们还强调一个重要的中期效果，随着每个剧烈事件发生，其后的几天时间内呼叫量呈现一个显著的增加。

我们强调特殊事件和移动流量之间的相关性也对网络研究非常重要。本节所关注的是从移动流量分析检测特殊事件的问题，网络研究的工作主要集中在对偶问题，即社会事件对移动需求的影响的表征。事实上，后者对网络解决方案的设计是至关重要的，它能更好地适应由不寻常情况下产生的任何特殊动态。

11.4 流行病

移动流量封装有大型人群的运动数据。这种信息，有助于更好地了解传染病的传播动态。事实上，根据传染性病症的传播统计与移动流量数据集的交叉相关，可以得出原始模型并提出遏制传染病的解决方案，它能有效地在非常大规模的情景里进行操作。

11.4.1 流行病特征

许多研究都调查过移动流量的模式是否与传染病的扩散有关。事实上，确定这种关系将为采用高效且廉价的技术来预测和控制疫情的方式铺平道路。在一个开创性的工作中，Wisniewski 等人研究了移动用户运动的网络和在肯尼亚疟疾流行的地图，以便识别人的移动性和寄生虫感染的常见轨迹之间的关系。他们找出能够加速肯尼亚的不同地区的疟疾传播的几条输入路线。Enns 和 Gavric 等人采用了类似的方法，他们分别将从移动流量提取出来的移动性和通信网络与疟疾和艾滋病传染率地图对比。前者发现，科特迪瓦区域在运动和移动流量两个方面显示了强大的关联性，都是那些疟原虫存在最多的地方。后者基于该国艾滋病病毒感染率的移动流量特点绘制了回归模型。在这些成果的指引下，两个研究都提出在设计传染病控制战略时要考虑到移动性信息；这对于改变患病率的区域之间流动是特别重要的，以便避免疟疾从高感染的区域被携带到低感染的区域。

简单的分析似乎并没有产生同样显著的信息。例如，Baldo 等人探索佛罗里达州流行性感冒病例和科特迪瓦主要医院附近发生的通话之间的空间相关性，但他们的结果表明两个数据之间没有关联。Ndie 等人转而探索通话交换率和科特迪瓦的不同地区间的艾滋病病毒感染率之间的相关性，也没有发现显著的相关性。

移动流量也封装了在蔓延期间关于个人行动的大量数据，这简化了传统流行病表征，如易感-感染-回收(SIR)模型及其变种数据。SIR 模型建立在宏观的做法上，且把人口分为以下几组：① 容易感染疾病的人群；② 被疾病感染，并且能够传播它的人群；③ 从疾病中康复并因此获得免疫的人群。每个人都能从上述第一阶段过渡到第三阶段。标准 SIR 模型可以通过细粒度移动流量来源地域的流动性信息进行增强。如 Chunara 等人所做的。他们通过包含一个附加模型阶段开发了一个扩展的 SIR 模型，其中所谓的携带者个体(故新的型号命名为 SCIR)通过他们的肢体动作传播脑膜炎。Azman 等人提出了另一种方法，他们参数化了依赖并适用于移动流量和气象数据的移动曲线过渡率的 SIR 模型。然而，Tizzoni 等人质疑基于移动流量的 SIR 模型变化的有效性。他们考虑了三个不同的欧洲国家，即法国、西班牙和葡萄牙，并且比较了在移动用户通勤移动中应用的一个 SIP 模型和在可靠的普查数据中应用相同的模型而获取的结果。其工作表明，移动流量过高估计了实际的通勤流，从而引入了感染过程中的一些偏差。尽管如此，网络数据使我们能够在一个国家的不同区域推断疾病以某种方式传染并到达的时间，误差通常为 2～3 周。

当上述分析提供了流行病的宏观介绍时，其他研究都集中在一个细粒度微观层次的表征。Frias-Martinez 等人已经使用了基于代理的模型来捕捉社会模式，这种社会模式可以解释传染性疾病的传播。使用这样一个详细的模型得到的结果表明，墨西哥政府在 2009 年的 H1N1 流感爆发之际采取的不同的应对措施有效制止了感染高峰，减少了 10%的感染。然而，这些决策并不影响病毒的空间进化。Saravanan 等人丰富了基于上述具有个体重要性概念的移动代理的微观研究。后一个信息从移动流量图中萃取，并揭示面向个体流行病控制的设计策略。

11.4.2 流行病预防和遏制

移动流量不仅可以用来了解疾病传播，也可作为控制的工具，这已成为减轻疾病的传播和涉及不同程度的移动流量的解决方案。

Leidig 等人提议通过对迅速蔓延的危险的认识来减少感染的扩散。为此，利用自我网络来确定一组有限的可用的和可靠的方式传播关于疾病信息的关键个体。Kafsi等人介绍了其他三个旨在同一个目标的策略。第一个策略是从移动流量中提取轨迹，以检测用户团体的地理位置；然后强制执行另一个政策，即在暴发期间禁止社区间的运动。第二个策略利用了移动呼叫图，并在其中确定了社会群体；然后，被认为是促进感染过程的社区间的联系是禁止的。第三个策略是相对于疾病传播状态的自适应，因为它避免了移动用户从流行性高的地区前往流行性低的地区。

由 Lima 等人提供了更全面的研究，他们通过传统的 SIR 模型评估了传染：① 没有采用对策时；② 强制实施地理隔离时；③ 在人口中进行宣传活动时。作者利用科特迪瓦全国范围内的移动流量数据来模拟个体流动性，并概述移动流量图在最后一种情况之前发生了哪些信息沟通。结果表明：实施地理隔离，尽管其是侵入性的、价格昂贵且难以执行，减少了地域性的大小，但疾病传播不会减慢；相反，协作性宣传活动使感染者达到了一个显著较低的比例，即使用户人群的参与率较低。

11.5 移动电话网络

在最简单的模型中，人打电话给对方的数据集是通过一个网络来表示的，其中的一个节点是人，呼叫双方的两个节点之间用链接表示。在相关的电信数据集的第一个研究上，数据集被用作算法或模型的潜在应用，而不是用于分析的目的。然而，很快出现了在结构上不同于其他复杂网络的所谓的移动电话图(MCG)，诸如网络和互联网结构，并且值得特别注意，参见图 11.5.1 所示的用于移动电话网络的雪球采样的示例。这里我们回顾不同网络分析的贡献。我们将解决从 CDRs 数据得出的社交网络和模型的简单统计特性，更复杂的组织原则和社区结构的建设，最后我们将讨论手机网络分析的相关性。

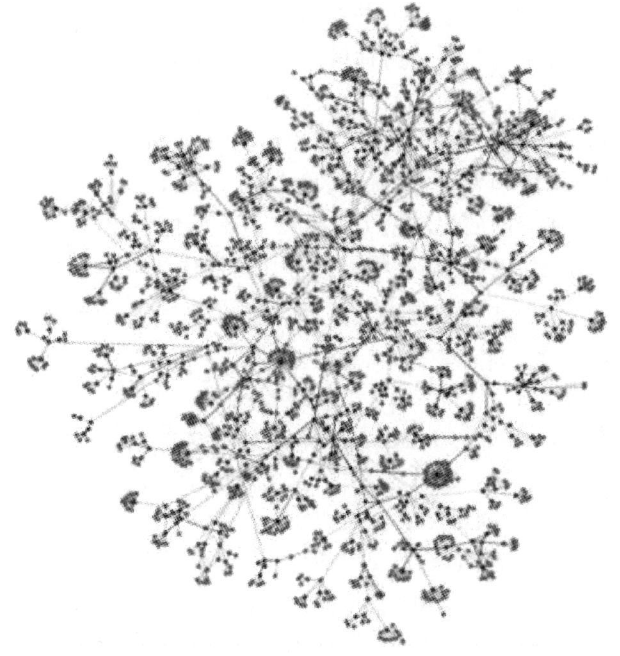

图 11.5.1 由雪球采样获得的移动电话网络样本

源节点是由方块表示，大块节点由一个十号表示，表面节点由一个空心圆表示。

11.5.1 结构

虽然上面提到的网络建设方案看起来比较简单，但存在给定一个数据集如何定义网络的链接问题。

社会网络分析的主要目的是观察社会交往，但不是每个电话都是因为同样的社会目的而拨打的。有些电话可能是出于商业目的，有些可能是偶然的，一些节点可能是呼叫中心拨打的大量电话，所有的这些相互作用都存在于CDRs中。总之，CDRs是嘈杂的数据集。通常需要“清洁”行动消除一些偶然数据，例如，Lambiotte等人在数据集的链接上增加了至少是由两个方向拨出呼叫，且6个月内至少6次以上的条件。这种滤波操作似乎除去该网络链接的很大一部分，但在同一时间内，总权重(所有用户传入呼叫的总数)中仅一小部分减少了。设置在6个月6次呼叫的门槛是有问题的，但围绕该值的稳定性分析可以说明该阈值的精确选择不是关键的。同样，Onnela等人分析了相同的数据集的两个不同版本，一个包含该数据集的所有呼叫，另一个只包含相互呼叫的部分呼叫。完整的网络中的一些节点具有高达30000个不同的邻居，而相互呼叫的网络中，最大值接近150。显然，在第一种情况下很难想象该节点表示一个独立个体，而后者是一个更真实的范围。然而，即使电话是相互拨打的，对每一个连接设定一个有意义的权重并不容易。李等人提出了另一个更符合统计学规律的方法，使用多重假设检验以筛选出在网络中随机出现的链接，并且该链接不是一个真正的社会关系的镜像。用无向网络表示一个移动呼叫网络有时候是比较方便的，在一个单独的电话呼叫过程中，认为通信都是双向的，并且将链路的权重设置为两个方向的权重总和。然而，谁发起呼叫可能在其他情况下比信息的传递更重要，这取决于研究目的，Kovanen等人已经表明，相互的呼叫往往很不平衡。在相互作用对中，发起大多数电话的一个用户如何在一个无向网络中通过一个有代表性的链接权重表示呢？在一个密切相关的问题中，大多数的CDRs包含语音通话和短信两种信息，但到目前为止，还不清楚如何将两种信息整合成一个简单的测量。此外，在短信的使用和文本或语音通话的偏好上，似乎有一种年代性的差异，只考虑一种类型的通信可能导致测量的误差。

除了考虑对噪声的处理，社会关系的表达方式也可能会有所不同：它们可能是二进制的、加权的、对称的或有向的。不同方式会产生不同的网络特性，并且导致相同的数据集有不同的解释。例如，纳纳瓦蒂等人保持其网络作为有向网络，以便获得该网络的强连接组件上的信息，而Onnela等人关注在无向网络上，由两个方向的呼叫表示权重。

11.5.2 拓扑性质

通过CDRs得出的最简单的信息是关于一个节点数量的统计信息，以及通过网络上的本地密度或它的连通性。像社交网络、移动电话图，由于它们广泛分布、小直径和高集群度等，其特性不同于随机网络和格点。

在分布上，所有分析的数据集表现出相似的一般形状，然而它们的细微形状和范围随着数据集、建设方案、大小，或在收集期间的时间跨度的不同而不同。

在涉及CDRs数据的首批研究中，艾洛等人发现幂律度分布，这可由大规模随机图模型$P(\alpha,\beta)$很好地解释，模型的幂律度分布描述为$p(d=x)=e^{\alpha}x^{-\beta}$。随机图形模型经常用在网络模型化上，并且可以从现实网络中复制它的观测值。然而，他们无法发现更复杂的特征，如度相关性。纳纳瓦蒂等人在除了度分布的幂定律尾部，观察到一个节点的度与它的邻节点的度强烈相关。

描述表征度分布的精确形状是不容易的事，这一直是 Seshradi 等人研究的重点。他们发现，数据的度分布可以与一个双帕累托数正态(DPLN)分布相吻合，是由双曲线段连接的两个幂律，这关系到按对数正态分布乘法过程分布的社会财富的模型。图11.5.2 描绘了这些不同的度分布。有趣的是，我们注意到上述三个数据集的时间跨度是不同的，艾洛等人有一天以上的数据，纳纳瓦蒂等人有超过一周的数据，Seshadri 等则有一个月以上的数据。

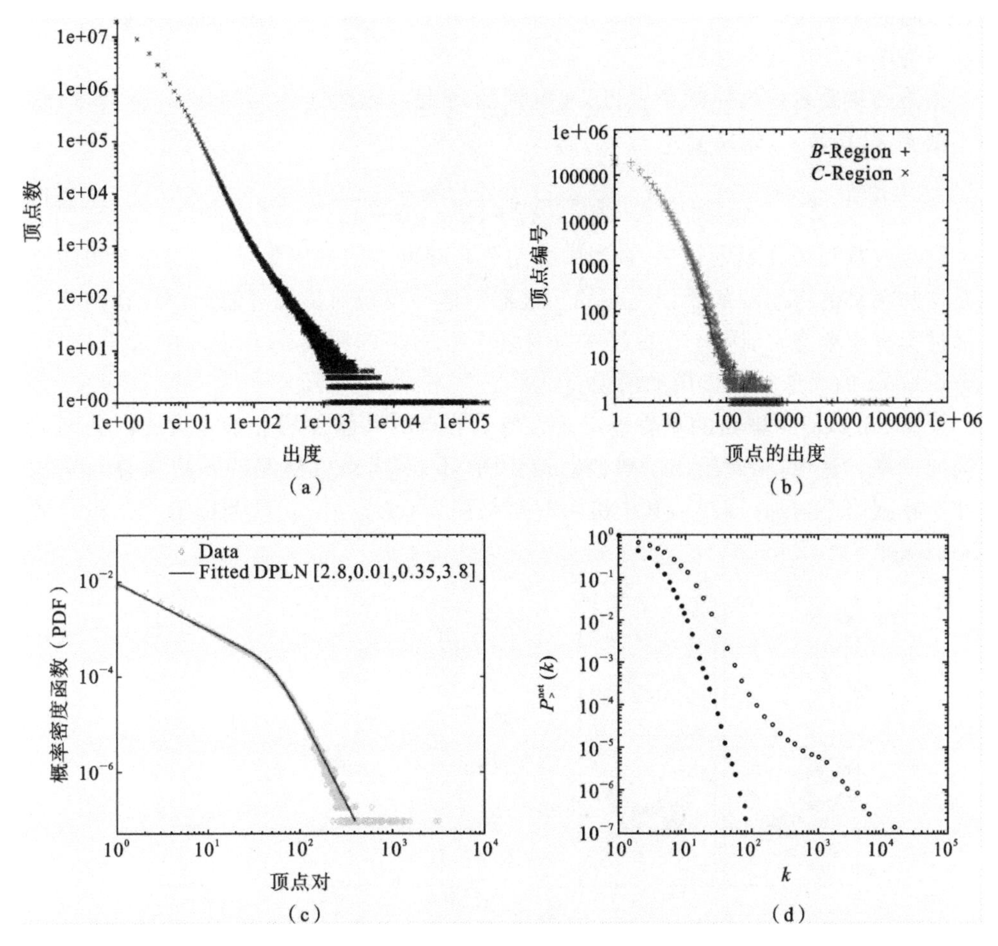

图 11.5.2 移动电话网络中的度分布

Krings 等人深入研究了聚合时间窗口位置和大小的影响。他们表示聚合时间窗口的大小会显著影响网络的度分布和响应。他们同时观察到度和权重的分布在一些天或一些周后会分别变得稳定。时间窗口不知的情形对短时间的窗口影响最大，最大程度取决于是否包含假期或周末，在这些时间内行为模式已经证明和平时明显不同。

我们能从这些度分布中获得什么信息？对复杂网络来说一个共性是它们大多反映交流行为的多样性。分布度的重尾说明了围绕平均值有很大的统计波动性，表明没有代表系统的特别刻度。大多数用户拥有少量的接触，而节点的一小部分是集线器或超级连接器。但是,目前尚不清楚这些集线器是否代表真正的流行用户或是数据中的噪声的伪影,如由 Onnela 等人观察的在移动用户的往复运动和非往复运动网络之间的比较。

度的多样性还在节点的长处和链路权重中体现,这也是可以预期的。所有的研究都针对高聚集系数,这表明该节点自己安排在良好组织的结构里。我们将进一步详细介绍这一课题。

11.5.3 高级网络特性

链接权重的多样性值得特别关注。强链接代表紧密的关系,因此主要关注重量和拓扑之间的相关性。移动呼叫图显示了高聚集系数,因而它是局部致密,人们可以根据其在网络中的位置区分链接。

链路的重叠表征链路的位置,用观察到的最大可能性的共同邻居 n_{ij} 来测量,它取决于度 k_i 和节点 k_j,定义为

$$O_{ij}=\frac{n_{ij}}{(d_i-1)+(d_j-1)-n_{ij}} \tag{11.1}$$

链接权重和拓扑紧密相关,最强的链路分布在网络中的密集结构处,而薄弱的链路则是这些密集的有组织的团体之间的连接器。这一发现对链路过滤或信息在网络上的传播过程有重要意义,因为弱关系作为网络中不连接的密集部分之间的桥梁,印证了 Granovetter 的弱连接节作用的假说。

图 11.5.3(a)中链路的重叠被定义为两个节点的共同邻居和最大可能的共同邻居之间的比率。这里,重叠给出了黑色链接。图 11.5.3(b)中链路的平均重叠与累积重量在实际网络中增加(圆圈),其中链路权重被刷新(正方形)。重叠也随着累积介数的减小而减小。

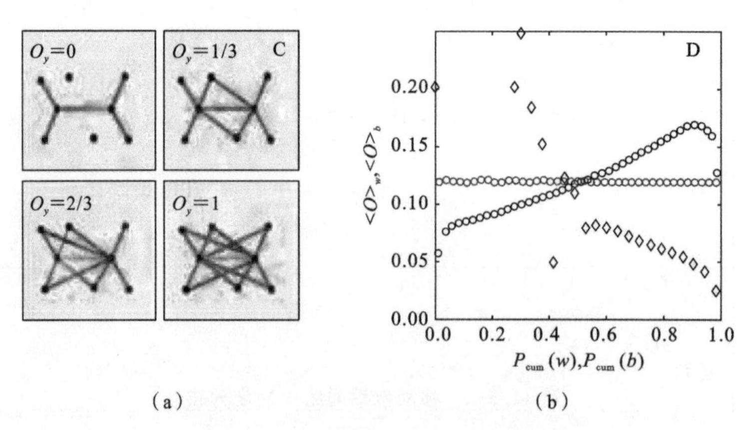

图 11.5.3 在网络中的链路的重叠

网络的稠密子部分的结构提供了对隐藏在后面的通信行为的自组织原则的基本信息。转移到社区的分析之前,我们将专注于派系的属性。派系的结构是由链路之间的权重分布来反映的。在一个每个人都会相互交流的组中,通信是平衡的吗?或者是可以观测到小的亚群吗?分析权重是否平衡的一个简单算法是测量一致性。这个测量方法在它应用到手机数据之前已经介绍过。它是由集合的加权平均数和算数平均数的比值来计算得到的,即

$$q(g)=\frac{\left(\prod_{ij\in l_g} w_{ij}\right)^{\frac{1}{|l_g|}}}{\frac{\sum_{ij\in l_g} w_{ij}}{|l_g|}} \tag{11.2}$$

式中:g 是网络的一个子图;l_g 是其组链接。

这一措施确定的值范围是[0,1],1 对应着平衡。平均来说,派系似乎是比在随机的情况下的预期更一致,特别是对于三角形,它显示出高相关性值。

尤其是三角形里面的链接权重的平衡,观察结果与 Onnela 等人的略有不同:平均来说,三角形里链接的权重可以表示为彼此的权重。

11.5.4 社区

先前对派系和三角形的分析引出了对更复杂结构的分析,如对移动电话网络的社区的分析。社区的分析提供了通信网络大规模组织信息的方法。在与外部数据,如年龄、性别或文化差异的协同分析后,它提供了人口中熟人分布的社会学信息。在本小节中,我们将只涉及社区分析的简单结果,但是当它提到网络或动态网络的地理分布时,这个话题会在文中再次涉及。

在小规模数据中,传统的聚类技术也可以应用,参见 M. Seshadri 和 W. Reed 等人的工作中对小数据集应用的例子。然而,涉及数百万用户的大型手机调用图时,这些聚类技术被社区检测算法打败了。

移动电话网络揭露了社区结构是高度依赖于社区和检测方法的使用定义的。有人可能会争辩说,存在许多貌似可信的分析,因为有许多社区检测算法。此外,移动电话图的特殊结构导致了传统社区的检测方法的一些问题。Tibely 等人表明,尽管一些社区检测方法的基准网络性能良好,但是不能在移动电话图中产生清晰的社区结构。移动调用图包含许多小乔木状结构,这些结构不能被大多数社区的检测方法良好处理。三个知名方法——鲁汶法、InfoMap 和 CP 法对移动电话图产生不同的结果。鲁汶方法和 InfoMap 都建立了网络中的节点的一个分区,使得每个节点属于一个团体。相比之下,CP 法只保留作为网络社区密集的子部分(见图 11.5.4)。

对于 InfoMap 法(IM,加粗线条)、鲁汶方法(LV,加粗线条)和 CP 法(CP,加粗线条),都有四个示例,并用 5、10、20 和 30 个节点表示。加粗线条对应的链接是社会的一部分,灰色节点代表社区的邻居。

Tibely 等人认为小树状结构通常是社区,尽管它们的结构是稀疏的。这就引出了一个问题:社区检测因此不能在手机电话图中进行吗?结果有可能要谨慎考虑,但因为这一直是在社区检测方法的情况下,无论用什么网络,在移动电话图中社区的这个特殊字符应该作为一个特殊性而不是一个问题出现。虽然它们可能有奇异的形状,当与外部信息有效结合起来时社区可以提供重要的信息。这在比利时手机通话图中的社区语言分布研究中有所证明,其中由鲁汶方法返回的社区信息惊人地显示了一个众所周知的语言分裂,如图 11.5.5 所示。

比利时网络的社区着色表示为:浅色为荷兰语、深色为法语。深浅混合图代表了每一种语言的比例。大多数社区几乎是单语。

在社交网络中,如通过移动电话网络提出的社区的概念,已经引起了关于一个社区

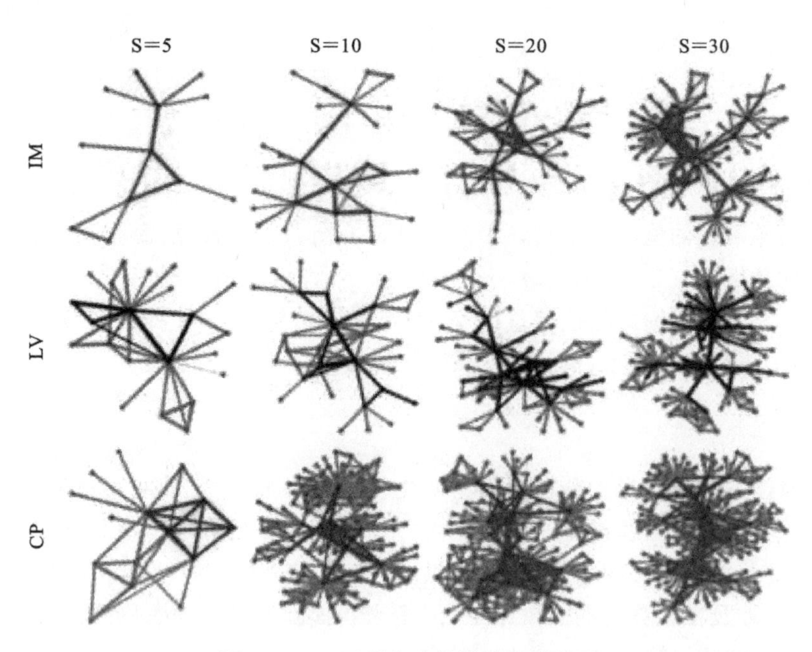

图 11.5.4　不同方法检测社区的例子

的愿景的讨论。特别是有些研究者已经赞成重叠社区的这一想法，即一个节点可以属于几个社区，这与传统观点下社区是一个网络的一个分区中的节点是相反的。赞成这一观点的一个说法是，一个人是不分享共同的利益的熟人群体，如家庭、工作和体育活动。安等人展示了如何通过分割边缘，而不是节点检测重叠社区，并说明了对移动电话的数据集的处理方法。对于每个节点，它们在其活动中心有额外的信息，这些信息表明，社区在地理上是一致的。

11.5.5　社会分析

使用移动电话的数据对社会关系分析时提出了两个问题。第一，这样一个真实交互的数据集有多准确可靠？第二，我们可以从用户的通话行为中获得他们的信息吗？

经常有人声称，手机的数据分析是社会科学的一个显著的进步，因为它使得科学家能够使用含有全部人口活动的大规模数据集。手机数据集的研究被称为计算社会科学中一个新兴的领域。这些大规模数据集的调查答案通常都含有被调查者的主观偏见，因此是不客观的。尽管如此，问题依然存在：自我报告和我们的实际行为有多大的不同？具有位置数据的准确附加价值有多大？鹰等人已经通过数据挖掘对其进行了研究。通过 GSM 和蓝牙技术研究者记录并研究了大约一百人移动和相遇的模式，并且通过调查问卷，他们成功量化了自我报告的行为和观测到的行为的不同。看来观测到的行为和自己报告的行为有很大的不同，确认了在调查中主体自身感知的主观产生了明显的偏差。与此相反，所收集的数据能够显著减少这种偏差。然而，手机的数据引入了不同的偏向，即它们只包含通过电话中表达的社会交往，因此忽略所有其他类型的社会交互。

虽然大多数研究使用外部数据作为验证工具来确认结果的有效性，Blumenstock 等人立刻提出了一个不同的问题，即是否有可能通过人的交流行为推断出人的社会阶层的信息。显然，即使在不同阶层的人中会有明显不同的交流行为，但这个任务也很难

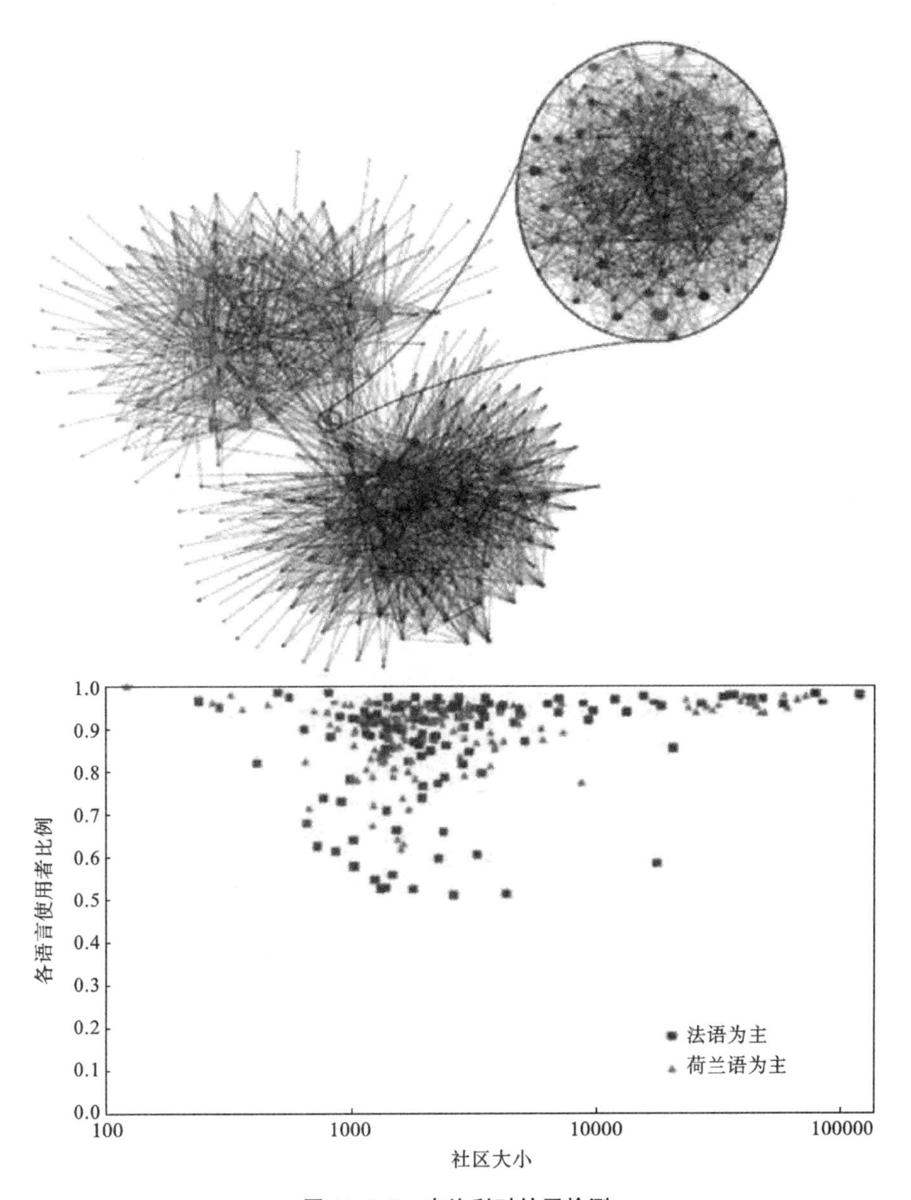

图 11.5.5　在比利时社区检测

完成。虽然从他们的电话活动推断用户信息还似乎很难，很多研究表明通话行为和在一些数据集中包含的其他信息行为，如性别、年龄等信息之间有很强的相关性。在一项固定电话使用的研究中，Smoreda 等人强调在使用基于主叫用户和被叫用户两者的性别差异，而且表明，女性比男性打更多电话，并说明接电话者的性别比打电话者的性别对电话持续时间有更大的影响。这些相同的趋势也已经在后来研究移动电话的数据集中观察到。而且不仅仅是观察手机使用的性别差异，弗里亚斯・马丁内斯等人提出了一种基于手机中提取的若干变量来推断使用者的性别的方法，实现了在发展经济体数据集中达到 70%～80%的成功率。在对卢旺达的数据的研究中，Blumenstock 等人表明不同的社会阶层比不同的性别会引起更显著不同的手机使用习惯。

比分析网络中的节点更进一步，乔拉等人仔细观察了网络的连接并且引进了一种互惠量化用户之间的关系的方法，即

$$R_{ij}=|\ln(p_{ij})-\ln(p_{ji})| \tag{11.3}$$

式中：p_{ij} 是概率，如果 i 打了电话，它会指向 j。他们还在移动通信数据集下进行了测试，并表明有很大程度的非互惠性，远高于维持均衡关系下的互惠值。

更进一步，不同于在手机通信图节点上推断信息，Motahari 等人研究了打电话行为取决于两个用户之间的关系，表征不同类型的链路。研究表明，一个家庭中的链接产生的呼叫次数最多，而围绕这些链接的网络拓扑结构看起来与公用通信网络的拓扑结构有显著不同。

如果我们可以从观察到的手机通信信息进行推断，则可能预测现有熟人是否可用于观测数据集中，这个问题称为链路预测问题。

12

移动大数据与城市计算

12.1 关于移动大数据

12.1.1 介绍

在过去的几十年,数字网络技术的发展产生了大量的信息,这些信息影响着城市生活的许多方面。这些数字痕迹在捕捉城市生活的各方面是珍贵的资源,它提供了一系列令人惊奇的时间和空间细节,有效使用这些数据可以让城市系统更加高效。

根据国际电信联盟提供的材料,2011 年底,大约有 60 亿移动用户,占到全球人口的 87%;在发展中国家,这个比例达到了 79%。每一部手机在和它的基础设施交互的时候都会留下数字信息。所以,每一部手机都可以被看作一部允许实时检测手机持有者的地理位置的移动传感器。电信运营商已经意识到了这些数据的这种可能性,最近他们已经开始新的商业模式,即他们不仅从最终客户(移动手机用户)获得利益,还可以从上游客户比如流量分析者、社交网络和广告公司等获得收益。所以,他们开始和不同的研究团体分享聚合的移动数据。得益于此,大量有关手机用户的数据集在各种各样的城市相关的应用中涌现出来,其中包括有判断力的移动模式、城市空间利用、特别时期的旅行需求、社交网络框架和移动通信的地理散布等。最近,Orange、Telefonica 和 Telecom Italia 提出了一项研究挑战,此时运营商已经向研究界发布了通信数据,目前这些数据是可获取的而且已被世界上数百个实验室所使用。显然,使用移动手机数据来研究城市传感会在发展中国家产生巨大的影响,特别是一些很少使用特殊传感器(比如交通传感器)的国家。最近,一份从联合国 Pules 组织发出的文件中总结了发展中国家最新的研究案例。

目前一些已完成的研究工作都是用于某些特定目的的领域,使用不同类型的移动网络数据进行研究,每项工作都根据数据的特性(不同的精度、粒度、聚合度)去完成,所以很难判断一项特定的技术是否可以适用于另一个不同的数据集,以及这将会导致什么结果。同时,如果一个研究人员或者实践者对建立一个特定的城市传感应用感兴趣,那么对他/她来讲,难以理解的是哪一个特定的移动电话网络集会是最合适的,以及哪项技术应该被应用来达到特定目标。这一小节调查了与城市传感的通信数据有关的新观点和新技术,以达到一个特定目标,即帮助研究人员和实践者探索移动手机网络数据集的多样性，结合文献中的处理技术去建立一个城市传感应用。更具体地说，第二部分展示了从电信数据中能获得的关于城市动态方面的内容。第三部分概括了移动电话数据的产生原理。第四部分调查了已提出的用来提取这些数据信息的过滤和处理技术，然后总结它们以提供"对于特定的应用应使用哪项数据集或者技术"的建议。第五部分介绍最近这个领域面临的挑战的概况。第六部分进行总结。

12.1.2 应用于城市分析的手机网络数据

世界上50%的人口居住在城市地区，而城市面积只占地球表面积的0.4%，并且预计到2050年70%的人口将会居住在城市。一方面，城市化为改善人们的生活质量提供了极大的机会，但另一方面，防止由城市化带来的潜在的经济、健康和环境灾难是很有必要的。从移动性（如运输模式）、消费（如能量、水、废弃物）和环境影响（如噪声、污染）的角度来看，研究处处渗透的数据集是一种理解人们怎么使用城市基础设施的方式。事实上，这种形式的信息提供了对这个城市的新理解（如 Villevivante 项目），这不管是从经济还是政治的角度来看都有很大的价值。特别的，城市规划受益于个人位置数据的分析。通过分析这些数据，可以改善一些决策，比如说交通拥堵的缓解、高密度发展规划。城市交通和发展规划者会逐渐获得大量有关高峰期和非高峰期的交通热点和运输方式的信息，通过这些信息，能够避免潜在的交通拥挤和污染物的排放。深度探讨这些丰富的数据之后，城市规划者在做任何决定时，他们的思路会更加清晰。例如，新加坡的公共交通部门已经使用了10年的需求预报，而需求预报部分是根据个人位置数据来计算运输需求的，他们将会通过未来城市流动性继续在这个方向投资。

图12.1.1展示了普适技术数据集是怎么在这种方案中使用的。城市中的人类行为反映了市民们怎样使用建筑环境、自然环境和城市提供的设施。普适技术能够捕捉人类的行为并产生相关的数据集，这些数据集包含着对规划和管理都非常有用的信息。

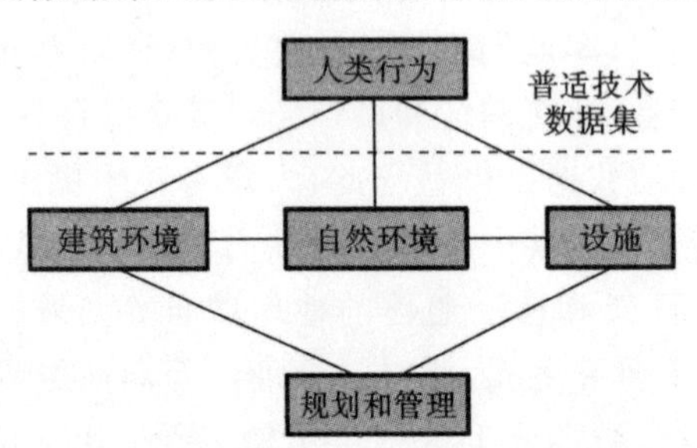

图12.1.1 普适技术数据集在城市场景中的角色

在使用手机数据的社区动力传感领域，现实挖掘项目已经实施了一项重要的创举。现实挖掘致力于收集和分析与人类社会行为有关的机器感官环境数据，用来识别和预测人类行为模式。手机（以及类似的设备）用来收集数据，开创了社会网络分析随机建模的新方法。现实挖掘项目通过让志愿者随身携带一个可以采集和存储传感数据的手机来收集数据。而在本次调查中，我们主要关注电信运营商利用他们自己的产品业务随机采集的数据，不需要让人们携带特殊的设备或在手机上安装 Appsus 实现数据采集的功能。当然，在使用这类技术的时候，隐私也是一个重要的问题。事实上，每个国家都有自己的通信运营商必须遵守的法律法规。使用手机网络数据的主要忧虑是，手机用户的行为是被监视的，特别是在一些情况下，个人位置信息对于一些第三方的应用是受益的。例如，欧盟第2002/58/EC号指令规定了电信部门对个人数据的使用权限和对隐私的保护。该指令的第十四条包括了对位置数据的详细描述，指出："网络电话的识别可能参考到位置数据，在这里移动终端位于一个给定的时刻或者到这个时候位置信息被注册了。"指令的第九章也提供了有关位置数据的规定："在位置信息可以被处理的情况下，只有当他们被匿名或者征得了用户或者客户的首肯之后，才可以被处理，并且在必要的时候需要提供增值服务。"因此，为了遵守这些规章制度，在这个领域所有用于研究的数据都是电信运营商发布的，所以不可能将位置信息和实际手机号码联系起来。

1. 手机网络数据应用

在城市分析领域，手机网络数据已经被运用到如下一些研究结果中。

1）估计人口分布

在这方面，使用手机网络数据有双重作用：① 估计人口稠密的地方；② 估计人口密度是怎么随时间变化的。也就是说，需要识别出在一天中的某几个小时或者一星期中特定几天什么地方是人口稠密的。特别地，从一方面来讲，重点是识别出对用户有意义的位置。Ahas等和Isaacman等人介绍了一个可以确定家的地理位置和工作地点位置的模型，而Nurmi和Bhattacharya描述和评估了一个非参数的贝叶斯方法，用来从稀疏的GPS轨迹中识别位置(给出方法论的通用方法，它可以很容易地应用移动电话网络的数据)。从另一方面来讲，重点在于分析人口密度是怎么随着时间变化的。比如Sohn等、Sevtsuk和Ratti、de Jonge等人探索从手机提取出来的粗粒度GSM数据是怎么用来识别用户的高级别属性和每天的步数。Krisp的工作阐述了手机密度是怎么协助消防和救护服务的。而且，在Soto等人发表的文章中，从手机的聚合使用记录中提取出来的信息可以用来辨别一个群体的社会经济水平。

2）估计城市不同地区的活动类型

一周内，住宅区、商业区和企业区的呼叫活跃度是不同的。它可能从一个地区的移动通话图中获取一个分类器，然后允许将地区分为"住宅区""商业区"，或者"贸易区"。比如，Girardin等人提供了一个案例研究，其中聚合的匿名手机网络活动数据和从Flickr获得的地理图片允许一个人去了解纽约不同地区名胜古迹的吸引力的演变。Reades等人监测罗马的动态，获得手机信号塔活动的地理区域集群。其他工作试图把重心放在一座城市的特殊土地的使用情况。比如，Soto和Frias-Martinez使用时间序列分析的方法，从整合的详细呼叫记录数据库，来自动识别土地信息。这项工作主要关注以下类别：工业园区和办公区，商业区和商务区，夜生活区，休闲和交通区，住宅区。

3）估计移动模式

使用手机ID、时间戳和一个事件的位置数据(电话、短信、互联网的使用)，可以估计乘客在预定区域的流动性。一些研究人员在这个领域做了大量的工作。例如，Barabasi实验室有一个关于"个人流动模式"的开源项目。比如，Gonzalez等人展示了通过广泛覆盖的城市地区移动无线网络是怎样跟踪团体和个人的。Song等人研究了何种程度的人类行为是可以预测的，结果表明，精确预测模型的发展是有科学依据的，且有可能影响我们的幸福和公共健康。而且，他们分析了移动模式的不同方面，包括人类轨迹、迁移行为和道路使用模式。麻省理工学院城市传感实验室在这个领域做了一些其他重要的工作。他们致力于在城市规模上探索和预期数字技术是怎么改变人们的生活方式以及他们暗含的关系。特别地，在他们的第一篇论文中，作者使用从手机实时采集的数据来监控交通状况以及意大利行人的行为。最后，Becker等人对美国的一些城市，通过特征化人类移动性来提供关于不同的重要社会问题的见解，比如评价人类旅行对环境的影响。

4）分析当地事件

近几年来手机数据集的普遍使用导致了一些研究也与当地事件和移动性互动相关。一些研究试图推出在一些紧急情况和特殊事件中人类的移动行为模式。

5）分析社交网络的地理性

从统计学的角度来看，地理因素对社交互动具有影响，根据通信的相对频率和平均持续时间可以得到移动通信的地理位置，通过流动规模可以研究社交网络的影响范围。

手机网络数据不仅可以用在研究工作中，还可以用在基于聚合数据和个人数据的跑步产品中。第一个应用小组使用手机网络数据来推测城市交通模式。传统的公司（如Inrix和Delcan）使用GPS或者移动设备的位置来收集数据。利用手机网络数据可以掌握更多数据节点的流量信息（在具有大量的手机用户的前提下），与传统的规模较小的GPS交通工具小组的收集方法相比，这种方法可以提供更好的解决方案。因此，越来越多的通信运营商和能够使用流量信息提供实时服务的外部公司合作。比如，Vodafone和TomTom的合作关系。又比如，Cellint提供了一项广泛使用的服务，通过移动信号数据来定位道路上的汽车。这样的数据经过分析，可以提供实时的事件检测（如道路传感器）、出行时间和在某段短距离之内的速度（比如城市地区200 m，其他地区500 m）。Intelllimec是加拿大的一家类似这样提供实时交通和事件检查信息的公司。其他利用手机网络数据提供交通信息的公司还有Airsage，它将移动电话网络的信号数据进行整合，提供主要道路的实时速度和出行时间。这家公司目前几乎在美国的每一个城市提供实时位置和交通数据。Airsage也试图从一些特殊地区一天中的不同时间的消费者的行为来提取信息。具有Smart Steps产品的Telefonica也采用了这样的方法。它使用匿名的和整合的移动网络数据来代表每一个地区每一段时间总人口的信息。

其他应用侧重于使用手机网络数据来提供更加“社会化”的服务。比如，Sense Networks是一个商业化的宏传感器，它基于一个机器学习的技术模型，整合了历史和实时的手机位置数据来达到某些目的。例如，识别出最有可能叫到一辆出租车的街边角落。Sense Networks第一个面向消费者的应用是CitySense，它是为了回答“人们现在要去哪里”而设计的。CitySense展示了城市、热门地点和一些意外活跃的活动地点的整体活动水平，这些都是实时的。这个工具还使用Yelp（美国最大点评网站）和谷歌来展示这些位置在举行什么活动。另一个Sense Networks的应用是CabSence，在2010年初提供给用户一张整合过后的地图，这张地图通过分析数百万的数据点——每周中每一天每一个小时出租车让乘客上车的地方——来给街道角落排名。

2. 手机网络数据应用实例

这些例子展示了手机网络数据是怎么做到以下事情的：

（1）提供研究微行为和宏行为的可能性。

（2）手机网络数据真正反映人类行为，是由于（运营商）越来越多地采用移动技术，使我们的可选数据也变得越来越多。所有研究都认为真正重要的是验证抽取出来的信息。对于这方面，真实的数据集用来：

① 验证移动电话网络数据的分析结果。

② 定义缩放系数来将结果扩大到整个人口。

③ 增加城市空间的信息，这有利于提取出高水平的移动模式。

表 12.1.1 概括了常用的比较数据集，它们主要用来验证从手机网络数据获取到的结果，并列出了它们的优点和缺点。

表 12.1.1 对比主要数据集的优缺点

数据集类型	优　　点	缺　　点
人口普查	非常精确的空间分辨率	数据无法及时更新
土地使用	不同类别	不同的空间单位
兴趣点	非常精确的类别	不同的数据来源可以为相同的兴趣点提供不同的类别

1）普查和调查

普查和调查提供了不同领域相关的数据集：人口统计、健康、教育、政府和安全、通信和运输等，如 2010 年美国人口调查。这样的数据集可以用来验证：① 家庭和工作领域；② 城市模式，如热门地区、上下班、交通流量等；③ 土地使用。这种类型数据的主要优点是空间分布均匀，这往往是人口普查的结果。主要缺点是它们通常需要 5～10 年才更新一次。而且，由于只询问一些问题，所以提供的只是部分的人类行为。

2）土地利用

全球土地使用数据集给一些用于其他计划的数据集提供了途径（如 NASA 全球土地利用数据集）。不同的种类被定义为诸如国家编码、人口密度、植物的栽培密度等。主要缺点是它们聚集在一起的空间单元可能不一样。

3）兴趣点

兴趣点是城市的一系列重要商务区和值得参观的地方。几乎每个兴趣点的主要特征都是一个类别和一个位置。有很多不同的来源——黄页、Yelp、谷歌——这些可能提供不同的信息。比如，“A60”是曼哈顿著名的屋顶酒吧，可能被一个资源分类为“酒吧”，被另一个资源分类为“夜生活”。在大多数的比较中，类别又聚类为超级类（例如，酒吧和酒店都被聚类为超级类“食物”）。

在比较不同的数据集时，会有一些挑战和限制，主要是采集时间和空间单元的不同在比较数据集上的困难。例如，普查数据被聚类在块、轨迹或者国家的等级，而手机网络数据被聚类在信号发射塔等级。

最后，使用手机数据去估计城市动态的另一个限制是在不同的人口群体中不同的手机持有权存在着潜在的偏见。但是最近一个研究表明，为了能够估计人类移动性，在不同地理和社会小组以及手机持有偏见的干扰下，肯尼亚的一个大型电信运营商的手机数据是健壮的。虽然这个研究不能自动推广到所有手机网络数据集，它仍然表明，对于足够多的样本，偏见对提取出来的流动模式产生的影响比较微小。

在下一个部分，我们会讨论电信网络怎么产生手机数据集以及数据集的特点。

12.1.3 手机网络数据生成

当手机处于开机状态，它会根据自己目前所处的位置定期更新它的位置信息。手机位置的通知可能被一些事件(打电话、发短信或者使用互联网)触发或者被网络的更新所触发(如果想看更多关于这项技术和用于获得手机位置的详细描述,请看 Wang 等人 2008 年发表的文献)。

1. 事件驱动的手机网络数据

目前这些数据有两个主要的来源:通信和 Internet 的使用。大多数手机网络都会产生呼叫详细记录(CDRs),这是通过电话交换机记录的一次手机呼叫的细节或者从该设备经过的短信的数据记录。一个 CDRs 由描述电信交易过程的数据字段组成,比如用户中始发事务的用户 ID、接收事务的用户 ID、事务持续时间(通话记录)、事务类型(声音或者短信)等。每个电信运营商都能决定发送哪些信息以及如何格式化信息。比如,在通话结束后,有可能以通话结束的时间戳来代替持续时间。表 12.1.2 展示了 CDRs 记录的一个例子,表 12.1.3 展示了基站 ID 和位置的映射关系。

表 12.1.2 CDRs 日志

Originating_id	Originating_cell_id	Terminating_id	Terminating_cell_id	Timestamp	Duration
24393943	10121	17007171	10121	24031517	29
24393943	5621	17007171	2721	25141136	38
24393943	17221	17007171	2521	25534630	188
24393943	31041	17007171	5111	32440483	111
24393943	10121	17007171	9411	32440483	145
24393943	6321	17007171	20921	33431903	132
24393943	7041	17007171	10021	33435718	17
24393943	7021	17007171	14321	34160370	53

表 12.1.3 蜂窝基站位置信息

Cell id	Lat	Lon
10121	44.658885	10.925102
17221	44.701606	10.628872

数据的第二个来源是 Internet 的使用。在电信中,一个 IP 详细记录(IPDR)提供了有关以 Internet 协议(IP)为基础的服务信息。IPDR 的内容是由服务提供者、网络/服务元素供应商,或者在特殊情况下被授权可以提供这种 IP 基础服务的其他团体所决定的。IPDR 数据字段有用户 ID、网站类型、事件的时间、字节发送等。要注意的是,在这种情况下,错误地根据 IP 地址绑定的设备是否容易改变,底层 IP 网络的密度和拓扑机构是否会发生很大的变化。

在交流中可以将通信和 Internet 与手机信号塔联系起来。

2. 网络驱动的手机网络数据

蜂窝网络是由独立的被称为基站的网格组成的无线网络。每个基站都覆盖了一个小地理区域,即被特别标记的位置地区的一部分。通过整合这些基站中每个基站的覆盖范围,蜂窝网络提供了一个更加广阔的无线覆盖范围。一组基站被称为位置地区(LA)或者路由区。一个 LA 是一套组合在一起的用来优化信号的基站(见图 12.1.2(a))。

几十甚至几百个基站共享单一基站控制器(BSC)。BSC 处理广播信号的分配,从

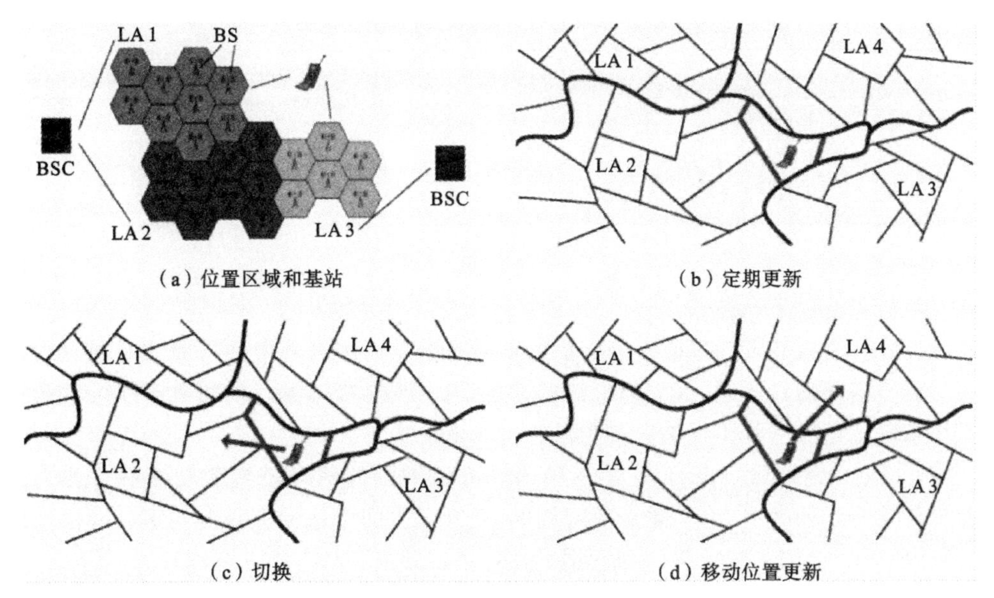

（a）位置区域和基站　（b）定期更新

（c）切换　（d）移动位置更新

图 12.1.2　手机网络数据

手机接收测量数据，从一个基站到另一个基站切换控制。

1）位置更新

在这样的环境下，不同类型的位置更新可能发生：

（1）定期更新，这是在一个周期性的基础上产生的，并提供了手机连接到信号塔的信息（见图 12.1.2(b)）。

（2）切换，当一个电话参与的呼叫行动是在两个蜂窝地区之间时，会发生切换（见图 12.1.2(c)）。

（3）移动位置更新，当电话在两个区域移动时会发生（见图 12.1.2(d)）。

当手机改变与电信基础设施的连接类型时，位置更新也会发生（比如从 2G 到 3G）。这些更新的频率高度依赖于运营商是怎么部署这些不同的连接技术的。

其他重要的方面是用户的位置信息。位置信息可以从移动电话和通信基础设施之间交互数据的一部分中提取出来。在大多数情况下，它由手机连接的信号塔位置和信号扇区所表示。图 12.1.3 展现了 CDRs 位置信息的一个例子，由信号 ID 字段表示。表 12.1.4 将每个信号 ID 映射为相对应的经度和纬度。

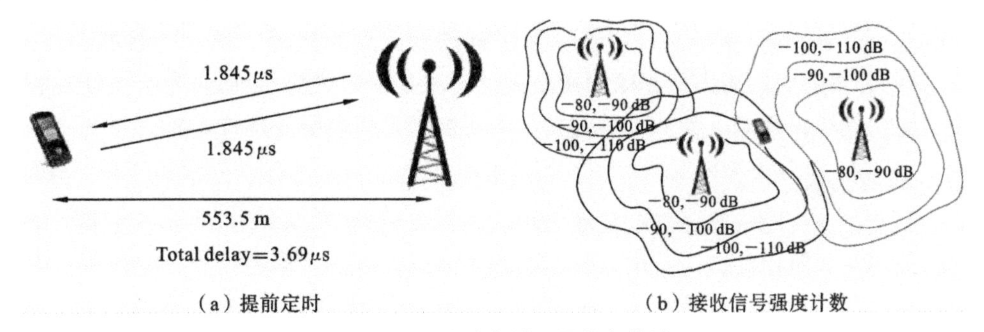

（a）提前定时　（b）接收信号强度计数

图 12.1.3　移动电话位置信息估计

特别的，通过从网络低层中收集到的信息，可以估计用户的三角位置。这样的数据的格式由网络运营商提供的标准文档（参见 3GPP 标准文档）给出。

表 12.1.4 使用传播模型获得的蜂窝基站位置信息举例

User Hash	Longitude	Latitude	Uncertainty	Timestamp
4ba232e4d96f47de94f7441e87c164fb	16	81	56	12467599331
4ba232e4d96f47de94f7441e87c164fb	06	09	252	12467559922
4ba232e4d96f47de94f7441e87c164fb	99	95	208	1246760034

2) 位置更新技术

主要技术有以下几种。

(1) 提前定时(TA),这是一个从手机发射的信号到达信号塔所需要的时间。因为用户与信号塔的距离不同,而无线电波的速度是一定的,所以到达的精确时间可以被信号塔用来确定信号塔到手机的距离(见图 12.1.3(a))。

(2) 接收信号强度(RSS),这是一种测量电话周围的信号塔接收功率的方法。因为信号传输开始的功率、电平是众所周知的,在开放空间中信号下降的功率可以很好地被计算,RSS 可以用来估计手机和它周围信号塔的距离(见图 12.1.3(b))。

要注意的是在这些方法中,城市地区在 500 m 以内手机可以被精确定位。而城市地区 150 m 以内的精确度可以通过传播模型和辐射图获得。这种技术通过发现使所有基站接收的实际测量平均功率和估计的平均功率的误差的平均值最小的点来估计手机位置。表 12.1.4 展示了使用传播模型和辐射图获得的信号塔位置信息的一个例子;主要的区别是估计精确度的不确定字段(如米)。

每个国家的服务提供者都根据他们网络交换的数据类型制定了不同的规则和限制。即使对于服务提供者,个人数据也是不能实时流通的。而且,个人数据的使用可能会引发隐私方面的忧虑(就像第二部分解释的那样)。同样的数据可以在不同的空间和时间规模被整合。例如,手机网络数据可以通过呼叫电话的次数、erlang(总的通话时间,参见 Freeman)、短信的数目、切换的次数、位置更新的数目等在信号塔层次被整合。

整合后的数据可以更加容易被实时获得,而且延迟时间短。此外,关于数据集方面,整合的数据比较好管理,而个人数据可能比较难管理。这方面一个可能的解决方案是只分析用户的子集,但是这又会导致如何选择好的和有代表性的样本的问题。

12.1.4 分析手机网络数据的技术

在这个部分,我们会展示一些已经用在研究工作上的分析手机网络数据的技术。首先,我们会讲述一些减少数据噪声所必需的过滤技术。然后,我们会介绍从移动电话网络数据中提取出来的一系列特征的技术及其他相关的必要处理技术。

1. 过滤技术

为了挖掘手机网络数据来获得城市中人类的活动模式,我们需要一些技术来降低空间不确定性和原始数据的噪声。关于这方面的问题主要包括将用户分配到一个特别的位置和确认用户什么时候在一个地方停止或者只是经过它。

1) 将用户分配到一个特定的地方

这个领域最先进的研究提出了两个主要的解决方案。

(1) 将用户分配到单位区域的质心。移动电话产生的每个 CDRs 都和运营商提供的蜂窝网络联系在一起。Gonzalez 等人首先根据 Voronoi 分割技术,以信号塔的位置为基础,将地区分类,然后将用户分配到相应 Voronoi 单元的质心位置。Girardin 等人展示了不同的方法,由运营商提供最好的蜂窝地图服务,这与蜂窝网格中最好地覆盖这个地区的位置有关。这次计算基于模拟覆盖范围,并考虑了蜂窝扇面和传播模型。

(2) 给用户分配到给定位置的可能性。第二个解决方案介绍分配用户到一个地方的不确定性。例如,Traag 等人用传播模型分配一个用户到指定的特殊位置,这是基于他/她已经和一个特定蜂窝塔连接起来的事实。这个解决方案的主要优点是考虑到了一个地区可能会被多个蜂窝塔覆盖的事实。

2) 停止探测

另一个重要的问题是确定哪一个地方对用户是重要的。也就是说,在哪一个地方,用户停留了一段合理的时间。考虑到移动电话网络数据还处于未加工的状态,相同的事件可以被记录为不同临近位置的连续事件。至今提出的提高原始手机网络数据精确度的解决方案可以被分为以下两种。

(1) 利用连续位置数据的解决方案。其中,最近连续测量方法可以在一次特别的单独测量中进行。例如,Calabrese 等人修正了空间值 Sth 和时间值 Tth 阈值来检测终点。也就是说,如果距离(dstopi,dstopi)＜Sth 并且(tstopi,tstopj)＞Tth,那么两个连续的终点 stopi 和 stopj 可能会相同。Jiang 等人提出了相似的方法。

(2) 利用历史位置数据的解决方案。这里历史位置数据用来帮助判断哪个地区对于用户来说是重要的。例如,Isaacman 等人使用集群技术(特别是 Hartigan 算法)计算一个数据集,花费了 78 天,以确定对于用户哪些地方比较重要,比如说家、工作地点。

2. 处理技术

在这部分,我们总结了文献中不同的处理手机网络数据和从城市动态中提取信息的技术。这些技术根据数据集提供的聚合等级来分类。

1) 个人数据处理

个人水平的手机数据已经被运用到如下应用中。

(1) 家庭和工作地点的位置估计。使用带有位置信息的 CDRs,有一些研究侧重于估计用户的家庭和工作地点的位置。对于每个用户来说,用来达到这个目标的技术包括选择一个由手机网络数据组成的数据集。这些原始数据需要的信息是用户联系蜂窝塔的次数和停留在一个位置的时间。家庭位置被确认为晚上停留最频繁的地方(夜晚是指定的一段时间间隔),工作地点是工作日早上/下午停留最频繁的地方,也是除了家以外,有大量白天活动的地方。数据已经通过美国人口普查估计值在普查轨迹水平验证过了。需要注意的是,当在不同国家使用这项技术时,用来标记晚上和白天时段的时间间隔可能需要根据这个国家的工作习惯来进行调整,就像 Berlingerio 等人讨论的那样。

(2) 流动性估计和应用。通过将每个用户经过的位置序列连接起来,然后将此作为流动性的估计值,一些研究人员已经提出了流动性研究的应用。Gonzalez 等人提出了一项技术,即使用任意两个经过的不同地方的距离来推测日常出行。Isaacman 等人使用了经过位置中相隔最远的两个地方的距离作为日常行动的范围。通过出行的起点和终点将用户的移动行为分组,可以推断出起止矩阵,并用来分析一个地区的吸引力(来自不同的地方的人们数量作为测量值);例如,Calabrese 等和 Couronne 等人使用时空分析法根据用户出行频率将用户聚类。Schneider等人将motifs(从一天中的出行序列抽取出来的日常移动网络)和从旅行日记调查中抽取出来的旅行链联系起来,试图通过检测个人移动网络目的地并将其与出行目的联系起来。

Berlingerio等人进一步开发了在手机数据中发现频繁旅行的模式,用来提出促进公共交通系统的建议,推荐一个地区能够满足高质量旅行要求的新路线,但是,这些新线路却不和当前交通网络相匹配。

最后,使用从CDRs提取出来的流动性模式,研究人员定义了一个描述疾病怎么扩散到整个国家的模型。这能够测试疾病传播的信息活动的效果。

(3) 整合社会和流动性信息。第一组工作试图理解流动模式和社会关系的相互作用。就像在第二部分显示的那样,手机网络数据也被用来整合呼叫和位置模式,以帮助开发面对面会议。Calabrese和Wu等人发现人们连接到相同的蜂窝塔(托管)的时候是取代面对面交流的很好方式。特别地,他们发现人们更倾向于在事件之前和之后互动,而且推断出面对面会议的数量与用户家庭距离相关。从呼叫相互作用,作者能够预测人们将会何时何地见面。

2) 整合数据处理

与个人数据相比较,整合的数据更加容易管理,并且可能实时地使用。接下来我们会展示最前沿的研究中应用手机网络数据的技术。

(1) 土地用途推断。从汇总的信号塔统计开始,可以从电信使用模式了解城市的活动。这能够以较低的成本和非常低的延迟来增加现存的建筑环境数据收集和分析方法(普查、企业注册等)。考虑到另一些类别的活动,经典时间序列分析在最初就执行了(如Reades等人使用的主成分分析法,或者Yuan和Raubal等人使用的动态时间规整技术),时间序列的聚类可以根据使用情况将地区分类(就像Soto和Frias-Martinez提出的模糊C均值技术)。

(2) 空间分割。通话中手机用户的位置可以用来推断出呼叫者的位置,从而允许建立关于地理对人类互动行为影响的模型。通过网络分析,Lambiotte等人发现人类互动类似吸引力的行为,会随着距离的增加而减少。如果有例外出现,那么主要是因为地理的特征(如河流,详见Ratti等人发表的文章)、行政边界和文化差异。使用整合的带有位置信息的CDRs,可以估量位置之间人类交互的水平,这导致了一些工作主要集中在这些互动最好的聚集地区。交互事件可以整合起来以创造一个地方的网络,其中节点就是位置(如蜂窝塔),如果连接两个蜂窝塔的人们之间发生了互动,那么节点之间的边缘就存在。可以使用标准网络分析技术将加权图分割成若干个地区(如模块最优化)。通过这项技术,可以检测出这个城市中被连接最多的地区和哪里存在互动边缘(参见Blondel等人发表的文章)。在进行这项研究时,需要考虑的一个重要的方面是手机的普及率和每个地区参与分析的运营商的份额。当然,如果这样的份额不是均匀地分布在所分析的整个地区,那么所得的交互网络可能是扭曲的。这是Calabrese等人在处理整个美国级别的地区分割时提出的问题之一。从带有以县级水平整合的当地信息的CDRs数据开始,作者不得不采取以下一些措施:① 为了解决运营商份额在每个地区的不均的问题,需要进行标准化;② 过滤顾客数量太少或者份额太少的县(以保留有代表性的样本)。最近,提出了一种新的方法来估计人口地理划分之间关联的重要性,这种方法需要考虑到人们原本的道德、语言、宗教或者政治上的分歧。在科特迪瓦进行的一项研究已经考虑到了60种当地的主要语言。

(3) 事件检测。通过观察塔到塔通信的时间序列，研究人员提出了一个可视化分析工具来描述事件。这个工具可以识别具有相似呼叫行为的信号塔的聚类，并用来检测事件。可以通过引入个人信息进一步细化特征，并用来识别手机用户是否在移动流量异常的位置被检测到异常。检测这些异常的阈值需要根据历史事件的部分基础事实来应用和调整。

基于刚才讨论的内容，表12.1.5总结了我们的建议——哪些数据集和处理技术应该被用来开发特定的城市传感应用。

表12.1.5 城市遥感应用程序和相关的数据集以及处理技术

应用	数据集	处理技术	观察
监测污染浓度	个人CDRs(包括通话高峰位置信息)	家庭位置定位	测试不同时间的家庭位置定位阈值
监测城市的不同区域的活动类型(如土地使用)	通话高峰统计数据集	时间序列分类(如模糊K均值)	能否通过外部数据(如POIs)进行改进
监测移动模式(OD矩阵)	个人CDRs(包括通话高峰位置信息)	家庭和工作位置定位，移动性监测	交通网络地图匹配的可行性评估
监测移动模式(流量监控)	个体事件驱动的三角定位	移动性监测，模式推测	实时数据的可用性评估
监测事件	个体或集体CDRs(包括通话高峰位置信息)	移动性监测，事件识别	部分标签的检测阈值测试
社交网络地图分析(区域划分)	集体CDRs(包括通话高峰位置信息)	模块化划分	不同边的权重定义测试
社交网络地图分析(通信移动性交互)	个人CDRs(包括通话高峰位置信息)	移动性监测，社交网络分析	用通话来识别社会关系；用通话时的位置识别网络分布

12.1.5 开放的挑战

本节展示了手机网络数据是怎么用来获取城市动态信息的。在处理这些类型数据的时候，仍然面临一些挑战。

1. 事件驱动数据的限制

为了分析城市模式的某些特定类型，非常频繁的位置数据是很重要的。只有当用户采取某些措施时，事件驱动数据才会产生，比如，发送一条短信，打一个电话等。因此，用户的位置可能不会很频繁地更新。迄今提出的一些解决该问题的方案如下。

(1) 只以高度活跃的用户作为样本。自从发现高交流率(如呼叫某人或者发送一条短信)与高迁移率有关之后，这个解决方案被认为可能是高效的。这个方案的主要问题是怎么选择代表用户行为的良好的样本。

(2) 以Internet的使用数据为样本。考虑到智能手机的高普及率，另一种选择是使用Internet的数据来计算位置信息。主要的问题是这种类型的数据通常表现出低间隔时间;但是,智能手机用户的行为并不总是代表用户的一般性行为。

(3) 网络驱动的数据。考虑到用户本地化更新的频率较低,网络驱动数据是一类比较好的数据。特别地,定期抽样是独立事件,但是对短期流动性不大好。其他选择可以是使用基于流动性的抽样,这对分析大型区域之间的流动性有好处。

2. 空间精确度的限制

对于某些类型的应用,比如说确定精确位置、用户的日常路线或者运输模式,有非常精确的位置数据是非常重要的。手机网络数据不能提供精确的定位。目前为止提出的一些解决方案如下。

(1) 考虑历史上反复出现的位置。这可以帮助平滑不规则的位置数据,允许将一个最近的周期性位置分配给一个嘈杂位置(因为定位精度低)。

(2) 考虑通话过程中的转接。切换模式在不同的路线、速度、方向、手机型号以及天气状况中是相对稳定的,因此允许使用相对频率较低的本地化更新的 CDRs 数据来导出移动设备的轨迹。

3. 管理不确定性

回看之前面临的挑战,很明显,用户在时间和空间中的状态的不确定性可能是相对大的。这是因为用户的位置更新频率低并且手机网络数据的空间分辨率低。因此,提供可靠的和确定的感知结果是非常重要的。一个可行的解决方案是估计用户位置的不确定性。例如,Couronne 等试图估计手机数据中的用户行为的偏差,需要考虑到数据的不精确性,用三角方法来描述流动值和不确定性。

4. 寻找比较数据集

传统的城市数据(如人口普查和调查)是通过不同方法、不同取样时间和不同时间间隔收集的,这让它很难比较分析手机网络数据收集的结果和传统数据集的结果。提出的替代方案如下。

(1) 自报数据。自报数据相比于传统数据可以提供额外的价值,因为它们空间上更加精确,与频繁的采样时间相比它们也不过时。像 Girardin 等说的那样,自报数据的一个例子是可以通过 Flickr 获取的数据来挖掘罗马的游客模式。

(2) 社交网络数据。和前一个类似,社交网络数据根据用户经过的地方提供特定的信息。这里有许多基于位置的社交网络,比如四方,它提供了访问他们自身数据的公共渠道,并且最近已经用来支持城市分析。

5. 处理隐私和匿名

移动数据的共享引起了关于隐私的严重忧虑。移动数据可以揭示人们的移动行为:要去哪里,住在哪里,在哪里工作,喜欢哪些地区,等等。所有这些信息都涉及用户的隐私,并且可能揭示他或者她个人生活的很多方面。因此,这种类型的数据被认为是个人信息,需要被保护起来以避免不正当的和非法的暴露,应该设计复杂的技术来保护个人隐私。科学社区提供了很多加强移动数据隐私保护的技术。参见 Giannotti 和 Pedreschi 发表的文章,里面概括了移动数据方面的隐私。目前提出来的两条建议如下。

(1) 位置模糊法,它由轻微改变的不可逆转的位置信息组成,以便不反映用户的真实位置,但是仍包含了能够提供令人满意的服务的足够信息。

(2) 用于轨迹的 k-匿名算法，即当网络中至少有 $k-1$ 个独立个体，且它们通话过程中的轨迹不能从模型中推断出来，而本算法能够推断出每个人的轨迹。

最近，Mir 等人也提出了一个方法，即从一个真实的电信网络证实了数以亿计的位置样本，来产生综合的 CDRs 捕捉大都市人口的移动模式，同时能够保护隐私。

这只是冰山一角。对过度收集数据的担忧会自然而然地扩散，进而影响任何对这些数据的运用，即使有些人是真的试图保留用户的隐私。数据挖掘用户应该开始思考，他们所用的技术会怎么受隐私相关的法律问题的影响。一篇报道评论了数据挖掘和隐私的辩证性关系，说数据挖掘“可能会是接下去十年隐私拥护者面临的最基础的挑战……”。这篇文章基于国际“平等信息实践”的原则来评价数据挖掘和隐私权。

数据挖掘和隐私权的碰撞才刚刚开始。在接下来的几年，我们期待看到对“数据挖掘对隐私的影响”的监督力度加大。所收集的关于个人的数据的绝对数量和一些强大的新技术比如数据挖掘，会受到消费者的广泛关注。除非关注的问题被有效解决，否则我们将会看到数据挖掘技术所面临的法律挑战。

6. 移动/通信互动

研究通信和物理位置之间的互动仍是一个很大的挑战。在一些情况下，通信被认为是物理交流的附属品。其他情况下，做出的假设是有冲突的，包括补充的、中性的，或者增强的性能。考虑到手机网络数据，Calabrese 等人调查了人们的通话与他们的物理位置的关系。Wang 等人挖掘人们行为(通过手机网络被收集)和社交网络的相似点。但是，在完全特征化实时交流这方面仍然需要大量的工作。

7. 实时数据采集和处理

如果结果实时显示或者接近于实时显示，很多城市传感应用(如流量监测、事件管理)是很有用的。问题是，手机网络数据通常是获得后再被放到数据库，因此它通常不是实时的，因为手机网络每天产生的数据是非常巨大的，所以需要特别的算法和平台来实时处理这样的数据。一些解决方案是基于不同类别的流平台实时处理数据。

12.1.6 结论

本节主要讨论了新兴的城市传感手机网络数据领域的目前趋势和挑战。电信运营商正在产生兆兆字节级别的记录以应用于城市传感。在下面几个方面仍然需要特别的研究：① 推断行为模式；② 建立分析系统来处理大量的数据集和自动抽取模式；③ 建立基于推断模式的最优化城市设施的控制系统。隐私也是一个需要考虑的非常敏感的问题。手机网络数据最终会提供城市的小细节和大方面的信息，帮助理解市民的行为和模式。

12.2 移动大数据与城市计算研究

12.2.1 研究背景

人口数量分布是人口分布的核心内容，面向不同场景的具体事务，对于人口时空分布的精细程度要求也有所区别。对于制定社会经济政策等宏观问题而言，10 年一次的人口调查时空粒度已经足够，而且人口普查还可以提供人口在家庭、民族等多方面的属性，可以对社会经济问题提供很好的基础支持。但是对于更多的微观应用，比如交通规划以及突发事件处理，人口的其他属性相对而言就不再重要，精细的人口数量时空分布结果成为核心需求。

学术界对于人口分布的传统研究包括人口普查和遥感技术。人口普查历史悠久，方法成熟，主要采用入户调查的方式，内容详实丰富，包含除人口数量之外的多种人口属性，但是存在调查周期冗长，耗费巨大资源的问题，主要用于提供基本参考，支持政府决策。遥感技术主要包括基于夜间灯光数据和基于土地资源利用人口密度的属性估计。两者都是利用对应数据类型生成人口分布相对密度，将人口普查数据进行重新分布，虽然相比人口普查数据时空粒度都有所提高，但是无法摆脱对人口普查数据的强烈依赖，而且对于街区级别的实时人口分布依旧束手无策。

近十几年来，随着全球通信系统的迅速发展，移动终端持有率不断提高，根据世界银行的最新数据，全球移动终端持有率已经达到96.9%，东亚国家移动终端持有率达到103.4%，中国移动终端持有率达到92.3%，如表12.2.1、图12.2.1所示。通过分析移动终端记录的个体活动，获得不依赖于人口普查数据的实时细空间粒度的人口分布成为可能。

表 12.2.1 手机覆盖率

	2006	2007	2008	2009	2010	2012	2013	2014
全球移动终端持有率/(%)	50.5	59.7	67.9	76.6	84.3	88.6	93.2	96.9
东亚和太平洋国家移动终端持有率/(%)	48	57.1	64.9	73.7	83.3	91.6	98.3	103.4
中国移动终端持有率/(%)	41	47.8	55.3	63.2	72.1	80.8	88.7	92.3

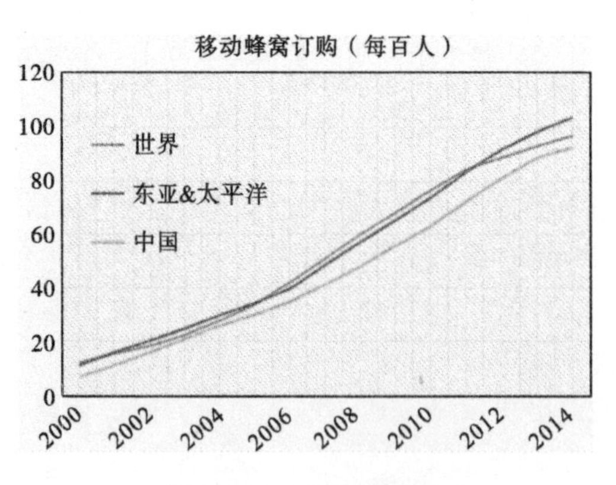

图 12.2.1 手机覆盖率

从数据源方面可以将现有的人口分布估计研究大致分为三类：基于人口普查数据的简单栅格化、融合辅助数据的人口密度估计、基于通信数据的人口回归估计。

(1) 基于人口普查数据的简单栅格化。

早期的人口分布估计利用人口普查数据，直接计算平均值分配到各个空间单元，典型的项目包括世界人口格网(GPW)、TIGER系统等。前者利用全球人口普查数据和行政区边界将人口平均分配到各个行政单元，基于美国1990年人口普查数据的 TIGER 系统亦采用类似的平均分配方式来估计最小普查单元内的人口分布情况。

(2) 融合辅助数据的人口密度重分布。

简单的人口平均分配结果并不能令人满意,研究人员考虑结合自然地理属性和社会发展属性对最小普查单元内的人口进行重分布,从而得到更加准确的人口分布估计。这方面的代表性研究包括基于土地使用属性和夜间灯光数据两方面的研究。基于土地属性的人口重分布研究考察不同的土地资源利用类型和人口的关系,对不同土地类型赋予不同的权重,并以此为基础进行人口的重新分布。20 世纪末,美国国防气象卫星计划(DMSP)通过特殊的光学成像技术实现了对夜间地表光源的监测,相关研究人员发现灯光的分布与人口分布存在极强的相关性。Landscan 项目基于人口普查数据,综合利用土地数据、夜间灯光数据等多种数据对人口进行分布估计,取得了不错的效果。Worldpop 项目利用遥感数据和 GIS 数据建模分布权重,然后利用随机深林算法生成网格精度的人口分布估计,这是目前世界上我们已知关于人口分布估计最精确的结果,我们采用该数据作为我们工作的标准。

(3) 基于通信数据的人口回归估计。

世界银行最新的数据显示,2014 年全球移动终端的持有率已经达到 96.9%。全球通信系统由遍布世界各地的基站组成,移动终端需要通过基站进入网络,运营商会记录接入网络中的终端设备的各种行为(通话、短信等)用于计费,而每条记录中都关联着一个特定的基站,即一个大致的地理区域。因此,此类记录提供了人类活动的基本记录,而且随着移动终端持有率的不断提升,为研究大规模的人类活动比如人口分布提供了无限可能。

2012 年,Kang 等人首先研究了基于通话数据估计人口分布的可能性,他们认为通话记录与手机持有者数量呈线性关系,手机持有者人数与人口数量关系随着地区发生变化,因此不适于通过手机持有者数量来估计人口数量。但是 2014 年,Deville 等人研究了基于通话记录估计人口分布的可能性,结果发现两者之间存在着高达 0.9 的相关性,从而肯定了基于通信数据估计人口分布的可能性。他们以法国和葡萄牙为例,利用手机通话记录以最小行政区为单位进行了人口分布估计,估计过程中利用人口普查数据作为基准,基于幂律模型估计人口分布接近于 Worldpop 项目的精确度,从而揭示了基于通话数据在直接估计人口分布的巨大潜力。他们使用的基本幂律模型如下(包含 α 和 β 两个参数,其中 α 表示缩放系数,β 表示模型中的超线性影响):

$$\rho_c = \alpha \sigma_c^{\beta}$$

式中:ρ_c 表示区域 c 的人口数量估计值;σ_c 表示区域 c 的通话记录数量。

后续又有相关研究。以米兰为例,研究了基于通话数据估计人口分布的可能性,其中 R^2 系数达到 0.66。

相关研究表明,通话记录的平均时间间隔为 8 h,这表明基于通话记录预测人口分布的时间精度最多精确到天,而无法观测到一天之内以小时为单位甚至更短时间的人口变化。而随着智能手机的普及,人们越来越频繁地使用手机终端上网,从而提供了相较于通话记录内容更加详尽的流量记录数据,从而使实时的人口分布估计成为可能。

后面，我们将会对实际的数据访问进行说明。

12.2.2 研究内容概括

本节的主要研究内容可以概括为：基于上海某运营商于 2014 年某月的匿名流量记录和不同的城市功能区，利用改进的幂律模型，实现了对街区级别人口分布精确到 10 分钟的实时估计。具体如下。

(1) 我们利用路网信息将上海切割成 7527 个区域，结合 POI 数据，利用 TF-ID 值，对上海市进行了功能标注。

(2) 构建了改进的幂律模型，利用流量记录数据，基于城市功能区，能对上海市人口进行实时的街区级别的人口估计。

(3) 基于人口分布的估计结果，考察了上海市人群的早晚活动和分布规律，并基于人口分布结果探讨了地铁系统的可行性。

接下来，第 12.3 节介绍了城市区域划分及功能标注的具体步骤；第 12.4 节介绍了改进的幂律模型和基于该模型估计人口分布的方法；第 12.5 节从静态和动态两个方面评估了我们的人口分布估计结果，并基于实时的人口分布估计结果，考察了上海市的人群移动规律，并给出了一个潜在应用——地铁评估系统，最后总结上述工作，并指出了未来可能的改进方向。

12.3 城市功能区划分

12.3.1 数据获取与处理

1. 路网数据

目前可以从公开渠道获得的路网数据包括百度地图在内的商业地图数据和以 Open-SteetMap 为代表的开源地图数据。OMP 数据源自志愿者们贡献，缺乏商业公司级别的准确度保证，而且中国境内的 OMP 数据由于志愿者缺乏等多种原因存在过时和缺失的问题，于是我们选择了百度地图作为基础的地图来源。为了后续处理的方便和高效，我们选择像素图片而不是矢量图作为路网的载体，这样我们便可以采用图像形态学方法对图片进行处理，从而完成对区域的选择和合并等操作。最终，我们使用百度地图 API 获得了上海路网的 14000×17000 像素级别的图片作为基础地图数据。

2. 兴趣点数据

兴趣点(points of interest，POI)是电子地图中使用的术语，相当于地图中的地标。兴趣点包含名称、类别、经纬度等众多信息，我们重点关注类别和位置信息。百度地图提供了中国最丰富的 POI 信息，并提供了相应的 API，其提供的 POI 返回结果如表 12.3.1所示。为了得到上海的全类别 POI 数据，我们将上海划分成了两万多个无缝连接的方格，在方格内按照百度官方提供的分类标签提取 POI。出于数据量的考虑，结合分类的相关性，我们选择了 21 类标签作为抓取的关键词，如表 12.3.2 所示。由于 API 限制，每次返回结果上限为 400 个，为此，我们将相应方格进一步等分为 4 个更小的方格，重新进行 POI 抓取，任何一个达到返回上限的方格都重复以上步骤，直至返回结果在 400 个以内。最终我们抓取了大约 75 万条 POI 数据。

表 12.3.1 POI 返回结果

名称	类型	说明
name	string	poi 名称
location	object	poi 经纬度坐标
lat	float	纬度值
lng	float	经度值
address	string	poi 地址信息
telephone	string	poi 电话信息
uid	string	poi 的唯一标示
street_id	string	街景图 id
detail	string	是否有详情页：1 有，0 没有
detail_info	object	poi 的扩展信息，仅当 scope=2 时，显示该字段，不同的 poi 类型，显示的 detail_info 字段不同
distance	int32	距离中心点的距离，圆形区域检索时返回
type	string	所属分类，如'hotel'、'cater'
tag	string	标签
detail_url	string	poi 的详情页

表 12.3.2 POI 类别

功能区	POI
住宅	生活服务，住宅区
娱乐	美食，宾馆，购物，休闲娱乐，运动健身
商业	金融，写字楼，公司，商圈
工业	工厂，工业区，科技园，经济开发区，高新开发区
教育	学校
景点	景点，旅游开发
郊区	乡镇，村庄

3. 像素坐标和经纬度坐标转换

由于第 12.1 节中我们的路网是像素坐标形式，而第 12.2 节的 POI 信息是经纬度形式，为了实现 POI 信息到路网划分区域的正常映射，我们需要完成经纬度和像素坐标的互相转换。百度地图 API 提供了经纬度和平面投影的相互转换，但是由于我们的像素坐标是自采集的，所以并不能直接使用。最终我们采用了间接的坐标转换方案，如图12.3.1 所示。将像素和平面投影做直接线性映射，然后利用官方 API 完成平面投影向经纬度的转换。经纬度向像素坐标的转换则采用相反步骤即可。同时，利用这样的手段我们完成了图像的矫正，将区域偏移误差控制在了道路宽度级别，如图 12.3.2 所示。

图 12.3.1　像素转经纬度流程

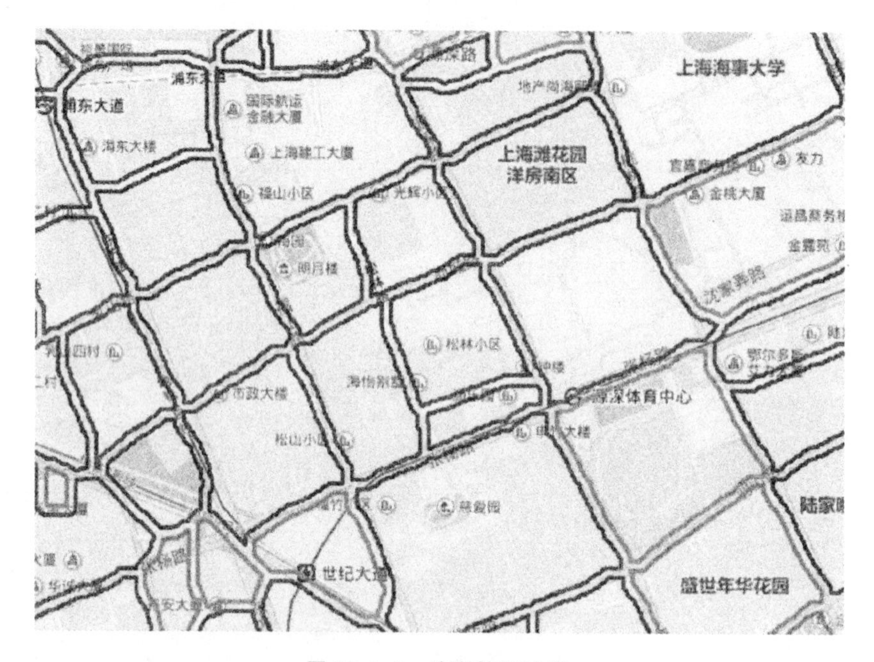

图 12.3.2　路网校正结果

12.3.2　城市区域划分

1. 为什么选择道路作为边界

回顾人口分布估计的相关研究，我们注意到在空间粒度上最常用的方法有两种：规则网格和最小行政区。研究采用的是最小行政区单位，这是因为研究中可以获得的最小粒度的验证数据是最小行政区单位的人口普查数据，基于最小行政区单位可以直接使用这些标准数据进行拟合和验证。但是基于最小行政区单位的缺点是明显的：空间粒度太大，对于很多应用场景比如突发事件处理等没有太多利用价值，没有考虑到行政区内部的社会经济因素的影响，也无法把精度做得很高。相对而言，基于规则网格则可以自如地改变空间粒度大小，我们重点考察目前已知的最细粒度的 WorldPop 项目，它的空间粒度是 100 m×100 m，虽然这样的粒度可以满足绝大多数的应用场景，但是过细的空间粒度破坏了空间之间的关联，也不能充分考虑空间区域的内部的社会经济因素的影响，所以也并不是完全适合。

合适的空间粒度不应该是我们人为的强制分割，而应该是遵循城市结构和人类活动的自然切分结果，自然地我们想到了城市道路作为区域边界。城市道路是人类长期活动或者规划的结果，本身即体现了人类活动的特点，通过道路切分而成的城市区域各自具有独立的功能，彼此之间保持了相对的独立性。道路在人多的地方密集，可以将区域划分出更细粒度的单元，在人少的郊区又可以自然地缩放成大的地理单元，构成自然的伸缩架构，方便计算和分析。另外，不同级别的道路可以提供不同水平的空间划分，可以方便我们进行不同空间粒度的对比。基于上述优点，我们选择道路作为区域的划分边界。在城市结构和功能的相关研究中，从交通模式到基于人群移动性的城市功能区确定，很多研究者同样以道路作为区域的自然边界。

2. 利用道路进行区域划分

路网地图存在向量地图模型和光栅地图模型，在表达信息过程中，向量地图模型的路网更加高效，但是在区域切割和合并中计算复杂。相比之下光栅地图模型则在传统的形态学算法支持下，可以做到高效的计算存储。为此我们选择了便于划分的光栅模型路网。在原始的路网中，由于高架、断路等的噪声存在，对基于道路的划分构成了干扰，为此我们使用 MATLAB 软件中成熟的图像形态学算法对图像进行预处理，具体处理流程如图 12.3.3 所示。

图 12.3.3 区域划分流程

我们首先将图像预处理成二值图像，便于后续的形态学算法处理。我们将道路像素膨胀来填充高架等路网中存在的小洞，然后利用腐蚀操作提取道路骨架，再利用图形单元边界提取算法，完成区域边界的提取。该过程如图 12.3.3 和图 12.3.4 所示。

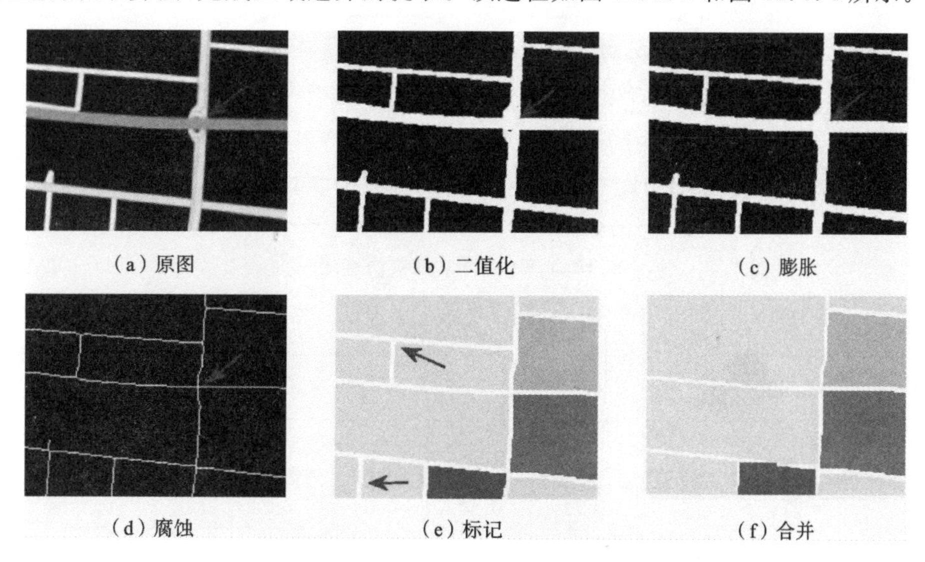

图 12.3.4 区域划分具体示例

12.3.3 功能类型标定

为了确定区域的功能类别，我们计算每个区域内的 POI 分布。为了测量区域内不同 POI 的重要性，我们使用了自然语言处理中常用的 TF-IDF 模型来刻画不同种类 POI 在区域功能划分中的比重。TF-IDF 是两种统计量的乘积：TF（词频）和 IDF（逆文档频率）。在自然语言处理中，TF（词频）表示某个词汇在文章中出现的频率，而 IDF（逆文档频率）则表示某个词汇在众多文章中出现的频率。TF-IDF 的基本考虑是在区分文章主题时，起重要作用的应该是在本文中出现频率高而在其他文章中出现频率低的词汇。根据 TF 和 IDF 不同的计算方式，存在多种 TF-IDF 计算方法。这里我们采用的计算方法如下：

$$\mathrm{tfidf}(t,d,D)=\mathrm{tf}(t,d)\times \mathrm{idf}(t,d)=f_{t,d}\times \log(N|\{d\in D:t\in d\})$$

式中：t 表示词汇；d 表示文档；D 表示文档库；N 表示文档库 D 中的文档总数；$f_{t,d}$ 表示词汇 t 在文档 d 中的出现频率。

我们发现确定区域的功能和确定文章的主题是类似的过程，如图 12.3.5 所示，所以我们利用 TF-IDF 概念来计算 POI 在区域内的分布，然后使用经典的 K-means 算法完成区域的无监督聚类，分析聚类结果后结合常用的功能类别，我们确定了 7 大类功能区（住宅、娱乐、商业、工业、教育、景点、郊区）。进一步，为了取得合适的空间解析粒度，我们考虑合并临近的相同功能区。为了避免过多的区域连成一片，我们将合并的界限限制在 2 级道路以内，即在 2 级道路划定的区域内对相同类型功能区域进行合并。合并算法基于前面提到过的形态学上的膨胀和腐蚀算法，将 2 级道路限定范围内同类型区域共同边界映射为二值图像上，将各个区域内部标记为 0，外部标记为 1，通过膨胀过程吞噬掉边界，而后腐蚀完成区域边界回退，此时提取图像边界即可得到若干区域合并后的新边界，如表 12.3.3 所示，通过计算不同功能区内部的 TF-IDF 均值，我们完成对聚类效果的初步评价。从中可以看出，对角线元素明显处于优势地位，不同功能区之间的 TF-IDF 差别明显。

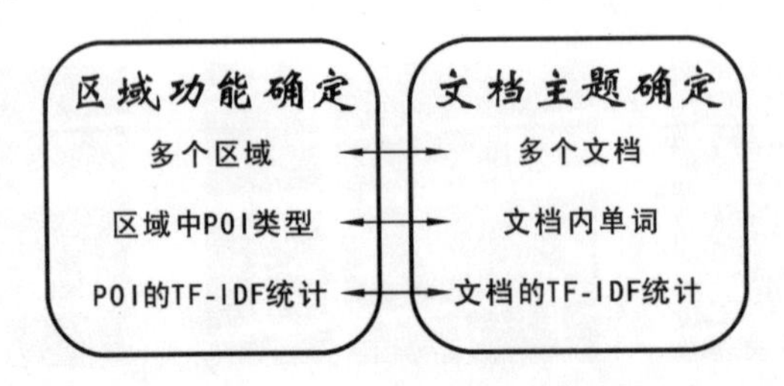

图 12.3.5　区域功能类型确定

表 12.3.3　分类效果评价

ID	1	2	3	4	5	6	7
1	0.76	0.29	0.46	0.01	0.05	0.02	0.01
2	0.29	0.66	0.38	0.07	0.05	0.04	0.12
3	0.21	0.24	0.73	0.14	0.04	0.02	0.17
4	0.09	0.14	0.40	0.66	0.03	0.02	0.29
5	0.14	0.22	0.22	0.08	0.72	0.03	0.17
6	0.13	0.22	0.19	0.03	0.02	0.77	0.11
7	0.06	0.08	0.17	0.10	0.02	0.02	0.86

12.4 基于幂律模型的人口预测

12.4.1 数据预处理

1. 数据介绍

移动蜂窝网数据访问记录数据:该数据为运营商的匿名访问记录数据。该数据集记录的信息包括:移动设备的匿名 ID、基站 ID、基站的位置、数据访问的开始时间和结束时间以及消耗的流量大小。该数据集包含 9000 多个基站,覆盖了超过 100 万的手机用户,持续时间为 1 个月。该数据集提供了高时空精度的用户实时位置信息,是进行实时人口估计的合适载体。为了显示使用该数据估计人口分布的优势,我们从统计角度说明了数据集的基本特征。

图 12.4.1 显示了两条连续记录之间间隔分布的累计分布概率,85%以上的记录间隔小于 10 min,相对于我们前面曾经提到过平均间隔为 8 h 的通话记录,在时间粒度上数据访问记录有明显的优势。图 12.4.2 显示了用户访问记录数量的分布情况,我们可以看到绝大多数的用户访问记录在 1000 条以上。以上结果说明了我们的数据集记录丰富,而且在时间粒度上具备通话记录所没有的优势。接下来,我们重点说明数据集在人口估计方面的重要性。

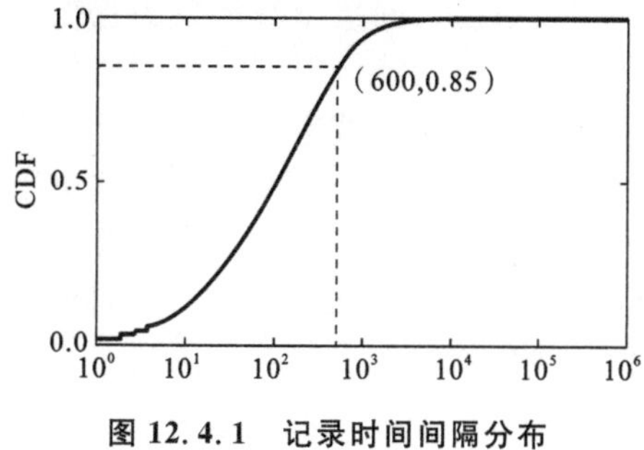

图 12.4.1 记录时间间隔分布

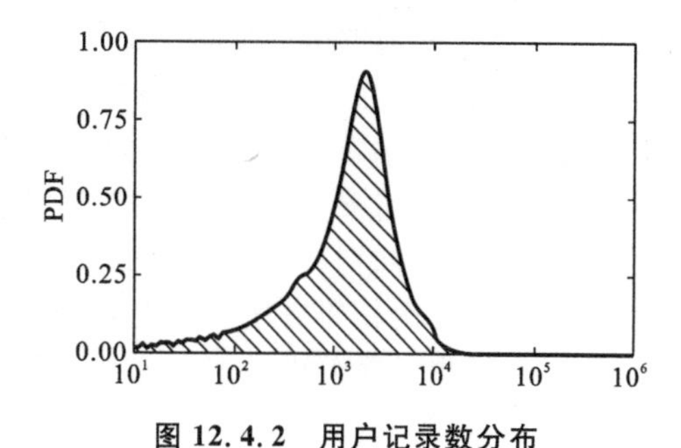

图 12.4.2 用户记录数分布

图 12.4.3 显示了划分区域内手机用户数量与源自人口普查的夜间人口数据的相关系数随时间的变化情况,我们可以看到区域内的手机用户数量与人口数量有着很强的相关性,尤其在早上 7 点时相关性达到最大值 0.75。这是因为大多数人晚上待在家中并在早上开始活动。另外,我们注意到相关系数最大值 0.75 远大于基于通话记录的 0.45 的相关性。为了进一步说明数据的优越性,我们采用文献中的方法即基于数据访问记录进行人口分布估计。在图 12.4.4 中,我们对比了 Random Forest(RF)、Asiapop Project(AP)、Global Rural Urban Mapping Project(GP)和 Gridded Population of the World(GPW)等方法,从结果可以看出相同的方法模型在数据访问记录数据集上可以取得更好的效果,由此再次证明了基于数据访问记录数据集估计人口分布的潜力和优越性。

Ground-truth 和验证数据集:为了构建估计模型和评价估计质量,我们使用来自 Worldpop 项目的数据作为 Ground-truth,该项目的静态人口分布估计精度是我们已知的世界上精度最高的结果。Worldpop 数据综合利用土地属性和夜间灯光数据等基于随机森林算法的多元数据对人口普查数据进行重分布,取得了比较精确的夜间人口分布估计。该结果的空间精度可以作为我们估计人口分布的 Ground-truth。另外,我们

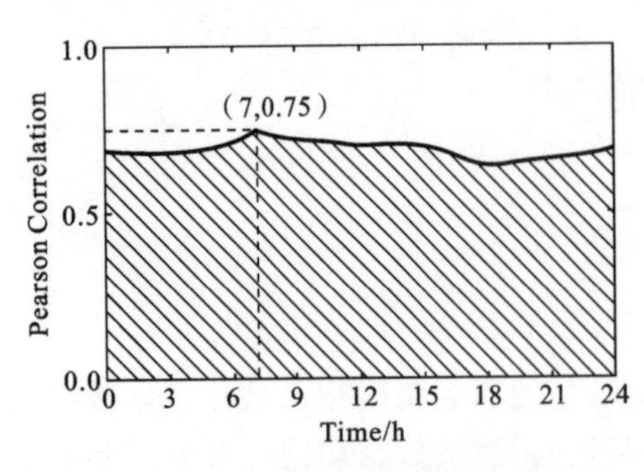

图 12.4.3 人口数量与用户数量的相关系数随时间的变化情况

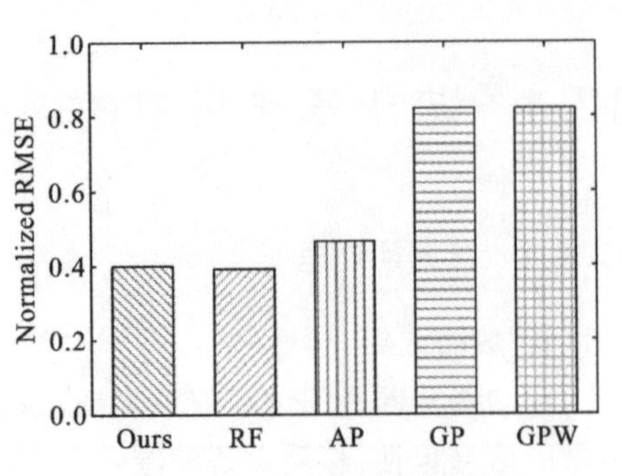

图 12.4.4 不同方法的性能比较

还使用了来自上海市政府的 2010 年人口普查数据，它包含了上海 200 多个行政区的人口数据，从最小行政区的角度评价我们的估计结果。验证数据集中还有一部分交通数据，该数据时间跨度 1 个月，记录了详细的出租车轨迹和地铁使用记录，包括一千万条出租车记录和一亿条地铁数据。因为人口的分布变化的本质即是人群的移动，在缺乏直接验证数据的情况下，我们使用交通数据作为评价我们人口分布动态预测结果的主要验证数据。

2. 数据映射

由于我们的数据来源各异，再做进一步处理之前，我们需要进行数据映射完成数据的统一。由于我们的研究空间粒度基于城市功能区，而数据访问集中数据集的直接位置信息是基站级别的，所以需要将数据访问记录映射到城市功能区级别。我们以各个基站的经纬度坐标为中心，利用 Voronoi 图(泰森多边形)来划分城市得到各个基站的覆盖范围。实际情况下，基站的覆盖范围是互相交错且随时间动态变化的，我们这里采用近似的手段来处理。泰森多边形在通信科学中应用广泛，是常用的确定基站覆盖方位的方法，它是由相邻点连线的中垂线连接而成的多边形。在图 12.4.5 中，我们标记基站坐标，做出泰森多边形来表示基站的覆盖范围。我们将时刻 t 的用户访问记录平均分配到基站覆盖范围内，我们画出城市功能区，大多数情况下发现城市功能区会和多个泰森多边形相交，我们考察城市功能区与各个基站覆盖范围的相交比例，然后依据此比例将基站的访问记录分配到城市功能区中区。数学公式表示为

$$\rho_{u_i}^t = \sum_{l_j} \rho_{l_j}^t \frac{A(b(l_j) \cap u_i)}{A(b(l_j))} \tag{12.1}$$

式中：$A(b(l_j))$表示基站的覆盖面积；$A(b(l_j) \cap u_i)$表示基站覆盖范围和城市功能区的交叉面积。

我们把 t 时刻功能区 U 中的访问记录数量记作 $\rho_u^t = [\rho_{u_1}^t, \rho_{u_2}^t, \cdots, \rho_{u_v}^t]$。示意图如图 12.4.5 所示，图中阴影区域代表城市功能区。

为了融合 Worldpop 项目的数据，我们做类似的处理，具体示意图如图 12.4.6 所示。特别地，我们通过聚合城市功能区相交的网格所包含的人口作为城市功能区夜间人口的估计值，记作 θ_{u_i}。数学表达式为

$$\theta_{u_i} = \sum_j \rho_{g_j} \frac{A_{(g_j \cap u_i)}}{100 \times 100} \tag{12.2}$$

其中，$A_{(g_j \cap u_i)}$ 表示 100 m 网格 g_j 和城市功能区 u_i 重合面积，通过这种方式，我们得到了估计模型所需要的 Ground-truth，$\theta_u = [\theta_{u_1}, \theta_{u_2}, \cdots, \theta_{u_u}]$。

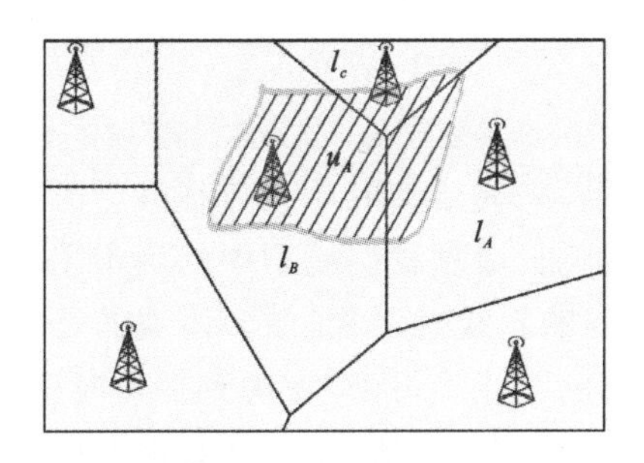

图 12.4.5 用户记录映射

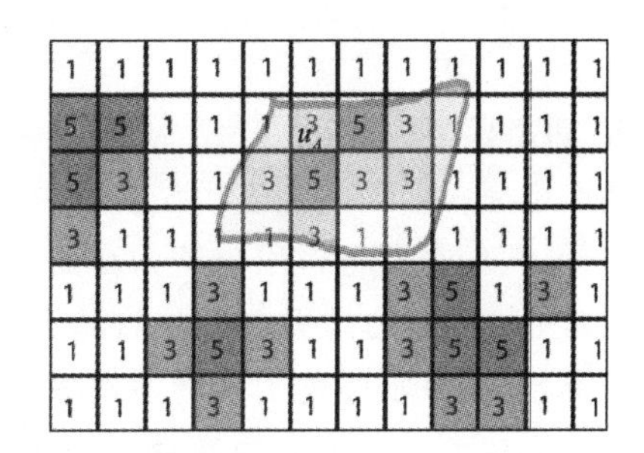

图 12.4.6 Worldpop 人口映射

12.4.2 数学建模

1. 基础模型

为了实现实时的人口估计，我们首先利用数据访问记录数据和 Ground-truth 训练一个统计模型去估计晚间的人口分布，然后调整该模型去完成实时的人口分布估计。前面曾经提到过，早上 7 点数据集记录的用户数和夜间人口的相关性最高，我们将两者分别作为横轴变量和纵轴变量展示于图 12.4.7 中，从图中我们看到对数尺度下的数据访问记录数和对数尺度下的人口数成强线性关系，这表明幂律模型可以很好地刻画数据访问记录数量和人口数量的关系。我们将城市功能区里待估计的人口数量记作 $\hat{\theta}=[\hat{\theta}_{u_1},\hat{\theta}_{u_2},\hat{\theta}_{u_u}]$，采用以下模型（未添加）对人口分布进行估计：

$$\hat{\theta}_u=\alpha(\rho_u^t)^\beta$$

这个模型中，参数 α 表示缩放系数，β 表示人口估计值 $\hat{\theta}_u$ 对于数据访问记录量 ρ_u^t 的超线性影响系数。为了估计这两个参数，我们将上面的式子转换为下面的形式 $\log\hat{\theta}_u=\log\alpha+\beta\log\rho_u^t$，于是我们就可以使用线性回归模型去学习这两个参数。

2. 改进模型

考虑到用户的行为和城市功能区有紧密的关系，然而静态的参数不能区分出不同的功能区。我们首先考虑不同的功能区域之间是否存在不同，不同功能区内用户连接网络的比例有明显的区别，典型的城市住宅区用户的数据访问行为明显比郊区用户的数据访问行为要频繁。所以我们对基础模型进行改进，加入功能区参数。对此，我们考虑对于不同的功能区设定不同的 α、β 参数，在本文中也就是(α_1,β_1)，(α_2,β_2)，…，(α_7,β_7) 7 组参数。于是我们的模型变成下式，如图 12.4.8 所示。

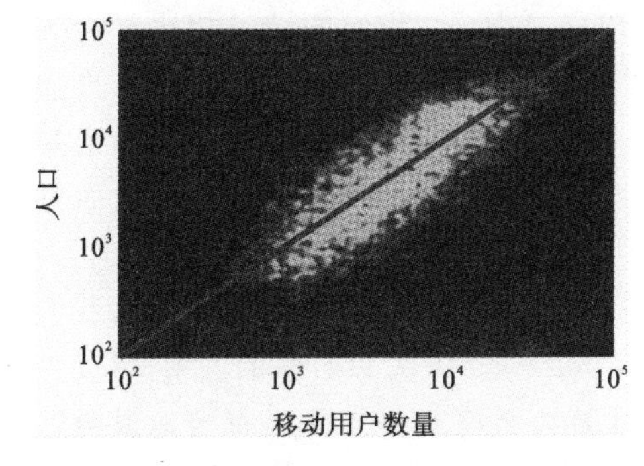

图 12.4.7 手机用户数量和人口数量拟合示意图

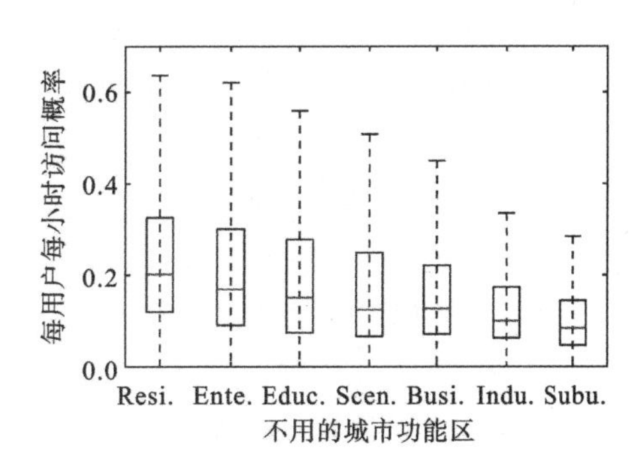

图 12.4.8 不同功能区用户访问记录的数量差异

$$\hat{\theta}_{u_i^j}^{t=7}=\alpha_j(\rho_{u_i^j}^{t=7})_j^{\beta}$$

3. 动态模型

我们考虑将前面的静态模型扩展为动态模型，来完成实时的人口估计。为了达到这个目标，我们需要考虑用户行为在时间上的变化。回顾我们模型中的两个主要参数 α 和 β，其中 β 描述的是用户记录数和人口数之间的超线性因素，更多体现的是不同功能区的属性，而 α 则描述了人群活动密度随时间的变化。另外，考虑到在短时间内，上海市的总人口不会发生大的变动。因此我们通过固定 β 参数，使 α 参数动态可变来完成这一目标。我们定义参数 R_t 为 α 缩放因子，动态的 α 可以由下面公式来计算：

$$R_t=\frac{\sum_t \theta_{u_t}}{\sum \alpha_j(\rho_{u_i^j}^t)_j^{\beta}},\quad \alpha_j^t=\alpha_j\times R_t$$

12.5 结果评估

本节重点关注我们设计的人口估计系统的性能，主要内容分为两部分：静态人口估计精度量化和动态人口估计效果评估。

12.5.1 基于人口数据的直接验证

在人口估计领域我们使用相关系数和正规化均方根(RMSE)作为性能评价的主要指标。这里我们选取的验证方式是交叉验证。我们定义相关系数为 C、正规化方均根为 ε，其计算公式如下

$$\begin{cases}\varepsilon=\dfrac{\sqrt{\dfrac{1}{U}\sum_{i=1}^{U}(\hat{\theta}_{u_i}^t-\theta_{u_i})^2}}{\dfrac{1}{U}\sum_{i=1}^{U}\theta_{u_i}}\\ C=\dfrac{\sum_{i=1}^{U}\left(\hat{\theta}_{u_i}^t-\dfrac{1}{U}\sum_{i=1}^{U}\hat{\theta}_{u_i}^t\right)\left(\theta_{u_i}-\dfrac{1}{U}\sum_{i=1}^{U}\theta_{u_i}\right)}{\sqrt{\sum_{i=1}^{U}\left(\hat{\theta}_{u_i}^t-\dfrac{1}{U}\sum_{i=1}^{U}\hat{\theta}_{u_i}^t\right)^2}\sqrt{\sum_{i=1}^{U}\left(\theta_{u_i}-\dfrac{1}{U}\sum_{i=1}^{U}\theta_{u_i}\right)^2}}\end{cases} \tag{12.3}$$

我们的主要贡献在于在人口估计模型中考虑了城市功能的影响，我们首先展示相对于基准方法时我们结果的总体效果。如图 12.5.1 所示，我们的结果相比于传统方案，RMSE 降低了 22.5%，相关系数提高了 12.5%，从而说明我们系统的结果更加准确。图 12.5.2 展示了三种方法得到的人口分布估计的实验 PDF 曲线，可以看出我们方法得到的 PDF 分布相对于传统方案更加接近 Ground-truth 的分布情况，从而再次说明了我们的估计结果的可靠性。

接下来我们考察估计误差和人口估计数量之间的关系，为了说明这一问题，我们在图 12.5.3、图 12.5.4 展示了估计人口数量与 Ground-truth 人口数量的关系，可以直观地感觉到估计结果在人口数量较大的区域估计效果更好一些。为了直接地说明这一点，我们在图 12.5.5 展示了 RMSE 随人口估计数量的变化情况，如图中圆点曲线所示，我们的估计结果中，人口密度高的地方 RMSE 更小。

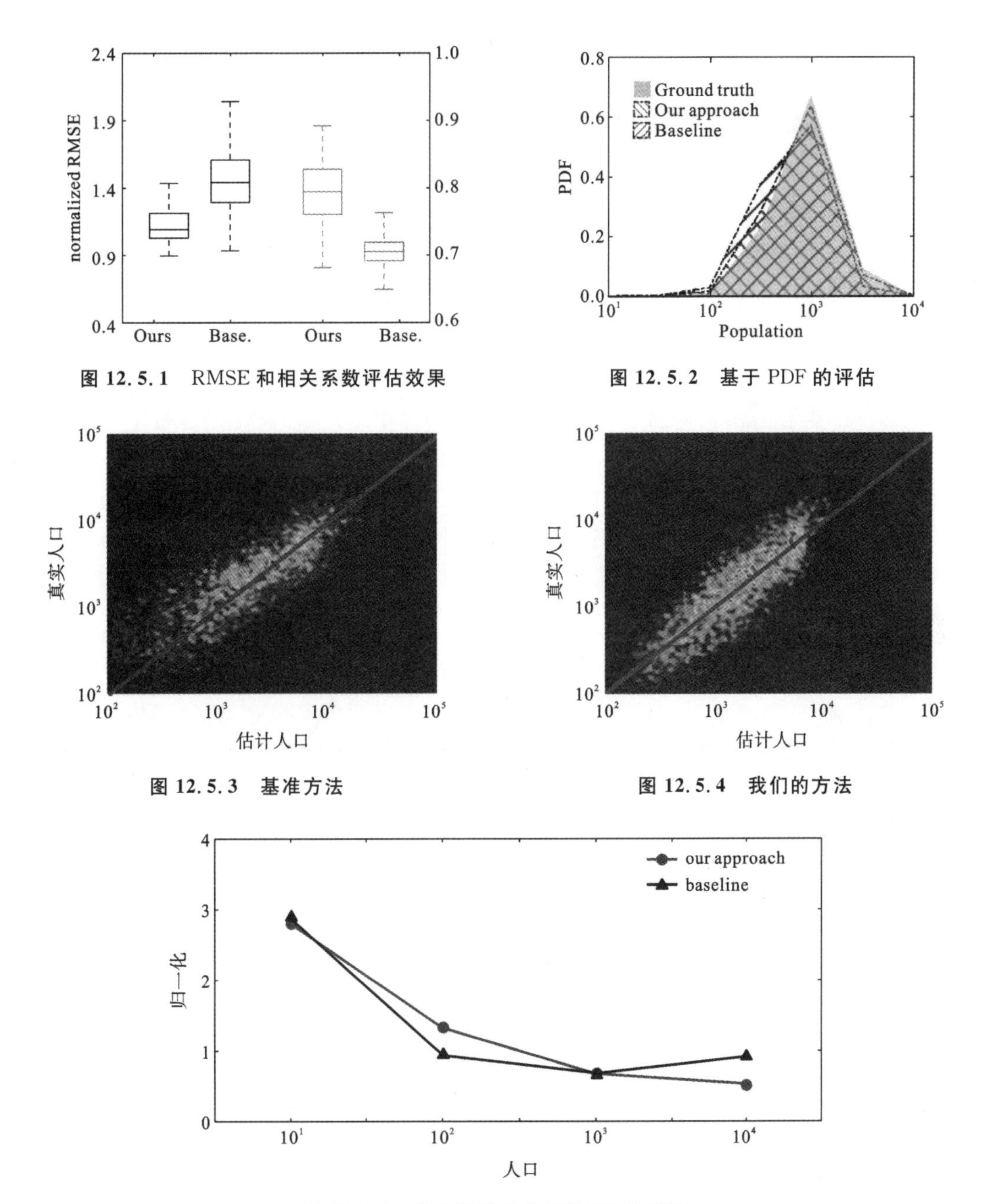

图 12.5.1　RMSE 和相关系数评估效果

图 12.5.2　基于 PDF 的评估

图 12.5.3　基准方法

图 12.5.4　我们的方法

图 12.5.5　估计误差随人口数量变化情况

除了以上对于估计结果的总体考察，我们考虑功能区在提升人口估计精度过程中的作用。图 12.5.6、图 12.5.7 展示了不同功能区之间的 RMSE 和相关系数情况，可以看出在各个功能区上我们的估计结果不论在 RMSE 性能还是相关系数方面都优于传统方法，这说明了引入功能区参数的必要性和重要性。

另外，在我们的系统中，空间精度和时间精度两者不可兼得，为了考察两者的关系，我们改变数据聚合的空间尺度和时间尺度，分别得到人口估计系统在时间尺度：10 min、1 h、6 h 和 1 d，以及在空间尺度：城市功能区、最小行政区和高一级行政区下的性能变化曲线，如图 12.5.8 所示。从图中可以看出，系统的性能随着时间尺度的增加而提高，

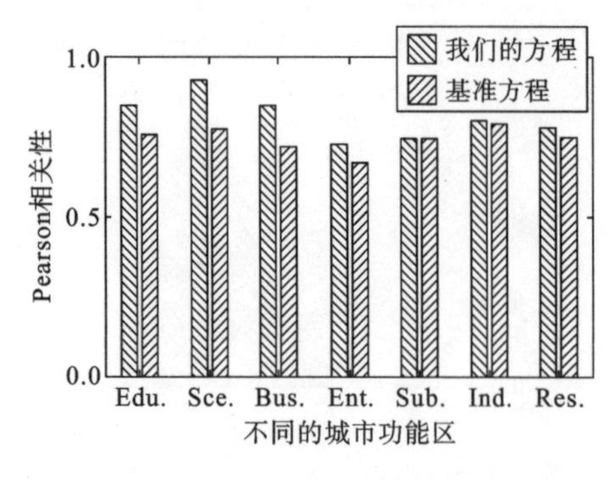

图 12.5.6 不同功能区间相关系数的差异

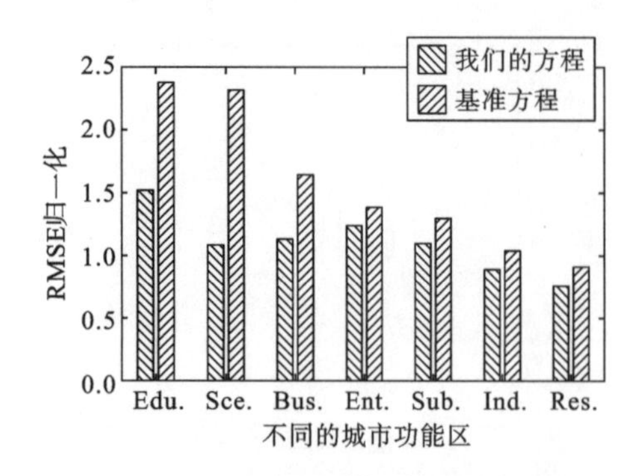

图 12.5.7 不同功能区间的 RMSE 差异

当时间尺度从 10 min 增加到 1 h，系统相关系数提高了 9.6%而 RMSE 降低了 10%，然而当时间尺度增加到 6 h，精度不再提高，系统的性能保持稳定。在人口普查数据中，可以找到对应最小行政区和高一级的人口数据，我们可以在这两个尺度上做到更加准确的估计。如图 12.5.9 所示，随着空间精度的降低，系统性能不断提升。在最高的行政区域尺度上，相关系数接近于 1，RMSE 接近于 0，我们认为这是因为在这一空间尺度覆盖了太多的手机用户，人群活动的随机性被综合掩盖，变得稳定。

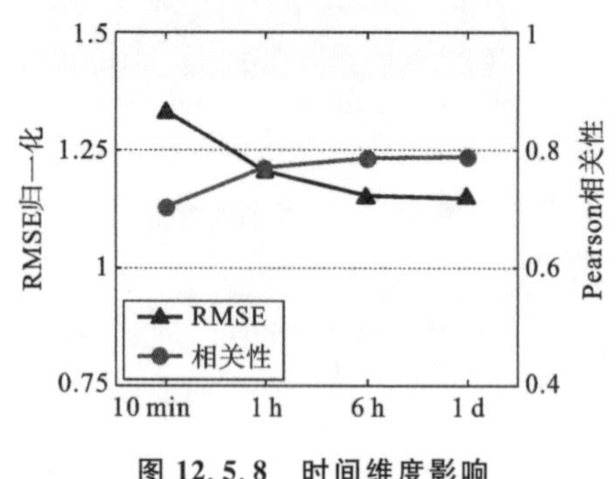

图 12.5.8 时间维度影响

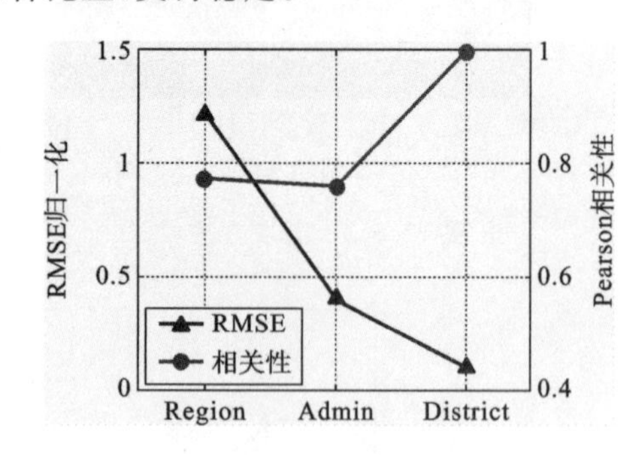

图 12.5.9 空间维度影响

12.5.2 基于交通数据的间接验证

因为缺乏直接的动态验证数据，我们考虑利用交通数据来验证动态人口估计结果。交通数据直接记录了人群的移动轨迹，而人群的移动轨迹是人口分布动态变化的根本原因，因此交通数据和实时的人口分布数据之间应该存在着强相关关系。如果我们可以证明我们的动态人口估计结果和交通数据之间存在较强的相关性，我们就可以从某种程度上证明我们的动态人口分布估计结果的正确性。本次实验中，我们采用的是交通数据的子集-出租车数据，使用的直接参数是区域内的交通活跃度(一定时间内区域内出租车离开量和到达量的总和)，考察区域内交通活跃度和区域人口的相关性。我们将不同功能区的全天候的验证结果展示在图 12.5.10 中，我们可以看到住宅和娱乐功能区内部的相关系数达到 0.75，然而在工业区等功能区内相关系数则低至 0.3。我们考虑了空间因素和时间因素对相关性的影响，得到图 12.5.11、图 12.5.12。可以看出，空间上，距离市中心越近相关性越好，时间上，除了凌晨由于大部分人都待在家中不再移动而出现相关性的急剧降低外，在大部分时间内依然保持了良好的相关性。另外，值得一提的是周末的交通活跃量与人口数量的相关性明显高于工作日，这需要考虑到周末人群由于社交增加而导致随机出行需求增加，这不同于工作日的稳定出行需求，对于出租车表现出更多的依赖，所以表现出更高的相关性。

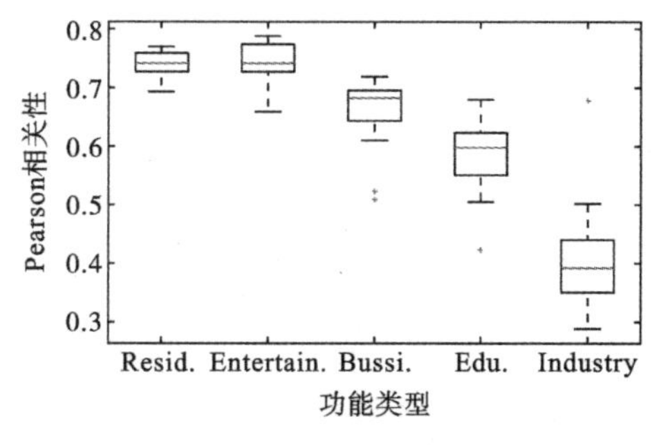

图 12.5.10 相关系数在功能区之间的差异

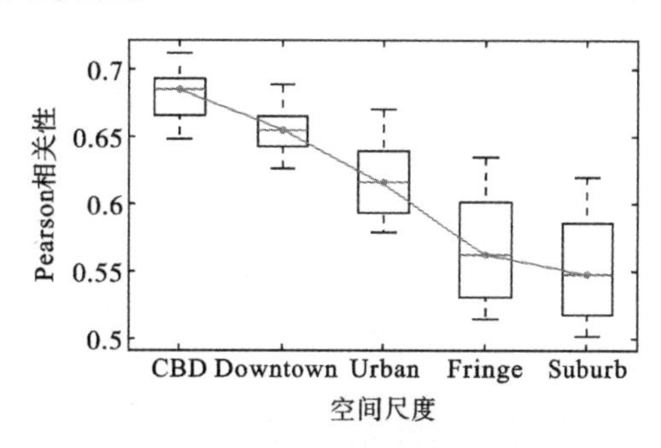

图 12.5.11 相关系数随空间的变化

对于交通活跃度和人口数量的相关性随着时间和空间的变化情况，我们认为核心原因在于出租车的密度。接下来我们将通过数据分析来说明这一点。从图 12.5.13 中可以看出相关性随着出租车密度的提升而提升，另外图 12.5.14 和图 12.5.15 则分别说明了空间和时间对于出租车密度的影响，通过对比我们可以发现时空对于出租车密度的影响和时空对于相关性的影响非常相似。我们得出结论，在前面实验结果中出现的相关性降低原因不在于人口估计结果的不准确，而在于交通活跃度不足，交通活跃度和人口数量本身的关系已经不再成立。在保持足够高的交通活跃度的前提下，我们发现交通活跃度和人口分布估计结果保持了高至 0.7 的结果，充分说明了实时人口分布估计结果的准确性。

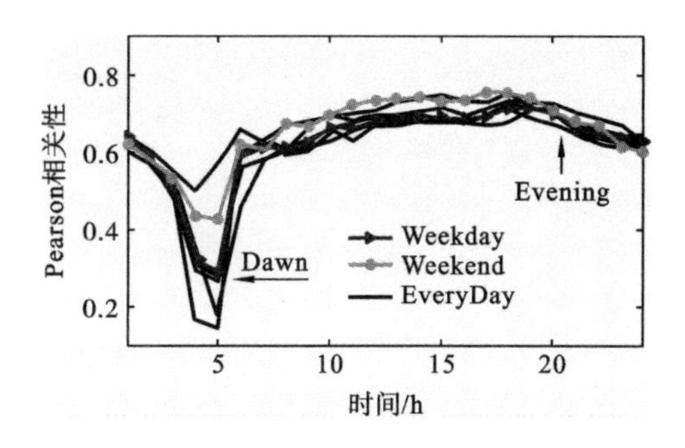

图 12.5.12 相关系数随时间的变化

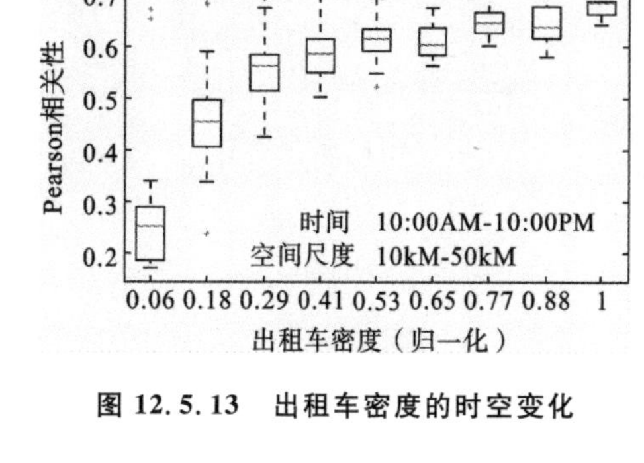

图 12.5.13 出租车密度的时空变化

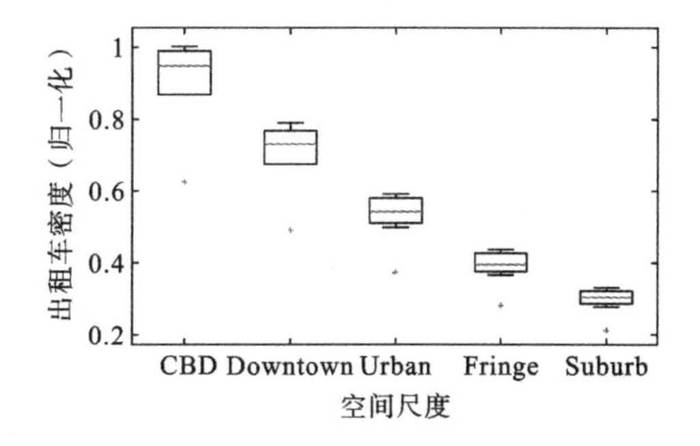

图 12.5.14 出租车密度随空间的变化

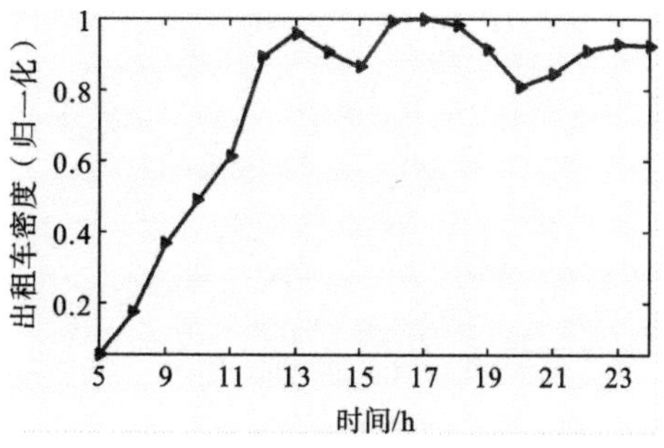

图 12.5.15 出租车密度随时间的变化

12.6　结论

在本章中，基于大规模的数据访问记录数据集，我们展示了第一个基于城市功能结构的实时人口分布估计模型。首先通过多级道路划分将城市划分为多个具有相对独立属性的小区域，利用POI数据类比文档主题模型确定区域功能。然后，我们将手机用户使用流量的记录映射到这些区域，在传统的幂律模型中加入功能区参数，通过机器学习获得关键参数，从而实现对于静态人口的估计。最后，我们通过改变缩放因子实现动态人口的估计。

经过静态和动态两方面的评估和分析，显示我们的系统可以将人口估计的误差降低20%以上，同时通过前所未有的高精度的实时人口分布估计，我们得以对人群的迁移做出细致的解读。我们认为，我们的系统将为研究如何更好地获得高精度实时人口分布提供新的视角，同时使得一大批城市相关的应用成为可能。

在动态预测人口方面，我们的基本模型本质上依靠的是实时的访问记录，前后时刻生成的人口分布估计并没有直接的联系，而在实际过程中，这种联系是自然存在而且重要的。在未来的工作中，我们将考虑引入区域人口迁移模型，在原有工作的基础上进一步完善实时人口分布估计系统。

13

移动大数据与三元空间计算

13.1 三元空间概述

随着移动设备的普及以及云计算技术的出现，以 Facebook、Twitter、LinkedIn 为代表的社交网络服务呈现出爆炸式的增长。通过社交网络服务，人们可以采集、存储和分享各种信息，这些信息不仅包括来自网络的内容，也包括来自物理世界的数据，我们所处的世界正在逐渐演变为信息-物理-社会系统融合的三元空间。三元空间是一个综合计算和网络资源、物理环境与社会活动的多维复杂系统，是集成计算、通信、控制、社交于一体的下一代智能系统。这些融合了信息、物理、社会三元空间的大数据尤其是移动大数据，扩展了人类的知识域，可以帮助我们更好地理解人们的日常活动、生活习惯和社交领域。通过三元空间，人和物体之间的交互将会变得更具有逻辑性、更智能。三元空间的核心目标是，利用传感器、人和软件，构建以社团为中心(Community-Centric)的传感应用系统。但是，三元空间的系统规模(时空相关)以及复杂性，为计算机科学领域带来了新的挑战：

● 多元空间中社团难以发现。在三元空间中，人作为抽象逻辑单元，包含了信息空间的数字内容、物理空间的地理位置、社会空间的社会活动等数据，无法以个人为单元分析这些多模态高维变量之间复杂的关系规律。因此，需要根据用户之间的关系，以社团为单位对三元空间数据进行分析，简化计算的复杂度。

● 缺乏统一的数据描述模型。三元空间数据来源不同，数据在编码方式、数据格式、应用特征等多个方面存在众多差异，不同的采集平台往往绑定特殊的数据格式，多个领域的数据在形式、语义、标识等技术上存在着很大差别，在进行跨领域数据分析时，目前还面临着很大的困难，需要找到一种高效的模型对各种数据进行统一描述。

● 特征提取效率受限。三元空间数据增长速度快，数据的存储、传输、计算需要消耗大量的资源，难以高效地发掘海量异构数据中隐藏的科学价值。因此，需要研究高效的数据存储方法、分层的大数据降维技术以提高数据特征信息提取的效率。

因此，迫切需要研究基于三元空间移动大数据的社团活动分析理论与方法，从高移动性、跨空间性及多维度性的用户活动数据中，发现社团，并分析其活动规律。近年来，互联网、物联网、传感网等对三元空间产生了势不可挡的需求，使其成为一个新的研究领域和热点。国内外学者为了推动三元空间的技术进步开展了一系列深入研究。中科院自动化研究所的王飞跃等人对三元空间设计的复杂空间做了详细介绍，认为三元空间将催生大量的普适智能空间和智能企业应用，提出了使用三元空间来解决火灾疏散问题，并通过人工系统、计算实验、并行执行的ACP(artificial systems+computational experiments+parallel execution)方法来设计三元空间。在提出的方法中，建筑物或场所、火灾场景、疏散人员以及管理者之间紧密联系相互交流，人工系统与物理系统的并行执行机制保证了实时性指导，人工疏散系统通过实验计算为物理疏散系统做出疏散方案选择。

对于国外三元空间研究方面，Hahanov等人提出使用三元空间解决乌克兰当今的经济、社会、技术问题，利用可扩展的云服务和三元空间为社会组织、政府决策、私有企业提供人员的竞争力监测。

Liu等人基于三元空间和自我同步机制，提出了命令和控制的操作过程。三元空间会自动集成四个领域的基本元素，分配物力资源，建立传感器网络和推动者网络，构建指挥和控制关系的社交网络，并根据需要组织和分享相关信息。

Smirnov等人为解决组织三元空间资源之间的交互和通信问题，提出了高层次上下文本体，来自适应多层次、自组织三元空间资源。

Dao等人为处理三元空间的异构信息，提出了三元空间应用程序的事件信息管理平台EVIM，手机存储来自三元空间的异构信息，并实时完成复杂时空事件处理。这个平台减少了人工干预的负担，同时增加了可扩展性、鲁棒性、可行性。

三元空间是在信息物理融合系统(cyber-physical systems, CPS)的基础上发展而来的。CPS是一个计算过程与物理过程融合的复杂系统，通过计算、通信和控制的有机融合与深度协作，实现信息域和物理域的紧密结合。

1. CPS系统建模方法

在CPS相关领域，国内外学者已开展了一系列研究。在CPS系统建模方面，其方法主要如下。

(1) 一体化建模，包括基于服务的一体化建模、基于Agent的一体化建模和基于混合系统的一体化建模。

(2) 时空交互建模，Zou等人利用物理时间来刻画时间戳属性，解决了CPS系统模型时间一致性问题。也有学者提出了一种时空π演算理论，描述CPS系统组件的时空依赖性。

(3) 异构模型集成建模，Bhave等人将CPS系统划分为控制域、物理域、软件域和硬件域，提出了多域模型的集成框架。西北工业大学的周兴社等人基于多异构实体的CPS系统建模框架，提出了一种CPS系统结构与动态行为的协同建模方法。在CPS应用方面，CPS更加关注资源的合理整合利用与调度优化，能实现对大规模复杂系统和广域环境的实时感知与动态监控，并提供相应的信息服务，其覆盖多个领域，包括智能电网、全自动交通、环境监控、智能家居、医疗保健等。

随着CPS应用范围的扩大和前所未有的发展速度，人类行为或交流方式的变化以及社交网络的广泛应用，产生了将人类和社会特征融入CPS系统中的需求。因此，在CPS的基础上，进一步扩展演化成为涉及物理、社会、认知科学等多学科交叉的三元空间，其不仅包含信息空间、物理空间，还包含由人类知识、心理功能以及社会文化等元素构成的社会空间。三元空间是将计算、网络、社会与物理系统融合在一起，进一步改变了人与现实物理世界的交互方式，实现了从以个人为中心的计算，到以社会为中心的计算的迁移与跨越。综上所述，三元空间以其高可用性、高可靠性、高连接性、高安全性、实时性等特性，在未来有着广泛的应用前景。

2. 三元空间框架

针对目前三元空间中，社团难以发现，多源异构数据缺乏统一的表示模型，特征提取效率受限等问题，研究工作需要综合考虑现有社团的发现方法及高维数据降维方法的不足，以开展社团活动分析的研究。有工作提出基于活动特征的社团发现方法，进而利用张量模型抽象、统一地表示社团活动信息，以社团为单位，分析其活动规律。具体而言，通过采集用户某一时间在物理空间或社交网络中所进行活动的移动数据，并根据活动特征将其聚集为不同的社团，以每个社团的活动数据为基础，分析挖掘其活动规律。图 13.1.1 所示的为三元空间移动大数据分析的总体框架，主要由 5 层组成：数据感知层、数据预处理层、社团发现层、数据分析层和应用层。

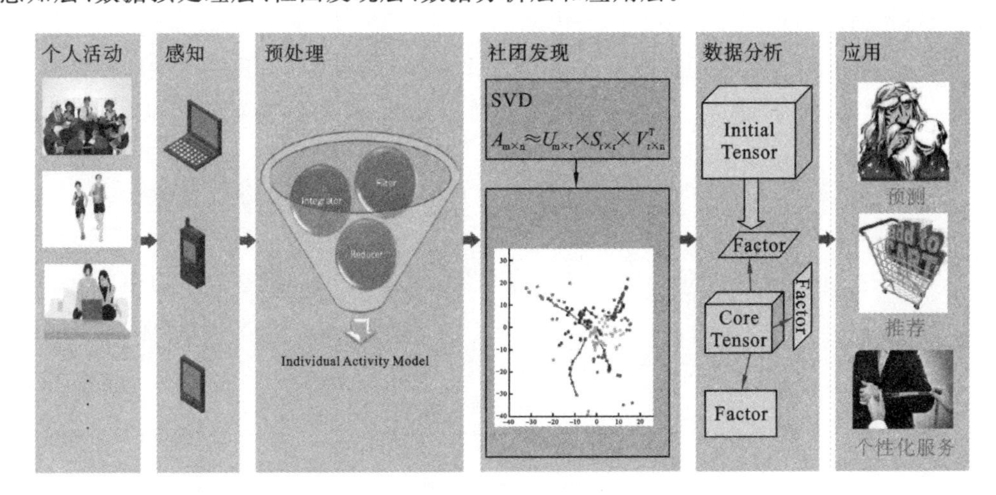

图 13.1.1 三元空间移动大数据分析的总体框架

(1) 数据感知层：在信息-物理-社会三元空间中，采集用户的时间信息、地点信息和行为信息等数据。

(2) 数据预处理层：在对三元空间的数据进行融合后，过滤无效数据、清洗冗余数据。

(3) 社团发现层：利用奇异值分解(singular value decomposition, SVD)对数据进行降维，压缩数据的大小，降低数据处理的复杂度，并通过聚类方法，发掘用户之间的关系，发现社团。

(4) 数据分析层：运用张量模型对社团活动数据进行分析，提取社团活动的特征。

(5) 应用层：根据分析得到的数据，我们可以掌握每个社团以及社团中每个用户的活动特征，据此提供用户活动预测、个性化推荐等服务。

13.2 三元空间中基于活动特征的社团发现方法

通过感知层和预处理层，我们可以将采集到的用户个体活动数据，进行去冗和过滤，并格式化为统一的数据格式。在此基础上，我们需要根据活动特征对用户进行聚类，发现社团。发现社团的目的是将具有相同活动特征的离散的个体活动，聚集为一个整体，这样既可以在数据分析时降低复杂度，又可以有效地降低个体的随机行为对分析结果准确性的影响。

13.2.1 用户活动特征提取

三元空间中，用户的活动数据可以被抽象地表示为一个二维矩阵 $\mathbf{A}\in\mathbf{R}^{m\times n}$。其中，$a_{ij}=x$，表示用户 i 进行活动 j 的次数为 x。这时，可以利用奇异值分解(SVD)提取用户的活动特征。经过 SVD 后，可得左奇异矩阵 $\boldsymbol{U}$、右奇异矩阵 $\boldsymbol{V}$ 和对角矩阵 $\boldsymbol{\Sigma}$。这三个矩阵有非常清楚的物理含义如下。

(1) 左奇异矩阵 $\boldsymbol{U}$ 中的每一行表示活动特征相关的一类用户，其中每个元素表示这类用户中每个用户的重要性(或者说相关性)，数值越大重要程度(相关性)越高；

(2) 右奇异矩阵 $\boldsymbol{V}$ 中的每一列表示同一主题的一类活动，其中每个元素表示这类活动中每个活动的相关性；

(3) 对角矩阵 $\boldsymbol{\Sigma}$ 表示用户类和活动类之间的相关性。因此，我们对关联矩阵 $\boldsymbol{A}$ 进行一次 SVD，就可以同时完成用户分类和活动分类，即得到了每类用户和每类活动的相关性。

举例说明，若在一段时间内，4 个不同的用户参与 5 类活动的统计信息如表 13.2.1 所示，这其实就是一个 4×5 的矩阵。其中每一行表示一个用户进行了每类活动的次数，每一列表示一类活动中每个用户参与的次数。比如在“聚餐”这个活动中，Adam 参与了 4 次，Bob 参与了 1 次，而 Charlie 和 David 都没有参与。将该矩阵进行 SVD，取 $r=2$ 可得左奇异矩阵 $\boldsymbol{U}$、右奇异矩阵 $\boldsymbol{V}$ 和对角矩阵 $\boldsymbol{\Sigma}$，如式(13.1)所示。

表 13.2.1 用户活动数据举例

用户＼活动	聚会	逛街	娱乐	运动	学习
Adam	4	2	0	6	1
Bob	1	2	0	0	3
Charlie	0	0	2	5	2
David	0	7	2	2	2

$$\boldsymbol{U}=\begin{pmatrix}-0.629 & 0.511\\ -0.227 & -0.259\\ -0.424 & 0.407\\ -0.611 & -0.712\end{pmatrix}$$

$$\boldsymbol{\Sigma}=\begin{pmatrix}10.474 & 0\\ 0 & 6.155\end{pmatrix} \tag{13.1}$$

$$\boldsymbol{V}=\begin{pmatrix}-0.262 & -0.572 & -0.198 & -0.679 & -0.323\\ 0.290 & -0.728 & -0.099 & 0.597 & -0.142\end{pmatrix}$$

式中：$\boldsymbol{U}$ 表示用户的一些特性；$\boldsymbol{V}$ 表示活动的一些特性；$\boldsymbol{\Sigma}$ 表示 $\boldsymbol{U}$ 的一行与 $\boldsymbol{V}$ 的一列的重要程度，数字越大越重要。

继续研究这 3 个矩阵，我们还会发现一些特点。由于在对角矩阵 $\boldsymbol{\Sigma}$ 中，$\sigma_1>\sigma_2$，因此 $\boldsymbol{U}$ 的第一列和 $\boldsymbol{V}$ 的第一行包含了原始矩阵中的重要信息。具体而言，$\boldsymbol{U}$ 的第一列表示每一个用户参与活动的总次数。比如，−0.629 对应的是在表 13.2.1 中，Adam 参与了各类活动共 13 次；同理，−0.227 对应 Bob 共参与了 6 次，−0.424 对应 Charlie 共参与了 9 次，−0.611 对应 David 共参与了 13 次。如图 13.2.1 和图 13.2.2 所示，虽然这种对应关系不是线性的，但是可以认为是一个近似的线性描述。同理，如图 13.2.2 所示，$\boldsymbol{V}$ 的第一行近似地表示参与每类活动的总人次，比如说，−0.262 对应的是在表 13.2.1中，共有 5 人次参与“聚会”；同理，−0.572 对应共有 11 人次参与“逛街”，−0.198对应共有 4 人次参与“娱乐”，−0.679 对应共有 13 人次参与“运动”，−0.323 对应共有 8 人次参与“学习”。

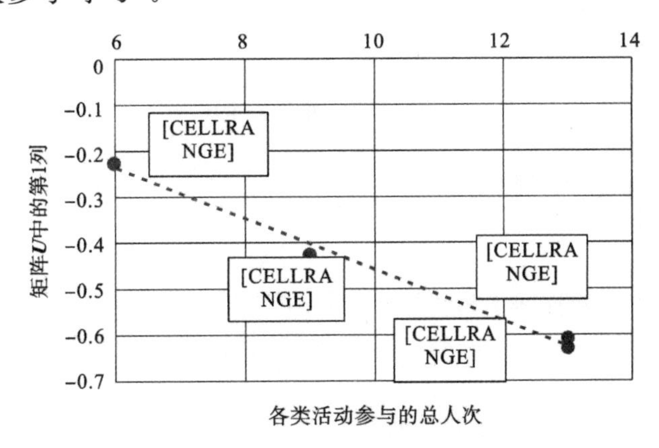

图 13.2.1 U 的第一列与每个用户参与活动的总次数为近似线性关系

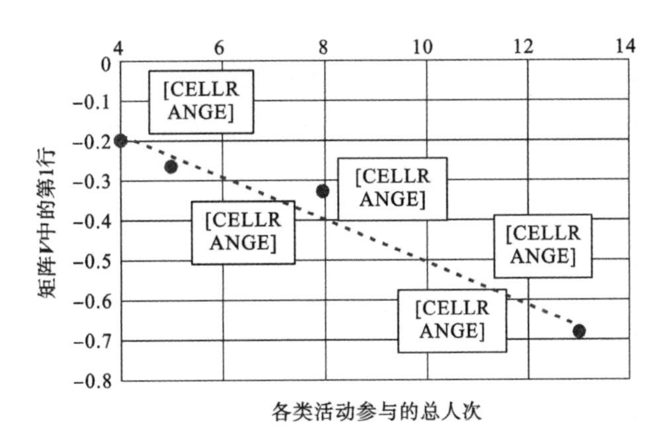

图 13.2.2 V 的第一行与每类活动参与用户总人次为近似线性关系

更进一步，我们可以将矩阵 $\boldsymbol{U}$ 和 $\boldsymbol{V}$ 各取前两维（行或列），投影到一个二维坐标系中，可以得到图 13.2.3：在图中，每一个**粗体字对应的点**，都表示一个用户，每一个**细体字对应的点**，都表示一类活动，这样我们可以对这些用户和活动进行聚类。比如说聚会、学习和娱乐可以放在一类，因为它们在二维空间中的位置很近，Charlie 和 Bob 可以放在一类，但是运动和逛街这两类活动，看起来就有点孤立了，我们就不对它们进行合并了。按这样分类的结果，可以提取用户与活动之间、用户与用户之间、活动与活动之间的相关性，即通过活动特征发现社团。这样，当我们发现社团的时候，是用语义级别（相近活动集合）去发现，而不是通过某一个活动去定义相关的用户群体。基于 SVD 的活动特征提取方法，不仅可以压缩数据量，减少了处理数据的复杂度，还可以更准确地体现用户-活动之间的关系，以活动特征为基础，发现社团。

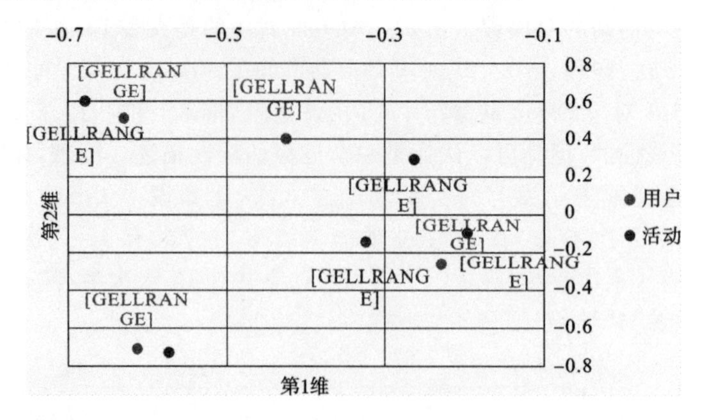

图 13.2.3 取矩阵 U 与 V 的前两维投影于同一个二维坐标系中

13.2.2 基于活动特征的社团发现

支持向量机(support vector machine,SVM)最早于1995年被提出，是一种监督学习方法，它的出现极大地提高了模式识别中的分类准确率。由于支持向量机算法建立在结构风险最小化原理的基础上，有充足的理论依据，被广泛地应用于文本分类、特征提取等领域。

如图13.2.3所示，我们需要对具有相同活动特征的社团进行分类，这显然是一个非线性的多分类问题。SVM通过引入一组核函数将原始特征空间转变为高维特征空间，从而使问题变得线性可分，然后再通过类似的方法寻找分类超平面。对于多分类问题，SVM可以将问题转化为1对 k-1的二分类问题，再逐步求解。由于非线性的多分类问题，都是转化为线性二分类问题进行求解，因此不再给出具体的求解过程。

与其他分类算法相比，SVM算法对于处理有噪声的数据集和线性不可分的数据集有很好的效果，而且SVM不涉及概率及统计原理，简化了问题的复杂度。因此，本文通过运用SVM进行基于活动特征的社团发现，结果如图13.2.4所示。

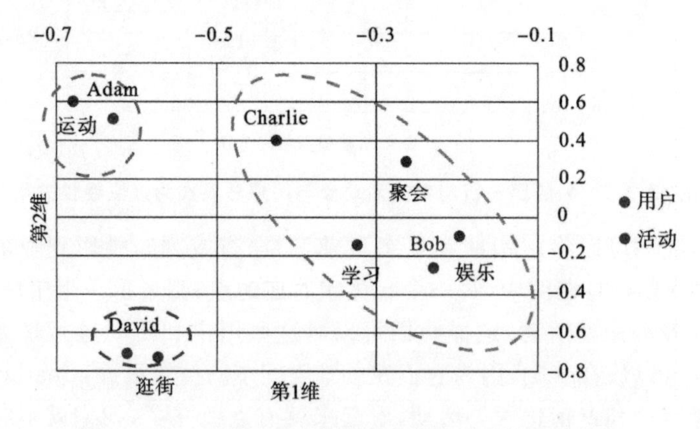

图 13.2.4 利用SVM发现具有相同活动特征的社团

因此，将用户在三元空间的移动数据进行抽象，集中表示为一个二维的矩阵，$\mathbf{M}=\mathbf{R}^{m\times n}$，表示 m 个用户进行 n 种活动的映射。通过奇异值分解，我们可以得到抽取用户和活动的特征，并通过支持向量机对用户和活动进行分类，发现用户与活动之间的相关性，最终得到具有相同活动特征的社团。

13.3 三元空间中基于张量的社团活动分析方法

张量(tensor)是多维数组的空间表示，是 N 维的向量空间，一个三维张量由三个方向的坐标系构成，其中每一个坐标系代表数据的一维表示。矩阵由两维数据表示，也可以理解为二维张量。三维以上的数据张量可以称为高阶张量。换言之，张量是高维数值的总称，记作 $\boldsymbol{X}\in \mathrm{mathds}\mathbf{R}^{I_1\times I_2\times\cdots\times I_N}$。其中，$x_{i_1}$，…，$x_{i_N}$ 为张量 $\boldsymbol{X}$ 中的元素，N 为张量的阶。比如标量的阶为 0，向量的阶为 1，矩阵的阶为 2。$\boldsymbol{X}_{(n)}\in \mathrm{mathds}\mathbf{R}^{I_n\times(I_1\cdots I_{n-1}I_{n+1}\cdots I_N)}$ 记为张量 $\boldsymbol{X}$ 的第 n 模式展开矩阵。在张量的运算法则中，包括 Kronecker 积、Khatri-Rao 积、外积和模式乘积。

基于高阶张量的数据处理方法给普适环境下的大数据处理提供了新的方法，我们通常认为普适环境下三元世界(人、机、物)数据的背后隐藏着独特的关系与规律，如何在高维度、稀疏杂乱的大数据背后发掘深层特征，是一件值得研究的问题。从 20 世纪 70 年代以来，有大量的文献对增量奇异值分解进行讨论，这其中比较有影响的研究集中在大规模数据保持近似度与正交性的增量奇异值分解技术；并且，为了提高奇异值分解的效率，大量的并行求解方法纷纷被提出，这些方法涵盖了稀疏矩阵以及稠密矩阵的并行处理。张量模型本身有着成熟的理论基础，它能够清晰、简捷地描述很复杂的物理状态。在图像处理领域，张量能够描述图像的各种特征；并且，通过张量变换能够分析图像各特征的重要程度，为图像压缩与还原提供量化保证。在生物与化学领域，张量模型能够对复杂元素的运动状态进行建模，表征元素的时空运动趋势。张量模型一个成功的应用领域是当前热门的社交计算标签推荐系统，在这些系统中，原先的协同过滤方法在面对三维及以上数据时，缺乏扩展性，不能有效地反映多模态数据之间的复杂关系，而采用张量模型则能够很好地解决这一问题。将用户、资源、标签作为三个维度纳入三阶张量模型中，通过求取核心张量得到三者的相近程度，并为用户推荐最佳标签。在自然语言与文本信息处理中，张量模型展现了强大的多维数据相关性计算的能力，无论是整体语义关系还是局部相互关系，都能在指定的范围得到较好的近似。

在社会活动中，每个活动都包含了时间、地点和人三要素，我们需要从不同数据源(如传感数据、社交网络数据、移动数据等)中找到包含这些信息的数据，我们将这种数据定义为 TAPA(time-arena-person-activity)模型，有

<Time,Arena,Person,Activity> (13.2)

式中：Time 记录活动发生的时间；Arena 记录活动发生的地点；Person 记录参与活动的人；Activity 记录活动的类型。

如图 13.3.1 所示，TAPA 模型被用来表示一个活动的数据对象。但是，这些多源数据通常包含了很多冗余数据，因此需要对这些数据进行合并，即将同一时间段、同一地点，不同用户的相同活动记录进行合并，形成群体活动数据。元数据 TAPA 模型也被合并为 TAGA(time-arena-group-activity)模型，有

<Time,Arena,Group,Activity> (13.3)

式中：Arena 和 Activity 的意义不变；Time 不再是一个时间点，而是一个时间段；Group

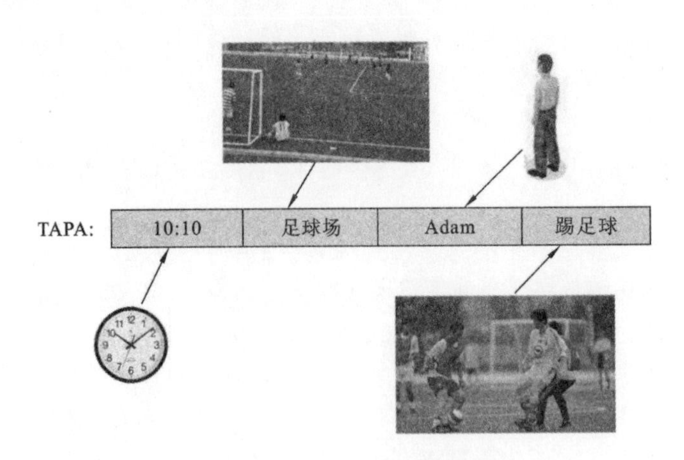

图 13.3.1 TAPA 数据模型

则记录了在同一时间段和同一地点，进行相同活动的所有的人。

如图 13.3.2 所示，4 个 TAPA 数据模型，根据其数据标签，被合并为 1 个 TAGA 模型。

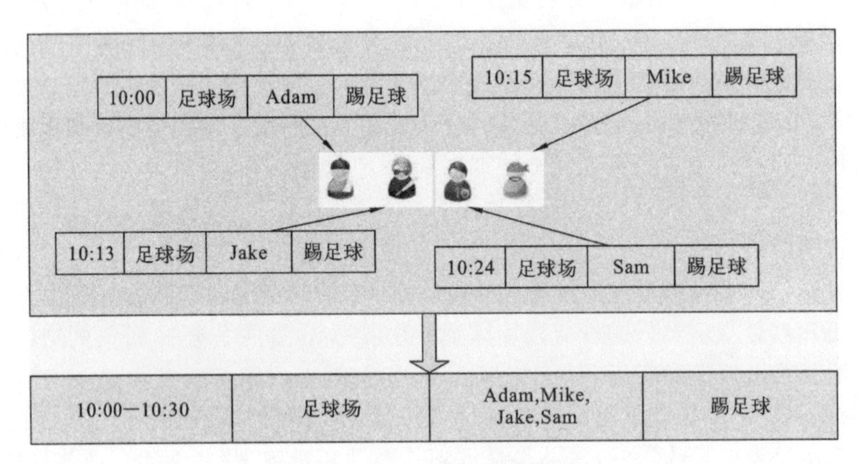

图 13.3.2 TAGA 数据模型

根据 TAGA 的定义，上述步骤处理所得的数据，是一个四维张量。但是，在社会活动中，时间和地点是紧密相关的，可被合并为一维。因此，我们可以将四维的 TAGA 模型简化为一个三维张量。如图 13.3.3 所示，3 阶张量 $\mathbf{A}\in\mathbf{R}^{I_c\times I_a\times I_{ta}}$ 融合表示了三元空间的社团活动数据。其中，I_c 表示各类社团，I_a 表示各类活动，I_{ta} 是时空标签。具体而言，$a_{ijk}=1$ 表示在 k 时空标签下，社团 i 进行了 j 类活动；反之，则未进行该类活动。

由于核心张量是从初始张量中提取出来的特征值，而近似张量则是近似地还原了初始张量。因此，我们可以利用 Tucker 分解，利用三元空间社团活动数据的核心张量分析活动规律，利用近似张量预测活动趋势。具体地，将已有的张量模型进行 Tucker 分解，可以得到核心张量和近似张量，其中核心张量反映了在三元空间中，社团活动的特征信息。而对于近似张量，与初始张量相比，很多单元格的值发生了变化，由 0 变化为非 0 值。由于每个单元格表示在某一时空标签下，某个社团的活动状态，因此我们可以认为这种值的变化，反映了社团在未来一段时间里活动发生变化的一个评估值。评估值越高，进行该活动的可能性越大，反之亦然。

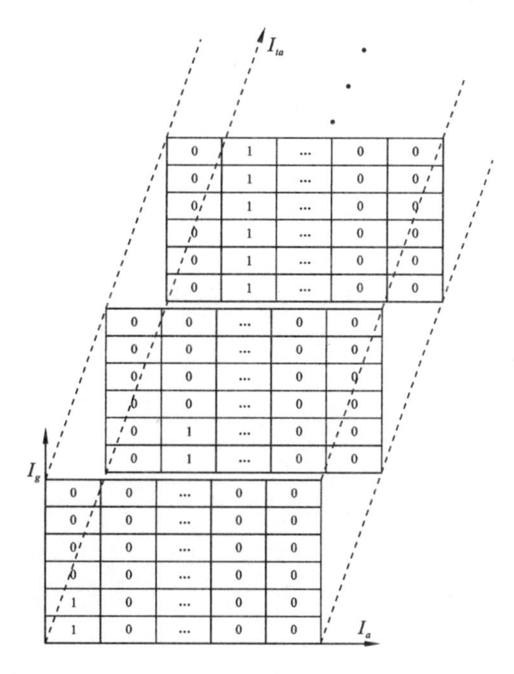

图 13.3.3 基于 3 阶张量的社团活动数据表示模型

例如，我们对图 13.3.3 中的张量进行 Tucker 分解，可以得到核心张量 $\boldsymbol{B}$ 以及 3 个投影矩阵 $\boldsymbol{U}^{(g)}$，$\boldsymbol{U}^{(a)}$，$\boldsymbol{U}^{(ta)}$，如图 13.3.4 所示。

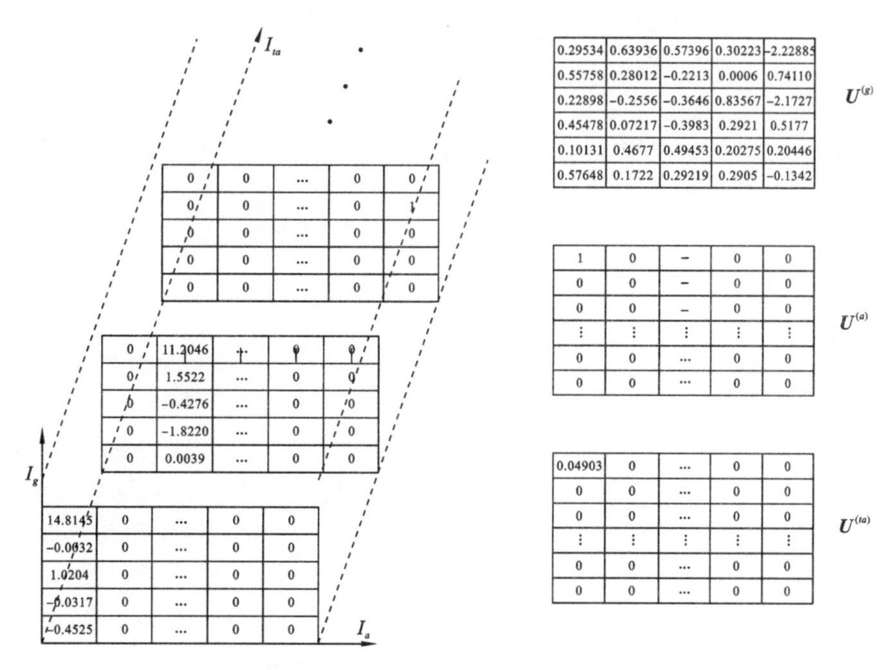

图 13.3.4 社团活动张量模型的 Tucker 分解

进一步，我们可以得到如图 13.3.5 所示的近似张量。与图 13.3.3 中的原始张量相比，在图 13.3.5 中，很多单元格的值发生了变化。图中标出的单元格，即是与初始张量相比，近似值发生变化且大于 0.1 的单元格。我们认为该单元格 $a_{x,y,z}$ 较高的近似值变化表明，在下一时间段里，社团 x 进行 y 活动的可能性较高。利用这些评估值，我们可以对群体的活动规律进行建模，并在预测和个性化推荐领域进行应用。

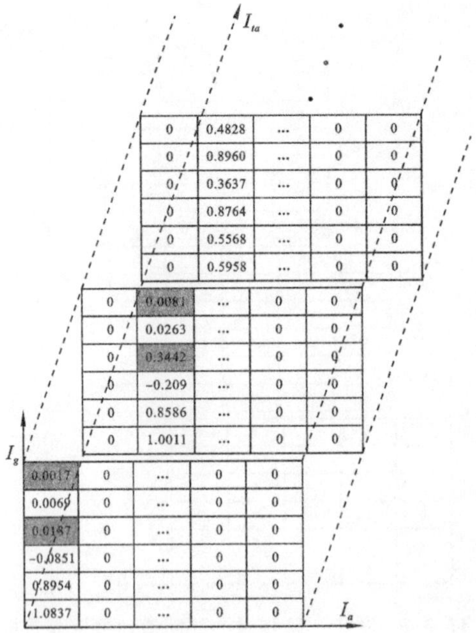

I_{ta}

0	0.4828	…	0	0
0	0.8960	…	0	0
0	0.3637	…	0	0
0	0.8764	…	0	0
0	0.5568	…	0	0
0	0.5958	…	0	0

0	0.0081	…	0	0
0	0.0263	…	0	0
0	0.3442	…	0	0
0	-0.209	…	0	0
0	0.8586	…	0	0
0	1.0011	…	0	0

I_g

0.0017	0	…	0	0
0.0069	0	…	0	0
0.0187	0	…	0	0
-0.0851	0	…	0	0
0.8954	0	…	0	0
1.0837	0	…	0	0

I_a

图 13.3.5 基于近似张量的社团活动预测模型

13.4 三元空间中面向社团的推荐服务模式

人是三元空间的抽象逻辑单元，活动则是人在三元空间与其他单元或客体进行交互的过程。如果以人为顶点，以活动为边，连接三元空间的所有单元，可以形成一种图状结构。本研究的实质，就是通过发现具有相同活动特征的社团，对该图进行简化，并通过 3 阶张量模型，抽取其特征信息，并最终面向社团提供个性化的推荐服务。

13.4.1 基于群智感知的服务推荐系统

移动设备与嵌入式设备的爆炸式增长以及各种各样嵌入式传感器的出现，使得群智感知成为现今计算机科学研究的热点之一。2006 年，《连线》(《Wired》)杂志上的一篇文章提出了众包(crowd sourcing)的概念。众包的概念是从商业的角度去描述解决问题的方法，拓展到计算机专业领域，我们引出了群智计算的概念，而随着集成了各种传感器(如 GPS 传感器、加速度传感器、重力感应器等)的智能设备的爆炸式增长，我们获得各种类型的传感数据变得越来越容易，各种各样的传感数据与群智计算相结合，就产生了群智感知计算。群智感知计算属于普适计算的范畴，其目的是利用各种各样的无线传感设备以及无线移动终端设备收集到的数据信息，进行计算和推理，为用户提供定制化服务，T-finder 就是利用大量出租车的传感信息进行用户寻找服务与空车推荐服务的一个群智感知计算的典型应用。

由于我们通过传感器在物理世界采集到的数据种类多种多样(时间信息、位置信息、轨迹信息)，而且由于数据是实时采集的，数据量巨大，不可避免地夹杂着大量的噪声信号、冗余信息、错误信息，严重影响到了我们对数据的分析效率，以及对情景进行推理的准确度。因此，如何对通过传感器收集到的物理世界的高维度、高复杂度(结构化、半结构化、非结构化)的海量信息进行预处理就成为近年来工业界和学术界研究的热点问题。如果我们能把高维度的数据进行抽象并提取其核心内容，并且保证该数据能正确地表示原始数据集所反映的内容，那么就可以实现把复杂的信息转换成易于处理的数据来进行快速、准确、有效的计算。

群智感知系统与其他很多面向数据的应用系统一样，包括数据采集、数据预处理和传输、数据存储、数据分析等模块。群智感知系统，研究的对象是个人活动、群体活动以及人类活动三者之间的关系。根据群智感知系统的这些特点，我们建立了基于个体-群体-活动的群智感知模型。个体-群体-活动的群智感知模型，主要采集和分析用户在某一时间、某一地点所进行活动的记录，并根据用户的活动特征将其聚集为不同的群体，以每个群体的活动数据为基础，分析挖掘其活动规律。如图 13.4.1 所示，该模型的体系结构主要由数据感知层、数据预处理层、关系映射层、群体活动分析层和应用层组成。

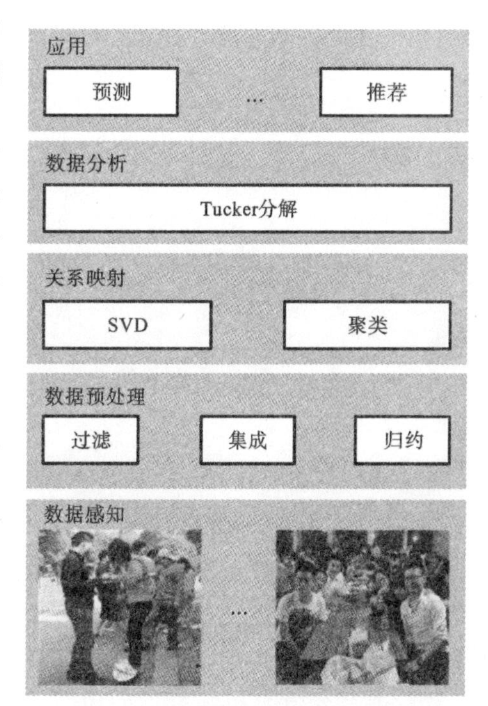

图 13.4.1　基于群智感知的服务推荐系统的体系结构

(1) 数据感知层：采集用户活动数据。

(2) 数据预处理层：包括过滤器与合成器两个模块。用于清洗原始数据中的无效及冗余数据，并将用户活动进行初步的合并处理。

(3) 关系映射层：包括 SVD 和聚类分析两个模块。利用 SVD 对数据进行降维，压缩数据的大小，降低数据处理的复杂度，并通过聚类分析，生成个体-群体关系映射表。

(4) 数据分析层：运用上文介绍的数学方法，对群体活动数据进行分析，提取群体活动的特征。

(5) 应用层：根据分析得到的数据，我们可以掌握每个群体以及群体中的每个用户的活动特征，并进行用户活动预测、个性化推荐等应用。

为了验证本系统的性能，由华中科技大学嵌入与普适计算实验室开发了手机 APP，提供给志愿用户使用，采集他们的活动数据用于研究。通过上文介绍的方法我们在数据集中发现了 6 个具有共同活动特征的群体，如图 13.4.2 所示。

经过 SVD 和 SVM 等方法，原始数据被有效地压缩了，这不仅减小了数据存储的空间，还减少了数据分析的复杂度。具体在各步骤中的压缩效果如下。

(1) 预处理：经过预处理后，原始的 IAM 数据被集成为数量更少的 CAM 数据。压缩比为 7.15%。

(2) SVD：在本试验中用户-活动数据可以表示为一个高纬的矩阵，经过 SVD，该矩阵被压缩为三个低维矩阵。压缩比为 9.06%。

(3) SVM:经过SVM的分类,我们共发现了6个社团,用户-活动数据被进一步合并为74个社团-活动数据。压缩比为20.73%。

理论上,通过上述步骤,原始数据的大小可以被压缩为原大小的0.13%。但是,在每个步骤中,数据结构都发生了变化。我们通过对内存消耗进行检测发现,经过整个处理过程,真实的数据压缩比为8%左右。图13.4.3显示了整个处理过程中的压缩比。

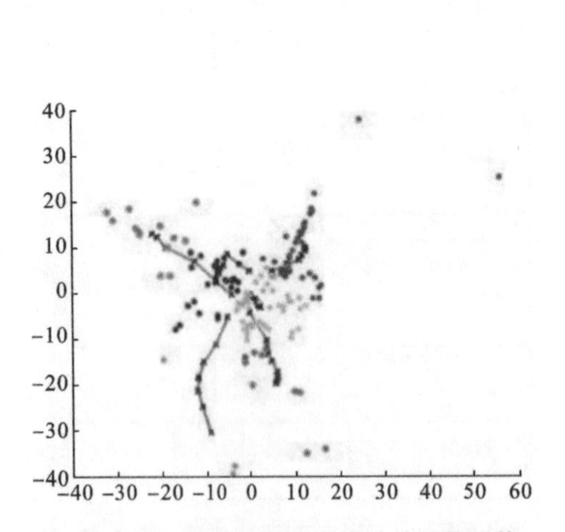

图13.4.2 发现具有共同活动特征的群体

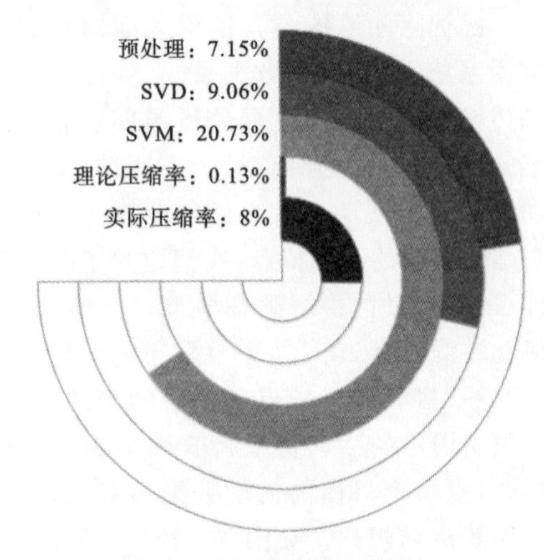

图13.4.3 各步骤的压缩比

经过张量分解,我们发现在得到的近似张量中,数值由0变化为非0值的单元格有很多,取值范围也很大。为了更准确地描述近似张量的预测效果,我们设定阈值,当单元格的值大于阈值时,就认为该单元格预测群体会进行该项活动。

推荐算法在对有精确数值的项目进行预测时,通常采用均方根误差(root mean square error,RMSE)和平均绝对误差(mean absolute error,MAE)对算法的优劣进行衡量。本研究中,我们需要预测社团的活动规律,如果预测的结果被验证是该社团确实进行的活动,那么说明预测结果有效,具体使用与分类算法中类似的指标,即正确率(accuracy)、召回率(recall)、精确度(precision)。这些评价指标,也经常被用于自然语言处理、机器学习、信息检索等领域的评估工作。但是对于预测算法,通常不选用正确率作为衡量指标。

因此,本实验采用精确度和召回作为评价指标。具体而言,对于表13.4.1中的预测结果与实际结果的关系,精确度P和召回率R可以表示为

$$P=\frac{TP}{TP+FP} \tag{13.4}$$

$$R=\frac{TP}{TP+FN} \tag{13.5}$$

表13.4.1 预测结果与实际结果关系矩阵

	实际进行	实际未进行
预测	TP	FP
未预测	FN	TN

根据式(13.4)和式(13.5),我们可以得到在不同阈值下,预测结果的精确度和召回率,其结果如图13.4.4所示。

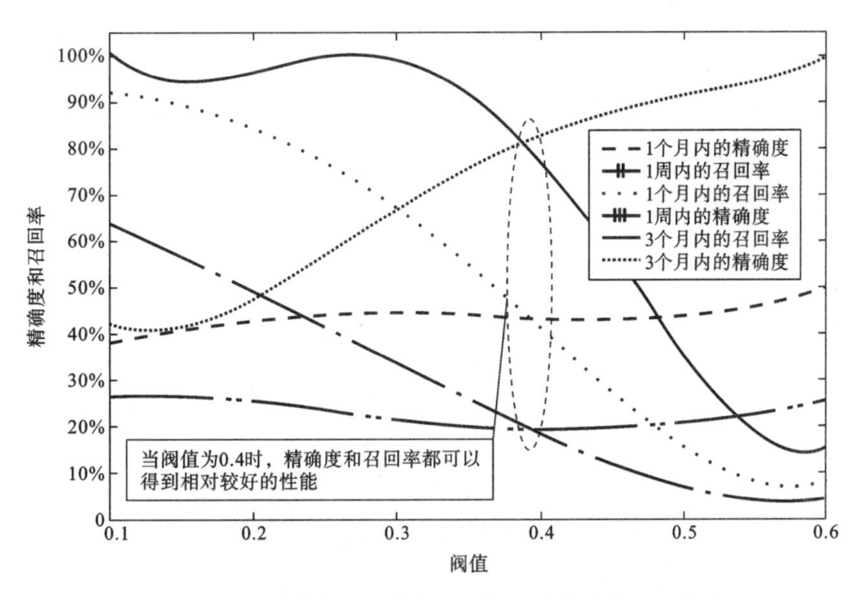

图 13.4.4 不同阈值下、不同时间段内的精确率和召回率

从图中可以看出，随着阈值的减小，预测的个数越来越多，召回率呈现出下降的趋势，而精确度呈现上升的趋势；而且随着时间的增长，精确度和召回率都有着显著的提高。特别是，当阈值为 0.4 时，精确度和召回率都达到一个可以接受的值。

13.4.2 基于张量分解的药品个性化推荐系统

随着信息技术的不断发展，越来越多的研究人员开始尝试将最先进的科技运用到医疗健康领域。随着医药知识的普及和网上购物的兴起，现在生病之后自己在网上买药的人也越来越多，国外的网上药店 Drugstore 及国内的金象大药房、九洲网上药店等网上药店受到越来越多的关注。网上买药不受时间、空间、地域的限制，对没有时间或不便于长时间运动的人群来说尤为方便；此外，在网上可以获得大量的药品信息、价格信息以及用户评论等信息，还可以买到当地没有的药品；而且由于网上药店省去租店面、雇员及储存保管等一系列费用，总的来说其价格较一般药店的同类药品更便宜。网上买药带来极大便利的同时，也存在很多问题，比如在不正规的网站容易买到假药，一些网站通过网上发布非法药品信息，夸大宣传，导致患者身体受到伤害，买药出现问题不易解决等；还有最重要的一点是购药的时候无法获得买药指导，在这种情况下，病人在网上买药都具有一定的盲目性，容易出现用错药物、重复用药、忽视药物间相互作用等错误，不能在第一时间买到最适合自己病情的药品。虽然已经有研究开始将个性化推荐技术用在健康医疗方面，但是目前网上药店个性化推荐的研究相对较少，普遍的做法是按照药品销量进行排序显示，针对这一主要问题，本文试图引入个性化推荐系统的一些算法，分析了利用基于协同过滤算法进行推荐的优劣，然后提出了基于张量分解的个性化药品推荐算法，指导患者在网上找到自己所需的药品。

药品的个性化推荐过程中，首先根据药品的描述信息采用向量空间模型（VSM）将药品特征格式化，利用 K-means 算法对药品进行聚类，然后利用用户评价进行协同过滤推荐，之后根据协同推荐的不足，提出利用张量分解进行建模，得到个性化药品推荐结果。该系统的体系结构如图 13.4.5 所示。

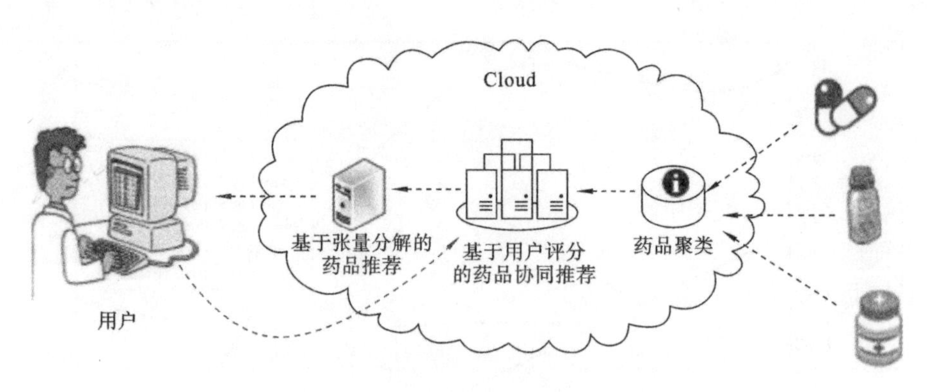

图 13.4.5 药品推荐系统体系结构图

首先，我们需要对药品根据其治疗功效进行聚类，聚类的目的是为了在用户输入病症的时候提供一些符合病情的基本药品列表，便于下一步的个性化推荐，同时也可以对药品进行分类。这里采用信息检索中常用的向量空间模型表示每种药品，它的主要思想是：将每一种药品都映射为由一组规范化正交词条张量形成的向量空间中的一个点。对于所有的药品，都可以用此空间中的词条向量$(T_1, W_1, T_2, W_2, \cdots, T_n, W_n)$来表示。其中，$T_i$ 为特征向量词条；W_i 为 T_i 的权重。得到每种药品的特征向量后，利用 k-means算法对药品进行聚类，设定将样本聚类成 k 个簇，具体算法如表 13.4.2 所示。

表 13.4.2 药品聚类

```
begin
Randomly select k cluster centroid points as u_1, u_2, ..., u_k ∈ R^n
loop
  for each sample i
  loop
    for each cluster j, calculate the distance between sample i and cluster j: d_j = distance(x^(i), u_j)
  end loop
  select the cluster that sample i belongs to based on the d_j, j=1, ..., k
  loop
    for each cluster j, recalculate the centroid of the cluster
  end loop
  the iteration count n plus one
end loop
```

上面步骤中的聚类实际上是为下面进行的协同推荐做数据准备，每次用户针对自己的病情输入病情描述时，就可以根据上一步的聚类匹配出最接近的一些类别，得到一个基本的适合用户需求的药品列表；在这个药品列表的基础上，我们提取出所有对这些药品进行评价过的用户评分，构建“用户-药品”评分矩阵，利用这个评分矩阵进行协同推荐。这里我们采用基于用户相似度的协同推荐。

虽然协同过滤算法可以为用户推荐部分药品，但是协同推荐算法无法解决新用户的推荐问题，即冷启动问题，并且随着互联网中用户数量的急剧增长，推荐系统的输入数据集规模也显著增长，海量数据规模也给推荐算法带来更大挑战。为了克服上述问题，我们提出基于张量分解的药品推荐算法，该算法通过对“药品-用户-标签”三元关系进行3阶张量建模与分解，抽取核心张量并根据药品预测评分来对用户进行个性化药品推荐。这样我们得到的张量模型如图13.4.6所示。

按照张量分解法进行张量分解后得到一些新的元素，其权重表示根据特定的标签，用户将对药品给出的评分估值，这样我们利用3阶张量中的“用户-标签”这两个维度，就可以推荐出评分最高的前 K 个药品。经过张量分解后一些新的元素由0变为非0值，根据图13.4.7中所得到新元素的权值大小，我们可以针对某一用户产生Top-N的药品推荐列表。

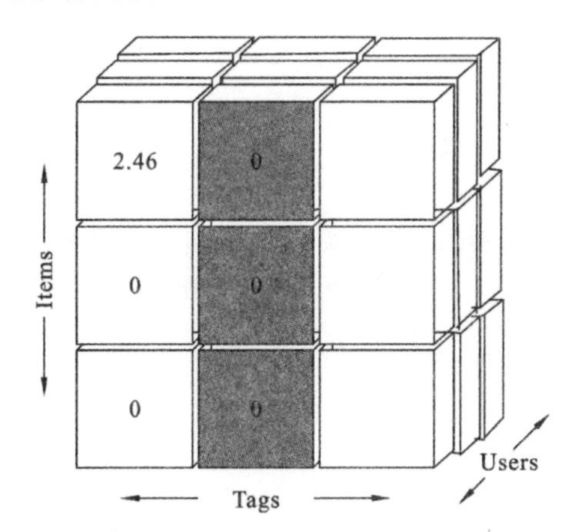

图13.4.6 根据“用户-药品-标签”构建的3阶张量模型

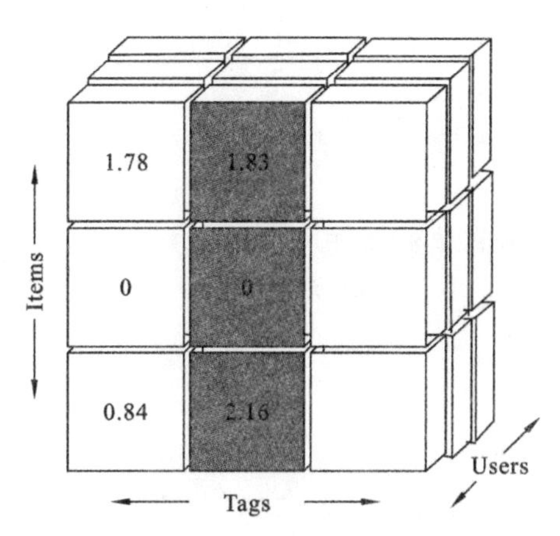

图13.4.7 分解后的张量模型

我们采用爬虫技术在国外的网上药店Walgreens上面爬取了21559条药品评价信息，作为实验数据，验证此方案的可行性。实验仍然利用推荐系统中最常用的精确度和召回率作为评估指标。首先根据药品描述信息得到每个药品的特征向量后可以提取出药品所对应的标签，这里我们认为是该药品可以治疗的疾病症状标签。实验过程中我们将数据集中部分用户对应的“用户-药品-标签”三元组作为测试集，利用张量分解得到Top-N的药品推荐列表后，看该用户的所有标签对应的药品是否出现在推荐列表中，具体的计算公式如式(13.4)和式(13.5)所示。此外，我们还利用F1评价方法来综合权衡评价推荐结果的效果，其计算公式如下：

$$F_1=\frac{2\times P\times R}{P+R} \tag{13.6}$$

首先根据药品描述得到药品特征向量后进行聚类，取聚类数为10，选取每个簇的中心向量中按权重从大到小前5个特征作为该簇的特征值，这些特征值后面都表示为每个用户和药品对应的症状标签。我们事先随机挑选2000条评价数据作为测试集，剩下的数据作为训练集。

在进行用户协同过滤推荐过程中，我们根据测试集用户的症状标签选出其所在聚类中的所有用户药品评价数据，构建所有评价过这些药品的“用户-药品”评分矩阵，先计算出与当前用户相似度最高的前20个用户，然后利用这20个用户计算出当前用户没有评分过的所有药品，推荐预测评分数最高的前 N 个药品。

在张量分解中，我们选取core=(6×6×6)的核心张量进行分解，在得到的近似张量中保留单元格中大于0.1的单元格。

根据不同的推荐列表长度1、3、5、10、15、20、25、30，得到基于协同过滤(CF)和基于张量分解(Tensor)的药品推荐实验结果对比。精确度如图 13.4.8 所示,召回率如图 13.4.9 所示,F_1 指标如图 13.4.10 所示。

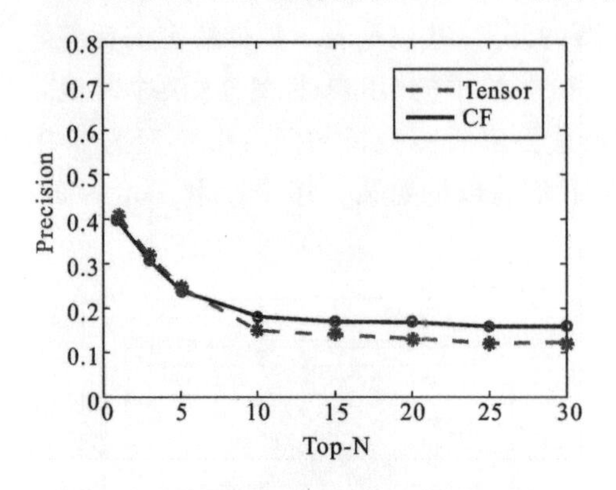

图 13.4.8　基于 Tensor 和 CF 的药品推荐精确度对比图

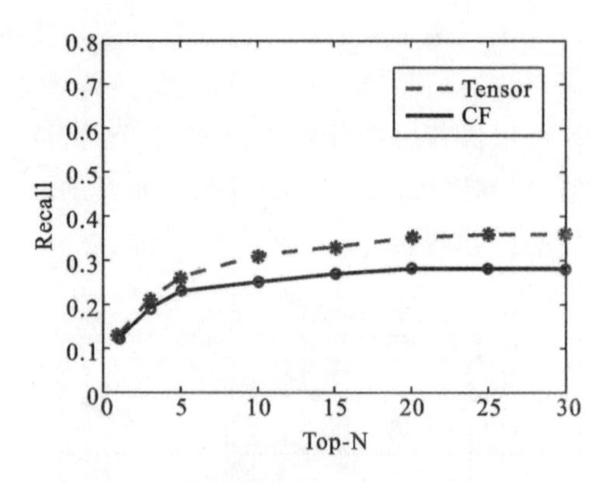

图 13.4.9　基于 Tensor 和 CF 的药品推荐召回率对比图

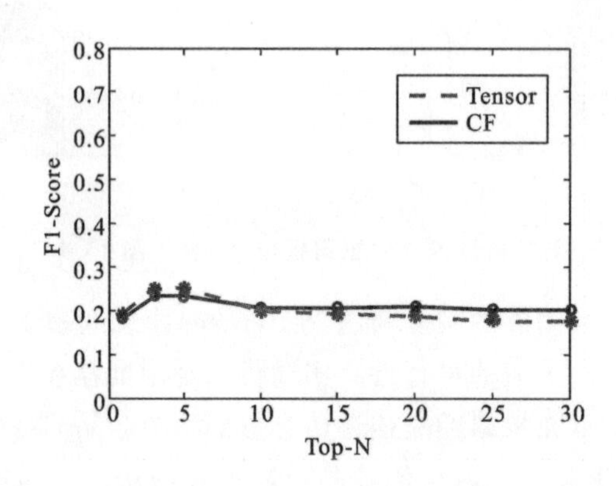

图 13.4.10　基于 Tensor 和 CF 的药品推荐 F1 指标对比图

从实验结果可以看出,在推荐长度小于 10 的时候张量分解的推荐性能比协同过滤要高。在推荐长度大于 10 之后,计算精确度的时候由于分母增加明显,导致性能下降。此外,基于张量分解的推荐算法在处理大量稀疏性数据的时候,得到的推荐列表长度比协同过滤的要好,在推荐列表大于 10 的时候性能下降较快,这和张量分解后对于新元素比较接近、区分度不明显有关。

14

移动大数据与电信业务优化

移动行业在过去二十年得到了飞速发展，移动电话普及率达到了空前高度。根据智能手机操作系统市场份额报告，2014 年智能手机的出货量超过 3.7 亿。运营商之间的激烈竞争和市场趋饱和的现状，使得发展用户市场变得越来越难。与此同时，现在移动用户转网难度已大幅降低，用户很容易因为竞争对手更好的服务质量、更优惠的套餐和促销计划等而转网。这种用户从一家运营商转网到另外一家运营商的行为称为“用户流失”。由于维系一个用户的成本远低于发展一个新用户的成本，如果电信运营商能够基于移动大数据，对潜在的流失用户实现提前预警，并提前采取维系挽留措施，如优惠资费包、存费送机等，在电信市场饱和、增量用户发展空间有限的大环境下，可以预防用户流失，直接减少运营商营收损失。因此，世界各大运营商，如 AT&T、中国移动和中国联通等，都非常重视用户流失预警和维系挽留。

为了针对流失用户采取行之有效的维系挽留措施，电信运营商必须找到潜在流失用户及其流失时间和原因。为此，运营商一般会建立一个用户流失预警模型，通过分析用户的通话详单、缴费记录和上网行为等历史数据，挖掘具有流失倾向的用户。目前，运营商在其开展业务运营的过程中，已经积累了海量的用户数据，通过对移动大数据的深入挖掘可以准确预测用户流失概率。实际上，引起用户流失的原因是多种多样的，诸如服务质量、工作地变更、用户体验、网络带宽、资费标准、品牌认知等，而移动大数据可以帮助运营商找到用户流失的根本原因，实现提前预警和提前干预，以降低用户流失率。然而，利用移动大数据高效预测用户流失也是一件极具挑战性的工作。首先，处理和挖掘海量的电信用户数据需要一种专属的同时具备在线和离线任务处理能力的分布式计算和存储架构；其次，用户流失预测的准确度不仅依赖预测模型本身，还依赖数据质量和数据完整度；最后，用户流失决策会受其社交圈成员——朋友、亲戚等的影响，在进行用户流失预测时，必须考虑其社交圈成员行为。

本章旨在介绍如何利用移动大数据分析、挖掘流失用户和提升服务质量。本章介绍了用户流失分析算法预测用户流失概率，同时识别流失影响力高的用户及其特征，最后，通过真实的数据集验证流失预警模型的精度。通过大数据分析得到的结论很好地解释了用户流失根本原因，与此同时，可以将这种分析方法应用于电信服务质量提升中，如客户关系管理、网络优化等。

14.1 移动大数据与用户流失预测

根据电信运营商对流失用户的定义，一个用户在上月出账本月不出帐即可定义为流失用户。通常情况下，预测用户流失方法是构建基于用户属性的机器学习模型，所采用的用户属性一般包括用户基本属性和账单消费信息。本节所介绍的模型更多考虑的是用户行为信息，如投诉行为、通话行为。一般来说，用户的行为在一定程度上反映用户的意图。如果一个用户向电信客服投诉网络问题，则意味着此用户对当前服务质量不满意并由此可能产生流失现象。另外，用户的通话频率也能反映其使用电信服务的意愿强烈程度。

表 14.1.1 列出了本节所提出用户流失预警模型采纳的所有用户属性，主要分为三类：用户基本属性、账单属性和行为属性。用户基本属性包括用户入网时长、年龄、性别、家庭套餐计划等；账单属性是由电信运营商计费系统每月生成的，包括账户余额、漫游费用等信息；行为属性是从客户管理系统和通话详单中提取的如表 14.1.2 所示的用户信息。每条通话详单有 5 个字段——主叫方、被叫方、呼叫类型、通话时长和通话开始时间。

表 14.1.1 基本属性、计费属性和行为属性

基本属性	描述
SERIAL_ NUM	识别用户的唯一 id
CUST_TYPE	客户类型
GROUP_TAG	集团标识
GENDER	用户的性别
AGE	用户的年龄
STATUS	用户的当前账户状态
计费属性	描述
ACCT_BAL	账户余额
SP_FEE	增值服务费用(如天气报告)
CZ_FEE	充值费用
CUR_INCOME	当月出账收入
TRAVEL_FEE	漫游费用
ACT_FEE	活动赠款
ACT_REST	剩余赠款
OWE_FEE	欠款
行为属性	描述
COMPLAIN_NUM	用户投诉的次数
CZ_NUM	现金收取次数
CALL_TIMES1	从早上 8 点到下午 6 点的总呼叫次数
CALL_TIMES2	从下午 6 点到早上 8 点的总呼叫次数
CALL_DURATION	总通话时长
NEIGHBOR_NUM	通话次数
INDEGREE_NUM	用户被叫次数
OUTEGREE_NUM	用户主叫次数
OTHER_RATE	对端异网号码比例

表 14.1.2 通话详单示例

主 叫 方	被 叫 方	呼 叫 类 型	通 话 时 长	通话开始时间
A	B	主叫	120 s	13：02
A	B	被叫	60 s	13：42
B	C	主叫	240 s	15：02

通过对一个用户的通话详单进行汇总分析，可以得到其主被叫通话频率。如表14.1.2所示的A用户和B用户是一个运营商的两个用户，C用户是另外一个运营商的用户，那么从详单可以推断出A用户和B用户的主动语音号码规模分别是1和2，异网主叫占比分别为0和0.5。

定义完建模指标并从数据库获取到指标数据后，利用深度数据挖掘技术——逻辑回归、支持向量机和决策树等建立用户流失预测模型。根据建模数据特征的不同，本章建立了两个用户流失预警模型并进行对比分析如下。

(1) 模型M1，类似于现有的研究方法，只使用用户基本属性和账单信息进行预测。

(2) 模型M2，使用用户基本属性、账单信息和行为信息进行预测。

为了提升模型预测精度，采用随机森林作为分类工具，在模型训练阶段构建多个随机森林模型，将分类结果较好的模型应用到测试阶段。为了进一步评估随机森林算法的性能，本章将随机森林算法与逻辑回归和决策树算法进行对比分析，结果表明随机森林算法的预测精度是最高的。另外，随机森林算法可以实现并行计算和有效解决非线性分类问题，时间复杂度为$o(Mmn\log n)$，其中M是决策树的数量，m是属性个数，n是样本个数。

本章采用基于阈值的方法进行流失用户和非流失用户的分类。具体来说，如果预测用户流失概率大于或等于0.5，此用户被标记为流失用户；否则，被标记为非流失用户。通过构建这样的模型，可以得出用户行为是否对用户流失预测精度产生影响以及影响的程度。然而，上述两个模型都将每个用户作为独立个体来考虑，没有考虑用户间的相互影响。下一节将会把信息传播模型与用户流失预测模型相结合。

14.2 移动大数据与信息传播

除了电信服务质量和账单信息之外，社交关系是影响用户流失决策的另外一个重要因素。通常情况下，一个用户会受到其朋友或家人的流失影响，比如说一家运营商提供某种类型的家庭套餐让用户享受家庭成员间互打免费，那么在一个用户的亲朋好友全部转网至此运营商后，此用户也很可能会流失。Dasgupta等人指出一个用户的社交圈成员会影响其行为。Euler和Mozer等人对用户流失预测研究主要集中在单个客户属性——使用量、费用等对其流失决策的影响。本节借鉴Nanavati等人的研究成果，将信息传播模型引入到用户流失预测模型中以丰富模型内涵。

本节主要考虑两种信息传播模型，即以接收者为中心的传播模型和以发送者为中心的传播模型。在以接收者为中心的传播模型中，受影响的人能够决定保留比例，并且正比于这个受影响的人连接的权重与其所有连接权重和之比。与此相反，在以发送者为中心的传播模型中，发送者决定影响传递到周边人的比例，并且正比于发起者和周边人连接权重与所有发起者和周边人连接权重和之比。为了更好地理解这两种模型，图 14.2.1 和图 14.2.2 展示了简化的传播模型。

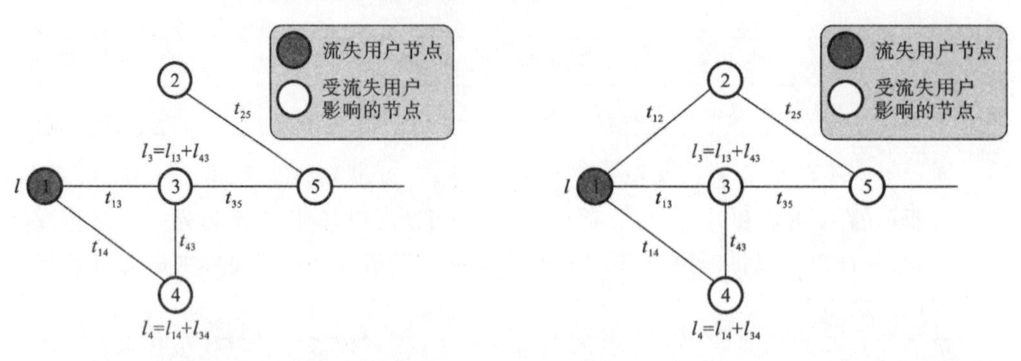

图 14.2.1　以接收者为中心的传播模型　　**图 14.2.2　以发送者为中心的传播模型**

1）以接收者为中心的模型

图 14.2.1 是一个以接收者为中心的模型工作机制的简单呼叫图。假设节点 1 表示流失用户，每条边上数值表示联系紧密程度，那么流失用户的初始影响力是 I，为了阐述方便，限制影响力的最大传播距离为两跳，当一个用户发生流失行为时，如节点 1，他会将其流失影响力传递到周围人，如节点 3 和节点 4。每个节点根据其与流失用户节点关系紧密程度，只会保留一定比例的影响力。节点 3 从节点 1 接收到的影响力比重是$\frac{t_{13}}{t_{13}+t_{43}+t_{35}}$，影响力为 $I\times\frac{t_{13}}{t_{13}+t_{43}+t_{35}}$。

同样的，节点 4 接收到节点 1 的影响力后，会将影响力传播到其社交圈。在二次传播过程中，节点 3 将再一次接收到节点 1 流失事件的影响。这就意味着某些节点既受到节点 1 的直接影响，又受到节点 4 的间接影响。所有接收影响的节点将会保留一部分的影响力，然后继续传播，一直传播到其所能达到的最大跳数。因此，节点 3 总共接收到节点 1 的影响力是 $I_3=I_{13}+I_{34}$。

2）以发送者为中心的模型

图 14.2.2 是另一个简化的呼叫图。假设节点 1 是流失用户，其影响力为 I。同样的，为了说明方便，限制最大传播距离两跳。当传播开始时，节点 1 的流失用户将其所有影响力传递到它的邻居——节点 2、节点 3 和节点 4。每个邻居根据其与流失用户的关系紧密程度只保留一定比例的影响力。节点 3 从节点 1 接收到的影响力比重为$\frac{t_{13}}{t_{12}+t_{13}+t_{14}}$，接收到的影响力为 $I\times\frac{t_{13}}{t_{12}+t_{13}+t_{14}}$。

节点 2 和节点 4 将会发生类似的传播过程。节点 2、节点 3 和节点 4 在决定好其所保留的总的影响力之后，就会将其影响力传递到其所在的社交圈。在这个阶段中，节点 3 通过节点 4 接收到节点 1 流失事件的影响。所有接收节点将再次保留并继续传递影响力，直到传播过程达到最大跳数。在节点 1 用户流失事件结束后，节点 3 总共获得的影响力为 $I_3=I_{13}+I_{43}$。

从上述分析中可以发现两个模型的区别在于对联系强度的计算上，而联系强度将会影响接收节点保留影响力的多少。

为了将信息传播模型应用于呼叫图，必须要确定模型的两个参数：初始能量以及节点间的联系强度。对于初始能量问题，本节将基础预测模型的输出结果作为初始能量。在信息传播模型中，每个流失用户都会通过呼叫图传播其影响力。其他用户会根据其接收到的所有流失事件的影响力大小决定是否离网。节点间联系强度，决定了一个节点传播或接收影响力的大小。从直观上来看，联系强度表示用户间真实关系的紧密程度。基于通话详单的呼叫图主要由用户和通信联系构成。本节假设如果两个用户关系亲近，他们会频繁地彼此通话而且往往会通话很久。为此，将两个用户间的联系强度定义为通话频率和通话时长的函数。

14.3　移动大数据与中心用户识别

电信运营商可能每月有数以万计的流失用户。即使运营商能精准预测潜在流失用户，也需要花费巨大成本来维系挽留他们。因此，如果能找到流失用户中负面影响力高的用户并建立单独维系，将会更加经济高效。负面影响力高的用户是指流失影响力足以令与其接触的用户紧随其后流失的用户。

为了找出负面影响力高的用户，必须评估每个流失用户的影响力。为此，本节先构建了基于通话详单的社交网络，然后基于被影响用户流失数量对流失用户进行打分，并且利用前面几节得到的流失概率调整影响力得分。

具体地，使用呼叫图 $G=(V,E)$ 表示通话联系，其中 V 表示节点集合，E 表示边集合。呼叫图中的节点表示运营商的用户，每条边 $(\mu,\nu)\in E$ 表示用户 μ 对用户 ν 的通话联系强度，并且他们之间至少有一条通话记录。在这种情况下，ν 被称为 μ 的联系，反之亦然。

假设用户 μ 发生流失行为，其联系人大多也紧随其后发生流失行为，为了评估 μ 的影响力，必须考虑以下因素。

(1) 受用户 μ 流失影响而产生流失的用户数量，也就是用户 μ 流失后一段时间内，其联系人流失的数量。受 μ 流失影响的用户越多，表示 μ 的流失影响力得分越高。

(2) 没受用户 μ 流失影响的用户数量，也就是用户 μ 流失后，其联系人中没有流失用户的数量。不受 μ 流失影响的用户越多，表示 μ 的流失影响力得分越低。

(3) 用户 μ 的联系人流失概率。如果 μ 的影响力能使低概率流失的联系人发生流失，那么 μ 的流失影响力得分应该高一些。与此相反，如果用户 μ 高概率流失而其联系人不会流失，那么 μ 的流失影响力得分应该低一些。

根据 Motahari 等人所述，流失用户 μ 的影响力得分可以定义如下：

$$I(u)=\sum_{\nu\in V}(1-p(V))-\sum_{\nu'\in V'}p(V') \tag{14.1}$$

式中：V 是受流失影响的用户集合；V' 是没有受流失影响的用户集合；p 是节点 ν 的流失概率。

图 14.3.1 展示了影响力得分计算的过程。用户 A 发生流失，在其 5 个联系人当中，用户 B 和用户 D 紧随其后发生流失而其他三个用户并没有发生流失。因此，用户 A 的流失影响力得分为 $I(A)=[(1-0.23)+(1-0.64)]-(0.05+0.11+0.25)=0.72$。

通过计算流失用户的影响力得分，运营商可以找出流失影响力高的用户，然后采取一些措施阻止他们流失。此外,还可以分析流失影响力高的用户特征。但本章只考虑用通话详单构建社交网络,如果能将线上社交信息整合到模型中,那么流失预测的精度会得到进一步的提升。

综上所述,不同模型间的关系如图 14.3.2 所示,其中用户基本属性和通话详单是作为整体的输入,而输出包括流失概率、流失影响力高的用户及其相关特征等。

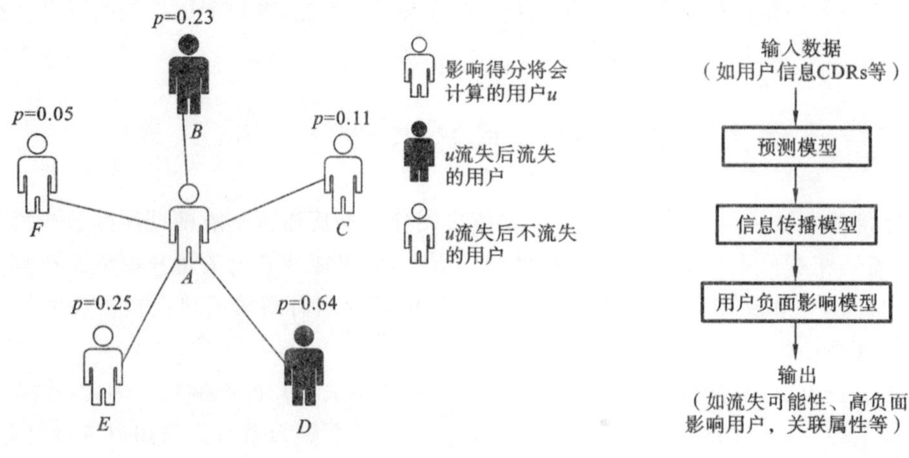

图 14.3.1　流失影响力得分计算过程　　图 14.3.2　模型关系

14.4　移动大数据与电信业务实践

本节通过大量实验评估前面几节提出模型的准确度,并将所提方案部署到一家电信运营商的真实生产环境中。本节使用国内领先运营商的海量数据验证用户流失分析框架的有效性,数据集包含 350 多万用户每月的基本属性、通话详单和流失状态等信息,数据采集周期是从 2014 年 7 月至 2014 年 12 月。

图 14.4.1 展示了每月用户数、通话详单数和流失用户数的统计分析结果,可以发现用户数和通话详单数每月都发生变化,一般情况下,每月用户数都会超过 350 万,通话详单数超过 6000 万。如图 14.4.1(c)所示,每月流失用户数也在动态变化,基本保持在每月 20 万的流失用户数。

本节采用如表 14.4.1 所示的混淆矩阵来评价模型的准确度。评价模型准确度的主要指标包括查准率、查全率和 $F_{1得分}$,其定义如下:

$$查准率=\frac{TP}{TP+FP}$$

$$查全率=\frac{TP}{TP+FN}$$

$$F_{1得分}=\frac{2TP}{2TP+FN+FP}$$

直观上,查准率表示模型流失预测的精度,查全率表示模型成功预测出的实际流失用户比例,$F_{1得分}$ 综合考虑查准率和查全率,提供了一种平衡型的评价打分。从运营商的角度看,因为查准率高可以节省大量维系成本,故而查准率比查全率更加重要。

本节通过验证 $T+1$ 和 $T+2$ 两种方法来评价模型,其中 $T+k$ 标识训练集和测试

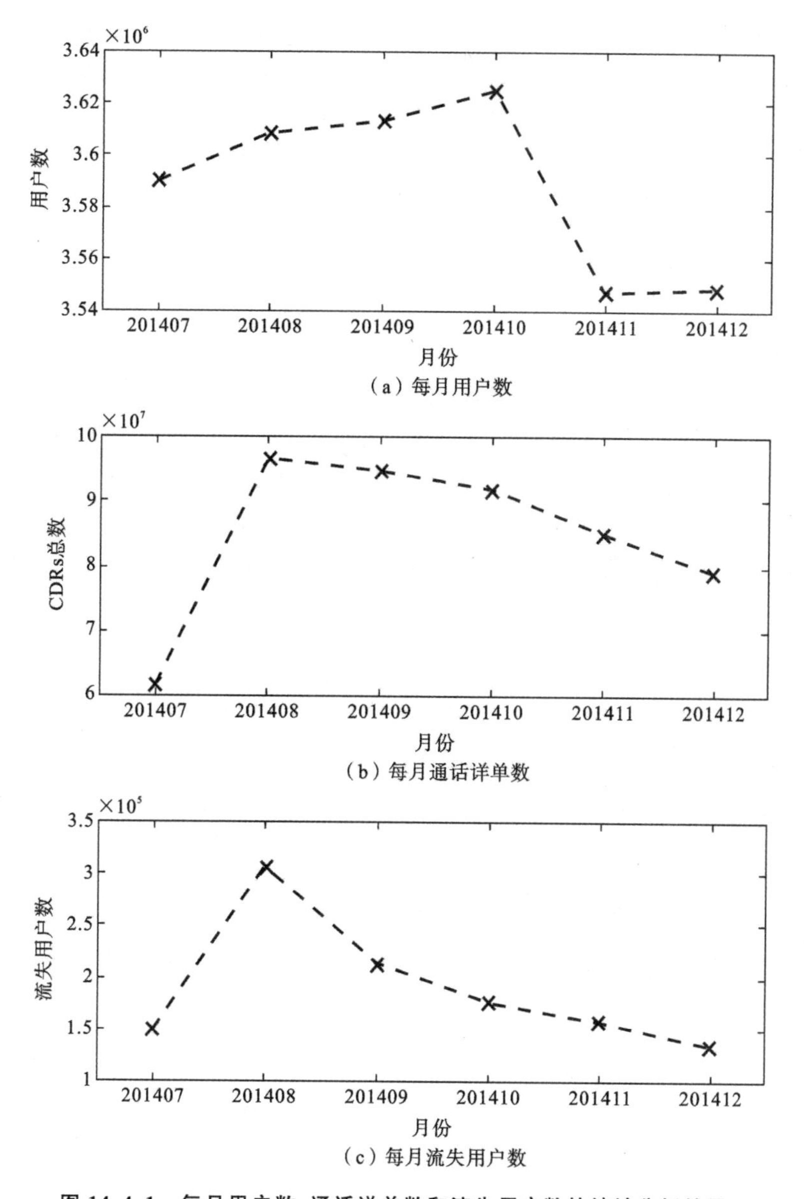

(a) 每月用户数

(b) 每月通话详单数

(c) 每月流失用户数

图 14.4.1 每月用户数、通话详单数和流失用户数的统计分析结果

集的时间差是 k 月，具体来说，$T+1$ 和 $T+2$ 定义如下。

(1) $T+1$：用 T 月用户基本信息和 $T+1$ 月的流失标识进行训练，并用 $T+1$ 月的用户基本信息和 $T+2$ 月的流失标识进行测试。

(2) $T+2$：用 T 月用户基本信息和 $T+2$ 月的流失标识进行训练，并用 $T+1$ 月的用户基本信息和 $T+3$ 月的流失标识进行测试。

表 14.4.1 混淆矩阵

	预测为非流失用户	预测为流失用户
实际非流失用户	真阴性(TN)	假阳性(FP)
实际流失用户	假阴性(FN)	真阳性(TP)

本节分别对 $T+1$ 和 $T+2$ 进行3组测试。表14.4.2和表14.4.3分别列出了2014年10月至2014年12月的查准率和查全率结果,表14.4.4列出了 $F_{1得分}$ 结果。

表14.4.2 查准率结果

月份	M1(T+1)	M1(T+2)	M2(T+1)	M2(T+2)
2014/10	0.880	0.443	0.916	0.830
2014/11	0.878	0.778	0.921	0.872
2014/12	0.854	0.738	0.924	0.863

表14.4.3 查全率结果

月份	M1(T+1)	M1(T+2)	M2(T+1)	M2(T+2)
2014/10	0.597	0.431	0.721	0.150
2014/11	0.603	0.215	0.745	0.289
2014/12	0.627	0.245	0.703	0.328

表14.4.4 $F_{1得分}$ 结果

月份	M1(T+1)	M1(T+2)	M2(T+1)	M2(T+2)
2014/10	0.712	0.435	0.808	0.254
2014/11	0.715	0.337	0.823	0.434
2014/12	0.723	0.368	0.798	0.475

从上述结果表中可以看出,M1和M2两个模型的 $T+1$ 预测性能都比 $T+2$ 的要强,从理论上来说,最近一个月的用户统计数据相比前一个月的数据更能说明用户流失倾向。主要原因在于 $T+1$ 数据集比 $T+2$ 数据集涵盖更多的用户通话行为信息,从而能得到更高的查全率、查准率。对比M1和M2,可以发现M2的 $T+1$ 预测的所有评价指标皆优于M1,而 $T+2$ 预测除了查全率外也皆优于M1。对运营商而言,模型查准率比查全率更加重要,因为促销活动会产生大量成本,所以它更加希望目标用户能够被精准识别。在这种情况下,即使 $T+2$ 预测的查全率低于 $T+1$ 预测的查全率,但是查准率仍然可以维持在85%,并且运营商拥有更多的时间窗口来制定合适的促销策略和活动,也有助于维系挽留流失用户。

为了评估信息传播对流失行为的影响,本文将初始能量设置为单个用户的流失概率,并将两个节点间的联系强度定义为 $\omega=\alpha\times c+\beta\times d$,其中 c 表示通话次数,d 表示总通话时长,通常情况下,将其分别设置为0.6和0.4。最后,将两个模型应用于呼叫图,并以前面实验结果作为呼叫图的输入。图14.4.2表示不同模型 $T+1$ 和 $T+2$ 的 $F_{1得分}$。

从图中可以看出,信息传播模型提升预测精度的效果甚微,与预期相差甚远。原因可能在于:第一,在基于机器学习的M1和M2预测模型中,已经使用了用户社交行为,而信息传播模型只是以另外的一种方式使用这种社交行为,因此效果不显著;

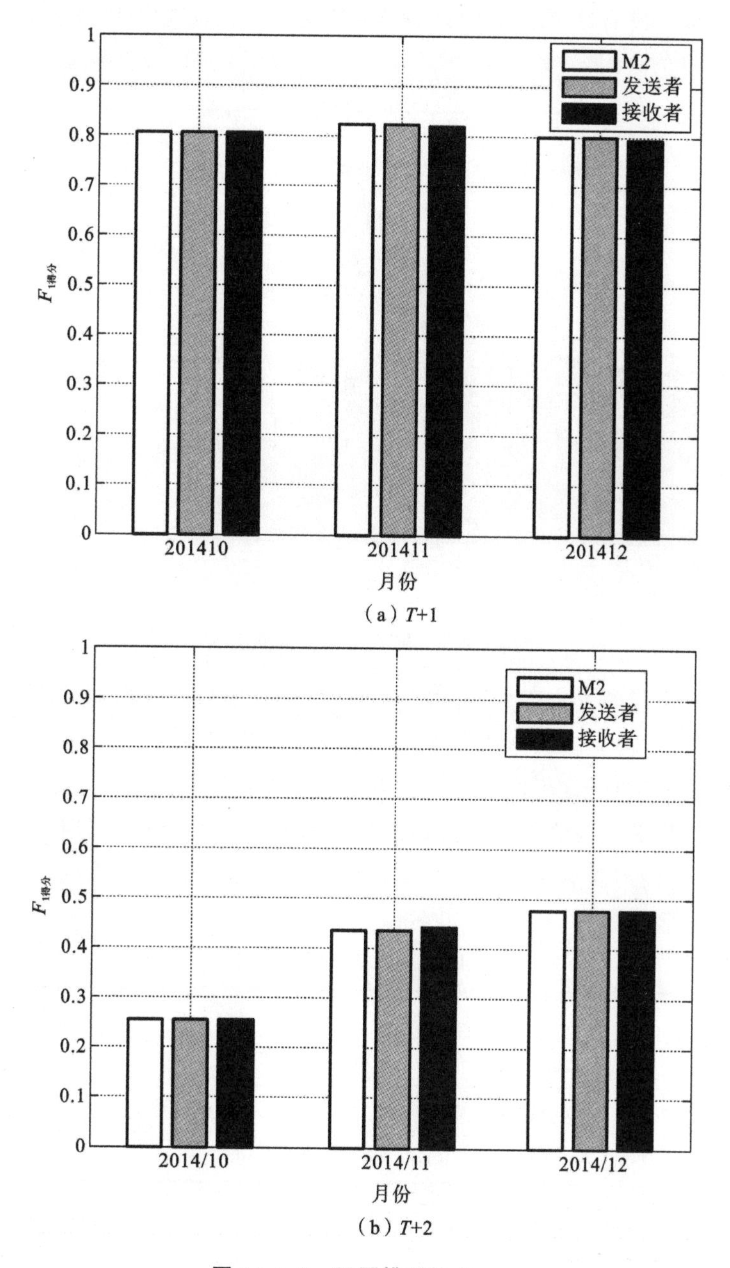

图 14.4.2 不同模型的 $F_{1得分}$

第二，用户行为确实会受到社交圈子影响，但是伴随技术的迅速发展，用户越来越倾向于使用互联网通信工具，如 Skype、微信、QQ，而不再仅仅是语音通话，因此，用户流量可能在其他社交网络中传播得更好和更快，而不再使用呼叫网络造成了用户流失事件。

在本节的数据集中，由于不同月份的影响力得分分布只有细微差别，因此，本节使用 2014 年 10 月的影响力得分作为样例来分析结果。

图 14.4.3 表示 2014 年 10 月的影响力得分直方图。从图中可以看出，绝大多数流失用户都没有后继流失者。通过查验通话详单，才发现流失用户在流失当月很少打电

话，因此，他们几乎没有联系他们的亲近人，造成大多数流失用户没有后继流失者的现象。

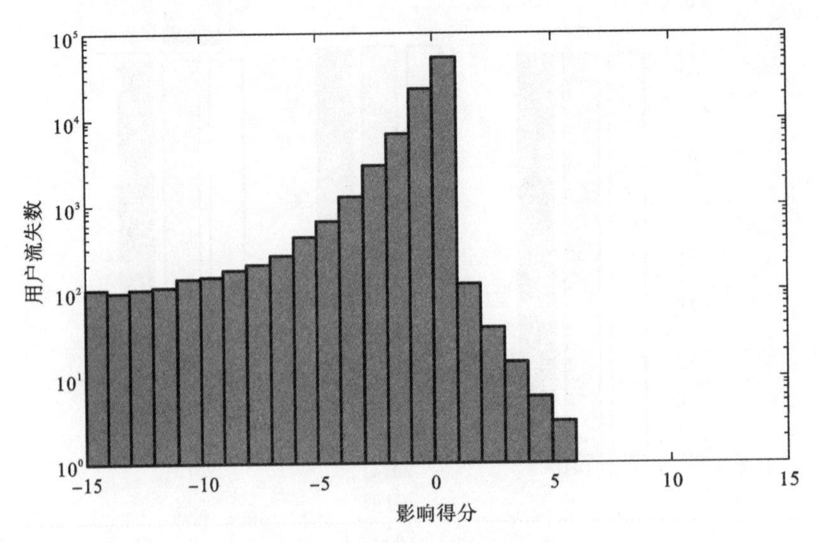

图 14.4.3　影响力得分的直方图

除去影响力为零的流失用户，具有负面影响力的流失用户数量远超具有正面影响力的流失用户数量，说明影响力高的流失用户只是全部用户的一小部分，因此，通过识别影响力高的流失用户，就可以轻松做到防止其他用户流失。

本节还进一步做了与流失影响力高的用户强相关特征分析，利用线性回归算法得到表 14.4.5 中属性与影响力得分存在强相关，因此，运营商可以根据这一结果制定更好的策略来提升服务质量。

表 14.4.5　相关属性排名

排　名	属　性	排　名	属　性
1	TRAVEL FEE	4	CUR INCOME
2	OTHER RATE	5	OWE FEE
3	CALLDURATION	6	ACCT BAL

移动大数据分析框架部署在国内领先的电信运营商的真实生产环境中。图 14.4.4 表示简化的部署方案。

流失分析所用数据通过一套网关进入系统，原始数据是在两个 Hadoop 集群中进行存储和处理，处理完的数据根据特征不同会进入不同数据库，如 Oracle、IQ、Neo4j 和 Hbase 等，然后采用一组计算节点完成流失分析，并将结果通过可视化平台提供给运营商使用。系统已成功运行数月，实际运营结果表明本文所提的流失分析框架能够实现对流失用户的精准预测。每月的流失用户数下降 6 万，每月节省维系挽留成本 600 万人民币。以 2014 年 10 月的统计数据为例，在对潜在流失用户提前采取维系挽留政策后，实际流失率从 88.8%下降到 78.0%。通过对比干预用户和非干预用户的统计数据，可以发现干预用户的账户余额、月均流量和平均出账收入得到了大幅提升，详细比较结果如表 14.4.6 所示。

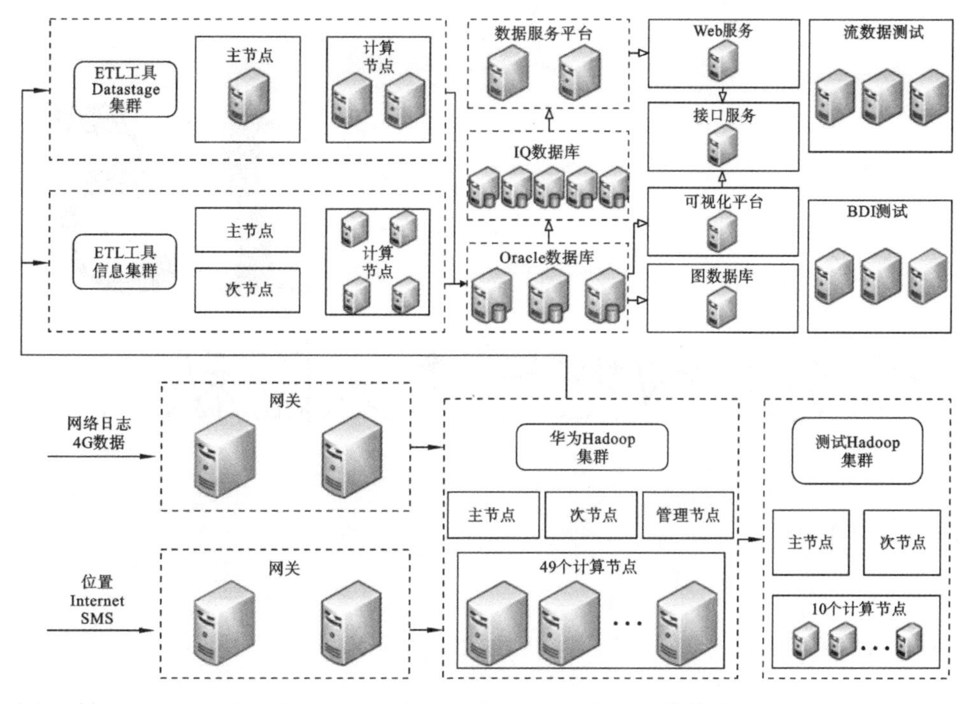

图 14.4.4 电信运营商真实生产环境的部署方案

表 14.4.6 干预用户与非干预用户对比分析

用户类型	非干预	干预
流失率	88.8%	78.0%
账户余额	90.6 元	122.9 元
月均流量	70.73 MB	166.1 MB
平均出账收入	16.33 元	34.81 元

本章主要解释了如何运用海量电信大数据解决用户流失问题，为此，首先对电信行业的离网现象进行了概述；其次，系统地提出了解决用户流失概率预测、流失影响力高的用户识别及其关键特征分析的方法，包括一整套理论模型——流失预测模型、信息传播模型和用户间负面影响模型等；最后，通过真实数据集验证本章所提方法在解决运营商用户流失和提升电信服务质量等方面的有效性。

15

移动大数据与个人隐私

15.1 引言

15.1.1 研究背景

随着大数据时代的到来，人们产生的数据越来越多，也有越来越多的数据被用于科学研究和商业用途。但是数据中往往包含了很多用户的私人信息，如果不对数据做一些隐私保护处理而直接发布数据，用户的隐私将会暴露。

根据爱立信 2015 年的移动市场报告，截至 2014 年，全球移动用户数量已经达到 71 亿，并且爱立信预测到 2020 年，用户量将会达到超出全球人口总数的 92 亿。那时全球年龄大于 6 岁的人口中将会有超过 90%的人拥有自己的手机。在这样一个庞大的移动市场中，用户使用移动终端将会产生巨大的数据量。其中一类数据是用户的定位数据和流量数据。运营商通过基站的位置，移动终端的应用通过 GPS，都可以对用户进行定位。这些定位数据收集起来就可以形成一个用户的移动轨迹。

随着智能手机的发展以及其他移动终端的出现，轨迹收集比以前更加容易。连接基站或者 WiFi 都会暴露用户的位置，很多移动应用都可以获取手机的 GPS 定位并且上传。例如，App Store 有三分之一的应用程序可以获取用户的地理位置信息，并且 iOS 和 Android 中百分之五十的流量都可以被网络广告商获取。

用户的轨迹数据可以用于多方面，大致可以分为两类：一类是商业用途；另一类是科学研究。商业用途方面，用户的轨迹数据主要用于各类基于位置的服务(LBS)，比如分析用户常去的地点推算出用户的喜好，对用户定向投放广告，进行天气预报等服务。科学研究方面，通过分析位置数据，可以找出人流移动规律，优化对交通资源的配置等。所以这些数据的公开是很有必要的。

但是轨迹数据包含了用户的很多隐私，比如轨迹可以反映一个用户的生活习性，也将会暴露用户住宅地址和工作地址等。

由上面的介绍可知，研究用户的信息具有很重要的意义，因此在数据发布之前应对数据做预处理，以保护用户的隐私。传统的方法仅仅将用户的 ID 去除，但是每个用户的轨迹都具有很强的独特性，从轨迹中仍可以推测出很多敏感的信息。

15.1.2 研究现状

1. 普通数据集隐私研究

数据集的形式多种多样，但是一般包含两类主要信息：一类是表示用户身份的数据，我们称之为“识别符”，如用户的姓名、电话等，这一部分通常会做匿名化处理，比如用没有实际含义的编号来代替姓名，电话等；另一类是表示用户敏感信息的数据，称为敏感属性，如病史、收入等信息，这一部分数据是攻击者感兴趣的信息，也是我们不希望被泄露的信息，所以要对数据做隐私保护处理，使得攻击者不能从数据中找到被攻击者并且被攻击者的敏感信息不被泄露。

根据攻击方式的不同，隐私泄露的方式也有很多种。攻击模型可以分为以下四种。

(1) record linkage：在匿名数据集中利用识别符找到想要攻击的对象。

(2) attribute linkage：把不同数据集中的同一个用户的数据通过两个数据集中相同的信息关联起来。

(3) table linkage：判断一个用户是否在数据集中。

(4) aprobabilistic attack：通过数据集中的信息提高对某一个用户具有某些属性的可能性的判断。

对数据做隐私保护处理最简单的方法就是去除用户的识别符，使数据集中的用户不能与现实生活中的人直接关联。但这还远远不够，从数据中另外的属性（称为“准识别符”）仍然可以推断出用户的真实身份。例如，有研究表明，根据 1990 年的美国人口普查数据，通过性别、邮政编码和生日这三个属性，可以唯一确定 87%的美国人。所以，L. Sweeney 提出了一种“k-匿名”方法，匿名后的结果保证在指定的准识别符下，一个用户无法同其他 k-1 个用户区分开来。

但是这种方法还是有一定的缺陷。比如当用户所处的匿名集中所有的样本具有相同的敏感属性时，虽然用户没有被唯一确定，但是攻击者仍然可以得知他想要的关于被攻击者的敏感信息。于是 A. Machanavajjhala 在“k-匿名”的基础上又提出了“l-多样性”方法，他规定了匿名集中的敏感信息必须具有一定的多样性，从而攻击者不能获取被攻击者的敏感属性。

表 15.1.1 中表示的是某医院患者数据，用邮编和年龄作为准标识符对数据做匿名

表 15.1.1 患者数据

	非敏感型数据			敏感型数据
	邮编	年龄	国籍	患病情况
1	13053	28	Russian	Heart Disease
2	13068	29	American	Heart Disease
3	13068	21	Japanese	Viral Infection
4	13053	23	American	Viral Infection
5	14853	50	Indian	Cancer
6	14853	55	Russian	Heart Disease
7	14850	47	American	Viral Infection
8	14850	49	American	Viral Infection
9	13053	31	American	Cancer
10	13053	37	Indian	Cancer
11	13068	36	Japanese	Cancer
12	13068	35	American	Cancer

处理后得到表 15.1.2，假设攻击者通过邮编和年龄已经知道攻击对象在第三个集合中，虽然他不能确定攻击对象是 9、10、11、12 中的哪一个，但是他可以知道攻击对象肯定患有癌症，所以用户的隐私仍会被泄露。

表 15.1.2 k-匿名后的患者数据

	非敏感型数据			敏感型数据
	邮编	年龄	国籍	患病情况
1	130 * *	＜30	*	Heart Disease
2	130 * *	＜30	*	Heart Disease
3	130 * *	＜30	*	Viral Infection
4	130 * *	＜30	*	Viral Infection
5	1485 *	≥40	*	Cancer
6	1485 *	≥40	*	Heart Disease
7	1485 *	≥40	*	Viral Infection
8	1485 *	≥40	*	Viral Infection
9	130 * *	3 *	*	Cancer
10	130 * *	3 *	*	Cancer
11	130 * *	3 *	*	Cancer
12	130 * *	3 *	*	Cancer

针对 k-匿名的方法，对隐私的保护方法主要是通过对数据的泛化、压缩、加入噪声等处理使得用户的独特性下降。但是对于数据的这些处理会使数据的可用性下降，所以在数据的隐私性和可用性之间需要做权衡，在保证数据具有一定的可用性的基础之上对数据做隐私保护的处理。

2. 轨迹数据集隐私研究

不同于其他数据类型，人类的轨迹数据具有很强的独特性。有研究表明，通过掌握一个用户移动轨迹中的几个点就可以唯一确定该用户，并且在加入用户信用卡消费信息后，识别用户将会变得更加容易。还有研究表明，通过人们最常去的 3 个地点，可以将数据集中 50%的用户区分出来。所以对轨迹数据做匿名化处理是一件比较困难的事。GLOVE 算法将用户的整条轨迹当作准识别符，通过泛化和压缩等方法对其做匿名化处理，使 k 条轨迹融合为一条。

轨迹数据集除了具有很强的独特性，另外一个特点是准识别符和用户的敏感属性是交织在一起的。轨迹具有很强的独特性，所以轨迹或者轨迹的一部分可以用来做识别用户的准识别符，但是轨迹中所包含的一些信息，如家庭住址等信息却是敏感属性。

当前比较多的研究都是基于 k-匿名方法的，一些方法是将整条轨迹作为准识别符，比如在 Zang 等人的工作中，其将多个用户的轨迹做融合操作，使 k 条轨迹融合为 1 条，此类方法可以解决 record linkage 攻击，因为用准识别符去数据集中寻找攻击对象时，至少能找到 k 条轨迹，也能解决 attribute linkage，因为当两种数据集中都能找到不止一个用户时就很难进行匹配，但是此类方法的缺点是匿名集中的敏感属性会失去一定的多样性，轨迹信息中的敏感部分仍然可能会泄露；另一些是实现部分 k-匿名，这种模型可以在一定程度上避免用户被唯一识别，但对攻击者的背景知识需求太多，即攻击者知道的攻击对象信息实际上是有限的，所以保护效果不如前者的好，当攻击者对轨迹信息掌握比较多时可能会成功窃取隐私，但是由于匿名集中的轨迹并不完全相同，所以轨迹信息中的敏感部分仍然保留了一定的多样性。

15.1.3　研究内容及主要工作概述

本章主要研究的内容概述为：基于上海市多个用户轨迹的数据集，研究轨迹数据中关于用户隐私的若干问题，从定量的角度分析不同数据集之间的区别，以及不同类型的攻击隐私泄露情况。主要内容如下：

(1) 以往对于轨迹隐私的研究都是基于单个或者几个相同类型的数据集，如 CDRs 数据集。而我们同时对多个数据集进行研究，分析不同数据集之间的差别，说明不同类型的轨迹数据泄露隐私的大小存在差异；

(2) 我们研究了在不同类型的地点、不同时间段用户轨迹被识别的概率，比如从直观上来看，用户深夜的轨迹比白天的轨迹更容易暴露他的身份；

(3) 首次利用用户最常去的 N 个地点来对用户的不同类型账号做关联；

(4) 利用包含三百万用户的大数据集分析同一匿名集中轨迹敏感属性的多样性；

(5) 首次分析了在经过匿名化处理之后的轨迹数据集中用户敏感属性的变化，为后续研究 l-多样性问题提供了参考。

15.2　数据集介绍

我们所用的数据集都是用户的轨迹数据，并且都是上海市用户产生的数据。主要有以下几个数据集。

1) 固网用户数据集

固网覆盖率在上海超过 50%，数据集中包含了所有电信用户的数据。数据的时间精度是 1 小时，空间精度是宽带接入点。每条数据记录的格式为(用户 ID，地点，时间)，表示该用户在该地点的一次登录行为。

数据集中包含了四种账号类型，分别是 QQ、微博、淘宝、电话。数据来源是用户在连接电信宽带登录网页时产生 Cookie，从 Cookie 中提取宽带接入点和时间。比如用户用 QQ 登录邮箱或者空间，登录淘宝、微博网页端时都会产生 Cookie。另外，电话数据是通过采集用户用电话注册的账号产生的 Cookie 数据中的信息。

各数据集的用户数量以及记录条数如表 15.2.1 所示。

表 15.2.1　电信固网用户数据集

数据集	用户数量	记录数量
QQ	1115 万	2 亿
淘宝	1483 万	3435 万
电话	467 万	1799 万
微博	201 万	1042 万

2) 账号融合数据

上海市用户多种账号的轨迹数据融合结果，总共约 1000 个用户，40 多万条记录，每个用户的轨迹长度为几百个时空点，时间精确到 1 h，空间精确到 100 m。

3）电信移动用户数据

2016 年 4 月 1 日至 2016 年 4 月 7 日期间五千多个基站之间上海市 299 万电信移动用户的移动轨迹数据集中，每个用户的轨迹长度为几百个时空点，时间精度精确到 10 min，空间精确到基站位置。

电信固网数据集的特点是用户轨迹较短，但是用户数量大；账号融合数据用户轨迹较长，但是用户数量少；电信移动用户数据轨迹较长，用户数量也大，但是时间跨度较短。

15.3 用户轨迹的独特性

在这一节中，我们通过分析数据集中轨迹的识别率来研究轨迹的独特性，轨迹的独特性越高，隐私越容易被暴露，越容易遭到 record linkage 的攻击。record linkage 是指通过轨迹中的准识别符从整个数据集中唯一找到攻击对象。针对 record linkage 攻击类型，一般采用 k-匿名的方法做隐私和保护处理。

对于轨迹独特性的研究，我们采用了两种常见方法，用轨迹中最常出现的点作为准识别符，以及用轨迹中随机抽取的几个时空点作为准识别符，准识别符表示的是攻击者掌握的关于攻击对象的信息。

15.3.1 用户最常去的 N 个地点

在现实生活中，每个人的移动轨迹都有很强的规律性。每条轨迹中常去的地点有很大的差异，一条轨迹中最常出现的两个位置很大程度上可能是该用户的住址和工作地址，那么他的轨迹主要就是往返于这两个地点之间。而每个用户的移动规律往往是不同的，对于两个在同一家公司上班的用户来说，他们的工作地点是相同的，但是他们一般住在不同的地方，这样用 2 个地点就可以将他们区分。如果再加上最常去的第三个地点、第四个地点，那这几个地点所表现出来的独特性就会更高，从而我们可以利用它将攻击对象与数据集中的其他用户区分开来。

具体方法是先统计用户轨迹中所有的地点，按照出现的频率从大到小的顺序排列。然后每个用户取出前 N 个地点，将前 N 个地点相同的用户放在同一个集合之中，称为匿名集，该集合中用户的数量 k 表示匿名集的大小。同一个匿名集中的用户具有相同的常去地点，所以用常去地点是无法将他们区分开来的。$k=1$ 的集合表示只有一个用户，所以 $k=1$ 的集合中的用户可以被识别。k 越大，用户的身份就越不容易被识别。

下面我们从两方面来研究用户最常去的 N 个地点对用户识别概率的影响，第一部分研究不同类型账号形成的轨迹中最常去的 N 个地点对识别用户的影响；第二部分研究攻击者是否知道攻击对象最常去的 N 个地点顺序对识别用户的影响。

1. 不同社交账号之间的差别

我们每个人都在同时使用很多社交应用，而且在使用不同的应用时往往有不同的习惯，比如 QQ 属于即时通信软件，微博属于内容分享型的应用，一般情况下我们使用 QQ 的频率是高于微博的，使用的场合也不同。我们希望通过研究不同数据集的处理结果，来分析不同类型的社交应用产生的轨迹对隐私泄露的大小有什么不同。

如图 15.3.1 所示，四张图分别表示四个数据集的处理结果，在这里地点的精度是宽带接入点。这是四幅 CDF 图，横轴表示用户所属的匿名集的大小，这里的准识别符采用的是用户最常去的 N 个地点。同一幅图中的三条曲线分别表示最常去的 1/2/3 个地点。用户所在匿名集越小表示用户越容易被区分，当匿名集大小为 1 时用户就能够被唯一区分出来。

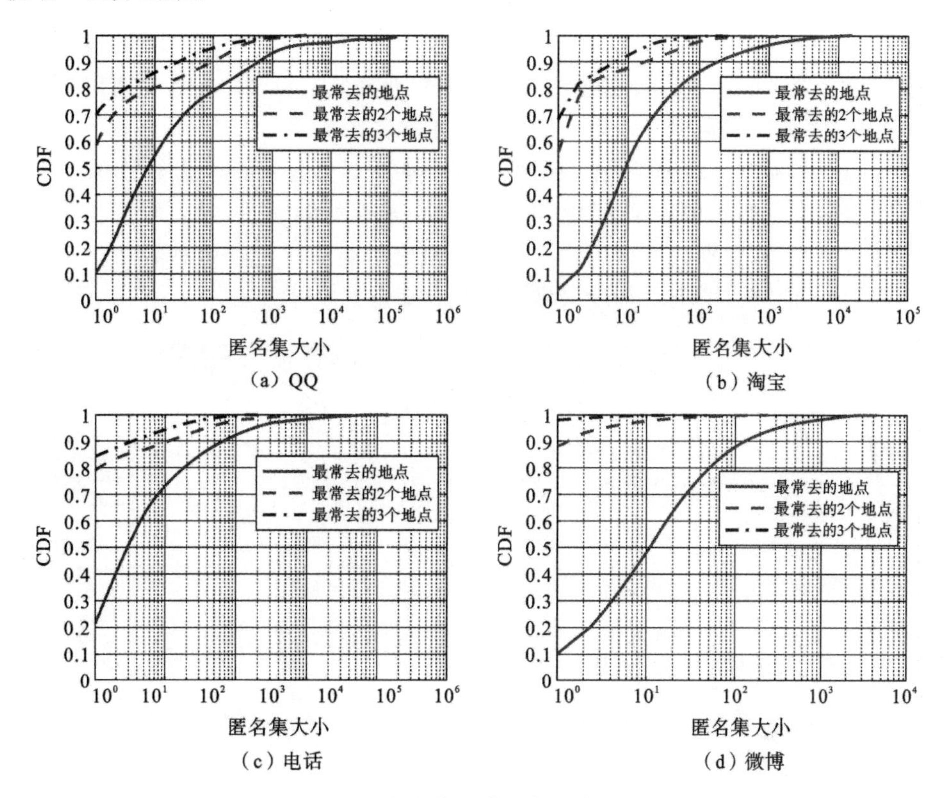

图 15.3.1 不同数据集用户匿名集大小分布(CDF)

我们可以从图 15.3.1 中得到以下几个结论。

(1) 已知用户常去的地点越多，越容易识别用户，这一点是符合常理的，已知的地点越多表示对用户轨迹越了解，识别的准确率当然越高。

(2) 当只知道用户最常去的一个地点时，对用户的识别率很低，不超过 2%；如果知道两个常去的地点，对用户的识别率可以大大提高，再加入第三个地点时对用户的识别率提高不大。我们可以理解为一般的用户在生活中最常出现的地点可能是工作场所，这些场所属于公共场所，所以不容易从这些地点区分用户，而第二个地点很可能是家庭住宅，具有较高的独特性，所以加入第二个地点可以大大提高识别率。因此，用户的移动模式可以用最常去的两个地点来刻画，与 Gramaglia 等人的研究得到的结果吻合。所以我们尽量不要将这两个位置都暴露在网络中，尤其是住宅地址。

(3) 第三个结论是与工作不同的其他地方，即比较不同类型账号的区别。从图中可知，QQ 和淘宝的轨迹相对于电话和微博的轨迹更不容易被识别。我们认为主要的原因有两点，一是 QQ 和淘宝的数据量都比另外两者的大，所以 QQ 和淘宝的轨迹中用户重合度越大，越不容易被识别。我们在使用社交软件时，对于这一类社交账号可以更加放心地使用。另外，QQ 的记录数量是淘宝的 6 倍，而 QQ 和淘宝的识别率却相差不大。图 15.3.2 是不同数据集中用户轨迹中地点数量的累计分布图，从图中可以看到淘宝用户中 95%以上的人轨迹中只有 1 个地点。轨迹中出现的地点越少，轨迹所包含的信息就越少，轨迹的独特性就越不明显，越不容易与其他用户分开，所以虽然淘宝的记录数量虽然少，但是识别率并不高。所以我们应该尽量在轨迹中暴露较少的地点。

2. 常去地点是否排序

这部分工作的内容与 Montjoye 等人的工作相同，从图 15.3.1 中可知，攻击者明确地知道用户最常去的地点以及去这些地点的频率的高低。假设攻击者知道用户最常去的地方，但是并不知道在这些地点中用户去哪里的频率更高。图 15.3.3 表示在已知用户最常去的三个地点的情况下，在三个地点的出现频率高低未知和已知的情况下，四种账号中匿名集大小的累积分布函数。当已知三个地点的频率时，匿名集明显比未知时要小，用户更容易被识别。所以用户在平时登录账户时应尽量注意在各地登录的频率差别不要太大，使攻击者无法判断最常去的几个地点的顺序。

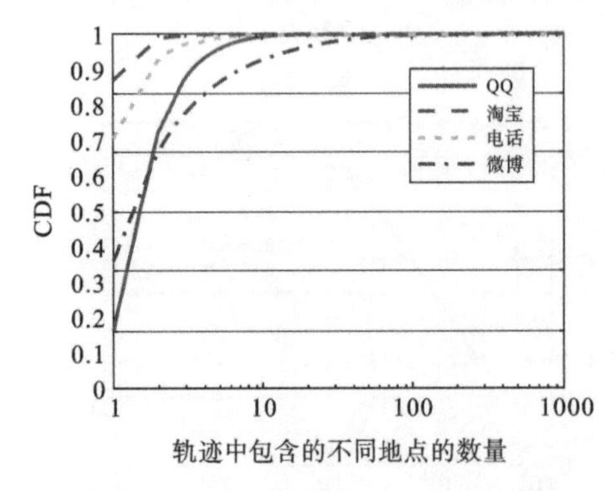

图 15.3.2　不同数据集轨迹中地点数量分布情况(CDF)

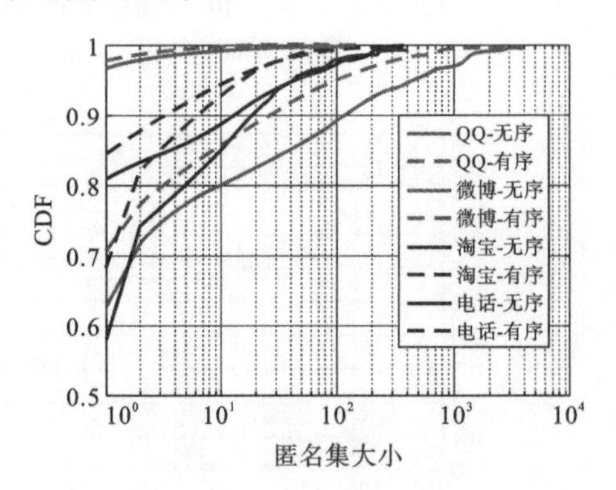

图 15.3.3　不同数据集最常去 3 个地点是否进行排序

15.3.2　轨迹中随机 p 个时空点

最常去的 N 个地点仅仅是从空间位置上来研究轨迹的独特性，没有考虑轨迹中所包含的时间信息，所以并没有充分利用轨迹数据所提供的信息。从另一方面来看，攻击者一般并不太可能非常了解被攻击者的生活习惯，所以也很难知道他常去的几个地点。综合以上两点，在这一小节中我们所用的方法是从轨迹中随机抽取出几个时空点来衡量轨迹的独特性，即利用轨迹中的一条子轨迹来衡量整条轨迹的独特性。这里面既包含了时间信息也包含了空间信息，掌握一个用户在某几个时刻点出现在什么位置对于攻击者来说还是比较容易的。另外，很明显，已知的时空点越多，越能表示原始轨迹的特点，独特性越高。

与最常去的 N 个点的方法类似，随机取出一条轨迹中的 p 个时空点组成一条子轨迹 I_p，然后用这条子轨迹去所有轨迹中匹配，将同时含有这 p 个点的用户放在一个匿名集 $S(I_p)$之中，同一个匿名集中的用户表示他们在相同时间点去过相同的地方，所以仅用这几个时空点无法将他们区分开来。匿名集中用户的数量用 $|S(I_p)|=k$ 表示，$k=1$ 的集合中，只有一个用户，所以该用户的身份就会暴露。k 越大，用户的身份就越不容易暴露。它表示人类轨迹中的“隐私边界”，即泄露多少个点之内的信息我们的隐

私是相对安全的。值得注意的是，时间精度和空间精度是影响这一结果的重要因素。时空精度越高，准确识别用户的概率就越高。

下面首先直接用上述方法对轨迹独特性做分析，然后我们变化时间和空间精度，研究在什么时间和空间精度上能够比较好地保护隐私。

1. 轨迹中随机抽取 p 个点

由于数据集中用户的数量巨大，很难对所有用户都进行以上操作，所以我们从用户集中随机抽取 2000 个用户作为样本，从这 2000 个用户中每人抽取 p 个时空点去全集中匹配，用样本的结果来表示整体。

在精度控制方面，由于加入了时间信息，识别的概率更高，我们对数据做了一定的泛化处理。空间上，我们将原始数据中的宽带接入点分别映射到更大的空间区域（上海市 17056 个分区），时间上从原来的 1 小时扩大到 4 小时。得到的结果如图 15.3.4 所示。横轴表示从轨迹中选取的时空点的数量，纵轴表示用户的比例。$|S(I_p)|=1$ 表示匿名集中用户为 1，$|S(I_p)|\leqslant 2$ 表示匿名集中用户小于或等于 2。所以前者表示能够识别的用户，后者表示能以比较大的概率识别的用户。

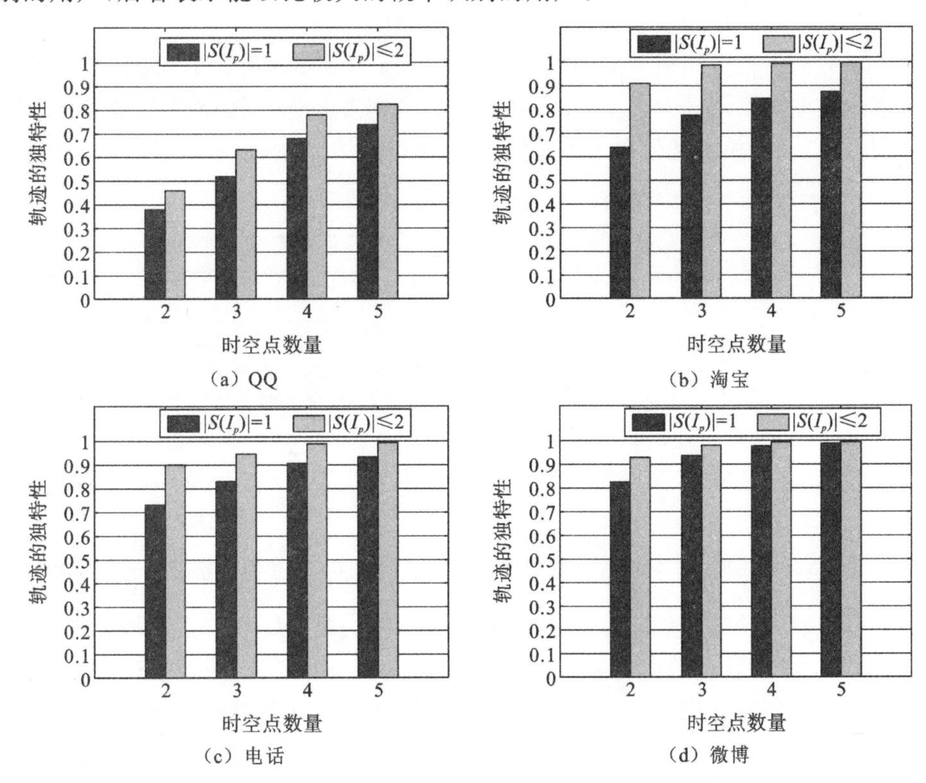

(a) QQ　(b) 淘宝　(c) 电话　(d) 微博

图 15.3.4 轨迹中随机抽取 p 个点描述的轨迹独特性

可以看到，仅仅通过几个点就可以将大部分用户都识别出来，说明轨迹的独特性很高。QQ 和淘宝的识别概率相较于其他两类仍然是较低的，而淘宝在加入时间信息后识别率相对于 QQ 有比较大的提高，说明加入了时间信息后，地点数据的影响减弱，因为同一个地点不同时间的登录相当于两个不同的时空点。

2. 时空精度的影响

由于时间和空间的精度对于此问题的研究具有比较大的影响，所以我们分别研究了在多大的时间精度和空间精度时用户的隐私能够得到更好地保护。同时不同的数据集在时空精度变化时所表现出来的特性也是不同的。

在空间精度设置为上海的 2048 个区域的基础上，我们将时间精度从 1 h 一直扩大到 24 h，从而得到在不同时间精度下轨迹独特性的变化。纵轴表示能够被唯一识别的用户（即匿名集大小唯一）所占的比例。

从图 15.3.5 中可以得到如下结论。

（1）时间精度越低，用户的识别率越小。

（2）不同的数据集有不同的表现，QQ 数据集在时间精度为 6 h 以内识别准确率下降速度很快，6 h 之后基本不变，因为 QQ 的登录间隔比较短，时间精度刚开始降低时对数据的影响比较大；而淘宝和微博的识别率在时间精度扩大时变化不大，因为这两类账号的登录频率比较低；电话在 1～24 h 之间都是呈下降趋势，这是由于电话数据的来源所致，电话数据是从包含用户电话信息的多种账号中提取出来的，所以这一类数据包含了多种应用的特性。

上面得到的结论可以作为不同类型数据做匿名处理时的参考，比如对于 QQ 这种类型的数据做时间泛化的效果会比淘宝和微博的好。

接下来我们讨论空间精度的影响。在时间精度为 4 h 的情况下，我们改变轨迹的空间精度。空间精度划分为三个层次，从低到高分别为上海市 2048 个区域划分、17056 个区域划分，以及原始的宽带接入点。结果如图 15.3.6 所示。

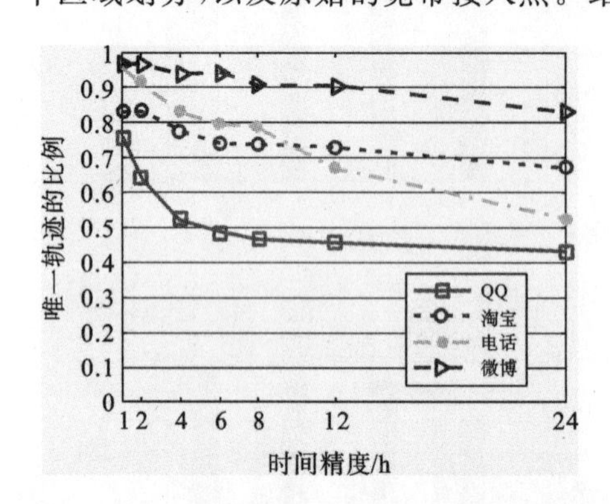

图 15.3.5　轨迹时间精度对于独特性的影响

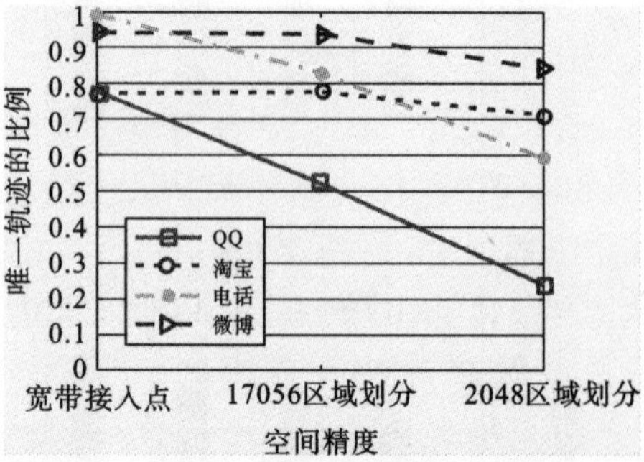

图 15.3.6　轨迹空间精度对于独特性的影响

我们可以将四种数据集分为比较明显的两类：一类是 QQ 和电话，随着空间精度的降低，可唯一识别的轨迹的比例逐渐降低；另一类是淘宝和微博，随着空间精度的降低，可唯一识别的轨迹的比例几乎没有下降。说明 QQ 和电话的轨迹空间连续性也比较好，而淘宝和微博的轨迹空间连续性差。所以对于 QQ 和电话使用空间泛化来防止轨迹被识别的效果也会比淘宝和微博的好。

综合时间和空间维度的分析，我们发现 QQ 和电话的数据时空的连续性较好，所以用时空泛化的方法来进行匿名处理应该会有比较好的效果，而淘宝和微博的数据在这方面的性能比较差，需要通过其他方法进行匿名处理。

3. 地区类型和时间段的影响

1）地区类型

前面的分析中，我们随机抽取了用户轨迹中的几个点，从而在一定程度上表示这条轨迹。通过 Golle 等人的研究，根据空间位置主要功能的不同，不同的位置可以划分为不同的功能。比如在娱乐场所或者工作单位，人群数量较大，这些位置的轨迹信息更容易与别人重合，所以泄露的隐私不会很多。图 15.3.7 所示的是 Golle 等人的研究结果，它是利用一种轨迹匹配的攻击算法，将每一个用户的轨迹分为一长一短两部分，长轨迹组成训练集，短轨迹组成测试集，拿测试集中的轨迹去训练集中匹配。横轴表示不同地区的分类，每一类中 1 到 10 表示短轨迹的长度。纵轴表示匹配的成功率。研究不同类型的地区时，选取轨迹中属于该地区类型的那部分轨迹。Golle 等人的结论是住宅类别的地区更容易识别轨迹，而旅行类型的地区最不容易识别轨迹。

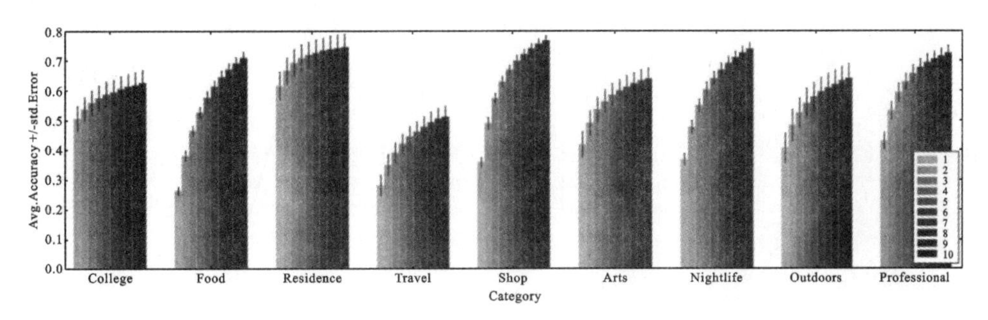

图 15.3.7 不同类型地区识别结果

我们用账号数据集中的微博账号做了同样的工作。时间精度控制在 1 h，空间精度利用了上海市 17056 个区域的划分。在功能区的分类上我们使用了实验室已有的结果，将上海市 17056 个区域划分为七种功能区域，分别为娱乐、教育、景点、商业、工业、住宅和郊区，得到的结果如图 15.3.8 所示。从图中可以看出，娱乐、商业、住宅这三类用户更容易被识别，与预期的结果有较大差距，娱乐和商业应该属于人流量较大的场所，但是能被识别的概率也很大。下面分析原因。

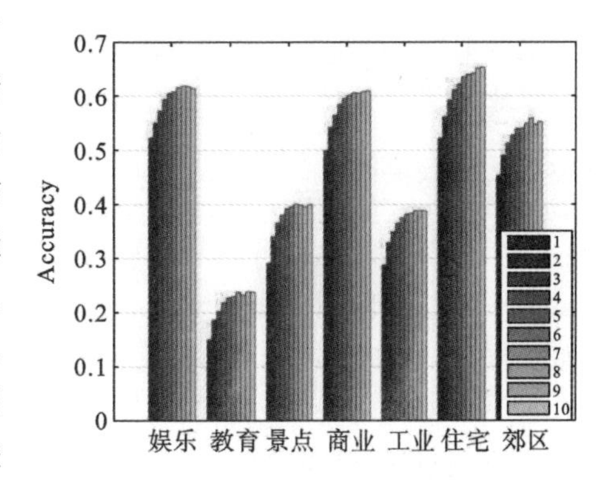

图 15.3.8 上海市 7 种功能区域轨迹识别率

Golle 等人所用的数据是 FourSquare 账号的数据，用户会在所到的地点上传位置信息，比如某一家餐厅，该地点所属的类型是在 FourSqure 官方有标识的。而我们所用的是将上海市分割为 17056 块区域，空间精度太大。在这样大的空间分区中并不能体现接入点的类型。而在这里出现娱乐、商业、住宅这三类地区被识别的概率比较高的现象是因为这三类地区在 17056 块分区中所占的数量比例较大，所以这三种类型的地区所包含的原始轨迹较大，更能体现原始轨迹的独特性。

所以我们换用另外一种分类，将上海市的宽带接入点分为三种类型。在以接入点为空间精度的基础上分析不同类型接入点对轨迹识别的影响。根据已有接入点的三种分类，分别表示家庭类、工作类和娱乐类。如图 15.3.9 所示，时间精度为 3 h。家庭类的宽带接入点轨迹的识别率比另外两类的要高，尤其是在只有一个点的时候。所以用户应该尽量避免把家庭地址暴露在轨迹之中，在家中上网时关闭定位功能。但是，当攻击者获取的接入点的数量大于或等于两个的时候，家庭接入点的轨迹识别率虽然仍比另外两者的高，但是差距减少了。所以设法让攻击者知道的信息越少，越有利于保护轨迹隐私。

2）时间段

前面分析了不同类型地点对轨迹识别率的影响，不同类型地点之所以存在差异是因为在不同地点用户数量不同。用户数量除了空间上的变化，还有时间上的变化，于是我们就研究了一天中不同时间段对轨迹识别率的影响。时间精度为 3 h，随机取 1 个时空点，如图 15.3.10 所示。

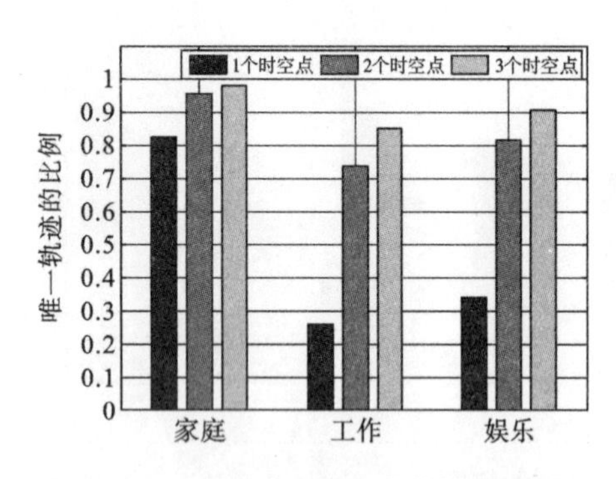

图 15.3.9 不同类型接入点的轨迹识别率

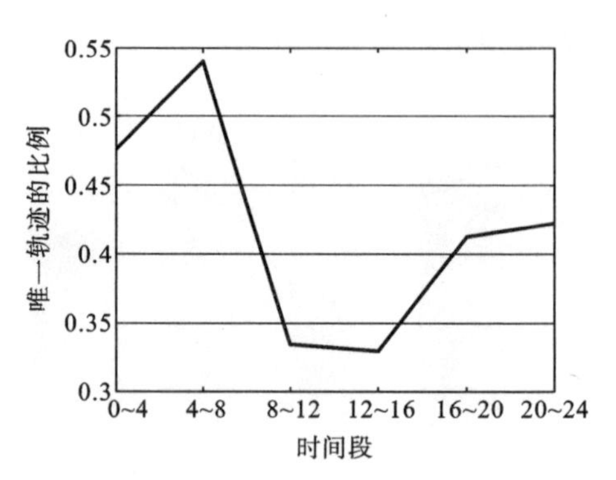

图 15.3.10 一天中不同时间段

很明显，晚上轨迹的识别率更高，而白天的最低，因此如果用户在晚上，尤其是凌晨暴露轨迹会更加容易导致轨迹被识别，而在白天相对比较安全。

15.3.3 账号关联

用户最常去的地点可能暴露用户的很多隐私，仅用常去的 3 个地点就可以将 70% 以上的用户与其他用户区分开来。也就是说，最常去的 3 个地点可以作为大部分用户的唯一标识。另外，同一个用户在同一地点可能会登录多个账号，所以同一用户不同账号产生的轨迹之间会有一定的相似性。利用这点相似性我们可以尝试将不同账号关联起来，发现用户的更多隐私。这就是 attribute linkage 的攻击方式。不同社交账号中包含的个人信息不同，比如有的包含邮箱地址，有的包含手机号，通过将这两个数据集关联，我们就可以将用户的邮箱地址与手机号码关联起来，从而发现更多隐私。

在此基础之上，我们研究了通过常去地点匹配用户账号的方法。我们的数据集中只有部分用户的电话数据和 QQ 数据是有关联的，因此我们用这部分的数据来判断我们关联结果的正确性。

由于电话用户为 467 万，QQ 用户为 1115 万，所以我们让每一个电话用户从 QQ 用户集中匹配一个最相似的账号。我们的方法是用尽可能多的地点去匹配用户。对于每一个电话用户，我们找出他最常去的 5 个地点，与 QQ 中最常去的 5 个地点的账号匹配，如果匹配成功，则匹配完成，若匹配失败，则用前 4 个地点与 QQ 中的用户匹配，如果匹配成功，则完成匹配；否则，用前 3 个地点匹配，以此类推，直到用 1 个地点匹配，若仍未匹配上，则匹配失败。

467 万用户中共有 415 万用户匹配成功，接下来我们分析匹配结果。

QQ 和电话已知的对应关系共有 871 对，在这 871 对中，我们的匹配结果中共有 252 对是正确的，正确率为 28.9%。

分析 871 对用户的轨迹特点：如图 15.3.11 所示，在这 871 对中，QQ 轨迹中只有 44.4%的用户去过 2 个或 2 个以上的地点，电话轨迹中只有 20%的用户去过 2 个或 2 个以上的地点。所以在 28.9%的成功匹配的用户中，有 199 对，即 79%的用户是通过最常去的一个地点匹配的，虽然准确率并不高，但是在几百万用户集中仅凭借一个空间点就能够匹配 28.9%的账号，已经是出乎意料的结果。如果能够有更加完整的用户轨迹，匹配的准确率应该会更高。所以这种匹配方法不适用于空间位置比较单一的轨迹匹配，还需要用更完整的轨迹来验证它的合理性。

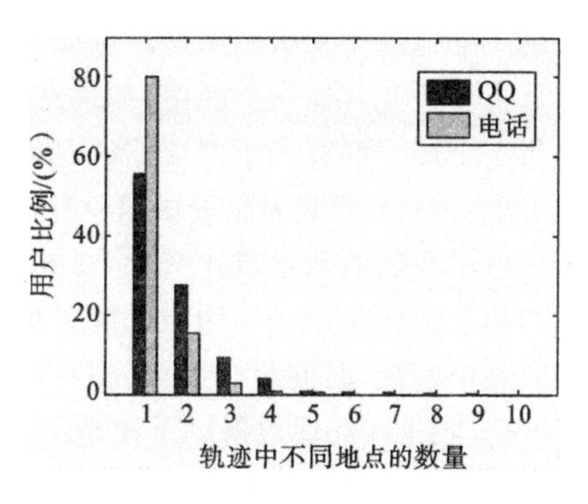

图 15.3.11 已知 QQ 和电话的用户轨迹中的地点数

15.4 敏感属性多样性分析

前一部分的内容都是对用户轨迹识别率的分析。已有很多方法解决这一方面的问题，让多个用户的轨迹融合，使攻击者无法区分。但是这样的方法仍然可能存在问题，即 Sweeney 等人提到的关于匿名集中敏感信息的多样性的问题。经过 k-匿名处理后，攻击者无法准确判断哪一条是被攻击者的轨迹，但是被攻击者所属的匿名集中的轨迹都是相似的，所以攻击者仍然可以获取一些隐私信息，比如我们将轨迹中的敏感属性定为最常去的 2 个地点(一般为家庭地址和工作单位地址，可以认为是比较敏感的信息)，由于匿名集中的轨迹相似度较高，他们最常去的地点相同的概率也比较高，所以攻击者仍然可以以比较高的概率推测出被攻击者最常去的 2 个地点。

15.4.1 原始数据集 k-匿名集中的多样性分析

首先，我们分析在数据集天然形成的匿名集中，敏感属性的多样性。我们所用的方法与 Rossi 等人的方法相同，但是我们用一个更大的数据集来验证他们的工作，这部分工作也是 Rossi 等人工作的一部分。

1. 数据集

Rossi 等人所用数据集是清华大学校园内用户连接 AP 或者检测到 AP 时被记录的位置信息所形成的轨迹，所以基本上轨迹点都是室内。用户的数量约为 4 万，总共的 AP 数量是 2670 个，时间精度是 5 min。

我们所用的数据集是上海市电信手机用户在 2016 年 4 月 1 日至 4 月 7 日的轨迹，总共的用户约为 300 万，基站的数量为 5295 个，用户活动的范围是整个上海市，时间精度是 10 min。所以我们的数据集的优势是有更大的用户数量和更大的空间范围，可以在更大范围内测量 k-匿名集中敏感属性的多样性，更具有说服力。同时，由于构建 k-匿名集的时间复杂度较大，对于我们的数据集来说也有更大的挑战。

2. 方法

我们将随机选取用户轨迹中的 3 个时空点作为区分用户的准标识符，将用户最常去的2个地点作为敏感属性。例如,对于每一个用户,我们从他的轨迹中选取的3个时空点去与所有其他用户匹配,如果有其他轨迹包含这3个点的就把它加入匿名集里,所以每一个用户都有一个对应的匿名集。把包含用户数量大于或等于k的匿名集称为k-匿名集。$k=1$的匿名集的数量就是总用户数。

由于我们的数据量比较大,总共约有17 GB,在单机上处理将会非常耗时,主要耗时的部分是构建每一个用户的匿名集,因为从每个用户中选取的3个点要去所有用户的轨迹中匹配,时间复杂度为$o(U_2 * T_2)$,U为用户数量,T为轨迹长度,所以我们使用hadoop来并行处理数据。下面介绍并行算法的实现。

原始文件trace中每一行存储一个用户的轨迹,每一行的格式是:

```
ID loc,T; loc,T; loc,T;…
```

随机取出轨迹中的3个时空点,生成文件randpoints格式与原始文件相同:

```
ID loc,T; loc,T; loc,T
```

1) 实现步骤

整个过程分为两步实现。

第一步:找出具有相同时空点的用户对。

(1) Map过程。

Map1:将trace文件中的每一个时空点拆分,输出<key,value>=<(loc,T), ID>。

Map2:相同方法处理randpoints文件,输出<key,value>=<(loc,time), ID>,在ID加入标记,与来自trace的时空点区分。

(2) Reduce过程。

相同key对应的所有ID中一部分来自randpoints文件,一部分来自trace文件,这两部分做笛卡尔积,选出两个成员不同的ID对作为key输出。

图15.4.1给出了一个比较直观的过程图。

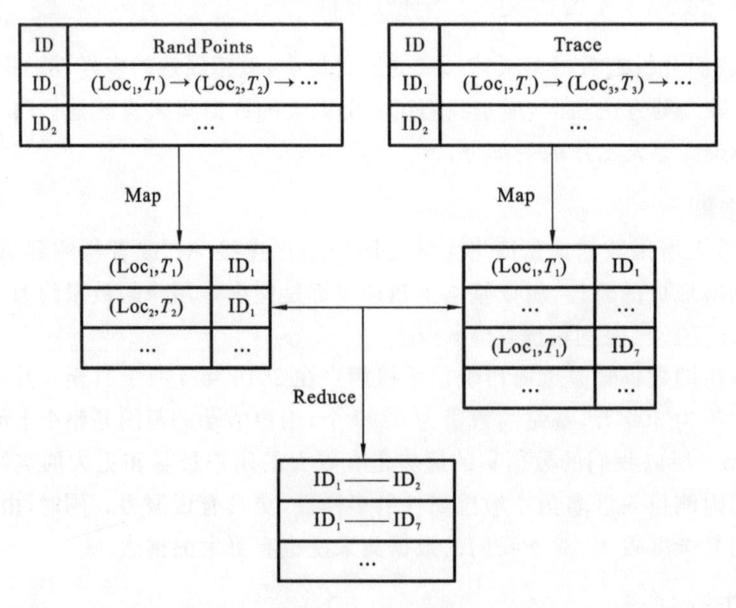

图15.4.1 第一个MapReduce过程

第二步：相同的用户对计数。

(1) Map 过程。

Map 输出<key,value>=<用户对,1>。

(2) Reduce 过程。

相同 key 的 value 求和，即该用户对出现的次数，如果出现的次数等于 3，就将这个用户对输出。

因为用户对中的第一个用户 ID_1 来自 randpoints 文件，第二个用户 ID_2 来自 trace 文件，他们出现 3 次，说明用户 ID_1 的 3 个点都在 ID_2 中出现，那么 ID_2 就在 ID_1 的匿名集中。

2) 分析方法

对于敏感属性多样性的分析，我们采用三种方法。

(1) distinct-1：最直观的多样性表示方法，匿名集中不同敏感属性的数量，在这里就是不同的最常去 2 个地点的数量。

(2) prob-1：匿名集中出现次数最多的敏感属性的概率为 1/prob-1，当所有敏感属性都不同时，prob-1 取最大值。

(3) etg-ntg：把用户分为 etg 和 ntg 两类，如果用户的敏感属性在他的匿名集中是出现频率最高的敏感属性，那么将他归为 etg，否则归为 ntg。

15.4.2 分析敏感属性多样性

我们用轨迹中 3 个随机时空点作为准标识符，用轨迹中出现最多的 2 个地点作为敏感信息。

用上面的方法处理数据集之后得到的结果如图 15.4.2 所示。

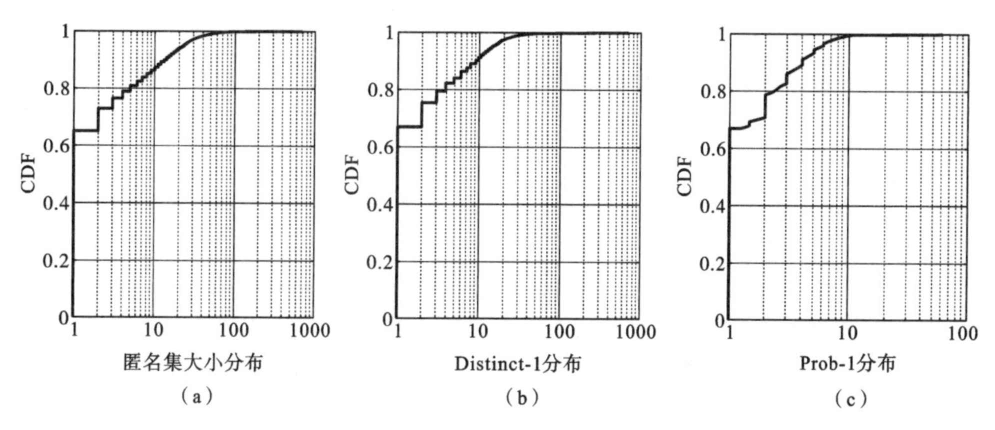

图 15.4.2 原始轨迹 k-匿名集的敏感属性多样性

图 15.4.2(a)所示的是所有用户的匿名集的大小分布，$k=1$ 的匿名集数量占 60%以上，说明从用户轨迹中随机选取 3 个点可以将 60%的用户唯一区分出来。而当匿名集的大小为 1 时，敏感属性的多样性是最小的。

图 15.4.2(b)所示的是 distinct-1 的分布情况，与匿名集大小的分布情况非常相近。大小为 1 的匿名集的 distinct-1 肯定等于 1。

图 15.4.2(c)所示的是 prob-1 的分布情况，几乎所有匿名集的 prob-1 都在 10 以内，即最多的敏感属性的概率在 1/10 以上。

另外，etg=85.78%，表示85.78%的用户的敏感属性是容易被直接猜出来的。说明在distinct-1>1，prob-1>1的用户中还有接近20%的用户的敏感属性是不安全的。所以k-匿名并不能完全保证用户的隐私不被泄露。

但是，随着k的增大，即匿名集中用户数量的增加，敏感属性地点多样性会随之增加。我们研究了多样性随着k的变化情况，如图15.4.3所示。图15.4.3(a)、图15.4.3(b)分别表示distinct-1和prob-1随着k值变化的情况。图中分别画了distinct-1和prob-1的值小于或等于1，2，3，4的匿名集所占比例的变化，distinct-1下降较快而prob-1相对比较平缓，表示匿名集中敏感属性的种类虽然增加了，但是最常出现的属性还是有比较高的频率。

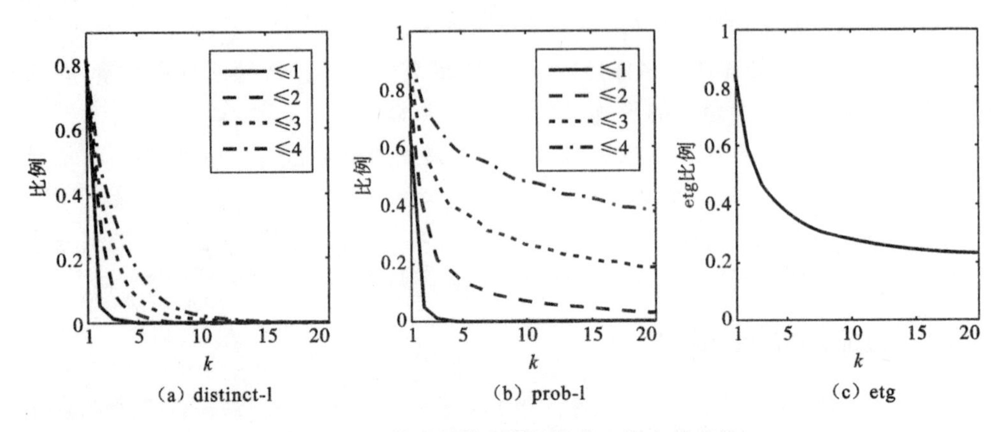

(a) distinct-l　(b) prob-l　(c) etg

图15.4.3　敏感属性多样性随着k增大的变化

我们来具体观察$k=5$的情况，因为在GLOVE中提到，当采用整条轨迹匿名时，如果$k>5$，数据的可用性将会大大降低，所以一般k-匿名处理不能超过5。如表15.4.1所示，当$k=5$时，即至少包含5个用户的匿名集，仍然有57.6%的匿名集的prob-1≤4，即有57.6%的匿名集中最常出现的敏感属性的频率大于或等于25%，并且仍然有37%的用户的敏感属性比较容易泄露。所以，虽然随着k的增大，多样性会有一定的改善，但是由于k不能取到很大，并且随着k的变化多样性接近于指数衰减，所以仍然存在多样性不足的问题。

表15.4.1　5匿名集的敏感属性多样性

x	distinct-l $\leqslant x$	prob-l $\leqslant x$	etg
1	0.2%	0.2%	37%
2	2.3%	13.8%	
3	7.3%	38.4%	
4	15.5%	57.6%	

15.4.3　k-匿名处理后轨迹敏感属性的变化

15.4.2节中我们研究了在满足k-匿名的情况下用户隐私是否安全的问题，发现由于多样性的不足，用户的敏感属性仍然可能会泄露。但是我们是在未处理过的数据中所做的研究，经过k-匿名处理之后是否还会存在同样多样性的问题值得继续考虑。

我们利用GLOVE算法，因为GLOVE算法的时间复杂度较高，所以在一个比较小的数据集——账号融合数据集上实现。处理的方法是将k条轨迹的时空点做时间和空间上的泛化，使它们融合为一条轨迹，经过处理之后，轨迹中时空点的精度会发生变化。

轨迹点的原始空间精度与时间精度分别为100 m与1 h，匿名化之后的精度分布如图15.4.4所示，2-匿名之后分别约有30%和40%的用户保持了原始的空间精确度和时间精确度，但随着k增大，精确度逐渐下降，为了保证数据的可用性，轨迹的精确度不能太低，可以根据对可用性的要求选择适当的k。

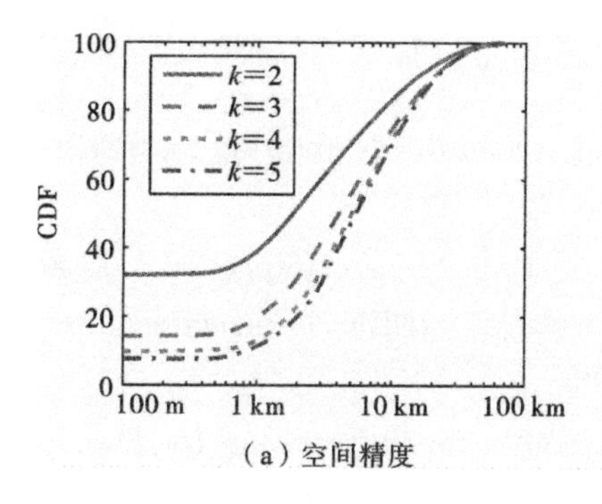

(a) 空间精度

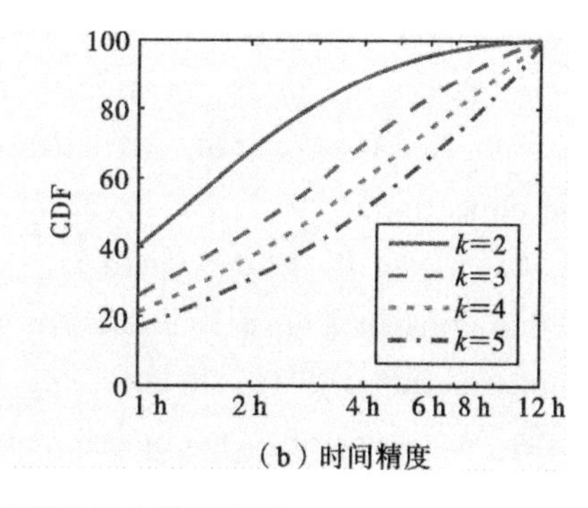

(b) 时间精度

图15.4.4　k-匿名处理后轨迹点精度变化

现在我们来考虑经过k-匿名之后敏感属性的变化，在空间和时间泛化处理之后用户最常去的地点会发生一定的变化，并且该地点的精度也会发生变化。

我们统计了2-匿名处理后用户最常去地点的精度变化，如图15.4.5(a)所示，仅有约1%的地点保持了原有的精度，有的地点精度甚至降低到了10 km。图15.4.5(b)表示匿名处理后用户最常去地点偏离原始数据中的最常去地点的距离的分布，约有50%的用户最常去的地点位置没有发生变化，20%的用户最常去的2个地点都没有发生变化，而部分用户的地点甚至达到了100 km的偏离。所以匿名之后的轨迹数据是否还有必要保护敏感属性值得怀疑，或者说匿名之后数据的敏感属性有可能被破坏了。本节中使用了一个较小的数据集，所以对于精度的损失可能会比较大，但是这一方面的内容不能被忽视，应该被加入到敏感属性多样性的分析当中。

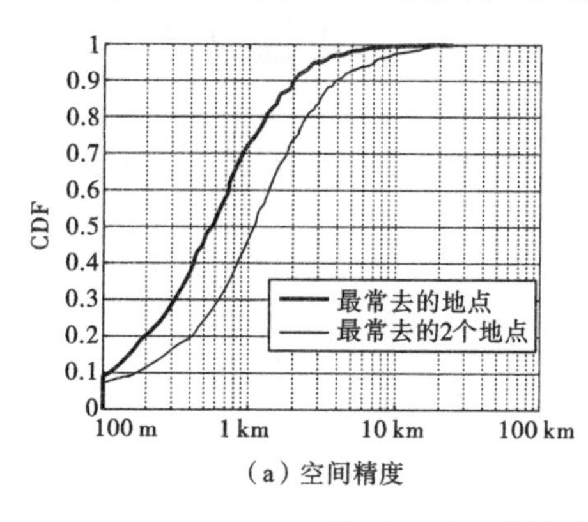

(a) 空间精度

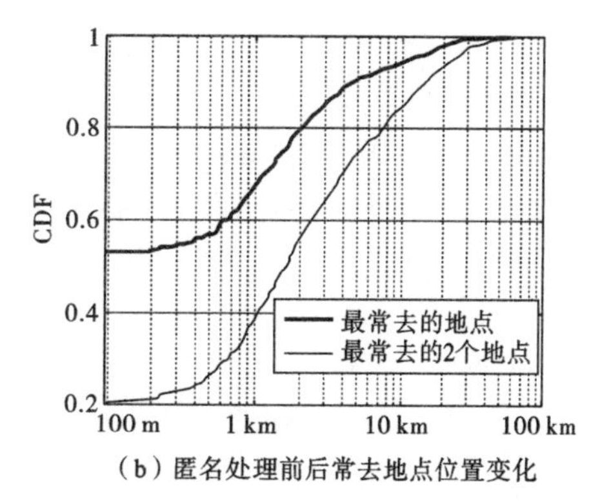

(b) 匿名处理前后常去地点位置变化

图15.4.5　k-匿名处理后常去地点的变化

参考文献

[1] Liu H, Chen Z, and Qian L. The Three Primary Colors of Mobile Systems[J]. IEEE Communications Magazine, 2016,54(9):15-21.

[2] Andrews J G, Buzzi S, Choi W, et al. What will 5G be? [J]. IEEE Journal on Selected Areas in Communications, 2014, 32(6):1065-1082.

[3] Ge X, Tu S, Mao G, et al. 5G Ultra-dense Cellular Networks[J]. IEEE Wireless Communications, 2016, 23(1):72-79.

[4] Ding M, Wang P, Lopez-Perez D, et al. Performance Impact of LoS and NLoS transmissions in Dense Cellular Networks[J]. IEEE Transactions on Wireless Communications, 2016, 15(3):2365-2380.

[5] Vondra M, Becvar Z. Distance-based Neighborhood Scanning for Handover Purposes in Network with Small Cells[J]. IEEE Transactions on Vehicular Technology, 2016, 65(2):883-895.

[6] Ge X, Yang B, Ye J, et al. Spatial Spectrum and Energy Efficiency of Random Cellular Networks[J]. IEEE Transactions on Communications, 2015, 63(3):1019-1030.

[7] Xia P, Jo H S, Andrews J G. Fundamentals of Inter-cell overhead Signaling in Heterogeneous Cellular Networks[J]. IEEE Journal of Selected Topics in Signal Processing, 2012, 6(3):257-269.

[8] Bastug E, Bennis M, Debbah M. Living on the Edge: The Role of Proactive Caching in 5G Wireless Networks[J]. IEEE Communications Magazine, 2014, 52(8):82-89.

[9] Liu A, Lau V K. Cache-enabled Opportunistic Cooperative MIMO for Video Streaming in Wireless Systems[J]. IEEE Transactions on Signal Processing, 2014, 62(2):390-402.

[10] Maddah-Ali M A, Niesen U. Fundamental Limits of Caching[J]. IEEE Transactions on Information Theory, 2014, 60(5):2856-2867.

[11] Zhou L. Specific-Versus Diverse-Computing in Media Cloud[J]. IEEE Transactions on Circuits and Systems for Video Technology, 2015, 25(12):1888-1899.

[12] Kim W J, Kang D K, Kim S H, et al. Cost Adaptive VM Management for Scientific Workflow Application in Mobile Cloud[J]. Mobile Networks and Applications, 2015, 20(3):328-336.

[13] Vasile M A, Pop F, Tutueanu R I, et al. Resource-aware Hybrid Scheduling Algorithm in Heterogeneous Distributed Computing[J]. Future Generation Computer Systems, 2015, 51:61-77.

[14] Liu Y, Lee M, Zheng Y. Adaptive Multi-resource Allocation for Loudlet-based

Mobile Cloud Computing System[J]. IEEE Transactions on Mobile Computing, 2016, 15(8):2398-2410.

[15] Chandrasekhar V, Andrews J G, Gatherer A. Femtocell Networks: a Survey [J]. IEEE Communications Magzine, 2008, 46(9):59-67.

[16] Lei L, Zhong Z, Lin C, et al. Operator Controlled Device-to-Device Communications in LTE-advanced Networks[J]. IEEE Wireless Communications, 2012, 19(3):96-104.

[17] Chun B G, Ihm S, Maniatis P, et al. Clonecloud: Elastic Execution between Mobile Device and Cloud[C]. Proceedings of the 6th Conference on Computer Systems, Salzburg, Austria, 2011:301-314.

[18] Kosta S, Aucinas A, Hui P, et al. Thinkair: Dynamic Resource Allocation and Parallel Execution in the Cloud for Mobile Code Offloading[C]. Proceedings of the 32th IEEE International Conference on Computer Communications (INFOCOM), Orlando, USA, 2012:945-953.

[19] Taleb T, Ksentini A. Follow me Cloud: Interworking Federated Clouds and Distributed Mobile Networks[J]. IEEE Network, 2013, 27(5):12-19.

[20] Flores H, Srirama S. Mobile Code offloading: Should it be a Local Decision or Global Inference? [C]. Proceedings of the 11th annual international conference on Mobile systems, applications, and services, Taipei,Taiwan, 2013:539-540.

[21] Barbera M, Kosta S, Mei A, et al. To offload or not to offload? The bandwidth and energy costs of mobile cloud computing[C]. Proceedings of the 32th IEEE International Conference on Computer Communications (INFOCOM), Turin,Italy, 2013:1285-1293.

[22] Flores H, Hui P, Tarkoma S, et al. Mobile Code Offloading: From Concept to Practice and Beyond[J]. IEEE Communications Magazine, 2015, 53(3):80-88.

[23] Chen X, Jiao L, Li W, et al. Efficient Multi-user Computation Offloading for Mobileedge Cloud Computing[J]. IEEE/ACM Transactions on Networking, 2016, 24(5):2795- 2808.

[24] Chen M, Hao Y, Qiu M, et al. Mobility-Aware Caching and Computation Offloading in 5G Ultra-Dense Cellular Networks[J]. Sensors, 2016, 16(7):974.

[25] Satyanarayanan M, Bahl P, Caceres R, et al. The Case for Vm-based Cloudlets inMobile Computing[J]. IEEE Pervasive Computing, 2009, 8(4):14-23.

[26] Miettinen A P, Nurminen J K. Energy Efficiency of Mobile Clients in Cloud Computing[C]. Proceedings of the 2nd USENIX Conference on Hot Topics in Cloud Computing, Boston, MA, 2010.

[27] Sardellitti S, Scutari G, Barbarossa S. Joint Optimization of Radio and Computational Resources for Multicell Mobile-edge Computing[J]. IEEE Transactions on Signal and Information Processing over Networks, 2015, 1(2):89-103.

[28] Li Y, Wang W. Can mobile cloudlets support mobile applications? [C]. Proceedings of the 33th IEEE International Conference on Computer Communica-

tions (INFOCOM), Toronto, Canada, 2014:1060-1068.

[29] Wang C, Li Y, Jin D. Mobility-assisted Opportunistic Computation Offloading [J]. IEEE Communications Letters, 2014, 18(10):1779-1782.

[30] Song C, Qu Z, Blumm N, et al. Limits of Predictability in Human Mobility[J]. Science, 2010, 327(5968):1018-1021.

[31] Rhee I, Shin M, Hong S, et al. On the Levy-walk Nature of Human Mobility [J]. IEEE/ACM transactions on networking, 2011, 19(3):630-643.

[32] Bettstetter C, Hartenstein H, Rez-Costa X. Stochastic Properties of the Random Waypoint Mobility Model: Modeling and Analysis of Wireless Networks (Guest Editors:Michela Meo and Teresa A. Dahlberg)[J]. Wireless Networks, 2004, 10(5):555-567.

[33] Zhao M, Li Y, Wang W. Modeling and Analytical Study of Link Properties in Multihop Wireless Networks[J]. IEEE Transactions on Communications, 2012, 60(2):445-455.

[34] Poularakis K, Tassiulas L. Code, Cache and Deliver on the Move: A Novel Caching Paradigm in Hyper-dense Small-cell Networks[J]. IEEE Transactions on Mobile Computing, 2017, 16(3):675-687.

[35] Taghizadeh M, Micinski K, Biswas S, et al. Distributed Cooperative Caching in Social Wireless Networks[J]. IEEE Transactions on Mobile Computing, 2013, 12(6):1037-1053.

[36] Xiao M, Wu J, Huang L, et al. Multi-task Assignment for Crowd sensing in Mobile Social Networks[C]. Proceedings of the 33th IEEE International Conference on Computer Communications (INFOCOM), Toronto, Canada, 2015: 2227-2235.

[37] Li Y, Jiang Y, Jin D, et al. Energy-efficient Optimal Opportunistic Forwarding for Delay-tolerant Networks[J]. IEEE Transactions on Vehicular Technology, 2010, 59(9):4500-4512.

[38] Gao W, Cao G. User-centric Data Dissemination in Disruption Tolerant Networks[C]. Proceedings of the 32th IEEE International Conference on Computer Communications (INFOCOM), Shanghai, China, 2011:3119-3127.

[39] Wang Z, Shah-Mansouri H, Wong V. How to Download More Data from Neighbors? A Metric for D2D Data Offloading Opportunity[J]. IEEE Transactions on Mobile Computing, 2017, 16(6):1658-1675.

[40] Li Y, Wang W. Can mobile cloudlets support mobile applications? [C]. Proceedings of the 33th IEEE International Conference on Computer Communications (INFOCOM), Toronto, Canada, 2014:1060-1068.

[41] Lu Z, Sun X, La Porta T. Cooperative Data Offloading in Opportunistic Mobile Networks[C]. Proceedings of the 35th IEEE International Conference on Computer Communications (INFOCOM), San Francisco, USA, 2016:1-9.

[42] González M C, Hidalgo C A. Understanding Individual Human mobility Pat-

terns[J]. Nature, 2008, 453(7196):779.

[43] Poularakis K, Tassiulas L. Code, Cache and Deliver on the Move: A Novel Caching Paradigm in Hyper-dense Small-cell Networks[J]. IEEE Transactions on Mobile Computing, 2017, 16(3):675-687.

[44] Poularakis K, Tassiulas L. Exploiting User Mobility for Wireless Content Delivery[C]. Proceedings of IEEE International Symposium on Information Theory Proceedings (ISIT), 2013:1017-1021.

[45] Andreev S, Galinina O, Pyattaev A, Hosek J, et al. Exploring Synergy between Communications,Caching, and Computing in 5G-Grade Deployments[J]. IEEE Communications Magazine, 2016, 54(8):60-69.

[46] 陈敏,李勇. 软件定义 5G 网络——面向智能服务 5G 移动网络关键技术探索[M]. 武汉:华中科技大学出版社,2016.

[47] Zhu K, Zhi W, Chen X, et al. Socially Motivated Data Caching in Ultra-Dense Small Cell Networks[J]. IEEE Network, 2017,31(4):42-48.

[48] Tang J, Quek T. The Role of Cloud Computing in Content-Centric Mobile Networking[J]. IEEE Communications Magazine,2016,54(8):52-59.

[49] Liu D, Chen B, Yang C, et al. Caching at the Wireless Edge: Design Aspects, Challenges, and Future Directions[J]. IEEE Communications Magazine, 2016, 54(9):22-28.

[50] Tatar A,et al. A Survey on Predicting the Popularity of Web Content[J]. Springer J. Internet Services and Applications, 2014,5(1):1-20.

[51] Golrezaei N, et al. Femto caching and Device-to-Device Collaboration: A New Architecture for Wireless Video Distribution[J]. IEEE Communications Magazine, 2013, 51(4):142-49.

[52] Ahlehagh H, Dey S. Video-Aware Scheduling and Caching in the Radio Access Network[J]. IEEE Transactions Networking, 2014, 22(5):1444-62.

[53] Shi Y, Larson M, Hanjalic A. Collaborative Filtering beyond the User-Item Matrix: A Survey of the State of the Art and Future Challenges[J]. ACM Comp. Surveys, 2014, 47(1): 3:1-3:45.

[54] Traverso S, et al. Temporal Locality in Today's Content Caching: Why It Matters and How to Model It[C]. ACM SIGCOMM, 2013.

[55] Elayoubi S E, Roberts J. Performance and Cost Effectiveness of Caching in Mobile Access Networks[C]. Proceedings of the 2nd ACM Conference on Information-Centric Networking. ACM,2015:79-88.

[56] Zeydan E, Bastug E, Bennis M, et al. Big Data Caching for Networking:Moving from Cloud to Edge[J]. IEEE Communications Magazine,2016, 54(9):36-42.

[57] Ji M, Caire G, Molisch A F. Wireless Device-to-Device Caching Networks: Basic Principles and System Performance[J]. IEEE JSAC, 2016,34(1):176-89.

[58] Poularakis K, et al. Caching and Operator Cooperation Policies for Layered Video Content Delivery[C]. IEEE INFOCOM, 2016:1-9.

[59] Niesen U, et al. Coding for Caching:Fundamental Limits and Practical Challenges[J]. IEEE Communications Magazine, 2016,54(8):23-29.

[60] Ahlehagh H, S. Dey. Video-Aware Scheduling and Caching in the Radio Access Network[J]. IEEE Trans. Net. ,2014,22(5):1444-62.

[61] Wang X, et al. Cache in the Air: Exploiting Content Caching and Delivery Techniques for 5G Systems[J]. IEEE Communications Magazine, 2014, 52(2): 131-39.

[62] Golrezaei N, et al. Femto caching and Device-to-Device Collaboration: A New Architecture for Wireless Video Distribution[J]. IEEE Communications Magazine, 2013, 51(4):142-49.

[63] Ji M, Caire G, Molisch A. Wireless Device-to-Device Caching Networks: Basic Principles and System Performance[J]. IEEE JSAC, 2016, 34(1):176-89.

[64] Lan R, Wang W, Huang A, et al. Device-to-device Offloading with Proactive Caching in Mobile Cellular Networks[C]. Proceedings of IEEE Global Communications Conference, 2015:1-6.

[65] Calinescu G, Chekuri C, Pal M, et al. Maximizing a Monotone Submodular Function? subject to a Matroid Constraint[J]. SIAM Journal on Computing, 2011, 40(6):1740- 1766.

[66] Passarella A, Conti M. Analysis of Individual Pair and Aggregate Intercontact Times in Heterogeneous Opportunistic Networks[J]. IEEE Transactions on Mobile Computing, 2013, 12(12):2483-2495.

[67] Wang R, Zhang J, Song S, et al. Mobility-aware Caching in D2D Networks[J]. IEEE Transactions on Wireless Communications, 2017,16(8):5001-5015.

[68] Ahlehagh H, Dey S. Video-aware Scheduling and Caching in the Radio Access Network [J]. IEEE/ACM Transactions on Networking, 2014, 22 (5): 1444-1462.

[69] Golrezaei N, Mansourifard P, Molisch A F, et al. Base-station assisted Device-to-Device Communications for High-throughput Wireless Video Networks[J]. IEEE Transactions on Wireless Communications, 2014, 13(7):3665-3676.

[70] Chen B, Yang C. Energy Costs for Traffic Offloading by Cache-enabled D2D Communications[C]. Proceedings of IEEE Wireless Communications and Networking Conference, 2016:1-6.

[71] Liu D, Yang C. Energy Efficiency of Downlink Networks with Caching at Base Stations[J]. IEEE Journal on Selected Areas in Communications, 2016, 34(4): 907-922.

[72] Ross S M. Introduction to Probability Models. 10 ed. USA: Academic press, 2014.

[73] Zhang S, Zhang N, Zhou S, et al. Energy-aware Traffic Offloading for Green Heterogeneous Networks[J]. IEEE Journal on Selected Areas in Communications, 2016, 34(5):1116-1129.

[74] Khan J, et al. SAVING: Socially Aware Vehicular Information-Centric Networking[J]. IEEE Communications Magazine, 2016,54(8):100-107.

[75] Ahmed S H, Bouk S H, Kim D, et al. Named Data Networking for Software Defined Vehicular Networks[J]. IEEE Communications Magazine,2017,55(8): 60-66.

[76] Wang X, et al. Cache in the Air: Exploiting Content Caching and Delivery Techniques for 5G Systems[J]. IEEE Communications Magazine, 2014,52(2): 131-39.

[77] Flores H, Hui P, Tarkoma S, et al. Mobile Code Offloading: From Concept to Practice and Beyond[J]. IEEE Communications Magazine, 2015, 53(3):80-88.

[78] Li Q, Yang P, Yan Y, et al. Your Friends are More Powerful than You: Efficient Task Offloading through Social Contacts[C]. Proceedings of IEEE International Conference on Communications (ICC), 2014: 88-93.

[79] Cisco I. Cisco visual networking index: Forecast and methodology[J]. CISCO White paper, 2012: 2011-2016.

[80] Wike R, Oates R. Emerging nations embrace Internet, mobile technology: Cell phones nearly ubiquitous in many countries[J]. Pew Research Center, Washington DC Available online at: http://www. pewglobal. org/2014/02/13/emerging-nations-embrace-internet-mobile-technology, 2014.

[81] Sweeney L. k-anonymity: A model for protecting privacy[J]. International Journal of Uncertainty, Fuzziness and Knowledge-Based Systems, 2002, 10 (05): 557-570.

[82] Machanavajjhala A, Kifer D, Gehrke J, et al. l-diversity: Privacy beyond k-anonymity[J]. ACM Transactions on Knowledge Discovery from Data (TKDD), 2007, 1(1): 3.

[83] Li N, Li T, Venkatasubramanian S. t-closeness: Privacy beyond k-anonymity and l-diversity[C]. Data Engineering, 2007. ICDE 2007. IEEE 23rd International Conference on. IEEE, 2007: 106-115.

[84] Dwork C, McSherry F, Nissim K, et al. Calibrating noise to sensitivity in private data analysis[C]. Theory of Cryptography Conference. Springer Berlin Heidelberg, 2006: 265-284.

[85] Cavoukian A, Castro D. Big Data and innovation, setting the record straight: De-identification does Work[J]. White Paper, Jun, 2014.

[86] Narayanan A, Felten E W. No silver bullet: De-identification still doesn't work [J]. White Paper, 2014.

[87] Zheng Y, Capra L, Wolfson O, et al. Urban computing: concepts, methodologies, and applications[J]. ACM Transactions on Intelligent Systems and Technology (TIST), 2014, 5(3): 38.

[88] Domingo-Ferrer J, Trujillo-Rasua R. Microaggregation-and permutation-based anonymization of movement data[J]. Information Sciences, 2012, 208: 55-80.

[89] Baden R, Bender A, Spring N, et al. Persona: an online social network with user-defined privacy[C]. ACM SIGCOMM Computer Communication Review. ACM, 2009, 39(4): 135-146.

[90] Fang L, LeFevre K. Privacy wizards for social networking sites[C]. Proceedings of the 19th international conference on World wide web. ACM, 2010: 351-360.

[91] Feng H, Fawaz K, Shin K G. LinkDroid: Reducing Unregulated Aggregation of App Usage Behaviors[C]. USENIX Security. 2015: 769-783.

[92] Krishnamurthy B, Wills C E. Generating a privacy footprint on the internet[C]. Proceedings of the 6th ACM SIGCOMM conference on Internet measurement. ACM, 2006: 65-70.

[93] Noulas A, Scellato S, Mascolo C, et al. An Empirical Study of Geographic User Activity Patterns in Foursquare[J]. ICwSM, 2011, 11: 70-573.

[94] Pontes T, Vasconcelos M, Almeida J, et al. We know where you live: privacy characterization of foursquare behavior[C]. Proceedings of the 2012 ACM Conference on Ubiquitous Computing. ACM, 2012: 898-905.

[95] Noulas A, Scellato S, Lathia N, et al. Mining user mobility features for next place prediction in location-based services[C]. Data mining (ICDM), 2012 IEEE 12th international conference on. IEEE, 2012: 1038-1043.

[96] Gonzalez M C, Hidalgo C A, Barabasi A L. Understanding individual human mobility patterns[J]. Nature, 2008, 453(7196): 779-782.

[97] Liu H. Social network profiles as taste performances[J]. Journal of Computer Mediated Communication, 2007, 13(1): 252-275.

[98] Cho E, Myers S A, Leskovec J. Friendship and mobility: user movement in location-based social networks[C]. Proceedings of the 17th ACM SIGKDD international conference on Knowledge discovery and data mining. ACM, 2011: 1082-1090.

[99] Cranshaw J, Toch E, Hong J, et al. Bridging the gap between physical location and online social networks[C]. Proceedings of the 12th ACM international conference on Ubiquitous computing. ACM, 2010: 119-128.

[100] De Montjoye Y A, Hidalgo C A, Verleysen M, et al. Unique in the crowd: The privacy bounds of human mobility[J]. Scientific reports, 2013, 3: 1376.

[101] Wang G, Zhang X, Tang S, et al. Unsupervised clickstream clustering for user behavior analysis[C]. Proceedings of the 2016 CHI Conference on Human Factors in Computing Systems. ACM, 2016: 225-236.

[102] Riederer C, Kim Y, Chaintreau A, et al. Linking Users Across Domains with Location Data: Theory and Validation[C]. Proceedings of the 25th International Conference on World Wide Web. International World Wide Web Conferences Steering Committee, 2016: 707-719.

[103] Rossi L, Musolesi M. It's the way you check-in: identifying users in location-

based social networks[C]. Proceedings of the second ACM conference on Online social networks. ACM, 2014: 215-226.

[104] Zhang J, Yu P S, Zhou Z H. Meta-path based multi-network collective link prediction[C]. Proceedings of the 20th ACM SIGKDD international conference on Knowledge discovery and data mining. ACM, 2014: 1286-1295.

[105] Leontiadis I, Lima A, Kwak H, et al. From cells to streets: Estimating mobile paths with cellular-side data[C]. Proceedings of the 10th ACM International on Conference on emerging Networking Experiments and Technologies. ACM, 2014: 121-132.

[106] GEDIS STUDIO. Call Detail Record Generator(2015). Available from: http:// www. gedis-studio. com/online-call-detail-records-cdr-generator. html.

[107] Isaacman S, Becker R, Cáceres R, et al. Human mobility modeling at metropolitan scales[C]. Proceedings of the 10th international conference on Mobile systems, applications, and services. ACM, 2012: 239-252.

[108] Song C, Qu Z, Blumm N, et al. Limits of predictability in human mobility[J]. Science, 2010, 327(5968): 1018-1021.

[109] Tizzoni M, Bajardi P, Decuyper A, et al. On the use of human mobility proxies for modeling epidemics[J]. PLoS Comput Biol, 2014, 10(7): e1003716.

[110] Wesolowski A, Stresman G, Eagle N, et al. Quantifying travel behavior for infectious disease research: a comparison of data from surveys and mobile phones [J]. Scientific reports, 2014, 4: 5678.

[111] Becker R, Cáceres R, Hanson K, et al. Human mobility characterization from cellular network data[J]. Communications of the ACM, 2013, 56(1): 74-82.

[112] Calabrese F, Smoreda Z, Blondel V D, et al. Interplay between telecommunications and face-to-face interactions: A study using mobile phone data[J]. PloS one, 2011, 6(7): e20814.

[113] Wu L, Waber B N, Aral S, et al. Mining face-to-face interaction networks using sociometric badges: Predicting productivity in an it configuration task [J]. 2008.

[114] Farrahi K, Emonet R, Cebrian M. Epidemic contact tracing via communication traces[J]. PloS one, 2014, 9(5): e95133.

[115] Frias-Martinez E, Williamson G, Frias-Martinez V. An agent-based model of epidemic spread using human mobility and social network information[C]. Privacy, Security, Risk and Trust (PASSAT) and 2011 IEEE Third Inernational Conference on Social Computing (SocialCom), 2011 IEEE Third International Conference on. IEEE, 2011: 57-64.

[116] Buckee C O, Wesolowski A, Eagle N N, et al. Mobile phones and malaria: modeling human and parasite travel[J]. Travel medicine and infectious disease, 2013, 11(1): 15-22.

[117] Tatem A J, Qiu Y, Smith D L, et al. The use of mobile phone data for the es-

timation of the travel patterns and imported Plasmodium falciparum rates among Zanzibar residents[J]. Malaria journal, 2009, 8(1): 287.

[118] Chuquiyauri R, Paredes M, Peataro P, et al. Socio-demographics and the development of malaria elimination strategies in the low transmission setting[J]. Acta tropica, 2012, 121(3): 292-302.

[119] Le Menach A, Tatem A J, Cohen J M, et al. Travel risk, malaria importation and malaria transmission in Zanzibar[J]. Scientific reports, 2011, 1.

[120] Bengtsson L, Lu X, Thorson A, et al. Improved response to disasters and outbreaks by tracking population movements with mobile phone network data: a post-earthquake geospatial study in Haiti [J]. PLoS Med, 2011, 8(8): e1001083.

[121] Liu H Y, Skjetne E, Kobernus M. Mobile phone tracking: in support of modelling traffic-related air pollution contribution to individual exposure and its implications for public health impact assessment [J]. Environmental Health, 2013, 12(1): 93.

[122] Lima A, De Domenico M, Pejovic V, et al. Exploiting cellular data for disease containment and information campaigns strategies in country-wide epidemics [J]. arXiv preprint arXiv:1306.4534, 2013.

[123] Kafsi M, Kazemi E, Maystre L, et al. Mitigating epidemics through mobile micro-measures[J]. arXiv preprint arXiv:1307.2084, 2013.

[124] MIT Technology Review. 10 Breakthrough Technologies[J]. MIT Technology Review, Boston (2013).

[125] Mental Health Action Plan 2013 - 2020. World Health Organization, Geneva, Switzerland, 2013 (2013).

[126] Luxton D D, McCann R A, Bush N E, et al. mHealth for mental health: Integrating smartphone technology in behavioral healthcare[J]. Professional Psychology: Research and Practice, 2011, 42(6): 505.

[127] Faurholt-Jepsen M, Vinberg M, Christensen E M, et al. Daily electronic self-monitoring of subjective and objective symptoms in bipolar disorder—the MONARCA trial protocol (MONitoring, treAtment and pRediCtion of bipolAr disorder episodes): a randomised controlled single-blind trial[J]. BMJ open, 2013, 3(7): e003353.

[128] Gruenerbl A, Osmani V, Bahle G, et al. Using smart phone mobility traces for the diagnosis of depressive and manic episodes in bipolar patients[C]. Proceedings of the 5th Augmented Human International Conference. ACM, 2014: 38.

[129] Lathia N, Pejovic V, Rachuri K K, et al. Smartphones for large-scale behavior change interventions[J]. IEEE Pervasive Computing, 2013, 12(3): 66-73.

[130] Texting 4 health: a simple, powerful way to improve lives[M]. Captology Media, 2009.

[131] Zang H, Bolot J. Anonymization of location data does not work: A large-scale

measurement study[C]. Proceedings of the 17th annual international conference on Mobile computing and networking. ACM, 2011: 145-156.

[132] De Montjoye Y A, Hidalgo C A, Verleysen M, et al. Unique in the crowd: The privacy bounds of human mobility[J]. Scientific reports, 2013, 3: 1376.

[133] Eagle N. Engineering a common good: fair use of aggregated, anonymized behavioral data[C]. First international forum on the application and management of personal electronic information. 2009.

[134] Krumm J. A survey of computational location privacy[J]. Personal and Ubiquitous Computing, 2009, 13(6): 391-399.

[135] Wightman P, Coronell W, Jabba D, et al. Evaluation of location obfuscation techniques for privacy in location based information systems[C]. Communications (LATINCOM), 2011 IEEE Latin-American Conference on. IEEE, 2011: 1-6.

[136] MIT Media Lab - Events. (2014). Available from: https://www.media.mit.edu/events/2014/04/02/telecom-italia-big-data-challenge.

[137] Lazer D, Kennedy R, King G, et al. The parable of Google Flu: traps in big data analysis[J]. Science, 2014, 343(6176): 1203-1205.

[138] Halepovic E, Williamson C. Characterizing and modeling user mobility in a cellular data network[C]. Proceedings of the 2nd ACM international workshop on Performance evaluation of wireless ad hoc, sensor, and ubiquitous networks. ACM, 2005: 71-78.

[139] Paul U, Subramanian A P, Buddhikot M M, et al. Understanding traffic dynamics in cellular data networks[C]. INFOCOM, 2011 Proceedings IEEE. IEEE, 2011: 882-890.

[140] Scepanovic S, Hui P, Yla-Jaaski A. Revealing the pulse of human dynamics in a country from mobile phone data[J]. NetMob D4D Challenge, 2013: 1-15.

[141] Hess A, Marsh I, Gillblad D. Exploring communication and mobility behavior of 3G network users and its temporal consistency[C]. Communications (ICC), 2015 IEEE International Conference on. IEEE, 2015: 5916-5921.

[142] Isaacman S, Becker R, Cáceres R, et al. Identifying important places in people's lives from cellular network data[C]. International Conference on Pervasive Computing. Springer Berlin Heidelberg, 2011: 133-151.

[143] Schneider C M, Belik V, Couronné T, et al. Unravelling daily human mobility motifs [J]. Journal of The Royal Society Interface, 2013, 10 (84): 20130246-20130254.

[144] Song C, Koren T, Wang P, et al. Modelling the scaling properties of human mobility[J]. Nature Physics, 2010, 6(10): 818-823.

[145] Sridharan A, Bolot J. Location patterns of mobile users: A large-scale tudy [C]//INFOCOM, 2013 Proceedings IEEE. IEEE, 2013: 1007-1015.

[146] Gonzalez M C, Hidalgo C A, Barabasi A L. Understanding individual human

mobility patterns[J]. Nature, 2008, 453(7196): 779-782.

[147] Calabrese F, Di Lorenzo G, Liu L, et al. Estimating Origin-Destination flows using opportunistically collected mobile phone location data from one million users in Boston Metropolitan Area[J]. IEEE Pervasive Computing, 2011, 99.

[148] Mitrovi? M, Palchykov V, Jo H, et al. Mobility and communication patterns in ivory coast[C]. Proceedings of the Third Conference on the Analysis of Mobile Phone Datasets. 2013: 647-655.

[149] Cho E, Myers S A, Leskovec J. Friendship and mobility: user movement in location-based social networks[C]. Proceedings of the 17th ACM SIGKDD international conference on Knowledge discovery and data mining. ACM, 2011: 1082-1090.

[150] Liang X, Zhao J, Dong L, et al. Unraveling the origin of exponential law in intra-urban human mobility[J]. Scientific Reports,2013,3:2983-2990.

[151] Trestian I, Ranjan S, Kuzmanovic A, et al. Measuring serendipity: connecting people, locations and interests in a mobile 3G network[C]. Proceedings of the 9th ACM SIGCOMM conference on Internet measurement conference. ACM, 2009: 267-279.

[152] Zang H, Bolot J C. Mining call and mobility data to improve paging efficiency in cellular networks[C]. Proceedings of the 13th annual ACM international conference on Mobile computing and networking. ACM, 2007: 123-134.

[153] Song C, Qu Z, Blumm N, et al. Limits of predictability in human mobility[J]. Science, 2010, 327(5968): 1018-1021.

[154] Lu X, Wetter E, Bharti N, et al. Approaching the limit of predictability in human mobility[J]. Scientific reports, 2013, 3.

[155] Isaacman S, Becker R, Cáceres R, et al. A tale of two cities[C]. Proceedings of the Eleventh Workshop on Mobile Computing Systems & Applications. ACM, 2010: 19-24.

[156] Rubio A, Frias-Martinez V, Frias-Martinez E, et al. Human Mobility in Advanced and Developing Economies: A Comparative Analysis[C]. AAAI Spring Symposium: Artificial Intelligence for Development. 2010.

[157] Wesolowski A, Eagle N, Noor A M, et al. The impact of biases in mobile phone ownership on estimates of human mobility[J]. Journal of the Royal Society Interface, 2013, 10(81): 20120986-20120992.

[158] Girardin F, Calabrese F, Dal Fiore F, et al. Digital footprinting: Uncovering tourists with user-generated content[J]. IEEE Pervasive computing, 2008, 7(4).

[159] Bengtsson L, Lu X, Thorson A, et al. Improved response to disasters and outbreaks by tracking population movements with mobile phone network data: a post-earthquake geospatial study in Haiti [J]. PLoS Med, 2011, 8(8): e1001083.

[160] Linardi S, Kalyanaraman S, Berger D. Does Conflict Affect Human Mobility and Cellphone Usage? Evidence from Cote d'Ivoire[C]. Proc. NetMob D4D Challenge. 2013: 1-3.

[161] Csáji B C, Browet A, Traag V A, et al. Exploring the mobility of mobile phone users[J]. Physica A: statistical mechanics and its applications, 2013, 392(6): 1459-1473.

[162] Simini F, González M C, Maritan A, et al. A universal model for mobility and migration patterns[J]. Nature, 2012, 484(7392): 96-100.

[163] Isaacman S, Becker R, Cáceres R, et al. Human mobility modeling at metropolitan scales[C]. Proceedings of the 10th international conference on Mobile systems, applications, and services. Acm, 2012: 239-252.

[164] Yang Y, Herrera C, Eagle N, et al. A multi-scale multi-cultural study of commuting patterns incorporating digital traces[C]. Proc. NetMob. 2013: 1-3.

[165] Qiu Z, Cheng P. State of the art and practice: cellular probe technology applied in advanced traveler information system[C]. 86th Annual Meeting of the Transportation Research Board, Washington, DC. 2007 (0223).

[166] Caceres N, Wideberg J P, Benitez F G. Review of traffic data estimations extracted from cellular networks[J]. IET Intelligent Transport Systems, 2008, 2(3): 179-192.

[167] Subbarao W V, Yen K, Babij T, et al. Travel time estimation using cell phones for highways and roadways[J]. Final report prepared for Department of Transportation, 2007.

[168] Bar-Gera H. Evaluation of a cellular phone-based system for measurements of traffic speeds and travel times: A case study from Israel[J]. Transportation Research Part C: Emerging Technologies, 2007, 15(6): 380-391.

[169] Janecek A, Hummel K A, Valerio D, et al. Cellular data meet vehicular traffic theory: location area updates and cell transitions for travel time estimation[C]. Proceedings of the 2012 ACM Conference on Ubiquitous Computing. ACM, 2012: 361-370.

[170] Caceres N, Romero L M, Benitez F G, et al. Traffic flow estimation models using cellular phone data[J]. IEEE Transactions on Intelligent Transportation Systems, 2012, 13(3): 1430-1441.

[171] Calabrese F, Colonna M, Lovisolo P, et al. Real-time urban monitoring using cell phones: A case study in Rome[J]. IEEE Transactions on Intelligent Transportation Systems, 2011, 12(1): 141-151.

[172] Bolla R, Davoli F. Road traffic estimation from location tracking data in the mobile cellular network[C]. Wireless Communications and Networking Confernce, 2000. WCNC. 2000 IEEE. IEEE, 2000, 3: 1107-1112.

[173] White J, Wells I. Extracting origin destination information from mobile phone data[J]. 2002.

[174] Doyle J, Hung P, Kelly D, et al. Utilising mobile phone billing records for travel mode discovery[J]. 2011.

[175] Zilske M, Nagel K. Building a minimal traffic model from mobile phone data [C]. Proceedings of the third international conference on the analysis of mobile phone datasets (NetMob). 2013.

[176] Cici B, Markopoulou A, Frías-Martínez E, et al. Quantifying the potential of ride-sharing using call description records[C]. Proceedings of the 14th Workshop on Mobile Computing Systems and Applications. ACM, 2013: 17.

[177] Furletti B, Gabrielli L, Renso C, et al. Identifying users profiles from mobile calls habits[C]. Proceedings of the ACM SIGKDD International Workshop on Urban Computing. ACM, 2012: 17-24.

[178] Mamei M F L, Ferrari L. Daily commuting in ivory coast: Development opportunities[C]. Proceedings of the Third Conference on the Analysis of Mobile Phone Datasets. 2013: 496-503.

[179] Iovan C, Olteanu-Raimond A M, Couronné T, et al. Moving and calling: Mobile phone data quality measurements and spatiotemporal uncertainty in human mobility studies[M]. Geographic Information Science at the Heart of Europe. Springer International Publishing, 2013: 247-265.

[180] Ranjan G, Zang H, Zhang Z L, et al. Are call detail records biased for sampling human mobility? [J]. ACM SIGMOBILE Mobile Computing and Communications Review, 2012, 16(3): 33-44.

[181] Hoteit S, Secci S, Sobolevsky S, et al. Estimating human trajectories and hotspots through mobile phone data[J]. Computer Networks, 2014, 64: 296-307.

[182] Williamson C, Halepovic E, Sun H, et al. Characterization of CDMA2000 cellular data network traffic[C]. Local Computer Networks, 2005. 30th Anniversary. The IEEE Conference on. IEEE, 2005: Z000-719.

[183] Wang Y, Faloutsos M, Zang H. On the usage patterns of multi-modal communication: Countries and evolution[C]. Computer Communications Workshops (INFOCOM WKSHPS), 2013 IEEE Conference on. IEEE, 2013: 97-102.

[184] Cardona J C, Stanojevic R, Laoutaris N. Collaborative consumption for mobile broadband: A quantitative study[C]. Proceedings of the 10th ACM International on Conference on emerging Networking Experiments and Technologies. ACM, 2014: 307-318.

[185] Karsai M, Perra N, Vespignani A. Time varying networks and the weakness of strong ties[J]. Scientific reports, 2014, 4: srep04001.

[186] Lambiotte R, Blondel V D, De Kerchove C, et al. Geographical dispersal of mobile communication networks[J]. Physica A: Statistical Mechanics and its Applications, 2008, 387(21): 5317-5325.

[187] Nanavati A A, Gurumurthy S, Das G, et al. On the structural properties of

massive telecom call graphs: findings and implications[C]. Proceedings of the 15th ACM international conference on Information and knowledge management. ACM, 2006: 435-444.

[188] Onnela J P, Saramki J, Hyvnen J, et al. Analysis of a large-scale weighted network of one-to-one human communication[J]. New journal of physics, 2007, 9(6): 179.

[189] Nanavati A A, Gurumurthy S, Das G, et al. On the structural properties of massive telecom call graphs: findings and implications[C]. Proceedings of the 15th ACM international conference on Information and knowledge management. ACM, 2006: 435-444.

[190] Hidalgo C A, Rodriguez-Sickert C. The dynamics of a mobile phone network[J]. Physica A: Statistical Mechanics and its Applications, 2008, 387(12): 3017-3024.

[191] Miritello G, Lara R, Cebrian M, et al. Limited communication capacity unveils strategies for human interaction[J]. Scientific Reports,2013,3:1950-1957.

[192] Palla G, Barabási A L, Vicsek T. Quantifying social group evolution[J]. Nature,2007,446(7136):664-667.

[193] Siganos G, Tauro S L, Faloutsos M. Jellyfish: A conceptual model for the as internet topology[J]. Journal of Communications and Networks, 2006, 8(3): 339-350.

[194] Broder A, Kumar R, Maghoul F, et al. Graph structure in the web[J]. Computer networks, 2000, 33(1): 309-320.

[195] Yang S, Wu B, Wang B. Multidimensional views on mobile call network[J]. Frontiers of Computer Science in China, 2009, 3(3): 335-346.

[196] Sarraute C, Blanc P, Burroni J. A study of age and gender seen through mobile phone usage patterns in mexico[C]. Advances in Social Networks Analysis and Mining (ASONAM), 2014 IEEE/ACM International Conference on. IEEE, 2014: 836-843.

[197] Stoica A, Smoreda Z, Prieur C, et al. Age, gender and communication networks[J]. NetMob-Analysis of Mobile Phone Networks 2010 communication proposal, 2010.

[198] Mehrotra A, Nguyen A, Blumenstock J, et al. Differences in phone use between men and women: Quantitative evidence from rwanda[C]. Proceedings of the Fifth International Conference on Information and Communication Technologies and Development. ACM, 2012: 297-306.

[199] Wang Y, Zang H, Faloutsos M. Inferring cellular user demographic information using homophily on call graphs[C]. INFOCOM, 2013 Proceedings IEEE. IEEE, 2013: 3363-3368.

[200] Brea J, Burroni J, Minnoni M, et al. Harnessing mobile phone social network topology to infer users demographic attributes[C]. Proceedings of the 8th

Workshop on Social Network Mining and Analysis. ACM, 2014: 1.

[201] Blondel V D, Guillaume J L, Lambiotte R, et al. Fast unfolding of communities in large networks[J]. Journal of statistical mechanics: theory and experiment, 2008, 2008(10): 10008-10020.

[202] Blumenstock J, Toomet O, Ahas R, et al. Neighborhood and network segregation: Ethnic homophily in a silently separate society[J]. Proc. NetMob, 2015.

[203] Soto V, Frias-Martinez V, Virseda J, et al. Prediction of socioeconomic levels using cell phone records[C]. International Conference on User Modeling, Adaptation, and Personalization. Springer Berlin Heidelberg, 2011: 377-388.

[204] Wakita K, Kawasaki R. Estimating Human Dynamics in Cote d'Ivoire Through D4D Call Detail Records[J]. NetMob D4D Challenge, 2013: 1-3.

[205] Fajebe A, Brecke P. Impacts of external shocks in commodity-dependent low-income countries: Insights from mobile phone call detail records from cotedivoire[C]. Proceedings of the Third Conference on the Analysis of Mobile Phone Datasets. 2013: 122-140.

[206] Doran D, Klabjan D, Lim B, et al. Social capital for economic development: Application of time series cluster analysis on personal network structures [J]. 2013.

[207] Eagle N, de Montjoye Y A, Bettencourt L M A. Community computing: Comparisons between rural and urban societies using mobile phone data[C]. Computational Science and Engineering, 2009. CSE'09. International Conference on. IEEE, 2009, 4: 144-150.

[208] Almeida S, Queijo J, Correia L M. Spatial and temporal traffic distribution models for GSM[C]. Vehicular Technology Conference, 1999. VTC 1999-Fall. IEEE VTS 50th. IEEE, 1999, 1: 131-135.

[209] Trestian I, Ranjan S, Kuzmanovic A, et al. Measuring serendipity: connecting people, locations and interests in a mobile 3G network[C]. Proceedings of the 9th ACM SIGCOMM conference on Internet measurement conference. ACM, 2009: 267-279.

[210] Pulselli R, Ramono P, Ratti C, et al. Computing urban mobile landscapes through monitoring population density based on cellphone chatting[J]. Int. J. of Design and Nature and Ecodynamics, 2008, 3(2): 121-134.

[211] Girardin F, Calabrese F, Dal Fiore F, et al. Digital footprinting: Uncovering tourists with user-generated content[J]. IEEE Pervasive computing, 2008, 7 (4).

[212] Bajardi P, Delfino M, Panisson A, et al. Unveiling patterns of international communities in a global city using mobile phone data[J]. EPJ Data Science, 2015, 4(1): 3.

[213] Furno A, Stanica R, Fiore M. A comparative evaluation of urban fabric detection techniques based on mobile traffic data[C]. Proceedings of the 2015 IEEE/

ACM International Conference on Advances in Social Networks Analysis and Mining 2015. ACM, 2015: 689-696.

[214] Calabrese F, Pereira F C, Di Lorenzo G, et al. The geography of taste: analyzing cell-phone mobility and social events[C]. International Conference on Pervasive Computing. Springer Berlin Heidelberg, 2010: 22-37.

[215] Gowan M, Hurley N. Regional development—capturing a nation's sporting interest through call detail analysis[C]. Proceedings of the Third Conference on the Analysis of Mobile Phone Datasets. 2013: 141-158.

[216] Wesolowski A, Eagle N, Tatem A J, et al. Quantifying the impact of human mobility on malaria[J]. Science, 2012, 338(6104): 267-270.

[217] Gavric K, Brdar S, Culibrk D, et al. Linking the human mobility and connectivity patterns with spatial HIV distribution[J]. NetMob D4D Challenge, 2013: 1-6.

[218] Baldo N, Closas P. Disease outbreak detection by mobile network monitoring: A case study with the D4D datasets[J]. NetMob D4D Challenge, 2013: 1-4.

[219] Seshadri M, Machiraju S, Sridharan A, et al. Mobile call graphs: beyond power-law and lognormal distributions[C]. Proceedings of the 14th ACM SIGKDD international conference on Knowledge discovery and data mining. ACM, 2008: 596-604.

[220] Reed W J, Jorgensen M. The double Pareto-lognormal distribution—a new parametric model for size distributions[J]. Communications in Statistics-Theory and Methods, 2004, 33(8): 1733-1753.

[221] Karsai M, Perra N, Vespignani A. Time varying networks and the weakness of strong ties[J]. Scientific reports, 2014, 4: 4001.

[222] Onnela J P, Saramki J, Hyvnen J, et al. Structure and tie strengths in mobile communication networks[J]. Proceedings of the National Academy of Sciences, 2007, 104(18): 7332-7336.

[223] Hidalgo C A, Rodriguez-Sickert C. The dynamics of a mobile phone network [J]. Physica A: Statistical Mechanics and its Applications, 2008, 387(12): 3017-3024.

[224] Miritello G, Lara R, Cebrian M, et al. Limited communication capacity unveils strategies for human interaction[J]. Scientific Reports,2013,3:1950-1957.

[225] International Telecommunication Union. Homepage. Retrieved from http://www.itu.int/ITU-D/ict/.

[226] Simonite T. Mobile data: A gold mine for telcos[C]. Intelligent Community Forum. 2010.

[227] Gonzalez M C, Hidalgo C A, Barabasi A L. Understanding individual human mobility patterns[J]. Nature, 2008, 453(7196): 779-782.

[228] Isaacman S, Becker R, Cáceres R, et al. A tale of two cities[C]. Proceedings of the Eleventh Workshop on Mobile Computing Systems & Applications.

ACM, 2010: 19-24.

[229] Reades J, Calabrese F, Sevtsuk A, et al. Cellular census: Explorations in urban data collection[J]. IEEE Pervasive Computing, 2007, 6(3).

[230] Calabrese F, Pereira F C, Di Lorenzo G, et al. The geography of taste: analyzing cell-phone mobility and social events[C]. International Conference on Pervasive Computing. Springer Berlin Heidelberg, 2010: 22-37.

[231] Onnela J P, Saramki J, Hyvnen J, et al. Structure and tie strengths in mobile communication networks[J]. Proceedings of the National Academy of Sciences, 2007, 104(18): 7332-7336.

[232] Lambiotte R, Blondel V D, De Kerchove C, et al. Geographical dispersal of mobile communication networks[J]. Physica A: Statistical Mechanics and its Applications, 2008, 387(21): 5317-5325.

[233] United Nations Population Fund. 2007. 2007 State of World Population. Retrieved from http://www.unfpa.org/swp/swpmain.htm.

[234] Manyika J, Chui M, Brown B, et al. Big data: The next frontier for innovation, competition, and productivity[J]. 2011.

[235] More J, Lingam C. Current trends in reality mining[J]. IRJES, 2013.

[236] Ahas R, Silm S, Jrv O, et al. Using mobile positioning data to model locations meaningful to users of mobile phones[J]. Journal of Urban Technology, 2010, 17(1): 3-27.

[237] Isaacman S, Becker R, Cáceres R, et al. Identifying important places in people's lives from cellular network data[C]. International Conference on Pervasive Computing. Springer Berlin Heidelberg, 2011: 133-151.

[238] Nurmi P, Bhattacharya S. Identifying meaningful places: The non-parametric way[C]. International Conference on Pervasive Computing. Springer Berlin Heidelberg, 2008: 111-127.

[239] Sohn T, Varshavsky A, LaMarca A, et al. Mobility detection using everyday gsm traces[C]. International Conference on Ubiquitous Computing. Springer Berlin Heidelberg, 2006: 212-224.

[240] Sevtsuk A, Ratti C. Does urban mobility have a daily routine? Learning from the aggregate data of mobile networks[J]. Journal of Urban Technology, 2010, 17(1): 41-60.

[241] De Jonge E, van Pelt M, Roos M. Time patterns, geospatial clustering and mobility statistics based on mobile phone network data[C]. Paper for the Federal Committee on Statistical Methodology research conference, Washington, USA. 2012.

[242] Krisp J M. Planning fire and rescue services by visualizing mobile phone density [J]. Journal of Urban Technology, 2010, 17(1): 61-69.

[243] Soto V, Frias-Martinez V, Virseda J, et al. Prediction of socioeconomic levels using cell phone records[C]. International Conference on User Modeling, Ad-

aptation, and Personalization. Springer Berlin Heidelberg, 2011: 377-388.

[244] Girardin F, Vaccari A, Gerber A, et al. Quantifying urban attractiveness from the distribution and density of digital footprints[J]. 2009.

[245] Reades J, Calabrese F, Sevtsuk A, et al. Cellular census: Explorations in urban data collection[J]. IEEE Pervasive Computing, 2007, 6(3).

[246] Soto V, Frias-Martinez E. Robust land use characterization of urban landscapes using cell phone data[C]. The first workshop on pervasive Urban Applications (PURBA). 2011.

[247] Gonzalez M C, Hidalgo C A, Barabasi A L. Understanding individual human mobility patterns[J]. Nature, 2008, 453(7196): 779-782.

[248] Song C, Qu Z, Blumm N, et al. Limits of predictability in human mobility[J]. Science, 2010, 327(5968): 1018-1021.

[249] Song C, Koren T, Wang P, et al. Modelling the scaling properties of human mobility[J]. Nature Physics, 2010, 6(10): 818-823.

[250] Simini F, González M C, Maritan A, et al. A universal model for mobility and migration patterns[J]. Nature, 2012, 484(7392): 96-100.

[251] Wang P, Hunter T, Bayen A M, et al. Understanding road usage patterns in urban areas[J]. SCIENTIFIC REPORTS, 2012, 2:1001-1006.

[252] Calabrese F, Colonna M, Lovisolo P, et al. Real-time urban monitoring using cell phones: A case study in Rome[J]. IEEE Transactions on Intelligent Transportation Systems, 2011, 12(1): 141-151.

[253] Bagrow J P, Wang D, Barabasi A L. Collective response of human populations to large-scale emergencies[J]. PloS one, 2011, 6(3): e17680.

[254] Lambiotte R, Blondel V D, De Kerchove C, et al. Geographical dispersal of mobile communication networks[J]. Physica A: Statistical Mechanics and its Applications, 2008, 387(21): 5317-5325.

[255] Blondel V, Krings G, Thomas I. Regions and borders of mobile telephony in Belgium and in the Brussels metropolitan zone[J]. Brussels Studies, 2010, 42(4): 1-12.

[256] Wesolowski A, Eagle N, Noor A M, et al. The impact of biases in mobile phone ownership on estimates of human mobility[J]. Journal of the Royal Society Interface, 2013, 10(81): 20120986-20120994.

[257] Isaacman S, Becker R, Cáceres R, et al. Identifying important places in people's lives from cellular network data[C]. International Conference on Pervasive Computing. Springer Berlin Heidelberg, 2011: 133-151.

[258] http://www.3gpp.org/.

[259] Freeman R L. Fundamentals of telecommunications[M]. John Wiley & Sons, 2005.

[260] Jiang S, Fiore G A, Yang Y, et al. A review of urban computing for mobile phone traces: current methods, challenges and opportunities[C]. Proceedings

of the 2nd ACM SIGKDD international workshop on Urban Computing. ACM, 2013: 2.

[261] Lima A, De Domenico M, Pejovic V, et al. Exploiting cellular data for disease containment and information campaigns strategies in country-wide epidemics [J]. arXiv preprint arXiv:1306.4534, 2013.

[262] Ratti C, Sobolevsky S, Calabrese F, et al. Redrawing the map of Great Britain from a network of human interactions[J]. PloS one, 2010, 5(12): e14248.

[263] Blondel V, Krings G, Thomas I. Regions and borders of mobile telephony in Belgium and in the Brussels metropolitan zone[J]. Brussels Studies, 2010, 42 (4): 1-12.

[264] Bucicovschi O, Douglass R W, Meyer D A, et al. Analyzing social divisions using cell phone data[J]. D4D book: mobile phone data for development. Analysis of mobile phone datasets for the development of Ivory Coast, 2013, 54.

[265] Traag V A, Browet A, Calabrese F, et al. Social event detection in massive mobile phone data using probabilistic location inference[C]. Privacy, security, risk and trust (PASSAT) and 2011 IEEE Third inernational conference on social computing (SocialCom), 2011 IEEE Third International Conference on. IEEE, 2011: 625-628.

[266] Couronne T, Olteanu A M, Smoreda Z. Urban mobility: velocity and uncertainty in mobile phone data[C]//Privacy, Security, Risk and Trust (PASSAT) and 2011 IEEE Third Inernational Conference on Social Computing (SocialCom), 2011 IEEE Third International Conference on. IEEE, 2011: 1425-1430.

[267] Manyika J, Chui M, Brown B, et al. Big data: The next frontier for innovation, competition, and productivity[J]. 2011.

[268] Calabrese F, Pereira F C, Di Lorenzo G, et al. The geography of taste: analyzing cell-phone mobility and social events[C]. International Conference on Pervasive Computing. Springer Berlin Heidelberg, 2010: 22-37.

[269] Becker R, Cáceres R, Hanson K, et al. Human mobility characterization from cellular network data[J]. Communications of the ACM, 2013, 56(1): 74-82.

[270] Mobility, data mining and privacy: Geographic knowledge discovery[M]. Springer Science & Business Media, 2008.

[271] Krumm J. A survey of computational location privacy[J]. Personal and Ubiquitous Computing, 2009, 13(6): 391-399.

[272] http://www.idc.com/prodserv/smartphone-os-market-share.jsp.

[273] http://en.wikipedia.org/wiki/Customer attrition.

[274] https://en.wikipedia.org/wiki/Quality_of_experience.

[275] Archaux C, Martin A, Khenchaf A. An SVM based churn detector in prepaid mobile telephony[C]. Information and Communication Technologies: From Theory to Applications, 2004. Proceedings. 2004 International Conference on. IEEE, 2004: 459-460.

[276] Dasgupta K, Singh R, Viswanathan B, et al. Social ties and their relevance to churn in mobile telecom networks[C]. Proceedings of the 11th international conference on Extending database technology: Advances in database technology. ACM, 2008: 668-677.

[277] Euler T. Churn prediction in telecommunications using mining mart[C]. Proceedings of the workshop on data mining and business (DMBiz). 2005.

[278] Mozer M C, Wolniewicz R, Grimes D B, et al. Predicting subscriber dissatisfaction and improving retention in the wireless telecommunications industry [J]. IEEE Transactions on neural networks, 2000, 11(3): 690-696.

[279] Nanavati A A, Gurumurthy S, Das G, et al. On the structural properties of massive telecom call graphs: findings and implications[C]. Proceedings of the 15th ACM international conference on Information and knowledge management. ACM, 2006: 435-444.

[280] Phadke C, Uzunalioglu H, Mendiratta V B, et al. Prediction of subscriber churn using social network analysis[J]. Bell Labs Technical Journal, 2013, 17 (4): 63-75.

[281] Zhang X, Zhu J, Xu S, et al. Predicting customer churn through interpersonal influence[J]. Knowledge-Based Systems, 2012, 28: 97-104.

[282] Motahari S, Jung T, Zang H, et al. Predicting the influencers on wireless subscriber churn[C]. Wireless Communications and Networking Conference (WCNC), 2014 IEEE. IEEE, 2014: 3402-3407.

[283]《爱立信 2015 年的移动市场报告》. 2015,11.

[284] De Montjoye Y A, Hidalgo C A, Verleysen M, et al. Unique in the crowd: The privacy bounds of human mobility[J]. Scientific reports, 2013, 3: 1376.

[285] Benjamin C M, Fung M, Wang K E, et al. Privacy-preserving data publishing: A survey of recent developments[J]. ACM Computing Surveys, 2010, 42(4): 141-153.

[286] Sweeney L. Uniqueness of simple demographics in the US population[R]. Technical report, Carnegie Mellon University, 2000.

[287] Sweeney L. k-anonymity: A model for protecting privacy[J]. International Journal of Uncertainty, Fuzziness and Knowledge-Based Systems, 2002, 10 (05): 557-570.

[288] Machanavajjhala A, Kifer D, Gehrke J, et al. l-diversity: Privacy beyond k-anonymity[J]. ACM Transactions on Knowledge Discovery from Data (TKDD), 2007, 1(1): 3.

[289] De Montjoye Y A, Radaelli L, Singh V K. Unique in the shopping mall: On the reidentifiability of credit card metadata[J]. Science, 2015, 347(6221): 536-539.

[290] Zang H, Bolot J. Anonymization of location data does not work: A large-scale measurement study[C]. Proceedings of the 17th annual international confer-

ence on Mobile computing and networking. ACM, 2011: 145-156.
[291] Gramaglia M, Fiore M. Hiding mobile traffic fingerprints with GLOVE[C]. Proceedings of the 11th ACM Conference on Emerging Networking Experiments and Technologies. ACM, 2015: 26.
[292] Golle P, Partridge K. On the anonymity of home/work location pairs[J]. Pervasive computing, 2009: 390-397.
[293] Rossi L, Williams M J, Stich C, et al. Privacy and the city: User identification and location semantics in location-based social networks[J]. arXiv preprint arXiv:1503.06499, 2015.
[294] Sui K, Zhao Y, Liu D, et al. Your trajectory privacy can be breached even if you walk in groups[C]. Quality of Service (IWQoS), 2016 IEEE/ACM 24th International Symposium on. IEEE, 2016: 1-6.
[295] Li N, Li T, Venkatasubramanian S. t-closeness: Privacy beyond k-anonymity and l-diversity[C]. Data Engineering, 2007. ICDE 2007. IEEE 23rd International Conference on. IEEE, 2007: 106-115.
[296] Li T, Li N. On the tradeoff between privacy and utility in data publishing[C]. Proceedings of the 15th ACM SIGKDD international conference on Knowledge discovery and data mining. ACM, 2009: 517-526.
[297] Steenbruggen J, Borzacchiello M T, Nijkamp P, et al. Mobile phone data from GSM networks for traffic parameter and urban spatial pattern assessment: a review of applications and opportunities[J]. GeoJournal, 2013, 78(2): 223-243.
[298] Szabó G, Barabasi A L. Network effects in service usage[J]. arXiv preprint physics/0611177, 2006.
[299] de Montjoye Y A, Kendall J, Kerry C F. Enabling humanitarian use of mobile phone data[J]. 2014.
[300] Blondel V, De Kerchove C, Huens E, et al. Social leaders in graphs[J]. Positive Systems, 2006: 231-237.
[301] Blondel V D, de Cordes N, Decuyper A, et al. Mobile phone data for development-analysis of mobile phone datasets for the development of Ivory Coast[J]. Orange D4D challenge, 2013.
[302] Frias-Martinez V, Virseda J. On the relationship between socio-economic factors and cell phone usage[C]. Proceedings of the fifth international conference on information and communication technologies and development. ACM, 2012: 76-84.
[303] Tizzoni M, Bajardi P, Decuyper A, et al. On the use of human mobility proxies for modeling epidemics[J]. PLoS Comput Biol, 2014, 10(7): e1003716.
[304] Szabó G, Barabasi A L. Network effects in service usage[J]. arXiv preprint physics/0611177, 2006